차세대 위협에 대비한 **최신 전자전 기술**

차세대 위협에 대비한
최신 전자전 기술

EW Against a New Generation of Threats

EW104

GIST PRESS
광주과학기술원

이 책은 전자전의 기술과 과학을 실행하기 위해 험난한 길로 가고 있는 제복을 입은 젊은이들을 위한 것입니다. 그들은 이 새로운 세대의 위협으로부터의 위험에 직면하고, 이 위험한 세계에서 우리를 보호하기 위해 필요한 일을 할 사람들입니다.

발간의 글

　현대전의 양상은 전쟁의 패러다임 자체가 매우 급속히 변화하고 있으며 전장영역이 지상, 해상, 공중, 우주 및 사이버 공간으로 확대되고 있습니다. 이러한 광역화된 전장환경에서는 무엇보다도 네트워크를 통한 무기체계 간의 정보공유 및 상황인식과 네트워크를 통한 전장관리 및 지휘통제가 전쟁수행의 중요한 요소로 자리 잡게 되었습니다. 이때 네트워크에 연결되는 무기체계들은 대부분 무선통신 수단을 사용하게 되므로 전자파 송수신, 즉 전자기 스펙트럼electromagnetic spectrum, EMS의 효율적 사용이 중요한 문제로 떠오르게 되었고 많은 전문가들이 미래전은 스펙트럼전spectrum warfare이 될 것이라고 예상하고 있습니다.

　전자전electronic warfare, EW이란 우군 전자기 스펙트럼의 군사적 사용을 극대화하고, 전자기적 수단을 사용하여 적의 센서, 무기체계, 지휘통제 인프라 체계를 탐지하고 공격함으로써 적이 전자기 스펙트럼의 군사적 사용을 거부하는 군사적 활동을 말합니다. 현대전에서 전자전의 역할이 커짐에 따라 전자전 무기체계와 핵심기술은 최근까지 눈부신 발전을 거듭해왔으며, 앞으로도 전자전 분야가 미래의 스펙트럼전을 선도하는 핵심 역할을 수행하게 될 것입니다. 전자기적 수단을 사용하여 적의 각종 신호정보를 탐지 및 감시하고, 필요시 적의 전자파 운용을 마비시키는 등 전장에서의 전자기 스펙트럼 장악능력은 미래전 승리의 필수 요소가 되었습니다.

　지휘통제C2 사이클은 감시정찰, 표적획득, 통신, 정보체계의 효과를 최대화하기 위해 전자기 스펙트럼을 긴밀하게 사용하고 있습니다. 이들 체계가 파괴되거나, 성능이 감소하거나, 기만을 당한다면 전쟁을 수행할 수 없게 됩니다. 여기서 전자전은 현대 네트워크 중심 작전환경network-centric operational environment, NCOE에서 지휘통제 사이클의 모든 요소에 영향을 주는 잠재력을 갖고 있습니다. 전자기 스펙트럼으로 적의 활동을 감시하고, 적의 군사적 강도와 배치를 파악하며, 적의 의도에 대한 경보를 전달해주고, 적의 센서와 C2 프로세스를 기만하거나 혼란을 줍니다. 또한 우군의 스펙트럼 사용에 안전성을 제공합니다. 이와 같이 전자전은 적의 지휘통제체계는 물론 PGMprecision-guided munition 무기체계, ISRintelligence, surveillance, and reconnaissance 무기체계를 무력화하는 중요한 역할과 임무를 수행합니다.

　전 세계 군사강국들은 보이지 않는 전쟁인 전자전 준비에 큰 노력을 기울이고 있습니다. 최근에는 사이버전과 병합된 사이버전자전까지 그 영역을 확장하고 있습니다. 최근 소형드론이나 무인기 등 무인화체계가 급증하면서 네트워크 기반하에 모든 무기체계가 상호정보를 공유하고 효과를 극대화하는 전술을 사용하고 있습니다.

　전자전 무기체계는 육군, 해군, 공군, 그리고 국방부/합참차원의 무기체계 등 매우 다양합니다. 육상, 해상, 공중에서 ES SIGINT 체계와 EA 체계가 용도, 플랫폼, 수동/능동형에 따라 나뉩니다. 최근에는 디코이, 항법장치교란체계, 전자전용 무인기, 수동형 레이다, 지향성 에너지무기 directed-energy weapon, DEW, 위성교란체계, 전자전로봇 등 새로운 무기체계가 개발되고 있습니다. 이와 같이 전자전 무기체계는 그러한 스펙트럼 전쟁의 가장 대표적인 무기체계이면서도 최근 이슈인 AI를 적용한 적응형/지능형기술, 빅데이터 등 4차 산업혁명 기술적용으로 크게 도약할 수 있는 고도기술 집약체라 할 수 있습니다.

　전자전의 중요성이 더욱 크게 확대되는 이때, 한국전자파학회 산하 정보전자연구회 창립 20주년을 맞이하여, 학계, 군, 연구소 전문가 분들의 지혜를 모아 본서를 출간하게 되었습니다. 이 책은 세계적으로 저명한 전자전 전문가인 David L. Adamy의 저서인 "EW 104: EW Against a New Generation of Threats Artech House, 2015"를 번역한 교재입니다.

　이 자리 빌려 본 교재 발간을 지도해주시고 정성을 들여서 감수하여 주신 전 한국전자파학회장이신 충남대학교 박동철 교수님과 국방과학연구소 황정섭 아카데미 원장님께 깊은 감사의 말씀을 드립니다. 또한 본 책자를 출판하기 위하여 애써 주신 광주과학기술원 출판부 관계자 여러분께도 깊은 감사를 표합니다.

　본 교재가 전자전 또는 무기체계 관련 업무종사자 분들과 연구소, 업체연구원 그리고 학생들에게 기초지식과 전문지식의 습득에 도움을 드릴 수 있기를 바랍니다. 또한 앞으로 자주국방을 위하여 국내 전자전 기술이 더욱 발전되고, 미래 전자전 무기체계와 핵심기술을 구현하는 데 작은 밑거름이 되기를 바랍니다.

2020년 9월

역자 일동

추천의 글 1

　21세기에 들어서면서 전자전은 지상, 해상, 공중뿐만 아니라 사이버 및 우주 공간까지 확대되었고, 주파수 대역도 통신, 레이더에서 자외선, 적외선, 레이저 등으로 확장되고 있습니다. 이와 병행하여 인공지능 등 4차 산업혁명 관련 기술들의 등장으로 지능화된 무기체계들이 새롭게 개발되면서 전장공간은 물론, 전쟁개념까지도 송두리째 변화시키고 있습니다.

　걸프전에서 다국적군은 전쟁발발 전에 감시위성과 조기경보기 등을 이용하여 이라크의 지휘 통신망, 레이다 및 미사일 기지 등에 대한 중요한 정보를 수집한 후, 공습에 앞서 EA-6B 전자전 공격기로 이라크군의 방공 레이다와 미사일 제어 레이다를 교란하였습니다. 그 결과, 미 전폭기들은 이라크군의 SA-2 미사일 위협을 회피하고 공습 임무를 성공적으로 수행할 수 있었습니다.

　걸프전, 이라크전, 아프간전, 시리아에서의 IS소탕작전 등 최근 치러진 전쟁을 통해서도 알 수 있듯이, 전장공간은 광대역 스펙트럼이 적용된 Global 네트워크를 근간으로 원거리에서 적의 핵심 역량을 타격하여 무력화시키는 정밀 타격전의 양상으로 발전되고 있습니다. 발전하는 전자전 기술은 무기체계가 지능화하면 할수록 증가하는 미래 위협에 효과적으로 대응할 수 있는 중요한 수단으로 자리매김하게 될 것입니다.

　그뿐만 아니라 미래 첨단 무기체계에 적용될 인공지능, 양자기술 등 첨단기술의 지속적인 개발과 융합으로 새로운 전쟁개념들이 속속 등장하고 있지만, 전자전이 전쟁의 성과를 확대할 수 있는 핵심적인 수단이라는 사실은 변함이 없을 것입니다.

　따라서 정보전자연구회 20주년을 맞이하여 그 의의를 살리고자 국내 전자전 분야의 최고 전문가들이 합심하여 세계적으로 저명한 전자전 전문가인 David L. Adamy의 저서 "EW 104 : EW Against a New Generation of Threats"를 "차세대 위협에 대비한 최신 전자전 기술"이란 제목으로 번역, 출간하게 된 것은 의미가 매우 크다고 할 수 있습니다.

　특히, 국내에는 전자전 분야의 관련된 서적이 거의 존재하지 않기 때문에 이 책이 전자전의 기본 원리는 물론, 전자전 관련 기술을 보다 쉽게 이해하는 데 있어 많은 도움이 되고 업무 수행에 크게 기여할 것으로 기대합니다.

2020년 9월

(전)국방과학연구소장

정홍용

추천의 글 2

전자전electronic warfare 기술은, 과학기술이 주도할 미래전에서, 투자비용 효율성 및 비치명적 non-lethal 회복가능성의 가치와 함께 점차 중요성이 강조되고 있습니다. 전자전 기술은 전자전 지원 electronic warfare support 기능, 탐지를 방해하는 전자공격electronic attack 기능, 그 방해 의도에 대한 전자보 호electronic protection 기능 등의 연쇄적 대응 고리를 포괄하는 스펙트럼 최적화 운영 전략기술입니다. 전 략적 스펙트럼 운영은, 국방에서는 의도적인 방해자(또는 보호자)를 고려한 전략자산의 보호(또는 방 해) 대책으로 필요하고, 민수에서는 자연적 잡음 같은 비의도적인 방해자를 고려한 자산 보호 대책으 로 중요하다는 점에서, 다양한 사회경제적 파급효과가 있는 과학기술 분야이기도 합니다.

아다미David Adamy 선생의 영문 저서 "전자전 104: 차세대 위협에 대비한 최신 전자전 기술"은 전통적인 전자전 기술 소개는 물론, 최근의 디지털 전자와 무선통신 기술의 발전을 반영한 최신 전자 전 기술 이슈들을 다루고 있습니다. 전통적 전자전이 레이다 신호를 기본으로 설명될 수 있다면, 현 대 및 미래 전자전은 고급통신 시스템 관점에서 신호정보의 스펙트럼 운영 최적화 문제로 폭넓게 설명을 보완할 필요가 있습니다. 이러한 연유로 "전자전 104"는 다양한 레이다 기술과 일반적인 통신 시스템의 소개, 통신 위협으로서의 전자전 요소 기술, 적외선 대역을 포함하는 신호정보 시스템 과 전자전의 실용적인 주제들을 폭넓고 깊이 있게 다루고 있어, 국방과학기술에 입문하는 초급 과학 기술자와 정보통신 기술 분야에 종사하는 중급 과학기술자 및 전자전 시스템을 연구하는 고급 과학 기술자에게 두루 유익한 정보를 제공하고 있습니다.

본 번역서는 최근 20년간 국내 전자전 기술 분야를 이끌고 있는 한국전자파학회 정보전자연구회 구성원들이 각자 전문 분야별로 번역과 검토를 수행하였으며, 교육자, 기술자 및 연구자로서 원본의 의미를 잘 전달하려고 노력한 결과입니다. 우리말로 새롭게 탄생된 전문서적이 스펙트럼 운영과 관련 된 다양한 강의와 실무 및 연구에 사용됨으로써, 역자들의 노력과 정성이 국방전자파기술뿐 아니라 무선 전자 통신기술에서도 큰 기여를 할 수 있으리라 기대하며, "전자전 104"의 출판을 축하합니다.

2020년 9월
광주과학기술원 총장
전자전특화연구센터장
김기선

감수의 글

한국전자파학회 산하 연구회인 정보전자연구회는 산학연관군을 대상으로 하는 전자전 분야 단기 강좌를 수차례 성공적으로 개최한 바 있습니다. 전자전 관련 기초이론과 당시의 최첨단 전자전 기법을 기술하고 있는 세계적으로 저명한 교재를 선정하여 한글로 번역된 책 전체를 산학연의 최고 전문가들이 분담 강의해 국내 산학연관군의 전자전 기술발전에 기여해왔습니다. 정보전자연구회의 이러한 노력의 결과로 국내 전자전 분야는 눈부시게 발전하였고, 연구회가 발족된 지도 어느덧 20년이란 세월이 흘렀습니다.

올해 연구회 창립 20주년을 맞은 정보전자연구회는 국내 전자전 기술을 한 단계 더 도약시킬 수 있는 기념사업의 일환으로 기술발전 추세에 걸맞은 새로운 단기강좌를 개최하기로 결정하였습니다. 이에 따라 최근에 전자전 분야에서 세계적으로 널리 알려진 David L. Adamy의 저서인 "EW 104: EW Against a New Generation of Threats"를 교재로 선정하게 되었습니다. 이 책의 번역팀은 국내 전자전 분야 최고 전문가들로 구성되었고, 번역팀이 심혈을 기울여 번역한 책의 감수를 국방과학연구소 황정섭 아카데미 원장과 제가 맡게 되어 큰 영광으로 생각하고 진행하였습니다.

저희는 감수 과정에서 영문 교재의 오류를 찾아내어 번역하시는 분들과 의견을 교환하여 오류가 바르게 고쳐지도록 제안하였고, 전문용어의 번역이 번역자 간에 통일될 수 있도록 조율하였으며, 원문 번역에 너무 충실해 번역된 문장의 이해도가 떨어지는 부분에서는 내용이 쉽게 전달될 수 있도록 의역도 요청을 드려 본 번역본의 질적 완성도를 높이는 데 기여하고자 했습니다. 또한 번역과 감수 과정을 통해 만들어진 영문 교재 오류 부분에 대한 정오표가 원저자에게 피드백되어 영문 교재 완성도를 더 높일 수 있게 한 것도 국제 전자전 소사이어티에 대한 기여라고 생각합니다.

한국전자파학회 정보전자연구회가 창립 20주년을 기념하며 번역한 이 책이 국내 전자전 종사자들이 전자전 기초이론을 쉽게 이해하고 나아가 최신 전자전 기술을 습득하는 데 많은 도움을 줄 수 있고, 또한 미래 전자전 인력양성을 위해서도 훌륭한 길잡이가 되어주기를 희망합니다.

2020년 9월
감수자 박동철, 황정섭을 대표하여
박동철 씀

저자 서문

이 책은 EW 101 시리즈의 네 번째 책입니다. Journal of Electronic Defense에 기고된 EW 101 칼럼들을 기반으로 합니다. 이 글을 쓰는 시점에서 해당 시리즈에는 20년 동안 작성된 213개의 칼럼들이 포함되었습니다. 첫 두 권의 책인 EW 101과 EW 102는 전자전EW의 기초를 다뤘습니다. 세 번째 책인 EW 103은 통신 전자전에 중점을 두었으며 중동의 상황에 대응하기 위해 작성되었습니다. 지상에서의 전자전에 대한 새로운 강조가 있었고 대부분의 사상자를 유발하는 급조폭발물 IED을 폭파시키는 데 사용되는 링크를 포함하여 이 책은 실전 상황에서 적대적인 통신을 다루는 지상군에게 도움을 주기 위해 집필하였습니다.

이제 모든 전자전 영역이 바뀌고 있습니다. 현재 위협적인 신형 레이다들이 있고, 파악해내기 어려운 새로운 유형의 통신 링크들이 있습니다. 아마도 전자전에서 일어나고 있는 가장 무서운 측면이라면 기존의 전자전 기능에 사용되었던 많은 방법이 더 이상 적용될 수 없다는 것입니다. 새로운 접근 방식이 필요하며 이 책은 이 새로운 현실 상황을 다루면서 때로는 사지의 전선에서 생명이 위험에 처하기도 하는 전·현직 관련자들을 위해 작성되었습니다.

이전의 EW 101, EW 102 및 EW 103과 마찬가지로 이 책은 기밀로 분류되지 않지만 기존의 기밀 분류된 정보의 출처에서 얻은 일부 주제들도 다루고 있습니다. 다만 기밀 영역까지는 침해하지는 않을 것입니다. 대신 다음과 같은 접근 방식을 적용할 것입니다. 안테나 이득, 유효 복사 전력 ERP 등에 대한 합리적인 추정치를 사용할 것입니다. 이러한 것들은 아마도 정확한 수치들이 아니며 우리는 거기에 신경을 쓰지 않습니다. 만일 공개 문헌에 정확한 수치들이 제공되지 않는다면 합리적인 추정치에 기초하여 수치들을 재구성하고 각 값을 구성하는 데 사용되는 논리logic를 적용할 것입니다. 이후 방정식 사용에 대해 언급하고 연결된 추정치에 대한 예제를 수행할 것입니다. 다른 공개된 출처들에서 서로 다른 값들이 발견될 수도 있기 때문에 우리는 그것들 중 일부가 잘못되어 있다는 것을 알고 있습니다. 우리는 어떤 수치가 옳고 그른지에 대해서 규정하지는 않을 것입니다. 단지 하나의 수치를 선택해 그 값을 적용하여 운영상의 문제를 해결할 것입니다. 이때 중요한 것은 정보를 사용하는 방법입니다. 나중에 현장에서 이 정보를 사용할 경우 작업자는 정식으로 승인된 기밀 출처에서 제공되는 정확한 수치를 찾아 여기서 논의한 방정식들에 적용할 수 있을 것입니다.

목 차

1장 서 론   3

2장 스펙트럼 전쟁   9

3장 기존 레이다   61

4장 차세대 위협 레이다

5장 디지털 통신   147

6장 기존 통신 위협   *189*

7장 현대 통신 위협   277

8장 디지털 RF 기억장치   *323*

9장 적외선 위협 및 대응책   *363*

11장 전자전 지원 대 신호정보   439

1장

서 론

1장
서 론

전자전electronic warfare, EW 분야의 본질이 최근 몇 년간 변화되어왔으며 그 변화가 가속되고 있는 상태이다. 이 책의 목적은 기술적 관점에서 그러한 변화들을 다루는 것이다. 이 책은 공개된 문헌의 위협 정보를 사용한다. 이 책이 의도하는 바는 위협 브리핑이 아니라 합리적인 추정치로 활용하고 대응책countermeasures 에 어떤 영향을 미치는지 보여주는 것이다.

전자전electronic warfare 에서 중요한 여러 변화는 다음과 같다.

- 뚜렷한 전투공간으로서의 전자기환경에 대한 인식
- 새롭고 극도로 위험한 전자 유도 무기
- 무기의 정확성과 살상도에 영향을 주는 새로운 기술

이 책은 공개된 정보만을 사용하는 범위에서 가능한 한 이들 모든 영역을 다룬다. 다행스럽게도 신기술 분야와 관련해서 공개된 정보가 충분하기 때문에 이 다양한 신기술이 새로운 무기와 이들 무기에 대항하는 전자전 대응책의 특성과 효과도에 차지하는 역할에 대한 논의를 뒷받침해주고 있다.

EW 전문용어에서 위협과 연관된 전파 방사radio emissions 를 '위협'이라고 정의한다. 이것은 정확한 정의는 아니다. 왜냐하면 위협이란 폭발이나 다른 방식으로 해를 일으키는 것을 의미하기 때문이다. 그러나 이 책에서 위협이란 그러한 신호signal 를 일컫는다. 이 책에서 우리는 레이다 위협과 통신 위협 모두를 다룰 것이다. 이 용어를 쓸 경우 레이다 위협이란 레이다 제어 무기와 연관된 레이다 신호를 뜻한다.

- 탐색 및 획득 레이다
- 추적 레이다
- 유도 및 데이터 전송을 위한 레이다 프로세서와 미사일 간의 무선 링크

통신 위협 요소는 다음과 같다.

- 지휘통제 통신
- 통합 방공 시스템의 구성 요소 간 데이터 링크
- 무인 항공기와 통제소를 연결하는 명령 및 데이터 링크
- 급조폭발물IED을 발사하는 링크
- 군사 목적으로 사용될 때의 휴대전화 링크

이 책이 강조하려는 것은 이러한 신호들이 어떤 일을 수행하는지와 어떠한 방식으로 무기 및 군사작전 효과에 영향을 미치는가에 관한 것이다.

또한 이 책은 열 추적 미사일의 현저한 발전과 이를 물리칠 수 있는 대응책을 고려할 것이다.

요약하자면 비록 상당한 성공을 거두긴 했지만 지난 수십 년 동안 우리가 수행해온 방식대로 전자전EW을 계속 수행할 수 없다는 것이다. 세상이 변했기 때문에 우리도 이에 따라 변해야 한다.

이 책은 그러한 변화를 구현하는 데 도움이 되는 몇 가지 도구를 제공하고자 한다.

이 책 나머지 부분의 핵심사항은 다음 세 가지이다.

1. 2장에서는 새롭게 인식된 전자기 전쟁electromagnetic warfare 분야에 대한 논의가 이루어질 것이다. 이것은 지상, 해상, 공중, 우주라는 익숙한 전투공간 이외에 최근 등장한 추가적 전투공간이다. 이후 논의되겠지만 이 전자기 전쟁은 다른 전투공간의 모든 양상과 병행하여 존재한다. 여기서 전자전EW은 매우 중요한 요소이다.

딱 들어맞지는 않지만 중요한 관련 주제가 존재한다. 바로 전자전 지원ES과 신호정

보 SIGINT 의 차이에 대한 정의로서 11장에서 다룬다.

2. 전자제어무기와 전자전에 영향을 미치는 몇 가지 새로운 기술과 접근법이 있다. 각 영역은 해당 장에서 다루어지며 디지털 통신 이론은 5장, 디지털 RF 기억장치 DRFM 는 8장, 레이다 디코이에 관한 것은 10장에서 다루어진다.

3. 현대 위협에 대한 논의도 다룰 것이다. 레이다 위협에 대해서는 2개의 장에서 다룬다. 3장은 기존 위협에 관한 것으로 이때 레이다 위협의 탐지 및 재밍에 대한 방정식도 포함된다. 4장은 지금까지 개발된 차세대 위협의 특징을 다룬다. 통신 위협도 마찬가지로 2개의 장에서 다루어진다. 6장에서는 탐지와 재밍에 대한 전파 방정식을 포함한 기존 위협을 다룬다. 또한 에미터 위치 탐지에 대하여 언급한다. 9장은 적외선 위협 및 대응책에 대하여 설명한다.

2장
스펙트럼 전쟁

2장
스펙트럼 전쟁

전쟁의 본질이 변화하고 있다. 전쟁영역이 지상, 해상, 공중에 이어 우주가 추가되었다. 이제는 5번째 영역으로 전자기 스펙트럼 electromagnetic spectrum, EMS 이 등장하였다. 이번 장에서는 전쟁의 새로운 영역에 대해 분석하고 다른 네 영역과의 관계를 살펴본다. 전자기 EM 스펙트럼 영역에서 전쟁과 관련된 기본 개념과 용어에 대해 다룬다.

2.1 전쟁의 변화

통신기술의 발전은 전쟁을 수행하는 방법에서 중요한 변화를 가져왔다. 무선통신은 한 세기 전부터 시작되었다. 그 이전에 장거리 통신은 오직 유선으로만 가능하였다. 현실적인 이유에서 2세대 이전까지 군통신은 주로 유선에 의존하였다.

함정, 항공기 및 지상 이동형 자산은 선이 없는 통신을 필요로 하기 때문에 무선통신에 많은 노력이 투입되었다. 제2차 세계대전이 시작되면서 상대국에 의해 레이다가 개발되었고 무선통신은 더욱 정교해졌다.

전쟁 초기부터 스펙트럼의 사용과 통제는 중요한 쟁점이 되었다. 마르코니가 스파크갭 송신기를 이용하여 대서양을 횡단하는 통신을 첫 번째 성공하였을 때 전 세계에는 단 하나의 통신만 있었으므로 충분한 스펙트럼을 사용할 수 있었다. 얼마 지나지 않아 동조형 송신기가 개발되어 무선통신 간에 간섭이 중요한 문제로 계속 남게 되었다. 무선통신과 레이다 신호를 탐지하는 정도와 송신기의 위치를 식별하는 능력이 군사작전에 중요한 영향을 미쳤다. 탐지, 재밍, 송신기 위치 식별, 전문 보안, 전송 보안 등이 전쟁의 기본이 되었으며 이는 앞으로도 변하지 않을 것이다.

전쟁에 사용되는 기본적인 파괴력은 크게 변하지 않았다(이런 기능을 개발한 사람들은 이 점에 대해 논의가 필요할 것이다). 그러나 파괴력이 사용되는 방법은 전자기 스펙트럼의 사용을 통하여 크게 변화하였다. 현재 전자 신호를 이용하면 무기의 파괴적 에너지를 여러 가지 방법으로 표적에 명중시킬 수 있다. 전자전에서는 전자기 스펙트럼을 사용하여 표적 대상을 적무기의 타격으로부터 방어하고 표적의 위치를 파악하지 못하게 한다.

고속 발사체, 고압, 고열 등의 파괴적 에너지는 전쟁을 수행하는 적을 살상하고 파괴한다. 때로는 통신 능력의 파괴가 적의 목적이 되기도 한다. 한때 경도, 위도, 고도, 시간의 단지 4차원 기반의 전투공간은 이제 주파수까지 포함된 5차원의 전투공간이 되었다(그림 2.1 참조).

파괴적 에너지에 대한 증가된 제어기술의 결과로 파괴력을 더욱 정밀하게 초점을 두어 통제하게 되었다. 우리는 모든 화력이 원하는 표적을 대항하여 사용되기를 원한다. 부수적 피해는 군사력 낭비이고 심지어 전쟁 중에 민간인 피해를 무시하는 이들도 피하고자 한다. 민간인 사상자와 피해를 피하고자 하는 사람에게 무기의 정확도는 더욱 강조된다.

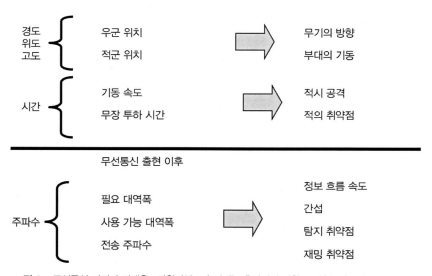

그림 2.1 무선통신 이전의 전쟁은 4차원이었으나 이제는 추가적인 차원으로서 주파수가 등장하였다.

2.2 몇몇 특정 전파(propagation) 관련 이슈

거리는 무선 전송에 중요한 영향을 미친다. 환경에 따라 수신 신호의 감도는 송신기로부터의 거리 제곱 또는 4제곱의 함수이다. 따라서 수신기가 가까울수록 더 나은 작업을 수행하고, 항상 더 정확하게 송신기의 위치를 탐지할 수 있다. 다수의 수신기들을 사용하면 적 송신기에 가장 근접한 수신기가 최상의 정보를 얻는다(그림 2.2 참조). 그러나 유용한 정보를 위해서는 의사결정이 이루어지는 장소에 정보를 제공하여야 한다. 따라서 그들 수신기들은 네트워크로 연결되어야 한다.

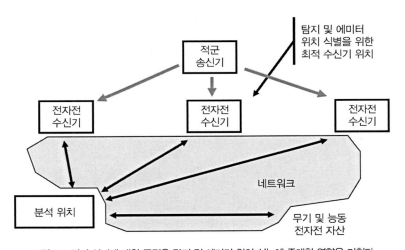

그림 2.2 적 송신기에 대한 근접은 탐지 및 에미터 위치 성능에 중대한 영향을 미친다.

다중 수신기들의 입력 정보에 의존해야 할 경우 네트워크가 전쟁 수행의 중요 요소로 부상하게 된다.

이러한 경우에는 적의 전송을 재밍하는 문제를 고려해야 한다. 통신 재밍이나 레이다 재밍은 모두 적절한 재밍 대 신호비(J/S)가 생성되어야 한다. 두 가지 재밍공식 모두 재머와 수신기간의 거리 제곱(또는 4제곱)의 문제를 고려하여야 한다. 다수의 재머가 지형적으로 분산되어 있으면 가장 근접한 재머가 최상의 결과를 갖게 된다. 또 하나 관련된 문제는 아군 전자기 스펙트럼 자산을 재밍하는 것이다(우군 피해). 그림 2.3에서 보는 바와 같이 수신기와 가장 가까운 재머는 최소 출력으로 재밍이 가능하며 그 경우 우군의 통신이나 레이다 성능에 대한 재밍의 영향이 감소될 것이다.

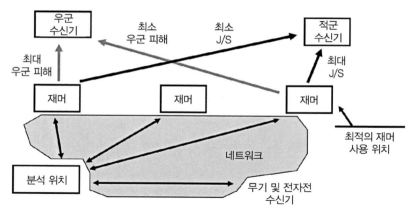

그림 2.3 적군과 우군 수신기에 대한 근접은 재밍효과도와 우군 피해에 중대한 영향을 미친다.

반복하지만, 이런 재머는 네트워크로 구성되어야 한다. 이런 네트워크는 물론 적의 표적이 될 것이다. 만약 적이 우리의 네트워크로부터 정보를 수집할 수 있다면 우군의 전술의도에 대해 파악하게 되고, 만약 우군 네트워크를 파괴시킬 수 있다면 우군의 전쟁 수행능력을 약화시키거나 심지어 무력화할 수 있다.

2.3 연결성

일상과 실무에서 연결성 connectivity 에 대한 우리의 의존도 때문에 적(상대)은 연결성 자체를 공격하여 우리에게 실질적인 피해를 초래한다. 우리의 금융 시스템, 철도 인프라, 항공운송능력이 중단될 경우 경제적 영향을 고려해야 한다. 현대 경제와 군사능력의 이 모든것과 그 이상이 연결성에 크게 의존하기 때문에 무선 주파수 및 사이버 공격이 중대한 물리적 피해와 군사능력의 상실, 경제적 활동의 파괴적 혼란을 초래할 수 있다. 연결성에 대한 공격을 보다 자세하게 논의하기 전에 기술적인 관점에서 연결성의 본질을 논의하는 것이 유용할 것이다.

연결성이란 정보를 한 지역 또는 한 사람으로부터 다른 곳 또는 다른 사람에게 이동시키는 기술로 생각할 수 있다. 그 매체로는 유선, 무선, 광전파, 음성 전파가 될 수 있다. 또한 가장 기본적인 연결성을 고려해야 한다. 즉 두 사람 간, 두 장치 간(예 : 컴퓨터) 또는 장치와 사람 간.

2.3.1 가장 기본적인 연결성

가장 단순한 형태의 연결성은 한 사람이 다른 사람과 대화(또는 거리가 있으면 소리치거나) 또는 광학적으로 정보를 전달하는 것이다. 사람 대 사람의 광 전송의 예는 다른 사람이 읽을 수 있는 표지판을 작성하거나, 부호를 유지하거나, 계속 켜 있거나 깜빡이는 코드, 신호 플래그(또는 아마도 연기)를 사용하는 것이다. 사실 이 모든 것은 가장 정교한 군사 및 민간 시스템의 거의 모든 부분에서 어느 정도까지 사용된다. 보다 기술적인 전송 기술이 사용되는 경우에도, 사람의 정보 입력은 음성을 통하거나 아니면 키보드 또는 다른 터치장치로 데이터를 물리적으로 입력하는 것이다. 다른 사람에게 정보를 전달하는 것은 청각, 시각 또는 촉각의 감각을 통해서만 이루어질 수 있다.

이들 세 가지 가장 간단한 기술은 모두 구현 측면에서 단순함과 견고성이라는 장점을 가지고 있다. 이런 종류의 연결성을 재밍하는 것은 매우 어렵다. 또한 적이 전송된 정보를 가로채기 위해서는 상대적으로 근접이 요구된다. 그렇긴 하지만 보안은 숨겨진 마이크나 카메라와 같은 기술과 창문에서 튀어 나온 레이저 반사를 모니터링하는 것처럼 적이 기법을 성공적으로 사용하는 것을 방지하기 위한 신속한 대응책이 요구된다.

그러나 이러한 모든 단순한 연결성 기술은 단거리라는 치명적인 단점을 가지고 있다. 이러한 연결성 수단의 거리를 증가시키기 위해서는 메신저를 보내거나 정보를 중계해야 한다. 두 기술은 모두 복잡성을 크게 증가시키고 탐지에 대한 보안성을 줄이며 통과된 정보의 정확도에 대한 신뢰성을 감소시킨다. 따라서 그것은 아마도 수 킬로미터 또는 지구의 상당히 다른 부분까지 범위를 확장하기 위한 기술적 전송경로와 거리를 확장시키는 기술을 사용하는 것이 유리하거나 심지어 불가피하다.

2.3.2 연결성 요구사항

가장 단순한 것부터 가장 복잡한 것까지 어떤 연결성 기술이 사용되든지, 표 2.1에 제시된 요구사항을 충족해야 한다. 먼저 가장 간단한 연결성 기술과 전달된 정보의 특성을 고려한다.

표 2.1 연결성 요구사항

요구사항	수준
대역폭	요구처리 속도로 정보의 최고 주파수를 전달하기에 적합함
대기 시간	활동루프가 요구 성능으로 작동할 수 있을 정도로 충분히 짧아야 함
처리 속도	요구속도로 정보를 전달하기에 적합함
정보 충실도	수신된 전송에서 요구 정보를 복구하기에 적합함
메시지 보안	적에게 유용한 기간 동안 정보를 보호하기에 적합함
전송 보안	적의 전송을 제시간에 감지하지 못하도록 하여 필요한 전송을 방지하거나, 효과적인 공격을 위해 시간 내에 송신기를 찾는 것을 막고, 군사작전에 영향을 줄 수 있는 전자 전투 서열(electronic order of battle, EOB)을 결정하는 것을 방지하기에 적합함
간섭 제거	운용환경에서 필요한 정보충실도를 제공하기에 적합함
항재밍	예측되는 재밍기능 및 형상을 갖는 적이 적절한 정보 충실도를 달성하지 못하도록 하는 것을 방지하기에 적합함

2.3.2.1 사람에게 또는 사람으로부터

그림 2.4는 사람과의 연결성을 보여준다.

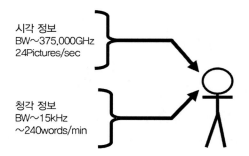

그림 2.4 인적 연결성은 물리적 대역폭 및 데이터 형식 요인에 의해 제한된다.

- **음성통신** : 청력이 완벽할 경우, 사람의 귀는 약 15kHz를 처리할 수 있지만, 대부분의 정보는 약 4kHz 이내의 음성주파수로 전달된다. 실제로 전화 회로는 300~3,400Hz의 음성 신호를 전달할 수 있다. 수신된 데이터를 처리하려면 음절이나 단어로 구성되어야 한다. 우리는 분당 최대 240개의 단어를 듣고 처리할 수 있다.

- **광통신** : 우리의 눈은 훨씬 넓은 대역폭을 갖는다. 무지개 전체를 볼 수 있을 경우, 우리는 약 375,000GHz의 적색에서 보라색 스펙트럼까지 눈의 대역폭을 산출할 수 있다. 그러나 우리는 눈을 통해 전체 장면을 보고 처리한다. 우리는 초당 24번 새로운 장면을 볼 수 있다. 우리는 컬러 상세의 변화를 약 절반 정도 속도로 볼 수 있으며, 주변시

각의 밝고 어두운 디테일 휘도:luminance 을 보다 빠르게 볼 수 있다. 시각적인 데이터를 얻는 유효 대역폭으로 고려한 매우 실용적인 값은 4MHz보다 조금 작은 아날로그 컬러텔레비전 신호일 수 있다.

• **촉각통신**: 우리는 아마도 우리가 들을 수 있는 주파수에 가까운 진동을 감지할 수 있다. 예를 들어, 우리는 약 1,000Hz에서 휴대전화의 진동을 쉽게 감지할 수 있다. 그러나 촉각통신은 일반적으로 보다 상세한 오디오 또는 비디오 정보를 가리키는 알람으로 제한된다. 이것에 대한 중요한 예외는 시각장애가 있는 사람이 도드라진 도트 무늬의 패턴을 감지하여 정보를 받을 수 있는 점자 쓰기이다. 시각 장애인의 피부에 비디오카메라로 그래픽 이미지를 전달시키는 실험 장치에 관한 문헌에서 일부 논의가 있다.

2.3.2.2 기계 간 연결성

기계 대 기계 또는 컴퓨터 대 컴퓨터 연결성은 그림 2.5와 같다. 컴퓨터 및 기타 제어 시스템은 사람의 연결성 속도에만 국한되지 않기 때문에, 이 통신에는 훨씬 더 넓은 대역폭을 가질 수 있다. 기계는 병렬 또는 직렬 상호 연결을 사용하여 서로 직접 연결될 수 있으며, 근거리 통신망LAN 을 사용하여 상호 연결될 수 있다. LAN은 디지털 케이블, RF 링크, 또는 광 링크를 통해 기계를 상호 연결할 수 있다. 속도는 수 Hz에서 GHz까지이다.

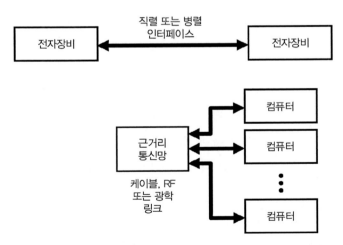

그림 2.5 단거리 기계간 연결은 직접적이거나 케이블, RF, 광 LAN을 통해 이루어질 수 있다.

2.3.3 장거리 정보 전송

이제 한 사람의 위치에서 다른 위치(또는 한 컴퓨터 위치에서 다른 위치로)로 정보를 이동시키는 장거리 연결성 기술을 고려해보자. 우리는 표 2.1의 각 요구사항을 고려하고자 한다.

그림 2.6에서 볼 수 있듯이 정보가 입력되는 지점의 대역폭은 해당 데이터를 수용하기에 충분해야 한다. 그러나 전송되는 대역폭은 다를 수 있다. 만약 데이터 흐름이 연속적이어야 한다면, 전송 경로는 전체 입력 데이터 대역폭을 가져야 한다. 그러나 입력 데이터가 연속적이지 않거나 변화하는 데이터 흐름 속도를 갖는다면 보다 낮은 속도로 전송될 수 있다. 이 방법을 수행하는 실제 시스템은 데이터를 디지털화하고 링크의 송신단에서 레지스터로 클럭을 보낸다. 그런 다음 데이터가 더 낮은 속도로 레지스터에서 출력 clock out 되므로 더 좁은 전송 대역폭이 허용된다. 수신단에서 데이터는 (필요한 경우) 다른 레지스터에 입력되고 원래의 데이터 속도로 출력될 수 있다. 필요한 전송 대역폭에 영향을 주는 다른 두 가지 요소가 있다. 대기 시간 및 처리 속도이다.

그림 2.6 높은 대역폭의 비연속적인 소스 데이터는 더 낮은 속도로 전송되고 수신기에서 대기 시간은 있지만 원본 형식으로 되돌아갈 수 있다.

대기 시간은 전송된 데이터와 비교하여 수신된 데이터의 지연이다. 대기 시간의 좋은 시연은 지역 사회자가 지구 반대편에 있는 리포터와 대화하는 뉴스 방송이다. 사회자가 질문하고 리포터가 응답하기 전 몇 초 동안 응답하지 않는 것처럼 보인다. 사회자의 질문은 약 2.5초가 걸리는 빛의 속도로 위성을 오가며 약 85,000km를 여행한다. 리포터의 응답을 사회자의 위치에 도달하는 데 2.5초가 더 걸린다. 처리 대기 시간으로 인해 리포터 얼굴이 5초간 멍한 상태가 된다. 사회자의 위치와 TV 세트 사이에 추가 대기 시간이 있지만 일정한 지연으로 인해 연속적인 데이터 흐름을 볼 수 있기 때문에 이를 알 수가 없다.

대기 시간은 연결성이 프로세스 루프 내부에 있을 때 중요하다. 당신이 멀리 떨어진 무인항공기를 수동으로 착륙시키려 할 때 상당한 대기 시간이 있는 경우 과도한 제어로 항공기가 충돌하는 것을 피하는 것은 대단한 기술이다. 허용할 수 있는 대기 시간이 짧을수록 사용할 수 있는 전송 대역폭도 줄어든다. 물론 전파시간 대 거리 역시 대기 시간의 요소이다.

처리량 비율은 정보가 흐르는 평균 속도이다. 일반적으로 광대역 데이터의 개별 부분은 제한된 대역폭을 통해 시간에 따라 확산되어 전송될 수 있다. 그러나 정보 흐름의 평균 속도가 전송 대역폭보다 높으면, 대기 시간이 증가하다가 프로세스가 중단된다. 이 현상의 간단한 예는 어느 정도 유창한 외국어로 말할 경우이다. 외국어 청취자는 일반적으로 사용된 단어의 일부를 놓친다. 그 사람은 어떤 속도로 대화를 따라갈 수 있지만 알려지지 않은 단어를 문맥에서 끌어내도록 말한 것을 머릿속에서 재검토해야 한다. 이 재검토 프로세스는 정보 경로의 일부이므로, 이렇게 유효 전송 대역폭을 좁힌다. 원어민이 너무 빠른 속도로 말하게 되면 청취자의 재검토 과정 지연으로 인해 외국 청취자가 대화를 따라갈 수 없을 때까지 대기 시간도 길어진다.

컴퓨터 대 컴퓨터 통신에서, 유사한 프로세스는 수신 컴퓨터가 전체 데이터 스트림을 처리할 적절한 형식으로 다시 정렬할 수 있도록 대역폭 데이터가 일시 중지되거나 일정 기간이 될 때까지 광대역 데이터를 저장하는 것이다. 허용되는 대기 시간의 크기는 수신 컴퓨터의 사용 가능한 메모리에 따라 다르다. 이 메모리가 과도한 처리 속도로 인해 오버플로우가 되면 프로세스가 충돌한다.

일반적으로 네트워크 시스템은 최고 데이터 속도가 아니라 필요한 처리 속도로 인해 문제가 발생한다. 이는 나중에 설명할 것이다.

2.3.4 정보 충실도

앞서 우리는 대역폭, 대기 시간 및 처리량 비율의 상호 작용에 대해 논의하였다. 이 모든 항목은 정보 충실도와 관련되어 있어, 데이터 압축 문제가 발생한다. 우리가 말하거나 쓸 때, 우리는 수신자가 사람이 두뇌가 작동하기 위해 연결된 방식으로 정보를 수신하고 처리할 수 있도록 정보를 형식화한다. 언어, 문법 규칙, 문장 구조, 구두법, 형용사 및 부사는 모두 우리의 의미를 명확하게 한다. 그들은 또한 많은 시간과 대역폭을 소모한다.

청년들이 서로 대화를 나눌 때, 엄지손가락으로 노인들은 파악할 수 없는 약어와 문법을 사용하여 현혹하는 속도로 휴대전화를 사용한다. 그들이 하는 일은 기술적인 관점에서 정보 압축을 위한 인코딩이다. 사용 가능한 대역폭이 심벌 전송 속도를 제한하기 때문에 학계에서 허용되는 문법, 철자법 등과 관련된 정상적인 오버헤드로 인해 이 매우 중요한 정보의 흐름이 허용할 수 없는 수준으로 느려진다. 인코딩은 데이터에서 중복성을 제거하는 데이터 압축의 한 형태로, 이로 인해 정보 속도와 데이터 속도 비율이 증가할 수 있다. 동일한 기능은 음성 및 비디오 압축에 사용되는 디지털 데이터 압축 기술을 통해 제공된다. 그림 2.7은 데이터 압축을 포함한 (임의의 수단을 사용하여) 발신자에서 사용자로의 정보 흐름을 보여준다. 수신기에 의해 수신된 신호는 또한 간섭 신호 및 잡음을 포함할 것이고 수신기 자체는 잡음을 생성한다는 것을 유의해야 한다.

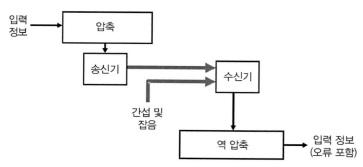

그림 2.7 압축 및 복원 과정에서 서로의 간섭 및 잡음의 영향으로 인해 모든 데이터 압축 방식은 오류가 발생할 수 있다.

물론 문제는 사용된 어떤 코딩도 정보 충실도에 적게나마 영향을 미친다는 것이다. 이상적으로, 커뮤니케이터는 모든 정보가 인코딩 및 디코딩 프로세스를 통해 보존되는 무손실 코드를 사용한다. 여기에 덧붙여 이제 발신자가 수신자에게 인코딩된 정보를 전송할 때의 영향도 추가하여야 한다. 먼저 디지털 통신 매체를 고려한다. 거리가 증가하거나 간섭(의도적 또는 비의도적)이 발생하면, 수신자가 1 또는 0을 수신했는지 여부를 결정해야 하는 시점에서 비트 오류가 발생한다. 그림 2.8은 비트 오류율과 E_b/N_0 사이의 관계를 보여준다. E_b/N_0는 RF 대역폭에 대한 비트 전송률의 비율로 조정한 수신된 사전탐지 predetection 신호 대 잡음비 RFSNR 이다. 전송되기 위해서는 디지털 데이터가 변조에 의해 전송되어야 한다. 이때 원래의 디지털 1과 0을 재현하기 위해 복조를 필요로 한다. 각 변조는 이 그림에서 다른 곡선을 가지지만 모두 거의 동일한 모양을 갖는다. 무선 전송에서 시스템은 전형적으로 10^{-3} 내지 10^{-7} 비트 오류율이 요구되도록 설계된다. 이 범위에서 대부분의 변조는 RFSNR의 1dB 변화에 대한 비트 오류 변화는 약 1자릿수의 RFSNR 기울기의 오류를 제공한다. 케이블 (전화 네트워크와 같은) 내에서의 전송의 경우, 훨씬 더 높은 SNR이 실용적일 수 있으며, 이 곡선의 기울기가 가파르게 된다.

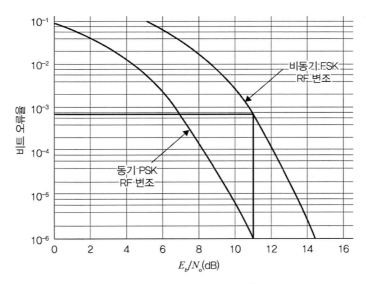

그림 2.8 복조된 디지털 신호의 비트 오류율은 E_b/N_0의 함수이다.

5장에서는 순방향 오류 정정에 관해서 이야기할 것이다. 이제 오류 검출 및 정정 코드 error detection and correction code, EDC 가 송신된 신호에 추가 정보를 더하여 수신자 위치에서 일부 오류 수준을 제거할 수 있다고 가정한다.

이 논의의 요점은 아마도 약간의 비트 오류가 있을 것이라는 점이다. 이러한 비트 오류는 코드에서 정보의 기본 양식으로의 변환 정확도를 낮춤으로써 전송된 정보의 질을 저하시킨다. 예를 들어 비디오 압축이 사용될 때 모든 비트 에러는 재구성된 화질을 저하시킨다.

유사한 현상은 인코딩이 사용되는 어떤 시점에서 청년들이 문자 메시지를 보낼 때 종종 보이는 현상을 참고할 필요가 있다. 엄지로 자판을 한 번 잘못 누르면 코드의 전력(즉 데이터 압축 비율)에 비례하는 양만큼 정보 충실도를 저하시킨다. 이것은 표 2.1의 처음 4개 행의 상호 의존성을 보여준다.

연결성이 적의 공격을 받거나 또는 높은 간섭 환경에 네트워크가 있다면 네트워크 및 사용 방식은 사용 가능한 대역폭을 사용하여 필요한 정보 충실도를 제공할 만큼 수용 가능한 대기 시간 및 필요한 처리량 비율이 충분히 견고해야 한다.

메시지 보안message security은 다른 사람이 우리가 보내는 정보를 알 수 없게 하는 이유가 있을 때에는 항상 중요하다. 이것은 적군이 지휘통제 통신에 의해 전달된 계획과 명령을 알게 되면 우군에게 큰 피해를 줄 수 있는 군용 통신에서 가장 뚜렷하게 보인다. 제2차 세계대전 중 독일해군의 ENIGMA 코드를 해독함으로써, 연합군은 Axis 잠수함들을 찾아내어(침몰시킬 수 있었고), 이로 인해 전쟁의 모든 상황이 바뀌었다. 코드 해독 전에는, 캐나다에서 영국으로 이동하는 함정은 건조되는 것보다 2배 빠르게 침몰되었다. 코드가 해독된 후, 독일의 잠수함들은 건조될 수 있는 속도의 2배로 빨리 침몰하였다. 메시지 보안에 대한 또 다른 명백한 요구사항은 기밀 금융 정보의 전송이다.

우리 대부분은 신원 도용을 두려워하여 미디어 보안에 확신이 없는 한 신용카드 번호나 사회 보장 번호를 전송하지 않는다.

암호화는 메시지 보안을 제공하는 기본 방법이다. 보안 암호화는 정보가 디지털 형식이어야 하며 일련의 임의 비트가 디지털로 메시지에 추가되어야 한다(1＋1＝0 등). 수신 측에서는 원본 메시지를 복구하기 위해 동일한 임의의 비트 열이 수신된 메시지에 추가된다. 일반적으로 필요한 대역폭을 늘리거나 처리 속도를 낮추지 않아도 된다. 그러나 일부 암호화 시스템은 비트 오류가 있을 때 비트 오류율이 증가할 수 있다. 어떤 시스템(수년 전)은 정밀히 측정한 결과, 암호화가 사용되었을 때 비트 오류율이 두 자릿수로 증가하였다(즉, 복호화기는 하나의 오류를 100개의 오류로 변환하였다). 그림 2.8에 따르면, 적절한 정보 충실도를 제공하기 위해서는 수신 신호 전력이 2dB 이상 더 필요하였다.

그림 2.9에서 정보 흐름 경로는 압축으로 시작한 다음 암호화, 오류 정정 코딩 및 전송으로 이동한다. 수신기에서 수신된 정보는 우선 오류의 정정을 받는다. 이것이 필요한 이유는 해독 및 압축 해제가 데이터 비트를 변경하고 존재하는 비트 오류의 수와 관련된 문제를 야기하기 때문이다. 또한 EDC는 데이터를 원래 형식으로 돌아오게 한다는 점에 유의해야 한다. 암호 해독은 암호화된 동일한 코드를 해독해야 하기 때문에 EDC 이후이고, 압축 해제 이전이다.

관련 문제는 적이 우리의 네트워크에 잠입하여 잘못된 정보를 삽입하는 것을 방지하기 위한 인증authentication 이다. 고급 암호화는 우수한 인증을 제공하지만, 규정된 인증 절차의 적절한 사용 또한 중요하다.

전송 보안transmission security 은 적들이 당신의 송신기를 탐지하거나 위치를 찾을 수 없도록 한다. 이는 예상되는 전술 상황에서 허용 가능한 보호를 제공하기에 적합한 전송 보안 조치를 사용하더라도, 특정 상황에서 적이 우리의 메시지 내용을 읽을 수 있다는 점에서 메시지 보안과는 완전히 다르다. 전송 보안 방법에는 방사 에너지의 제한, 기하학적으로 좁은 전송 경로 및 스펙트럼 확산이 포함된다. 이 장의 뒷부분에서는 정보 흐름의 효과에 미치는 영향과 관련하여 이러한 모든 문제에 대해 논의할 것이다.

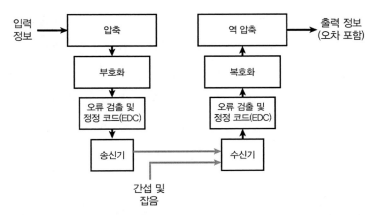

그림 2.9 정보 흐름은 첫 번째 기능으로 압축이 있다. EDC는 암호화와 복호화 사이에서 수행되며, 가능한 한 많은 에러가 해독 및 최종 압축 해제 기능 전에 제거될 수 있도록 한다.

간섭제거 및 항재밍은 같은 문제의 두 가지 측면이다. 통신 재밍은 정보의 흐름을 저하시키거나 제거하기 위해 의도적으로 원하지 않는(간섭하는) 신호를 적의 수신기에 생성하는 과정이다. 가장 큰 차이점은 고의적인 재밍이 더 정교해질 수 있다는 것이다.

간섭의 영향을 줄이기 위한 기술(우발적이거나 고의적인)에는 수신된 신호 강도와 관련된 모듈과 특수 변조와 관련된 모듈이 포함된다. 어떠한 방법을 사용하든 EW 자산을 연결하는 네트워크가 적절한 정보 충실도를 보장하기 위해 적절한 간섭 보호를 제공해야 한다.

2.4 간섭 제거(interference rejection)

의도적이든 비의도적이든, 간섭 신호는 수신된 정보의 충실도를 감소시킨다.

간섭의 영향을 줄이기 위한 변조 및 코딩 기술에 대해 설명한다.

2.4.1 전송된 스펙트럼 확산

확산 스펙트럼 기술은 5장에서 자세히 논의될 것이다. 이 논의는 정보 전송 대 대역폭과 간섭 환경의 특성에 중점을 둔다. 저피탐 확률low probability of intercept, LPI 에 대한 설명은 이 신호를 정의하는 데 사용되지만, 신호의 한 장점만을 다루기 때문에, 우리는 확산 스펙트럼 spread spectrum, SS 신호로 설명한다.

일반적으로 이 신호는 전송된 정보를 전달하는 데 필요한 것보다 훨씬 넓은 전송 스펙트럼을 갖는다. 수신기에서 신호의 역확산은 수신된 간섭으로부터 거짓 출력에 대한 복원된 정보의 비율을 증가시키는 처리 이득을 제공하면서 전송된 정보를 복원한다. 이러한 모든 유형의 시스템은 증가된 전송 대역폭 요구사항에 대한 잡음/간섭 감소를 처리한다는 점에 유의해야 한다. 이것의 가장 간단한 방법은 상용 주파수 변조FM 방송 신호를 고려하는 것이다.

2.4.2 상업용 FM 방송

주파수 변조 신호는 널리 사용되는 최초의 확산 스펙트럼 기술이다. 그림 2.10은 변조를 보여준다. 광대역 FM은 신호 대 잡음비SNR와 신호 대 간섭비를 전송 대역폭을 확산시키는 양의 제곱의 함수로 증가시켜 신호 품질을 향상시킨다. 확산 비율을 변조 지수라고 한다. 이는 그림 2.11에서 보듯이 반송파로부터의 최대 주파수 차이와 최고 변조 주파수 사이의 비율이다. 이 SNR 향상의 대가는 전송에 추가 대역폭이 필요하다는 것이다.

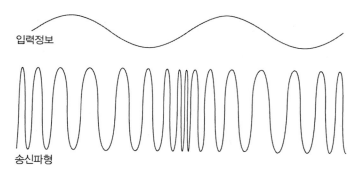

그림 2.10 FM 신호는 전송된 주파수의 변화로 정보를 전달한다.

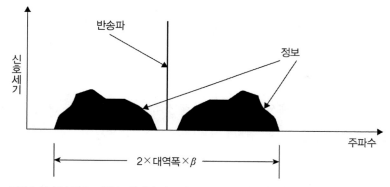

그림 2.11 전송된 FM 신호는 선택된 변조 지수에 의해 결정되는 대역폭에서 정보를 전달한다.

상업용 FM 주파수 할당은 100kHz 떨어져 있으며 지리적 영역에서 점유 채널 간에 다중 채널 슬롯이 있어야 한다.

큰 변조 지수의 경우, 전송 대역폭은 다음과 같다.

$$BW = 2f_m\beta$$

여기서 BW는 전송된 대역폭이고, f_m은 정보 신호의 최대 주파수이고, β는 FM 변조 지수이다.

출력 신호 대 잡음비 개선 공식(데시벨 단위)은 다음과 같다.

$$SNR = RFSNR + 5 + 20\log\beta$$

여기서 SNR은 데시벨 단위의 출력 SNR이고 RFSNR은 데시벨 단위의 사전 탐지 SNR이다. 이 SNR 개선을 달성하려면, RFSNR이 임계 레벨 이상이어야 한다. 수신기에 사용되는 복조기의 유형에 따라 4 또는 12dB 중 하나이다. 상업용 FM 방송 신호의 경우, 최대 변조 주파수는 15kHz이고, 변조 지수는 5이다. 가장 일반적인 유형의 복조기의 경우 RFSNR 임계값은 12dB이다.

따라서 방송 대역폭은 150kHz(2×15kHz×5)이다. 가장 일반적인 유형의 복조기에 대한 수신 안테나에서 최소 임계 신호를 사용하면, 출력 SNR은 31dB(12+5+20log 5 = 12+5+14)가 된다. 주파수 변조는 출력 SNR을 19dB 향상시킨다.

송신기의 프리 엠퍼시스(높은 변조 주파수의 전력 증가) 및 수신기의 디엠퍼시스(높은 변조 주파수의 전력 감소)는, 통신되는 정보의 특성에 따라 SNR 개선 효과가 몇 dB 정도 약간 더 커질 수 있다는 점에 유의해야 한다.

의도적 또는 비의도적인 간섭 감소는 간섭하는 신호의 특성에 달려 있다. 간섭이 협대역인 경우, 간섭 감소는 SNR 개선과 유사하다. 간섭이 잡음일 경우(예: 잡음이 많은 전력선) SNR 개선과 같은 방법으로 줄일 수 있다. 그러나 간섭이 적절하게 변조된 재밍 또는 다른 유사하게 변조된 FM 신호인 경우에는 원하는 신호와 동일한 처리 이득을 얻을 것이다(즉 간섭에 대한 성능의 개선은 없다).

2.4.3 군용 확산 스펙트럼 신호

높은 간섭 또는 적대적인 환경에서의 통신은 간섭을 극복하도록 설계된 특수한 스펙트럼 확산 기술을 사용함으로써 이익을 얻을 수 있다. 이러한 특수 변조에는 모든 간섭 신호와 유일하고 충분히 다르다는 것을 보증하는 의사 무작위 pseudo-random 기능이 포함되어 있어 원하는 신호가 다른 수신 신호에 비해 중요한 처리 이득을 갖게 된다.

의사 무작위 기능은 전송 전에 신호에 통합되며, 인증된 모든 수신기는 동기화되어 동일한 기능을 사용하여 수신된 신호를 역확산시켜 전송된 정보를 복구할 수 있다(그림 2.12 참조).

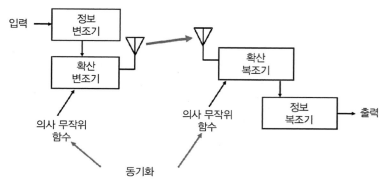

그림 2.12 LPI 통신 시스템은 송신기와 수신기 사이에서 동기화되는 의사 무작위 기능에 응답하여 스펙트럼을 확산시킨다.

이러한 군용 확산 스펙트럼 시스템에는 3가지 유형의 변조가 사용된다. 주파수 호핑 frequency hopping, 처프 chirp 및 직접 시퀀스 확산 스펙트럼 direct sequence spread spectrum.

다중 확산 변조를 포함하는 하이브리드 시스템도 있다. 이러한 변조방식은 5장에서 자세하게 논의되겠지만, 여기서는 정보 전달이 함의하는 바에 중점을 둔다.

확산 스펙트럼 변조의 각 유형이 정보를 디지털 형태로 전송해야 하는 구체적인 이유가 있다.

디지털 정보는 직접 전송할 수 없다. 무선 전송과 호환되는 어떤 유형의 변조에 배치해야 한다. 디지털 통신은 5장에서 다루지만, 여기서는 정보 전달에 중점을 두어 다시 자세히 설명할 것이다. 그림 2.13과 2.14는 스펙트럼 분석기 화면에 나타나는 전송된 디지털 신호의 스펙트럼과 전력 및 주파수 차원을 다이어그램 형태로 보여준다.

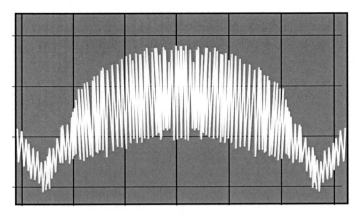

그림 2.13 디지털 신호의 스펙트럼 분석기 디스플레이는 캐리어 주파수의 양쪽에 명확하게 정의된 널(null)이 있는 메인 로브 패턴을 보여준다.

디지털 신호를 전송하는 데 필요한 전송 대역폭은 전송된 신호의 초당 비트 수인 데이터 클럭 속도의 함수라는 점에 유의하여야 한다. 요구되는 비트율은 운반되는 정보의 대역폭과 요구되는 신호 품질의 함수이다. 대부분의 디지털화 방식에서, 나이키스트 비율이 요구된다. 이 요구사항은 샘플 속도가 운반된 정보의 대역폭ʰᵉʳᵗᶻ 의 두 배가 된다는 것이다. 수신된 신호 품질은 샘플당 비트 수에 의해 결정된다. 필요한 대역폭을 줄일 수 있는 효율적인 코딩 방법이 있다. 샘플 속도(따라서 비트 전송률)는 정보의 더 높은 충실도 수신을 위해 더 클 수 있으며, 전송된 신호는 거의 모든 경우 주소 지정, 동기화 및 오류 검출/정정을 위한 추가 비트가 필요하다.

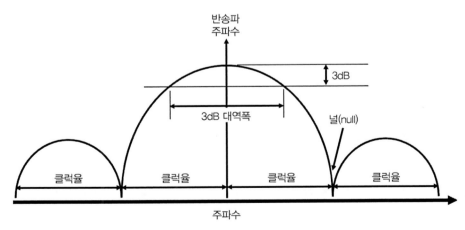

그림 2.14 디지털 신호 스펙트럼은 반송파 주파수로부터 클럭 속도의 배수 간격으로 명확하게 정의된 널(null)을 가진 주엽과 측엽을 포함한다.

2.5 정보 전송을 위한 대역폭 요구사항

한 위치에서 다른 위치로 정보를 전송하는 데 사용되는 대역폭과 관련된 몇 가지 중요한 문제가 있다.

- 링크의 복잡성
- 정보를 생성, 저장 또는 사용하는 데 필요한 복잡한 장비의 위치
- 적의 탐지 또는 송신기 위치에 대한 링크의 취약성

이러한 각 문제는 군사 능력에 기반한 네트워크의 설계에서 절충안을 필요로 한다.

2.5.1 링크가 없는 데이터 전송

상업용 분산 엔터테인먼트 및 개인용 컴퓨팅에서 이러한 모든 절충안이 만들어지고 빠르게 변화하고 있다.

주문형 비디오를 고려해보자. 처음에는 비디오카세트 레코더VCR가 있었는데, 이제는 광범위하게 디지털비디오디스크DVD로 대체되었다. 우리는 비디오테이프나 영화의 디스크를 구입하거나 임대할 수 있으며 비디오테이프 데크에서 재생할 수 있다. 링크를 통한 정보 전달은 필요하지 않았지만 사용 시점에 복잡한 장비(VCR 또는 DVD 플레이어)가 있어야 하며 일부 미디어에서는 영화를 물리적으로 사용자에게 전달해야 했다.

적절한 예로 1970년대에 위협 식별 테이블을 레이다 경보 수신기RWR에 로드하는 것을 들 수 있다. 데이터는 RWR에 저장되었지만 업데이트된 데이터 세트의 물리적 전송이 필요했다. 이 프로세스의 일부와 관련된 사람 누구나 업데이트 데이터의 제어, 유효성 검사 및 보안, 관련된 복잡성 및 정비 요구사항과 관련된 중요한 군수지원의 어려움을 알고 있다.

그림 2.15는 이동 가능한 매체를 사용하는 일반적인 개념을 보여준다. EW 시스템에서 이동 가능한 미디어는 수집된 데이터를 독립형 시스템에서 중앙 시설로 이동하여 운영 체제 및 데이터베이스 업데이트를 지원할 수 있으며 그 결과 업그레이드는 독립형 시스템에 로드될 수 있다.

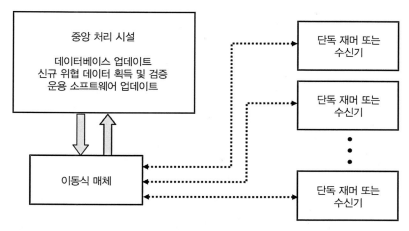

그림 2.15 휴대용 디바이스를 사용하여 단독형 시스템에 정보를 입력하거나 추출할 수 있다.

2.5.2 링크된 데이터 전송

이제 우리는 영화를 개인용 컴퓨터로 스트리밍할 수 있다. 우리는 원할 때 원하는 영화를 주문할 수 있으며, 전송 시설은 전달된 정보를 정확히 파악할(또 당신에게 결제를 청구할) 수 있다. 우리의 수신 장비는 데스크톱 컴퓨터만큼 복잡하거나 휴대전화처럼 작고 가벼울 수 있다. 기본적으로 영화를 받는 것과 관련된 전용 수신 장비가 없다. 그러나 정보를 수신, 처리 및 서비스하려면 다소 복잡한 멀티 디바이스가 필요하며 또한 데이터 링크도 필요하다. 데이터 링크의 대역폭이 클수록 정보를 빨리 얻을 수 있고 품질도 좋아진다. 압축하지 않고 비디오 정보를 전송하는 것은 대개 극히 비실용적이며, 일반적으로 전달되는 데이터의 품질은 압축 양과 반비례한다.

2.5.3 소프트웨어 위치

개인용 컴퓨팅 소프트웨어 사업에서 어떤 일이 일어나고 있는지 고려하는 것은 유익하다. 예전에는 소프트웨어를 구입하여 개인용 컴퓨터에 직접 설치하였다. 소프트웨어 사용이 허가되더라도 실행이 어려웠다. 이제는 제조업체와 계약하지 않고 계정을 받지 않으면 소프트웨어를 거의 활성화시킬 수 없다. 소프트웨어의 생성자는 누가 그것을 가지고 있는지 알고 자격이 있는 사용자만 사용할 수 있도록 권한을 부여할 수 있다. 동일한 제어 및 보안 조치로 소프트웨어를 다운로드할 수도 있다. 소프트웨어 제조업체는 정기적으로 소프트웨어를 모든 권한이 부여된 사용자에게 업그레이드한다.

이러한 유형의 소프트웨어 및 데이터 배포는 상업적 및 군사적 상황 모두에 적용된다. 보안 및 권한 제어의 수준은 일반적으로 군용 데이터에 대해 더욱 엄격하다.

두 경우 모두 수신 스테이션에는 모든 소프트웨어를 저장해야 하고, 응용 프로그램을 실행하기에 충분한 설치 가능한 메모리가 탑재되어 있어야 한다.

실시간 상호 작용이 필요 없기 때문에 거의 모든 사용 가능한 링크를 통해 인증 및 데이터 다운로드를 수행할 수 있다. 좁은 링크는 넓은 링크보다 데이터(느린 속도로) 전송 시간이 훨씬 많이 걸린다.

이제 제조사가 소프트웨어를 유지하도록 하려는 움직임이 있다. 사용자는 링크를 통해 소프트웨어에 접근하고, 입력 데이터와 제어 기능들을 업로드하고 응답을 다운로드한다 (그림 2.16 참조). 이점은 사용자 장비가 상당히 덜 복잡하고 상대적으로 작은 로컬 메모리 또는 컴퓨터 능력이 요구된다. 또 다른 이점은 제조업체가 소프트웨어 유지보수를 직접 수행할 수 있다는 것이다. 모든 사용자는 항상 적절하게 업그레이드된 소프트웨어를 갖게 된다. 이 프로세스의 작업은 최종 사용자의 기능을 중앙 위치로 옮기는 것이다. 그 결과 사용자 위치에서의 복잡성이 줄어들지만, 컴퓨터와 중앙 시설 간의 실시간(또는 실시간에 가까운) 상호 작용에 의한 링크 의존성 증가 및 링크 대역폭 요구 증가로 이어진다.

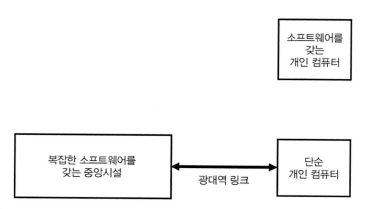

그림 2.16 개인용 컴퓨터 소프트웨어는 컴퓨터에 완벽하게 위치하거나 혹은 중앙 위치에 있어 필요에 따라 액세스할 수 있다.

2.6 분산 군사력(distributed military capability)

분산된 군용 체계에서 능력의 위치를 일반화시켜보자. 그림 2.17과 같이 사용자 위치에서 많은 기능을 수행할 수 있다. EW 응용 프로그램에서 사용자는 탐지 수신기, 재머 또는 다른 EW 장비도 해당될 수 있다. 이 접근 방식은 하나 이상의 링크에 대한 심각한 실시간 종속성 없이 사용자 위치의 모든 시스템 기능에 신속하게 접근할 수 있다는 이점이 있다. 또한 다수의 사용자 개별 장비는 상대적으로 협대역 링크를 통해 필요에 따라 그들 사이에 데이터를 통과시키면서 서로 협조하여 동작할 수 있다. 사용자 위치가 많으므로 많은 양의 병렬 기능이 필요하다. 추가적으로 크기, 무게, 전력 및 비용 외에도 보안 문제가 있다.

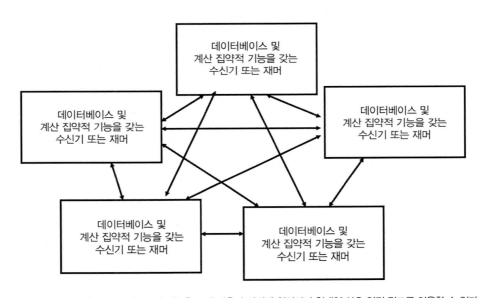

그림 2.17 분산 군용 체계는 대부분의 기능을 로컬 사용자 장치에 위치시켜 협대역 상호 연결 링크를 허용할 수 있다.

만약 사용자 장비가 적의 손에 들어가면 분석을 통해 능력이 파악되고, 보호된 데이터베이스 정보가 추출될 수 있다.

그러나 통합 시스템 기능의 상당 부분은 그림 2.18과 같이 중앙 위치에서 구현될 수 있다. 이 경우 전체 시스템 복잡성 및 유지 관리 노력이 줄어든다. 또한 사용자 장비는 일반적으로 적과 가까운 곳에서 위험한 방향으로 가고 따라서(아마도 더 안전한) 중심 위치의 장비보다 파괴 또는 적대적 획득의 대상이 되기 쉽다.

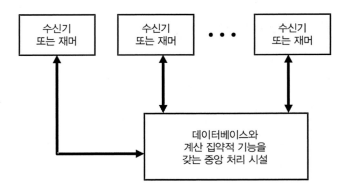

그림 2.18 광대역 링크를 통해 복잡한 중앙 시설에 접근함으로써 로컬 사용자 장치의 복잡성을 줄일 수 있다.

만약 데이터베이스와 계산 집약적인 프로세스가 중앙에 위치할 경우, 사용자 위치와 중앙 시설 간에 신뢰할 수 있는 실시간, 광대역 통신이 없으면 성능이 충족될 수 없다. 이렇게 해야 통합 시스템의 기능성에 중요한 데이터 링크를 안전하고 견고하게 만든다.

2.6.1 네트워크 중심전(net-centric warfare)

분배된 (즉 망-중심의) 군사작전이 수행될 때 재밍에 대한 링크 연결의 취약성과 송신기의 적대적인 지리적 위치와 관련된 위험이 중요한 고려사항이다. 메시지 보안과 다른 문제로서 전송 보안 구현을 통해 이 두 가지 문제를 모두 줄일 수 있다.

2.7 전송 보안 대 메시지 보안

메시지 보안은 암호를 사용하여 신호에 운송된 정보에 적이 접근하는 것을 방지하는 것이다. 고품질 암호화를 위해서는 그림 2.19에서 보는 바와 같이 신호가 디지털이어야 하고 신호 비트 스트림에 의사 무작위 비트 스트림을 추가하여야 한다. 논의를 명확하게 하기 위해 이것을 암호화 신호라고 부른다.

합쳐진 비트 스트림은 그 자체가 의사 무작위 정보라 메시지를 복구할 수 없게 만든다. 상용 어플리케이션에서는 64비트에서 256비트까지 반복되는 암호화 신호를 사용하는 것이 일반적이다. 그러나 안전한 군사 암호화 신호는 수년간 반복되지 않아야 한다. (암호화 비트 스트림이 짧을수록 적이 코드를 해독하기 쉽다.) 수신기에서 수신된 비트 스트림에 원래의 암호화 비트 스트림이 더해지면, 이 비트 스트림은 암호화되지 않은 형태인 원래의 신호로 변환된다.

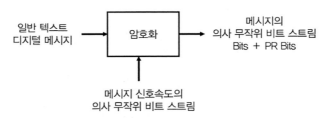

그림 2.19 메시지 보안은 의사 랜덤 비트 스트림을 디지털화된 메시지에 추가함으로써 이루어진다.

하지만 전송 보안은 송신 신호의 스펙트럼을 무작위로 확산시켜 적이 신호를 탐지하거나 신호를 재밍하거나 송신기를 찾는 것을 어렵게 만든다. 신호를 확산시키는 세 가지 방법은 주파수 호핑, 처프, 직접 시퀀스 확산 스펙트럼 DSSS 방식이다. 이에 대해서는 5장에서 재밍과 연관하여 논의된다. 여기서는 전송 보안 관점에서 이들 기술에 대해 살펴볼 것이다. 다른 운용상의 이점도 있지만, 전송 보안의 주요 이점은 적이 송신기 위치를 찾아내는 것을 방해하여 송신기에 대해 공격하거나 호밍 무기를 사용할 수 없게 한다. 그림 2.20에서 볼 수 있듯이, 고가치 자산에서 저가치 자산으로 연결된 링크에 전송 보안을 사용하는 것이 가장 중요하다.

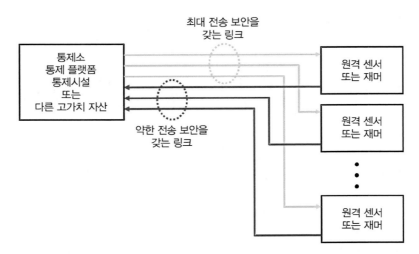

그림 2.20 고가치 자산의 링크에 대해 높은 수준의 전송 보안을 제공하는 것이 바람직하다.

주파수 호핑hopping 신호는 그림 2.21과 같이 저속의 경우 수 msec마다, 고속의 경우 수 μsec마다 출력 신호의 주파수를 바꾸는 것이다. 이렇게 하면 신호의 존재를 비교적 쉽게 감지하며, 무작위 탐지로 주파수를 소인하여 송신기 위치를 식별할 수 있는 많은 시스템이 있다. 주파수 호핑이 느리면 쉽게 노출된다. 따라서 주파수 호핑은 송신기 위치를 보호하기 위해서라면 가장 바람직하지 않은 기술이다.

광범위한 선형 소인을 사용하는 처프 신호는 넓은 주파수 범위에서 매우 빠르게 이동한다(그림 2.22 참조). 주파수 호핑과 마찬가지로 처프 신호도 전체 신호 전력을 한순간에 하나의 주파수에 부여한다. 그러나 주파수 변경이 매우 고속이라 수신자는 상당히 넓은 대역폭이 아니면 신호를 감지할 수 없다. 넓은 수신기 대역폭은 수신기 감도가 감소되지만, 처프 신호는 아직도 상당히 탐지하기 쉽다. 따라서 송신기의 위치 탐지는 매우 간단하다.

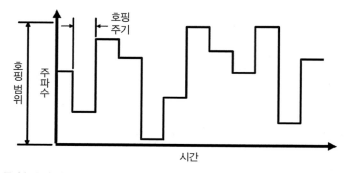

그림 2.21 주파수 호핑 신호는 하나의 메시지 전송 중에 송신 전력을 새로운 주파수로 여러 번 이동시킨다.

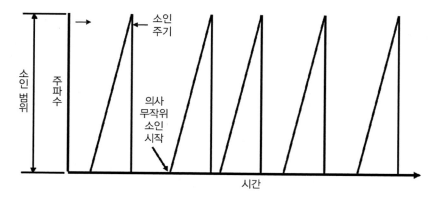

그림 2.22 처프 신호는 큰 주파수 범위에서 매우 빠르게 전체 송신 전력을 소인한다.

직접 시퀀스 확산 스펙트럼 신호는 그림 2.23에서와 같이 고속의 의사 무작위 비트 스트림을 가진 2차 디지털 변조를 추가하여 넓은 주파수 범위에 신호 에너지를 분산시킨다. 고속 디지타이징의 비트를 칩 chips 이라고 한다.

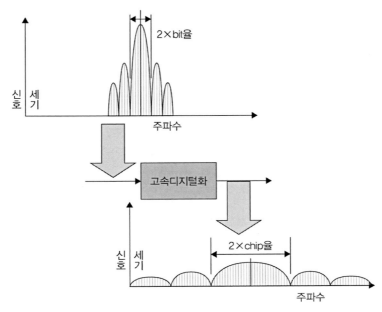

그림 2.23 직접 시퀀스 확산 스펙트럼 변조는 넓은 주파수 범위로 신호를 확산시켜 개별 주파수의 전력을 감소시킨다.

디지털 신호의 주파수 스펙트럼은 2.4절에 설명되어 있다. 입력 정보 신호의 널 null 에서 널까지의 대역폭은 비트 속도의 두 배인 반면 확산 신호의 널에서 널까지의 대역폭은 칩 속도의 두 배이다.

신호 내 전력은 훨씬 더 넓은 스펙트럼에 걸쳐서 분산된다. 이것은 잡음을 생성하는데, 문자 그대로 실시간으로 넓은 주파수 범위에 에너지가 퍼져 나가는 신호와 같다. 단일 주파수에서 최대 출력을 수신하지 못하면, 신호가 있는지를 판별하는 것은 훨씬 더 어렵다. 이 신호를 검출하려면 에너지를 검출하거나 좁은 주파수를 결정하는 고속 비트 스트림 칩을 시간 내에 검출하는 등의 매우 정교한 처리를 필요로 한다. 따라서 이 기술은 전송 보안에서 선호하는 방식이다. 다음에 설명 하듯이 신호가 확산될수록 전송 보안이 강화된다.

전송 보안 기술은 신뢰할 수 있는 메시지 보안을 제공하지 않는다는 것을 인식하는 것이 중요하다. 정상적인 환경에서는 확산 기술을 사용하여 적이 전송된 정보를 복구하기 어렵게 만든다. 그러나 각 기술마다 정교한 적이 신호를 역확산하지 않고 메시지의 내용을 읽을 수 있는 조건이 있다.

이러한 환경은 근거리 수신기나 고감도의 수신기 및 정교한 신호 처리를 사용하는 경우이다.

2.7.1 전송 보안 대 전송 대역폭

수신기의 신호 대 잡음비^{SNR}는 시스템 대역폭에 반비례한다. 이는 수신기가 확산 스펙트럼 신호를 검출하는 능력이 신호가 확산된 양에 의해 저하된다는 것을 의미한다. 전송 보안을 사용하지 않으면, 기본 정보 변조와 일치하는 대역폭에서 신호를 수신할 수 있게 된다. 그러나(예를 들어) 신호가 1,000배로 확산되면 그림 2.24와 같이 전체 신호 전력을 포착하기 위해서는 수신기 대역폭이 1,000배로 커져야 한다. 이로 인해 수신기 감도가 30dB 감소한다($10\log_{10}$[대역폭 요소]). 이러한 수신기 감도 손실은 신호의 도래 방향을 결정할 수 있는 정확도와 상당히 선형 관계를 갖는다. 그러나 이러한 일반화에 대해 주의가 필요하다. 신호 변조 특성에 의존하는 다양한 에미터 위치 탐지 접근법과 관련된 처리 이득이 있기 때문이다. 그러나 일반적인 규칙은 사실이다. 전송 보안 수준은 신호가 확산되는 요소의 직접적인 함수이다.

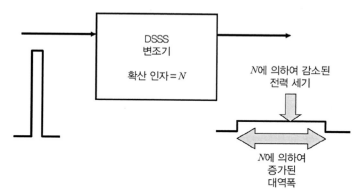

그림 2.24 신호 스펙트럼 확산은 탐지 능력과 확산에 비례하여 송신기 위치 탐지 능력을 감소시킨다.

2.7.2 대역폭 제한

이제 신호에 얼마나 많은 확산을 적용할 수 있는지 고려해본다. 이는 비확산 신호 대역폭에 따라 달라진다. 지휘통제 링크와 같은 협대역 송신기의 대역폭은 수 kHz이다. 예를 들어 명령 신호는 초당 10,000비트 정도이다.

변조방식에 따라 다르지만 명령 링크 대역폭은 10kHz이다. 확산 계수가 1,000인 경우 명령 링크 대역폭은 여전히 10MHz이다. 그러나 실시간 디지털 영상 데이터 링크는 50MHz 폭이다. 비디오 압축을 사용하더라도 약 2MHz 폭이 된다. 이것을 1,000배로 확산한다면 결과 신호는 2GHz 폭이다.

소요되는 송신기 전력이 링크 대역폭에 비례할 뿐만 아니라, 증폭기 및 안테나가 대역 폭의 10%에 도달할 때부터 효율을 상당히 잃기 시작한다. 5GHz에서의 10% 대역폭은 500MHz이다. 5GHz 정도의 초고주파 링크는 일반적으로 좋은 성능을 얻기 위해 지향성 안테나가 필요하다는 점에 유의해야 한다. 고속 이동형 전술 플랫폼은 무지향성 안테나를 사용하는 링크와 매우 쉽게 연결된다. 이것은 500MHz에서 1,000MHz의 UHF 주파수 범위에서 링크를 훨씬 더 바람직하게 만든다. 10% 대역폭은 500MHz 링크에 대해서 50MHz이다. 요점은 고속 데이터 전송 링크에 높은 수준의 전송 보안을 제공하는 것이 어렵다는 것이다. 더 높은 속도의 링크는 실질적인 링크 대역폭 내에 맞도록 더 낮은 확산 비율을 가져야 한다.

2.8 사이버전 대 전자전

이 책을 쓸 당시 국방 관련 문헌에 사이버 전쟁에 관한 논의가 많이 다루어졌다. 새로운 관심 분야와 마찬가지로 정의에 대한 열띤 토론이 있었으며 사이버전과 전자전을 다양한 방법으로 하나로 묶어놓는 사람들이 있었다. 이 논의는 앞으로 많은 토의를 거쳐 결론이 날 것이다. 이 책의 초점은 기술적인 것이므로 기본 원칙을 강조하고 다른 사람의 언어적인 의견 차이를 해결할 수 있도록 할 것이다.

우리는 지금까지 디지털 정보를 군사 목적으로 사용하는 것에 대한 다양한 측면을 논의하였다. 이의 배경은 전통적인 명령과 지휘통제뿐만 아니라 네트워크 중심전에서의 도전과 절충안을 이해하고 다루기 위한 열쇠이다. 이번 절에서는 정보 흐름을 사이버전과 전자전에서의 응용 프로그램과 관련시키고자 한다.

2.8.1 사이버전

사이버라는 용어는 인터넷의 여러 곳에서 정의하고 있다. 공통된 의미는 인터넷을 구성하는 컴퓨터 네트워크, 즉 인터넷에서 컴퓨터를 통해 이동하는 정보를 사이버라고 한다. 사이버전은 정보 고속도로를 이용하여 군사적으로 중요한 적의 정보를 수집하거나 혹은 적이 인터넷이나 다른 네트워크를 통해 정보를 이동하거나 컴퓨터에서 정보를 처리하는 능력을 방해함으로써 군사적 이점을 얻는 것으로 (때로는 더 자세하게) 정의된다.

2.8.2 사이버 공격

학문적으로 사이버전은 해를 끼치는 소프트웨어인 악성소프트웨어 malware 를 사용하여 수행된다고 정의한다. 여기에는 다음이 포함된다.

- **바이러스** viruses : 스스로 복제하여 한 컴퓨터에서 다른 컴퓨터로 전파될 수 있는 소프트웨어. 바이러스가 많은 정보를 컴퓨터에 저장하게 되면 컴퓨터는 본래의 기능을 수행하기 위한 메모리가 부족하게 된다. 바이러스는 원하는 정보를 삭제하거나 프로그램을 원래의 의도와 다르게 수정할 수도 있다.
- **컴퓨터 웜** worms : 보안이 취약한 네트워크를 통해 자신의 복제본을 다른 컴퓨터에 자동으로 전파하는 소프트웨어
- **트로이 목마** trojan horse : 무해한 것처럼 보이면서 컴퓨터의 데이터 또는 기능을 공격하는 소프트웨어. 이 악성소프트웨어는 적의 코드가 컴퓨터나 네트워크에 들어가는 방식과 관련이 있다. 트로이 목마 프로그램은 유익한 기능을 제공하는 것처럼 포장한다. 그러나 다운로드된 소프트웨어에는 별로 원치 않는 기능을 가진 다른 프로그램이 숨겨져 있다.
- **스파이웨어** spyware : 악의적인 목적으로 컴퓨터에서 데이터를 수집하여 송출하는 소프트웨어

이 외에도 인터넷을 통해 적의 컴퓨터에 접근하고, 컴퓨터의 기능을 공격하는 다양한 기술을 설명하는 여러 가지 용어가 있다.

해커는 모든 인터넷 사용자에게 경계대상이며, 복잡하고 기억하기 어려운 암호를 사용하고, 방화벽에 예산을 지출하게 한다. 그러나 사이버전에서는 중요한 군사 목적을 위해

전문가들에 의해 이러한 공격이 설계되고 실행된다. 이들 전문가들은 하는 일에 매우 능숙하여 취약점을 수정해도 곧 극복하기 때문에 지속적이고 정교한 방어 노력이 필요하다.

2.8.3 사이버전과 전자전의 유사성

전자전은 3개의 주요 하위 분야로 구성되며, 밀접하게 연관된 또 하나의 분야가 있다.

- **전자전 지원** electronic warfare support, ES : 적의 송신 전파를 적대적으로 탐지 intercept 하는 것
- **전자 공격** EA : 적의 전자 센서(레이다 및 통신 수신기)를 공격하는 목적으로 설계된 신호의 송신으로 일시적 또는 영구적으로 성능을 저하시키는 것
- **전자 보호** EP : 적의 전자 공격으로부터 아군 센서를 보호하기 위해 설계된 일련의 대응책
- **디코이** : 문자 그대로 전자전의 일부는 아니지만 전자전과 함께 고려되는 것으로 적의 미사일과 화기가 허위 표적를 획득하고 추적하도록 유도함

사이버전의 요소는 전자전 관련 하위 분야와 유사하다. 표 2.2에서 볼 수 있듯이 전자전의 이들 분야 각각은 사이버와 유사한 기법을 갖고 있다.

표 2.2 전자전과 사이버전의 기능 비교

운용기능	전자전	사이버전
적으로부터 정보를 수집	전자전 지원, 적의 능력과 운용 모드를 결정하기 위해 적신호를 탐지	스파이웨어, 정보를 적대적인 위치로 내보내는 경우
적의 운용능력을 전자적으로 방해	전자 공격, 수신된 정보를 은폐하거나, 프로세싱으로 부정확한 출력을 생성	바이러스, 유용한 운용 메모리를 줄이거나, 적합한 처리 출력을 방해하기 위하여 프로그램을 수정
적의 전자간섭으로부터 우군능력 보호	전자 보호, 적의 재밍이 작동능력에 영향을 주는 것을 방지함	암호 및 방화벽, 악성소프트웨어가 컴퓨터에 침투하는 것을 방지
적 체계가 원치 않는 동작을 시작하게 함	디코이, 유도탄 또는 화기에 의해 획득되는 타당한 표적처럼 보이게 함	트로이 목마, 타당하고 유익한 것으로 보이기 때문에 적 컴퓨터가 받아들이는 적대적인 소프트웨어

- ES는 스파이웨어와 비교될 수 있다. 실제로 스파이웨어는 신호정보수집 SIGINT 과도 같다. ES와 SIGINT는 모두 적들이 수집당하기를 꺼리는 정보를 수집한다. 이 두 분야의 차이점에 대해서는 10장에서 설명한다.
- 전자 공격은 적의 수신기에 재밍 전파신호를 전송하여 적의 정보수집을 거부한다. 대

상이 레이다인 경우 레이다 수신기가 수신해야 하는 신호, 즉 표적으로부터 반사된 신호를 은폐하거나, 표적이 허위 위치에 있도록 결정하는 레이다의 처리 부체계에 영향을 주는 전파 파형을 송신하여 레이다를 기만하여 재밍한다.

- 은폐형 레이다 재밍은 일부 컴퓨터 바이러스가 컴퓨터의 여유 메모리를 모두 점유하는 것과 매우 유사하다. 이렇게 하면 컴퓨팅 기능을 포화시켜서 원하는 정보를 효과적으로 가릴 수 있다.

- 기만형 레이다 재밍은 신호를 송신하여 잘못된 결론을 내도록 하는 것으로, 바이러스가 컴퓨터의 코드를 수정하여 올바르지 않거나 의미 없는 결과를 산출토록 하는 것과 유사하다.

- 통신 재밍은 표적 수신기가 정확한 정보를 추출하고자 하는 신호를 은폐한다. 스푸핑 spoofing 은 올바른 신호처럼 보이지만 허위 정보를 포함하는 허위 신호를 전송하는 것을 포함한다. 이 두 가지 전자전 기능은 대상 컴퓨터를 포화시키거나 코드를 수정하는 컴퓨터 바이러스의 효과와 유사하다.

- 전자 보호는 정보나 기능의 손실을 줄이거나 없애기 위해 레이다 수신기/프로세서 및 통신 수신기 등 아군 센서에 대한 제반 대응책으로 구성된다. 이것은 암호나 방화벽을 이용하여 컴퓨터를 악성소프트웨어로부터 보호하는 것과 유사하다.

- 디코이는 중요한 목표물로부터 유효한 반사처럼 보이도록 레이다 신호를 반사하는 물리적 장치이다. 디코이는 트로이 목마의 기능과 비슷해서 적을 기만해서 적으로 하여금 대응을 유도하여 시스템 운용에 손상을 주게 된다.

2.8.4 사이버전과 전자전의 차이

사이버전과 전자전의 차이점은 적의 시스템에서 적대기능이 어떻게 시작되는지와 관련이 있다. 그림 2.25와 같이 사이버 공격은 맬웨어 소프트웨어를 적의 시스템에 투입한다. 즉 인터넷, 컴퓨터 네트워크, 플로피 디스크 또는 플래시 드라이브를 통해 적의 시스템에 투입된다. 그림 2.26에서 보듯이 전자전은 전자기적 방식으로 적 시스템의 기능에 침입한다. 전자전 지원은 적의 송신 안테나가 전송한 신호를 수신하고, 전자 공격은 적의 수신 안테나를 통해 악영향을 주기 위하여 적의 수신기나 프로세서에 침입한다.

현대의 위협 무기체계는 소프트웨어 집약적인 것이 사실이지만, 예를 들어 러시아 S-300 대공 시스템의 구조를 보면 모든 차량(지휘 차량, 레이다 차량, 발사대 등)은 통신 안테나를 사용하여 컴퓨터 간에 신호를 교환하므로 동적 교전 시나리오에 맞게 필요한 위치로 분산하여 운용이 가능하다. 무기체계 구성 요소의 전술적 효용성과 생존성은 이동성에 달려 있으며 전자파를 통해 상호 연결성이 요구된다.

따라서 전자전 공격에 취약하다.

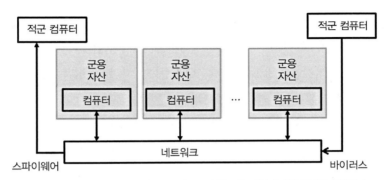

그림 2.25 사이버전은 인터넷 등 네트워크를 통한 군용 자산에 대한 공격을 포함한다.

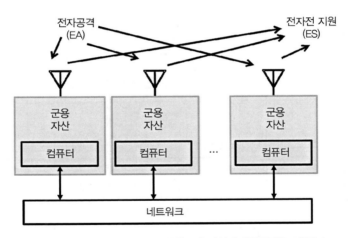

그림 2.26 전자전은 전자파 전파를 통한 군용 자산에 대한 공격을 포함한다.

2.9 대역폭 절충(trade-offs)

대역폭은 통신 네트워크에 있어서 중요한 매개 변수의 절충 요소이다. 일반적으로 대역폭이 넓을수록 한 위치에서 다른 위치로 더 빠른 정보를 전송할 수 있다. 그러나 적절한 수신 신호 품질을 얻으려면 대역폭이 넓을수록 큰 수신 신호 전력이 요구된다.

디지털 통신에서 수신된 신호 충실도는 수신 신호의 비트 정확도로 측정된다. 비트 오류율 BER 은 오류 비트 대 총 수신 비트의 비율이다. 5장에서 자세히 설명하였듯이 디지털 데이터를 직접 전송할 수는 없으므로 무선 반송파로 변조되어야 한다. 일반적인 변조방식의 경우 그림 2.27은 수신된 비트 오류율을 E_b/N_0의 함수로 보여준다. 2.3.4절에서 논의한 바와 같이, E_b/N_0는 대역폭 대 비트율에 맞게 조정된 사전탐지 SNR RFSNR 이다. 전형적인 디지털 링크에서 수신 BER은 $10^{-3} \sim 10^{-7}$ 사이에서 변한다. 그림에서 알 수 있듯이 이 범위에서 RFSNR가 1데시벨 감소하면 BER은 약 10배 증가한다. RFSNR 대 BER 변화율은 디지털 데이터에 사용된 모든 변조에 대해 동일하다.

BER이 이보다 작으려면 비트 오류를 정정하기 위해 오류 정정 기술이 사용된다.

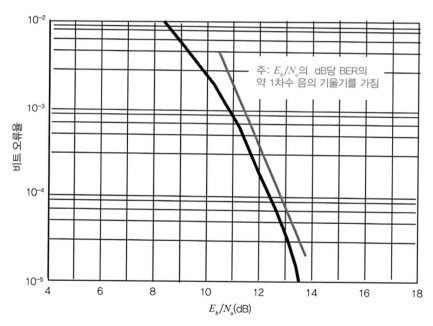

그림 2.27 수신 신호의 비트 오류율은 E_b/N_0의 역함수이다.

2.9.1 비트 오류의 중대한 사례

5장에서는 비디오 압축에 대해 설명한다. 지금까지 언급한 기술에서 비트 오류가 발생하면 복구된 이미지의 충실도가 떨어진다.

경우에 따라서는 단 한 비트 오류가 데이터를 크게 손상시킬 수도 있다.

다른 BER 문제의 중대한 예로는 암호화된 신호의 경우, 허용 오류가 극히 적은 동기 손실이나 명령 링크는 비트 오류로 인해 손실이 발생할 수 있다는 것을 들 수 있다.

2.10 오류 정정 접근법

그림 2.28에서 볼 수 있듯이, 수신된 신호를 송신기로 다시 전송하고 비트별로 검사한 다음 필요한 경우 재전송하여 오류를 정정할 수 있다. 이를 위해서는 양방향 링크가 필요하며 전송 거리, 간섭, 재밍 등 순간적인 조건에 따라 달라지는 지연 시간이 발생한다. 다수결 방식의 인코딩에 의해 에러를 줄일 수 있는데, 중복하여 데이터를 전송하고 수신 데이터를 다수결에 의해 결정하는 방식이다. 유사한 방법으로는 동일한 메시지를 여러 번 전송하고 강력한 패리티 인코딩을 통해 에러가 있는 데이터를 제거하는 방법이다. 이 두 가지 방법 모두 상당한 양의 비트를 추가로 송신하여야 한다. 그림에 표시된 세 번째 방법은 오류 정정 코드 사용이다.

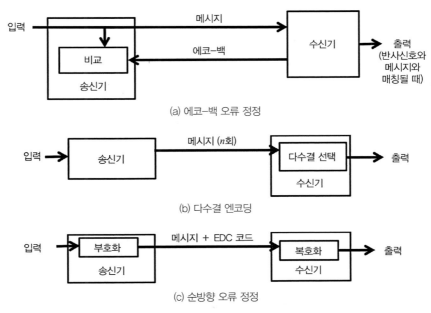

그림 2.28 비트 오류는 여러 가지 기술로 정정할 수 있다.

2.10.1 오류 검출 및 정정(EDC) 코드

EDCerror detection and correction 코드를 사용하면 수신된 오류를 정정할 수 있다(코드의 능력으로 설정된 한도까지). 데이터에 더 많은 EDC 비트를 추가하면 더 많은 백분율의 오류 비트를 정정할 수 있다.

그림 2.29는 간단한 해밍 코드 인코더의 동작을 보여준다. 첫 입력 비트가 1이면 처음 7비트 코드가 레지스터에 저장된다. 한 비트가 0이면 모든 0이 입력된다. 모든 비트가 인코딩되면, 레지스터가 합산되고 합계가 전송된다.

그림 2.30은 디코더를 보여준다. 수신 비트가 1이면 해당하는 3비트 코드가 레지스터에 입력된다. 0이면 모두 0이 입력된다. 모든 비트가 정확하게 수신되면 레지스터 값은 0에 더해진다. 이 예제에서는 수신된 코드의 네 번째 비트에 오류가 있으므로 레지스터의 합은 011이다. 이것은 네 번째 비트가 수정되어야 함을 나타낸다.

(7,4) 해밍 코드

```
MESSAGE •      GENERATOR      =   CODE WORD
           ┌                 ┐
[1 0 1 0] • │ 1 0 0 0 ┊ 1 0 1 │     1 0 0 0 1 0 1
           │ 0 1 0 0 ┊ 1 1 1 │     0 0 0 0 0 0 0
           │ 0 0 1 0 ┊ 1 1 0 │  =  0 0 1 0 1 1 0
           │ 0 0 0 1 ┊ 0 1 1 │     0 0 0 0 0 0 0
           │ 1 1 1 0 ┊ 1 0 0 │    ─────────────
           │ 0 1 1 1 ┊ 0 1 0 │     1 0 1 0 0 1 1    이것이 보내짐
           │ 1 1 0 1 ┊ 0 0 1 │
           └                 ┘
```

그림 2.29 해밍 코드 인코더

(7,4) 해밍 코드(계속)

```
SENT =     [1 0 1 0 0 1 1]
ERROR =    [0 0 0 1 0 0 0]
RECEIVED =[1 0 1 1 0 1 1]
               ┌       ┐
               │ 1 0 1 │     1 0 1
               │ 1 1 1 │     0 0 0
               │ 1 1 0 │     1 1 0
[1 0 1 1 0 1 1]•│ 0 1 1 │  =  0 1 1
               │ 1 0 0 │     0 0 0
               │ 0 1 0 │     0 1 0
               │ 0 0 1 │     0 0 1
               └       ┘    ───────
                            0 1 1     그래서 4번째 비트가 잘못됨
```

[0 0 0 1 0 0 0]을 더하여 수신된 워드를 정정함

그림 2.30 해밍 코드 디코더

EDC 코드에는 컨벌루션 코드 convolutional code 와 블록 코드 block codes 두 가지 종류가 있다. 컨벌루션 코드는 비트 단위로 오류를 정정하는 반면 블록 코드는 전체 바이트(예 : 8비트)를 정정한다. 블록 코드는 바이트의 한 비트가 불량인지 또는 모두 불량인지 상관하지 않고 바이트 전체를 정정한다. 일반적으로 오류가 균등하게 분산되면 컨볼루션 코드가 더 좋다. 그러나 오류 그룹을 유발하는 메커니즘이 있는 경우, 블록 코드가 더 효율적이다.

블록 코드의 중요 응용 분야는 주파수 호핑 통신이다. 신호가 다른 신호에 의해 점유된 주파수로 호핑할 때마다(주파수 사용이 고밀집한 전술 환경에서처럼), 전송된 모든 비트에 오류가 발생할 것이다.

컨벌루션 코드의 전력은 (n, k)로 표시된다. 이는 k개의 정보 비트를 보호하기 위해 n비트가 전송되어야 함을 의미한다. 블록 코드의 전력은 (n/k)로 표현되며 k개의 정보 심벌을 보호하기 위해 n개의 코드 심벌 바이트 이 전송되어야 함을 의미한다.

2.10.2 블록 코드 예제

RS Reed-Solomon 코드는 널리 사용되는 블록 코드이다. 응용된 사례로는 군용 합동망인 링크 16과 위성수신 텔레비전 방송이다. RS 코드는 블록의 여분 바이트 수의 절반과 동일한 수의 불량 바이트를 정정할 수 있다(포함된 데이터 바이트 수 이상).

위의 두 가지 응용 사례에서 사용된 버전은 (31/15) RS 코드이다. 오류 정정을 위해 15개의 정보 바이트 및 16개의 여분 바이트를 포함하여 각 블록에서 31바이트를 전송한다. 이를 통해 31개 바이트 중 잘못된 8바이트까지 정정할 수 있음을 의미한다.

이 코드를 주파수 호핑 신호에 사용하는 것을 고려해보자. 8개 오류 바이트만 정정할 수 있기 때문에, 데이터를 인터리브하여 단일 홉에서 31바이트 중 8바이트 이상 전송할 수 없다. 그림 2.31은 단순화한 인터리빙 방식을 보여준다. 실제로 현대의 통신 시스템에서 바이트 배치는 의사 무작위 pseudo random 형태가 될 것이다.

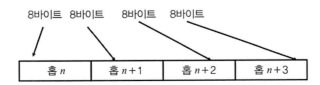

그림 2.31 인터리빙은 인접한 데이터를 신호 스트림의 다른 부분에 분산시켜 간섭이나 재밍으로부터 보호한다.

결과적으로 RFSNR이 작아서 31바이트 코드 블록으로 데이터를 전송할 때 여러 송신 데이터 블록(예：hops)에 걸쳐 커다란 오류가 발생하지 않으면 비트 오류율은 효과적으로 0으로 감소할 것이다.

2.10.3 오류 정정과 대역폭

다수결 인코딩, 중복 데이터 또는 EDC 코딩 등 순방향 오류 정정 방식을 사용하면 비트 전송 속도는 증가한다. 다수결 인코딩을 사용하면, 데이터 전송률은 최소 3배가 된다. 강력한 패리티를 갖는 중복 데이터를 사용하는 경우, 전송률은 5배에서 6배로 증가한다. 앞서 설명한 (31/15) RS 코드의 경우, 데이터 전송률은 207% 증가한다.

수신기 감도는 수신기 대역폭에 반비례한다. 5장에서 자세히 설명하였듯이 디지털 신호를 수신하는 데 필요한 일반적인 대역폭은 비트 전송률의 0.88배이다. 따라서 동일한 데이터 처리 속도로 비트 전송률이 두 배가 되면 감도는 3dB 낮아진다. 그림 2.27을 보면 일반적으로 비트 에러율이 3자릿수의 크기로 증가한다. 이 사실을 통해 디지털 통신 사업을 하는 사람들이 다음과 같이 말하는 것이 입증된다. 비트 오류에 대해 허용 범위가 매우 낮거나, 심각한 전파간섭이나 재밍이 있는 경우를 제외하고는, 오류 정정 수단은 긍정적이기보다는 부정적이다.

2.11 전자기 스펙트럼 전쟁의 실현성

이 장에서는 전자기 스펙트럼 electromagnetic spectrum, EMS 전쟁과 관련된 물리적 특성과 실용적인 문제에 대해 논의한다. 우리는 정보가 한 지점에서 다른 지점으로 이동하는 방법과 적이 그러한 움직임을 막거나, 불리한 결과를 뒷받침하기 위한 정보를 포착하기 위해 할 수 있는 일을 다룬다.

2.11.1 전쟁 도메인

EMS가 도메인인지 아닌지를 비롯하여 전자전 분야 문헌에 이에 대한 많은 논의가 이루어졌다. 논의는 계속되지만 용어에 대한 논쟁을 무시해도 우리가 동의할 수 있는 근본적인 사실이 있다.

전자전은 운동학적 위협과 관련 있는 것으로서 역사적으로 오랫동안 전자기 스펙트럼을 다루어왔다.

- 표적의 위치를 알아내고 미사일을 표적으로 유도하여 탄두를 폭파시키는 레이다. 전자전의 목적은 미사일이 표적을 획득하거나 공격할 수 없도록 만드는 것이다. 따라서 전자전 공격의 한 가지 목표는 레이다 표적으로부터 반사되는 신호를 수신하지 못하도록 하거나 미사일 상향 링크가 유도 정보를 미사일에 전달하는 것을 방지하는 것이다(그림 2.32).

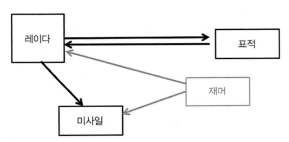

그림 2.32 전형적으로 재머는 레이다가 표적을 획득, 추적하거나 표적으로 미사일을 유도하는 것을 방해한다.

- 우리를 타격무기로 공격할 수 있는 군사력의 지휘통제와 관련된 적통신망. 지금까지 전자전의 목적은 적의 효과적인 지휘통제를 막는 것이었다. 따라서 전자 공격의 목표는 지휘통제 신호가 지휘통제본부나 원격군사 자산에 제대로 수신되는 것을 방해하는 것이다(그림 2.33).

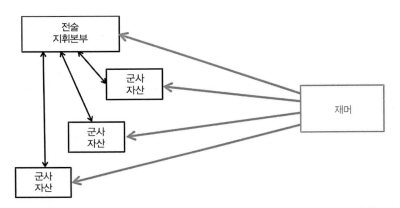

그림 2.33 전형적으로 EW 공격은 적이 효과적으로 군사 자산을 지휘하고 통제하는 것을 방해하는 것이다.

컴퓨터와 소프트웨어는 현대전 모든 면에서 필수적인 요소이며 해당 컴퓨터에 대한 사이버 공격은 운동학적 공격과 공격에 대한 방어에 직접적인 영향을 준다.

그러나 현대전의 일부가 된 새로운 사실이 있다. 전자기 스펙트럼 자체가 이제 적의 표적이 되었다. 아군의 EMS 사용을 차단시킴으로써 적이 단 한 발의 총알이나 폭탄을 사용하지 않고도 우리 사회에 심각한 경제적 피해를 가할 수 있다.

EMS가 없이 우리는 다음 활동을 수행할 수 없다.

- 항공기 또는 화물 항공기 수송
- 기차 운행
- 트럭 화물 이동
- 자재 공급 없이 공장에서 물건을 제작하는 일
- 제품 시장 출시
- 가정용, 산업용 전력 공급

이 목록은 증가하고 있으며 현대 생활을 위한 EMS 의존도는 날마다 증가한다. 아군의 EMS 사용에 대한 공격은 역사상 전쟁의 일부였던 운동학적 타격무기에 의한 공격과 매우 유사하다.

이제 EMS를 중요하게 사용하게 되는 현대전의 변화에 대해 고려해보자.

- 미사일 시스템은 이제 생존하려면 '잠복, 사격, 이탈'의 특성을 가져야 한다. 시스템의 모든 요소는 EMS를 통해 상호 연결되어야 하며 유선에 의한 연결은 제대로 작동하지 않을 것이다.
- 효과적인 통합 방공망은 구성 요소들이 이동 가능해야 하므로, EMS를 통해 상호 연결되어야 한다.
- 협동에 의한 공중공격은 화력을 사용하거나 전자적인 공격이거나 상관없이 EMS를 통해 연결이 이루어져야 한다.
- 해상 작전은 EMS에 의한 상호 연결 없이는 효과적일 수 없다.
- EMS 상호 연결이 없으면 군대는 총을 들고 뛰어 다니는 무리일 뿐, 적보다도 아군에게 더 위험할 수도 있다.

적의 안전하고 신뢰할 수 있는 EMS 사용을 차단하는 것은 적의 전체 군사력에 대한 매우 효과적인 공격이며, 그 나라의 전체 경제 활동을 저하시킬 수 있다.

네트워크 중심전은 이제 미래의 군사작전을 수행하는 방식에 대한 대표하는 용어로 확실하게 자리 잡았다. 이 방법은 능동 및 수동 전자전 작전의 효율성을 극대화한다. 안전하고 신뢰할 수 있는 EMS 사용이 없이는, 네트워크가 존재할 수 없고 따라서 네트워크 중심전이 불가능하다.

클라우드 컴퓨팅은 상용에서 잘 구축되어 있으며 군사적 중요성이 커지고 있다. 그림 2.34에서 볼 수 있듯이, 이 방식을 통해 작전 지역부터 소프트웨어와 데이터를 안전하게 멀리 위치하게 할 수 있다. 이렇게 함으로써 장점은 작전 지역에 분산된 군용 하드웨어가 작아지고, 가벼워지고, 전력 소비가 적어지고, 저렴해지며, 적에게 탈취되거나 이용당하는 취약성을 줄일 수 있다. 그러나 EMS의 신뢰도와 가용성을 향상시키는 데는 비용이 발생한다.

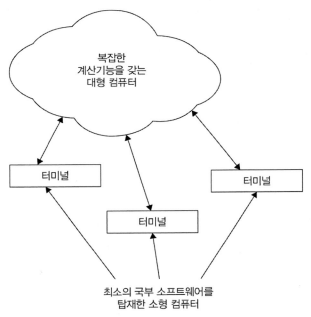

그림 2.34 클라우드 컴퓨팅은 데이터 링크 접근을 통해 대부분의 소프트웨어를 사용자 위치로부터 대규모 중앙 컴퓨팅 시설로 이동시킨다.

EMS 전쟁의 본질은 그림 2.35에 보인다. 그림 2.32와 2.33과는 달리 EMS 전쟁의 목표는 기존 화력의 효과를 줄이는 것이 아니라 EMS 자체에 대한 접근이다.

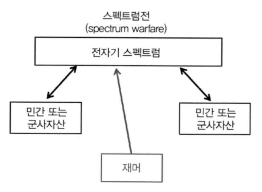

그림 2.35 EMS 전쟁에서 직접적인 목표는 적이 전자기 스펙트럼을 사용하는 것을 거부하는 것이다.

2.12 스테가노그라피

스테가노그라피 steganography 는 숨겨진 글쓰기로 정의되며, 수세기에 걸쳐 사용되었다. 그러나 디지털 통신의 출현과 함께 완전히 새로운 생명을 가지게 되었다. 웹에서 스테가노그라피를 검색하면 세부 역사를 포함하여 이론, 대응책 및 사용 가능하거나 탐지하는 소프트웨어 제품을 찾을 수 있다. 이런 종류의 주제에서 항상 그렇지만 전자전, 정보전 및 특히 스펙트럼전에 이 기술의 적용 가능성을 고려할 예정이다.

2.12.1 스테가노그라피 대 암호화

이 둘 간의 차이는 신호 전송 시 전송 보안과 메시지 보안의 차이와 유사하다. 우리가 확산 스펙트럼 기술, 특히 높은 수준의 DSSS direct sequence spread spectrum 를 사용하면, 의사 무작위 확산 코드에 접근할 수 없어 적의 수신 신호는 코드를 알 수 없어 잡음처럼 보인다. 즉 송신기 방향의 잡음 수준이 약간 증가한 것처럼 보인다. 따라서 특수한 장비와 기술 없이는 전송이 이루어졌음을 적은 감지하지 못한다. 반면 암호화는 적이 보내준 정보를 복원할 수 없게 한다. 확산 스펙트럼 변조는 전송 보안을 제공하여, 적이 송신기의 위치를 식별하여 공격하는 것을 방지한다. 암호화는 적이 정교한 방법으로 신호를 탐지하더라도 아군의 비밀을 알 수 없도록 하기 때문에 역시 필요하다(그림 2.36 참조).

스테가노그라피는 정보를 하드 카피 또는 전자적인 수단으로 전송하여 직접 처리한다.

비밀 메시지는 그림 2.37에서 보듯이 겉보기에는 관련이 없는 데이터로 덮여 있기 때문에 적은 중요한(예로써 군용) 통신을 하고 있는 것조차 모른다.

이는 결과적으로 전송 보안을 제공한다. 암호화는 앞서 언급한 것과 같이 적이 숨겨진 메시지를 발견해도 정보를 보호하는 동일한 기능을 갖는다. 그러나 암호화된 메시지는 임의의 문자 또는 비트를 표시하므로, 우리가 뭔가를 숨기고 있음을 분명히 알 수 있다. 이것은 적에게 우리가 중요한 정보를 전달하고 있다는 사실을 알려주어, 적으로 하여금 정보를 분석하고 궁극적으로 정보를 복구하기 위해 자극할 수 있다. 스테가노그라피가 성공할 경우 적은 작전에서 장점을 갖지 못하게 된다.

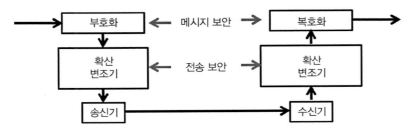

그림 2.36 확산 스펙트럼 통신은 전송 보안을 제공하고, 암호화는 메시지 보안을 제공한다.

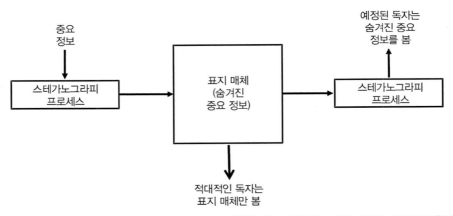

그림 2.37 스테가노그라피는 하드 카피 또는 전자적으로 전달된 메시지에서 전송 보안과 동등한 효과를 제공한다.

2.12.2 초기 속기 기술

몇몇 기사에서 언급된 한 가지 초기 기술로 전령의 머리를 밀고, 그 자리에 문신방식으로 메시지를 표기하고, 머리를 다시 기르게 하는 방법이 있었다. 메시지를 복구하기 위해 머리를 다시 밀었다. 다른 기술로는 일상적인 무해한 메시지를 작성하고 일정한 패턴의 글자를 메시지 전체에 분산시켜 정보를 숨기는 방식이다. 또한 서신에 작은 점이나 눈에 보이지 않는 잉크를 사용하였다. 특히 흥미로운 방법 중 하나는 (제2차 세계대전 스파이 영화에서처럼) 특정음(이 경우 B플랫)의 위치에 메시지 코드를 담은 노래를 작곡하는 것이다.

2.12.3 디지털 기술

디지털 신호는 데이터 형식으로 정보를 숨길 수 있는 많은 기회를 제공한다. 효과적인 기술 중 하나는 컬러 사진을 디지털화하고 전송된 데이터를 미세하게 변경하는 방법이다. 이미지를 디지털로 표시하는 기술을 생각해보자. 그림은 픽셀이라는 작은 점으로 표시된다. 각 픽셀은 세 가지 기본 색상, 즉 빨강, 노랑, 파랑의 코드로 표현된다. 이러한 기본 색상의 밀도를 결합하여 (페인트를 혼합하듯이) 많은 색상을 생성할 수 있다(그림 2.38 참조). 각각의 원색 농도가 256레벨로 측정되면 8비트로 표현된다. 전송된 전체 컬러 데이터는 24비트(각 원색에 대한 8비트)로 구성된다. 전송된 데이터 속도는 프레임당 픽셀 수와 프레임 속도의 24배가 된다. 한 프레임에 640×480 픽셀이 있고 초당 30프레임이 있으면(압축 없이) 초당 약 2.2×10^8 비트(640×480×24×30)가 전송된다. 데이터 압축 기술을 사용하면 전송에 소요되는 전송 비트율을 줄일 수 있지만 스테가노그래피 사용을 막지는 못한다는 점에 유의해야 한다.

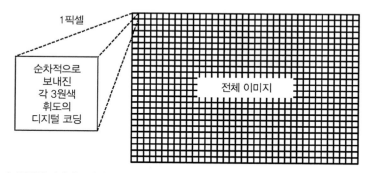

그림 2.38 디지털화된 이미지는 일반적으로 픽셀로 전송되며, 각 픽셀은 코드로 표현된 밝기와 색상 정보를 갖는다.

이미지가 디지털화되어 있으므로 원색의 비트 수를 줄이고 여분의 비트를 사용하여 숨겨진 메시지를 보낼 수 있다. 예를 들어 매 5번째 픽셀마다 그림 2.39와 같이 파란색의 정보를 1비트씩 줄여본다. 이렇게 하면 전체 이미지에서 매 5번째 픽셀의 색상이 매우 미묘하게 바뀐다. 수신된 이미지를 보는 사람은(특수한 장비 없이) 미묘한 변화를 감지하지 못한다. 사라진 청색 비트에 데이터를 숨기면 은밀한 메시지를 1.8MB 속도(640×480×6)로 삽입할 수 있으므로 상당한 양의 숨겨진 정보를 전달할 수 있다. 스테가노그라피에 대한 온라인 기사에는 숨겨진 그림과 함께 전달되는 표지 사진을 보여준다. 한 기사에는 흐린 하늘을 배경으로 나무 그림에 숨겨져 있는 깔개에 얼룩 고양이의 자세한 그림이 있다.

디지털 텍스트 전송에 적용할 수 있는 유사한 방법이 있다.

표준 픽셀 데이터

Red Intensity 8Bits	Yellow Intensity 8Bits	Blue Intensity 8Bits

스테가노그라피에 의해 변경된 픽셀 데이터

Red Intensity 8Bits	Yellow Intensity 8Bits	Blue Intensity 8Bits	

숨겨진 메시지로부터의 1비트 데이터

그림 2.39 디지털화된 이미지의 몇 비트를 사용하여 숨겨진 이미지나 메시지를 전송 신호 안에 전달할 수 있다.

2.12.4 스테가노그라피는 스펙트럼전과 어떤 관련이 있을까?

첫째, 우리가 통신한다는 사실을 적이 알 수 없게 하면서 A지점에서 B지점으로 중요한 정보를 보낼 수 있다. 또 다른 방법은 일반적인 메시지나 그래픽에 악성소프트웨어를 삽입하여 사이버 공격할 수 있다. 스테가노그라피가 감지되지 않으면 적은 사이버 공격이 일어나고 있는지조차 알 수 없다.

2.12.5 스테가노그라피는 어떻게 감지될까?

이 분야를 스테가 분석 steganalysis 이라고 한다. 눈에 보이지 않는 잉크를 사용하는 구식 기법에 대해서는 확대경으로 자세히 검사하거나, 현상액을 이용하거나, 자외선을 사용하였다. 제2차 세계대전 당시 포로수용소에서 수감자는 (비밀스럽게) 고안된 용지에 보이지 않는 잉크로 써서 편지를 보내야 했다. 디지털 통신에서 스테가노그라피는 커버 아트의 원본과 속기 메시지가 포함된 수정 아트를 비교하여 감지할 수 있다. 또한 정교한 통계 분석을 통해 수정된 텍스트나 그래픽의 존재를 감지할 수 있다. 어떤 경우든 스테가 분석은 비용이 많이 들고 시간 소모적인 프로세스다.

2.13 링크 재밍

재밍의 대상은 디지털 링크이고, 전파 특성은 가시선^{line of sight} 통신이라고 가정한다. 참고로 전자전 작전에 중요한 3가지 주요 전파 모드는 6장에서 설명하기로 한다.

2.13.1 통신 재밍

첫째, 다음은 몇 가지 기본사항이다(6장에서 자세히 설명).

- 송신기가 아닌 수신기에 재밍을 한다. 통신 재밍은 적통신기가 수신 신호로부터 원하는 정보를 제대로 복구하지 못하도록 충분한 전력의 재밍 전파를 상대 수신기에 입력시키는 것이다(그림 2.40 참조).
- 재밍의 결정적인 요소는 재밍 대 신호비(J/S)이다. 이는 변조 신호로부터 정보가 복구되는 수신기에서의 재밍 신호 전력 대 원하는 신호 전력의 비율이다.
- 디지털 신호의 경우 재밍 대 신호비가 0dB이면 충분하며, 일반적으로 모든 통신을 중지하려면 20~33%의 재밍 듀티 사이클이 적당하다. 디지털 신호를 복구할 수 없게 만드는 가장 신뢰할 수 있는 방법은 충분히 높은 비트 오류율(즉 잘못 복구된 비트의 비율)을 발생시키는 것이다.
- 낮은 J/S 및 또는 낮은 듀티 사이클에서 적의 통신을 중단시키기 위해서는 수신된 디지털 신호의 동기를 무력화시키는 것이 실용적이지만 강력한 동기화 방식이 있어 달성하기가 쉽지 않다.
- 재밍 대 신호비가 적고 재밍 전파 강도가 훨씬 낮은 경우에도 통신 링크를 무력화시키는 경우가 있다. 이는 링크를 통하여 전달하는 정보의 성격에 달려 있다.

재밍 대 신호비의 크기는 공식에 의해 다음과 같이 주어진다.

$$J/S = ERP_J - ERP_S - LOSS_J + LOSS_S + G_{RJ} - G_R$$

여기서 ERP_J는 재머의 유효 방사 전력^{effective radiated power, ERP}, (dBm), ERP_S는 송신기로부터 신호의 유효 방사 전력(ERP_s), (dBm), $LOSS_J$는 재머로부터 수신기까지의 전송손

실(dB), $LOSS_s$는 신호 송신기로부터 수신기까지의 전송손실(dB). G_{RJ}는 재머 방향의 수신 안테나의 이득(dB)이고, G_R은 원하는 신호 송신기에 대한 안테나 이득이다.

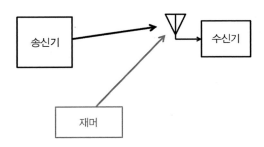

그림 2.40 데이터 링크를 재밍할 때 재머는 수신기 위치로 송신해야 한다.

2.13.2 디지털 신호 재밍에 요구되는 재밍 대 신호비(J/S)

무선 주파수 변조를 통해 디지털 정보를 전송하는 데 있어, 수신 비트 오류율 BER 대 헬츠당 비트/잡음(E_b/N_0)은 에너지 곡선 위에 존재한다. E_b/N_0은 사전탐지 신호 대 잡음비 RFSNR 가 대역폭 비율에 맞게 조정된 값이다. RFSNR이 감소함에 따라 비트 오류율은 증가한다. 각 변조 유형은 5장에서 보듯이 일반적인 모양의 곡선을 가지고 있지만, RFSNR이 낮아짐에 따라 모두 50%의 비트 오류율에 접근한다. 그림 2.41은 가로축이 J/S인 곡선의

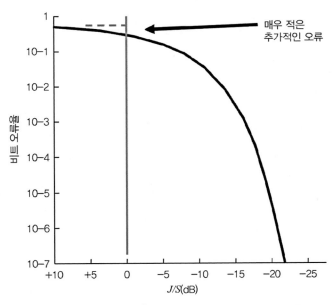

그림 2.41 재머가 0dB J/S를 달성하면, 최대 비트 오류가 발생한다.

변형으로 왼쪽으로 가면서 증가한다. 따라서 J/S 증가에 따라 BER은 50% 에러에 이를 때까지 증가한다. 그림에서 보는 바와 같이 J/S가 0dB인 경우 발생할 수 있는 대부분의 비트 오류는 곡선의 무릎 윗부분에서 발생한다. 상당히 더 많은 재밍 신호를 추가해도 추가 오류가 거의 발생하지 않는다.

2.13.3 재밍으로부터 링크 보호

재밍으로부터 링크를 보호하는 데는 몇 가지 방법이 있다. 세 가지 중요한 기술은 다음과 같다.

- **확산 스펙트럼 변조** : 신호에 특별한 변조를 추가하여 에너지를 넓은 대역으로 확산시킬 수 있다. 저피탐 확률[LPI] 기술은 주파수 호핑, 처프, 직접 시퀀스 확산 스펙트럼을 포함하며 7장에서 보다 자세히 논의한다. 여러 속성 중에 이 기술들을 적용하면 재밍으로부터의 링크 취약성을 줄일 수 있고, 즉 수신기의 J/S를 줄일 수 있다. 수신기는 확산 변조를 제거하는 특수 회로를 갖기 때문에 원하는 신호에 대한 처리 이득을 상승시킨다. 확산 변조의 각 유형은 수신기가 사용할 수 있는 의사 무작위 코드에 의해 구동된다. 재밍 신호는 아마도 확산 변조 신호를 갖고 있지 않아서 처리 이득을 얻지 못할 것이다.

  신호가 송신기에서 확산되고 수신기에서 역확산되는 실제 방법은 7장에서 설명한다. 그림 2.42는 확산 복조기라는 일반 블록으로 프로세스를 일반화한다. 여기서 강조할 점은 역확산 프로세스는 처리 이득을 생성하는 것으로 간주될 수 있다는 것으로, 결과적으로 원하는 신호 강도는 키우고 확산되지 않은 신호 강도는 키우지 않게 된다. 사실상 확산 복조 프로세스는 적절한 확산 변조를 포함하지 않은 신호나 잘못된 코드에 의해 구동되는 수신 신호를 확산시킨다.

  0dB 이상의 J/S에 대해 논의할 때, 효과적인 J/S에 대해 언급하였다. 즉, 재밍 신호가 확산 복조기로 인해 발생한 처리 이득의 이점을 얻지 못할 것이라는 점이다. 따라서 동일한 J/S를 달성하기 위해서는 재밍 신호의 유효 방사 전력은 처리 이득과 동일한 양만큼 증가되어야 한다.

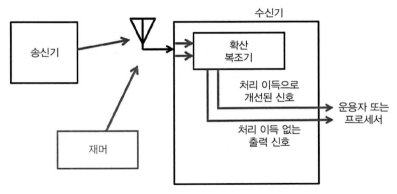

그림 2.42 확산 스펙트럼 신호는 프로세스 이득을 갖고 표적 수신기로 출력된다. 재밍 신호는 처리 이득 없이 상당히 낮은 수준으로 출력된다.

- **안테나 지향성** : 위 J/S에 대한 방정식에 수신기 안테나 이득에 대한 두 가지 용어가 있다. G_R은 원하는 신호의 송신기 방향에서 수신 안테나 이득이고, G_{RJ}는 재밍 전파 방향에서 수신 안테나 이득이다. 지향성 안테나를 사용하면, 시스템 구성 요소가 다른 요소의 위치를 인지하고 추적해야 하기 때문에 네트워크 중심 시스템에 운용상의 복잡성이 추가된다. 그러나 이런 안테나는 재밍에 의한 J/S를 상당히 감소시킬 것이다. J/S를 예측하기 위한 계산에서 표적 수신기의 안테나가 수신기 위치로 정확히 향하고 있다고 가정하는 것이 일반적이다. 재머가 다른 위치에 있기 때문에 표적 수신기가 무지향성 안테나를 갖는 (매우 일반적인) 경우를 제외하고는 표적 수신기 안테나는 재머를 측엽 side-lobe에서 탐지하므로 측엽 이득을 고려한다. 위의 J/S 방정식에서 알 수 있듯이, J/S는 원하는 신호(G_R)와 재머(G_{RJ})에 대한 수신 안테나 이득 간의 차이만큼 줄어든다.

그림 2.43은 널링 안테나 어레이를 보여준다. 이러한 어레이에서 안테나는 매우 넓은 빔폭을 가지며, 일반적으로 360°의 큰 각도를 커버한다. 프로세서는 어레이의 안테나에서 수신된 선에 위상 편이를 생성한다. 이러한 위상 편이를 통해 수신기로 가는 출력이 모든 안테나의 이득을 합쳐서 선택된 한 방향으로 좁은 빔을 생성하도록 설정할 수 있다. 위상 편이는 하나 또는 하나 이상의 방향에 널을 생성하도록 조정할 수 있다. 널이 재머를 지향하는 경우, 유효 재밍 전력은 널의 깊이만큼 감소되어 그만큼 J/S가 감소한다.

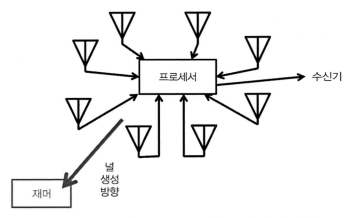

그림 2.43 안테나 배열을 통해 재밍 전파 방향으로 널을 만들 수 있다.

- **오류 정정 코드**: EDC 코드는 2.10절에서 설명한 것처럼 전송된 디지털 신호에 여분의
  비트를 추가한다.

  수신기는 여분의 비트를 사용하여 코드의 내구도에 의해 결정되는 BER의 한계까지 비
  트 오류를 검출하고 정정한다(기본적으로 추가 비트의 백분율). 이는 재머가 효율적인
  통신을 멈추게 하기 위해서는 적정한 후정정 BER을 갖도록 오류를 증가시켜야 함을
  의미한다. 따라서 더 많은 J/S가 필요하다. EDC가 사용될 때 간헐적인 재밍의 효과를
  줄이기 위해 전송 전에 비트 블록을 재배열하는 것이 일반적이다. 따라서 재밍의 듀티
  사이클을 높이는 것이 필요하다.

2.13.4 링크 재밍에 따른 망의 영향

확산 스펙트럼, 안테나 지향성 및 에러 정정 등의 효과에 의해 재밍 효율이 감소한다. 디지
털 신호를 효과적으로 재밍하기 위해 0dB J/S를 얻기 원하지만 이 수치는 재밍 기법의 영향
까지를 고려한 효과적인 J/S이다. 따라서 더 큰 재밍 전력이 수신기에 전달되어야 한다.

수신된 재밍 전력을 증가시키기 위해서는 두 가지 기본적인 방법이 있다. 한 가지는 재
밍 ERP를 증가시키는 것이고, 다른 한 가지는 재머를 수신기에 인접하게 이동시키는 것이
다. 그림 2.44는 표적 링크를 재밍하는 J/S에 미치는 두 변수의 영향을 보여준다. 표적 링
크는 송신기 ERP가 100W(+50dBm)이며 20km의 범위에서 작동한다. 차트상 각각의 곡선
은 재머 ERP가 다른 경우이다. 차트를 사용하는 방법은 재머와 표적까지의 거리부터 시작
하여 ERP에 대한 곡선까지 오른쪽으로 이동한 다음 J/S까지 아래로 이동한다. 예를 들어,

재머가 목표까지 거리가 15km이고 재머 ERP가 40dBm(10W)이면 J/S는 −5dB이다. 이 차트에서 분명히 알 수 있는 것은 스탠드인 재밍 stand-in jamming (근접재밍)의 효과도는 재머가 표적 수신기에 가까이 이동하였을 때이다.

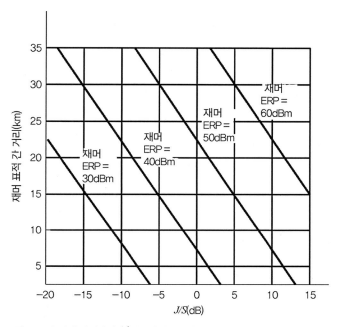

그림 2.44 수신기 입력단의 J/S는 재머 ERP와 재머와 수신기간 거리의 함수이다.

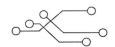

3장
기존 레이다

3장
기존 레이다

이 장에서는 기존의 위협 시스템에 대해 주로 논의하며 최신 위협에 대해서는 4장에서 논의하겠다.

3.1 위협 매개 변수

냉전 기간 동안 다수의 지대공 미사일들이 개발되었으며 대공포의 유효 고도 이상에서 비행하는 항공기를 공격하기 위함이었다. 이들 중 가장 성공적이었던 것은 SA-2 가이드라인 guideline 미사일이었으며, 이 미사일은 팬송 fan song 레이다에 의해 표적 방향으로 제어되는 명령유도방식의 무기이다. 이러한 무기들은 건디시 gun dish 레이다에 의해 유도되는 ZSU-23 대공포들, 이들과 함께 운용되는 다수의 미사일 발사대들, 그리고 획득 및 추적 레이다들로 구성되어 통합된 방공망에 편성되었다.

이러한 무기들은 베트남 전쟁에서 큰 효과를 발휘하였으며, 그 후 수년 동안 여러 지역 분쟁에서 다른 미사일 시스템들과 통합 운용되었다.

물론 레이다에 의해 유도되는 공대공 미사일과 대함 미사일들도 있었다.

이 책에서 우리는 이러한 무기들을 NATO 명칭으로 사용하는데, 이들은 소련 명칭으로도 잘 알려져 있다. 이 무기들 중 일부는 여전히 사용 중이며 대부분은 다양한 방법으로 성능이 개선되었다.

이 책에서는 포괄적인 위협에 대한 설명을 목적으로 하지 않는다는 것을 여기서 분명히 한다. 인터넷에는 이러한 무기체계들에 대한 많은 유용한 정보가 있다. 다양한 무기의 범위는 개량 주기마다 추가되는 일반적인 성능들과 함께 설명된다. 일부 변수들(예를 들어, 운용 주파수 범위, 유효 방사 출력 및 변조 변수들)은 공개 문헌에 기재되어 있지 않거나 잘 설명되어 있지 않다. 이 장에서 이러한 무기들을 개략적으로 언급하고, 그들에 대응하기 위해 사용되는 다양한 전자전 EW 기법들에 대한 토의와 이와 관련된 대표적인 변수들에 대해 언급할 것이다.

중요한 변수들 중 일부는 공개 문헌(교과서, 기술 잡지 기사 및 온라인 기사)에서 찾아볼 수 있지만, 일부는 찾을 수 없다. 4장에서 우리는 공개 문헌에서는 잘 언급되지 않는 현대 위협들에 대해 기술할 것이다. 일반적으로 공개 문헌의 설명에 그들이 특별히 기술하고자 하는 위협 변숫값들의 범위는 존재하나, 다른 변수들은 완전히 무시된다. 문헌에서 유용한 변숫값을 찾을 수 있는 경우에 우리는 합리적으로 보이는 대표적인 값들을 선택할 것이다. 공개 문헌에 변숫값이 기술되어 있지 않은 경우는 가용한 정보를 이용하여 대표적인 값을 계산할 것이다.

중요한 점은 이 모든 무기들과 그와 관련된 레이다들의 모든 변수들을 보안성이 있는 참고 문서에서만 찾아볼 수 있다는 것이다. 이 책은 보안성이 없는 책이므로 해당 정보들을 사용할 수 없다. 그러나 대표적인 변숫값들을 사용하면, 전자전 기법에 대해 논의하고 문제에 대한 수치적인 해결책을 유도할 수 있다. 그 해답은 우리가 선택한 대표적인 값을 갖는 위협 시스템과 관련해서만 정확할 것이다. 왜냐하면 이러한 모든 변숫값들을 갖는 실제 시스템이 없기 때문에, 우리의 해답은 틀릴 것이다. 아무리 애써도 틀릴 것이다. 그러므로 실제 위협을 다루는 현실 세계에 대해 논의한 방법으로 실제 위협을 계산할 때는 실제 위협 무기체계의 실제 변숫값들을 찾아 이 책에서 논의된 공식에 대입하면 사실적인 해답을 얻을 수 있다.

4장에서 언급하는 새로운 시스템의 경우 공개 문헌에서 제공되는 변수들은 훨씬 더 적지만, 동일한 접근방법을 이용하여 위협 변수들을 갱신함으로써 필요한 기법과 전자전시스템의 변경사항들을 결정할 수 있다.

각 위협 형태에 따라 획득하거나 계산해야 할 세부 위협 변수들은 다음과 같다.

- 살상 거리
- 운용 주파수
- 유효 방사 출력 effective radiated power, ERP
- 펄스폭
- 펄스 반복 주파수
- 안테나 측엽 격리도
- 표적의 레이다 반사 단면적RCS

3.1.1 전형적인 기존 지대공 미사일

SA-2 미사일은 과거에 널리 사용되었고 여러 해에 걸쳐 다양하게 개량되어 현재에도 사용되고 있으므로 대표적인 위협 측면에서 이상적인 후보이다. 표 3.1은 전형적인 기존 지대공 미사일에 사용할 대표 변숫값을 보여주고 있다. 이 값들은 공개 문헌에서 SA-2를 분석한 내용을 토대로 한다. 많은 변숫값들이 공개 문헌에 명확하게 기술되어 있지 않기 때문에 표에 있는 각 변숫값의 선택에 대해 다음과 같은 근거를 제시한다.

표 3.1 전형적인 기존 SAM 매개 변수

변수	값
살상 거리	45km
최대 고도	20km
운용 주파수	3.5GHz
송신기 출력	88dBm
안테나 조준선 이득	32dB
안테나 빔폭	$+2° \times 10°$
유효 방사 출력	+120dBm
측엽 레벨	−21dB
펄스폭	$1\mu s$
펄스 반복 주파수	1,400pps
표적 레이다 반사 단면적	$1m^2$

SA-2의 **살상 거리**는 공개 문헌에서 약 45km로 가장 많이 언급되며 최대 고도는 일반적으로 20km로 주어진다. 그러나 더 높은 고도에서 일어난 격추전도 있었다.

운용 주파수는 다양한 SA-2 모델에 대해 E, F 및 G 주파수 대역으로 주어진다. 운용 주파수 대역이 주어지면, 그 주파수 대역의 중간 부근에서 정숫값의 주파수를 선택한다. 전형적인 SA-2 운용 주파수의 경우 3.5GHz(F 대역)를 사용할 것이다.

송신기 출력은 공개 문헌에 600kW(E 및 F 대역 버전의 경우)로 나와 있으며, 이를 데시벨 형식으로 변환하면 다음과 같다.

$$송신기\ 출력\ dBm = 10\log_{10}(mW\ 단위의\ 전력) = 10\log_{10}(600,000,000)$$
$$= 87.8dBm$$

이 장에서는 계산의 편의상 이 값을 정숫값 88dBm으로 반올림하여 사용한다.

위협 레이다 **안테나 조준선 이득**_{antenna boresight gain}은 공개 문헌에서 일반적으로 찾을 수 없지만 빔폭에 대한 변수는 주어진다. SA-2 팬송 레이다의 경우, 두 개의 스캐닝 팬 빔에 대한 안테나 빔 각도는 2°×10°로 표시된다. 비대칭 안테나 빔의 이득은 다음 공식을 사용하여 계산될 수 있다.

$$G = 29,000/(\theta_1 \times \theta_2)$$

여기서 G는 조준선 이득 비이고 θ_1과 θ_2는 두 직교 방향에서의 3dB 빔폭이다. 공개 문헌에서 SA-2에 주어진 빔폭 정보로부터 안테나 이득을 계산하면 다음과 같다.

$$G = 29,000/(2° \times 10°) = 1,450$$

이것을 데시벨로 변환하면 $10\log_{10}(1,450) = 31.6dB$이다.

이 장에서 계산의 편의상 32dB로 반올림한다.

유효 방사 출력은 공개 문헌에서 쉽게 찾을 수 없다. 그러나 유효 방사 출력은 송신기 출력과 안테나 이득의 곱으로 정의된다. 레이다의 경우 안테나 조준선 이득을 사용한다. 따라서 SA-2 팬송_{fan song} 레이다의 유효 방사 출력은 다음과 같다.

$$87.8dBm + 31.6dB = 119.4dBm$$

계산의 편의를 위해 위의 값을 다음과 같이 반올림한 값을 사용한다.

$$88\text{dBm} + 32\text{dB} = 120\text{dBm}$$

SA-2의 **펄스폭**^{PW}은 공개 문헌에서 $0.4 \sim 1.2\mu s$로 주어져 있으며, 전형적인 값으로 $1\mu s$를 사용한다.

펄스 반복 주파수^{PRF}는 공개 문헌에 추적모드에서 초당 1,440개 펄스로 주어지며, 편의상 전형적인 PRF 값으로 초당 1,400개 펄스를 사용한다.

안테나 측엽 레벨은 공개 문헌에서 쉽게 찾을 수 없으므로, 일반 안테나의 상대적인 측엽 레벨을 $-13 \sim -30\text{dB}$로 기술한 참고문헌 [1]의 안테나 측엽 레벨 표에서 중간점을 사용한다. 여기서 측엽 레벨은 주빔의 최대 조준선 이득과 비교하여 레이다 안테나의 주빔 바깥쪽의 평균 측엽 레벨로 정의된다. 우리는 SA-2 안테나의 평균 측엽 레벨에 대한 대표적인 값으로 21dB(주어진 범위의 중간점에 가까운)을 사용한다.

표적의 레이다 반사 단면적은 위협 레이다에 따라 크게 다르지만 강좌 및 레이다 토의에서 예제로 1m^2가 자주 사용된다. 따라서 1m^2를 대푯값으로 사용한다.

3.1.2 전형적인 기존 획득 레이다

전형적인 기존 획득 레이다는 소련의 P-12 스푼 레스트^{spoon rest}이다. 표 3.2는 공개 문헌에 제시된 수치 혹은 공개 문헌의 변수를 사용하여 유도된 값으로부터 도출된 레이다 변수들을 보여준다.

표 3.2 전형적인 기존 획득 레이다 매개 변수

변수	값
범위	275km
최대 고도	20km
운용 주파수	160MHz
송신기 출력	83dBm
안테나 조준선 이득	29dB
안테나 빔폭	6°
유효 방사 출력	+112dBm
측엽 레벨	−21dB
펄스폭	$6\mu s$
펄스 반복 주파수	360pps
표적 레이다 반사 단면적	1m^2

스푼 레스트 모델 D의 거리는 공개 문헌에서 275km로, 운용 주파수는 150에서 170MHz의 범위로 제공되므로 대푯값으로 160MHz를 사용한다. 송신기 출력은 160~260kW 범위이므로 대푯값으로 200kW를 사용한다. 안테나 빔폭은 6°로 주어지며 안테나 빔 조준선 이득은 다음 식에서 29dB로 계산될 수 있다.

$$G = 29{,}000/BW^2$$

여기서 G는 안테나 조준선 이득이고 BW는 안테나의 3dB 빔폭이다.

200kW 송신기 출력은 83dBm이며 레이다의 유효 방사 출력은 일반적으로 송신기 출력과 조준선 이득의 곱이므로 112dBm이다.

측엽 레벨은 공개 문헌에서 쉽게 찾을 수 없으므로 참고문헌 [1]에서 사용된 것과 동일한 값을 사용한다. 펄스폭과 펄스 반복 주파수는 공개 문헌에서 제시된 것이며 우리는 앞에서와 동일하게 1m²를 최소 표적 RCS로 가정한다.

3.1.3 전형적인 대공포

소련 실카schilka, ZSU 23-4 자동 대공포 (AAA)는 전형적인 재래식 대공포이다. 표 3.3은 공개 문헌에서 제시되는 이 무기의 매개 변수들을 나타낸다. 추적 플랫폼에 장착된 레이다는 1m 지름의 안테나를 사용하며 J 밴드에서 동작하는 건디시이다. 전형적인 대공포 (AAA)에 대한 주파수로 J 밴드의 반올림 중간값인 15GHz를 선정한다.

표 3.3 전형적인 기존 대공포 매개 변수

매개 변수	값
살상 거리	2.5km
최대 고도	1.5km
운용 주파수	15GHz
송신기 출력	70dBm
안테나 조준선 이득	41dB
안테나 빔폭	1.5°
유효 방사 출력	111dBm
측엽 레벨	−21dB
표적 레이다 반사 단면적	1m²

건디시의 송신기 출력은 공개 문헌에서 쉽게 찾을 수 없기 때문에, 10kW 출력을 갖는 독일 Wurzburg 레이다를 대표적인 단거리 AAA 레이다로 사용한다. 이것은 70dBm이다. 15GHz에서 1m 디시dish 안테나의 이득은 아래의 공식을 사용하여 계산한다.

$$G = -42.2 + 20\log(D) + 20\log(F)$$

여기서 G는 데시벨 단위의 안테나 조준선 이득, D는 미터 단위의 디시안테나 직경, F는 MHz 단위의 운용 주파수이다.

15GHz에서 1m 디시안테나의 경우 이득은 (반올림된) 41dB로 계산한다. 따라서 유효 방사 출력은 111dBm(반올림)이다. 1.5°의 안테나 빔폭은 다음 식으로부터 계산된다.

$$20\log\theta = 86.8 - 20\log D - 20\log F$$

여기서, θ는 3dB 빔폭(도)이고, D는 안테나 직경(m)이고, F는 운용 주파수(MHz)이다. 15GHz에서 1m 디시안테나의 경우 $20\log\theta$의 값은 3.3이다.

빔폭은 다음 식에서 계산된다.

$$\theta = \text{antilog}(20\log\theta/20) = \text{antilog}(3.3/20) = 1.5°(\text{반올림됨})$$

안테나 측엽 및 최소 표적 RCS는 표 3.1 및 표 3.2에서 사용된 것과 동일한 값으로 설정되었다. 변조 변수는 공개 문헌에서 쉽게 찾을 수 없다.

3.2 전자전 기법

이 장과 4장에서는 다음의 전자전 활동 및 관련 계산에 대해 논의한다.

- 감지, 탐지 및 에미터 위치
- 자체 보호 재밍

- 다른 자산을 보호하기 위한 원격 재밍
- 자산 보호를 위한 채프 및 디코이
- 대방사 미사일

각각의 경우에 대해서, 3.1절에서 기술된 대표적인 매개 변숫값을 사용하여 적절한 공식과 작업 예제를 전개할 것이다. 각 위협 유형별로 계산할 구체적인 해답은 다음과 같다.

- 탐지 거리
- 재밍 대 신호비
- 번 스루 burn-through 거리
- 레이다 반사 단면적의 디코이 시뮬레이션

3.3 레이다 재밍

이 절과 이 장의 나머지 부분은 레이다 재밍에 대해 논의하며 레이다 재밍은 참고문헌 [2, 3]에 더 자세하게 기술되어 있다(공식 유도 포함). 이 절의 목적은 4장에 제시되는 새로운 세대의 위협 레이다에 대한 전자전 영향을 논의하는 것에 대해 지원하는 것이다. 레이다 재밍에 대해 좀 더 상세하고 교육적인 범위에 대해 참고할 수 있는 자료는 참고문헌 [4]에 있는 일련의 내용이다.

레이다 재밍에 대한 접근 방법들은 기하학과 기법에 의해 차별화된다. 먼저, 자체 보호 재밍과 원격 재밍에 대해 기하학적 고려사항에 대해 다룰 것이다. 두 가지 유형의 재밍과 관련하여 재밍 대 신호비(J/S) 및 번 스루 burn-through 거리에 대한 데시벨 공식을 포함한다. 앞으로의 논의에서는, 모든 재밍 출력은 레이다 수신기의 대역폭 내에 있다고 가정하고, 레이다는 송신 및 수신용으로 단일 안테나를 사용하는 것으로 가정한다. 더 복잡한 경우들은 나중에 고려할 것이다. 1장에서 이미 언급하였듯이 이 절에서의 각 데시벨 공식에는 숫자 상수(예 : −103)가 포함되어 있다. 이 숫자는 변환계수와 결합하여 가장 알맞은 단위의 값으로 입력된다. 다소 큰 숫자는 데시벨 형식으로 변환된다. 모든 데시벨 공식을 사용할 때 매우 중요한 고려사항은 정확한 답을 얻기 위해 입력 값을 지정된 단위로 잘 입력해야 한다는 것이다.

이 공식에 대한 또 다른 중요한 점은 데시벨 공식에 단위의 차이를 고려하지 않고 추가된 것처럼 보이는 MHz 단위의 주파수, dBm 단위의 전력 등의 다양한 단위를 사용하고 있다는 것이다. 이것이 일부 문제가 되더라도 이 단위들은 수치적 상수에 숨겨진 단위 변환이 있기 때문에 같이 사용될 수 있다. 이렇게 단위 변환을 숨겨서 사용하는 것이 일반적이지만, 이 책에서는 이러한 변환들을 엄격하게 유도된 데시벨 공식 내에서 사용한다.

3.3.1 재밍 대 신호비

먼저, 표적에서 반사되어 레이다 수신기로 수신되는 전력을 고려해보자. 그림 3.1과 같이 송신출력은 레이다 안테나에 의해 표적 방향으로 집중된다. 유효 방사 출력(단위 : dBm)은 주 빔 조준선 이득에 의해 증가된 송신기 출력이다. 일반적인 레이다는 지향성 안테나를 사용하여 신호를 송수신하기 때문에 전파 모드는 가시선이다(6장 참조). 레이다 수신기에 수신되는 표적 반사 전력을 S(dBm)라고 하면, 다음의 공식과 같다.

$$S = -103 + ERP_R - 40\log R - 20\log F + 10\log\sigma + G$$

여기서 ERP_R(dBm)은 표적을 향한 레이다 유효 방사 출력, R(km)은 레이다에서 표적까지의 거리, F(MHz)는 레이다 송신 주파수, σ(m²)는 레이다 반사 단면적이며, G는 레이다 안테나의 주빔 조준선 이득이다.

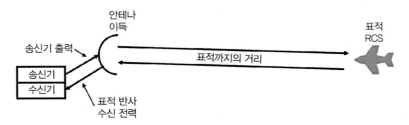

그림 3.1 레이다 반사 전력은 레이다 송신기 출력과 안테나 이득, 표적까지의 거리, 레이다 반사 단면적으로부터 계산된다.

재머로부터 레이다에 수신되는 전력을 J(dBm)라고 하면 다음의 공식과 같다.

$$J = -32 + ERP_J - 20\log R_J - 20\log F + G_{RJ}$$

여기서 ERP_J(dBm)는 레이다 방향으로의 재머 송신출력, R_J(km)는 재머에서 레이다까지의 거리, F(MHz)는 재머의 주파수, G_{RJ}(dB)는 재머 방향으로의 레이다 안테나 이득이다.

3.3.2 자체 보호 재밍

그림 3.2와 같이 자체 보호 재머는 레이다가 탐지하거나 추적하는 표적에 장착되어 있다. 이것은 재머로부터 레이다까지의 거리가 R이고 재머와 표적을 향한 레이다 안테나 이득이 동일하다는 것을 의미한다(이 이득을 G라고 하자). J에 대한 표현식에서 S에 대한 표현식을 빼고 단순화하면, 자체 보호 재머에 의해 생성된 J/S에 대한 공식은 다음과 같다.

$$J/S = 71 + ERP_J - ERP_R + 20\log R - 10\log\sigma$$

여기서, 71은 상수, ERP_J는 재머의 유효 방사 출력(dBm), ERP_R은 레이다의 유효 방사 출력(dBm), R은 레이다에서 표적까지의 거리(km), σ는 레이다 반사 단면적(m^2)이다.

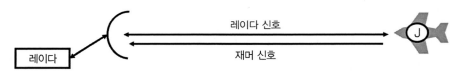

그림 3.2 자체 보호 재밍은 플랫폼에 탑재된 재머를 사용하여 플랫폼을 보호한다.

표 3.1의 매개 변수를 사용하여 그림 3.3과 같이 특정한 자체 보호 재밍 상황을 고려해보자. 위협 레이다는 10km 거리에서 레이다 반사 단면적이 $1m^2$인 표적 항공기를 추적 중이다. 대상 항공기에 탑재된 재머의 ERP는 100W 또는 +50dBm이다. 레이다 ERP는 +120dBm이다. 레이다 안테나 조준선 이득은 32dB이며 안테나의 조준선은 표적을 직접 향하고 있다.

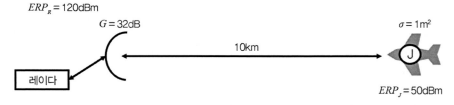

그림 3.3 자체 보호 재밍 문제

위의 J/S 공식에 이 값들을 대입하면 다음과 같다.

$$J/S(\text{dB}) = 71 + 50\text{dBm} - 120\text{dBm} + 20\log(10) - 10\log(1)$$
$$= 71 + 50 - 120 + 20 - 0 = 21\text{dB}$$

여기서, 71은 상수, 50dBm은 재머의 유효 방사 출력(dBm), 120dBm은 레이다의 유효 방사 출력(dBm), 10km는 레이다에서 표적까지의 거리(km), 1m^2는 레이다 반사 단면적(m^2)이다.

3.3.3 원격 재밍

원격 재밍remote jamming에서 재머는 표적에 탑재되어 있지 않다. 원격 재밍의 고전적인 경우는 그림 3.4와 같이 스탠드 오프stand-off 재밍이다. 재머(특수 재밍 항공기 내에 있는)는 추적 레이다에 의해 제어되는 무기의 살상 거리 밖에 있다. 재머는 살상 거리 내에 있는 표적 항공기를 보호한다. 스탠드 오프 재머는 일반적으로 다수의 적 레이다에서의 획득으로부터 다수의 표적(아군 항공기)을 보호한다. 이 의미는 재머가 모든 레이다의 주 빔 내에 위치하지 않는다는 것이다. 따라서 재머의 전파가 모든 적 레이다의 측엽 내로 송신되고 있다고 가정한다.

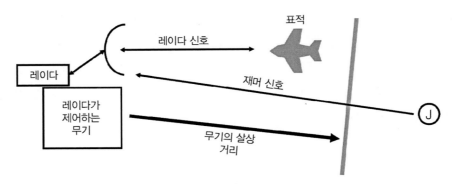

그림 3.4 스탠드 오프 재밍은 살상 거리 밖에 있는 재머를 사용하여 레이다에 의해 통제되는 무기의 살상 거리 내에 있는 표적을 보호한다.

모든 유형의 원격 재머는 다음 공식에 따라 J/S를 계산한다.

$$J/S = 71 + ERP_J - ERP_R + 40\log R_T - 20\log R_J + G_S - G_M - 10\log\sigma$$

여기서, 71은 상수, ERP_J는 재머의 유효 방사 출력(dBm), ERP_R은 레이다의 유효 방사 출력(dBm), R_T는 레이다에서 표적까지의 거리(km), R_J는 재머에서 레이다까지의 거리(km), G_S는 레이다 측엽 이득(위의 G_{RJ}로부터 다시 정의됨)(dB), G_M은 레이다 주 빔 조준선 이득(dB), σ는 표적의 레이다 반사 단면적(m^2)이다

그림 3.5와 같이 레이다의 안테나 조준선이 표적에 있으며 레이다에서 5km 떨어진 표적 항공기를 추적하려는 레이다를 생각해보자. 재머(스탠드 오프 재밍 항공기에 장착된)는 레이다에 의해 제어되는 무기 시스템의 최대 살상 거리를 약간 벗어난 위치에서 레이다 안테나의 측엽 side lobe 안에 위치해 있다.

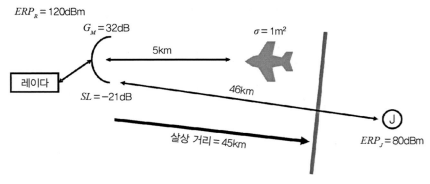

그림 3.5 스탠드 오프 재밍 문제

재머의 ERP는 자체 보호 재머의 ERP보다 훨씬 크다. 송신기 출력이 1kW이고 안테나 이득이 20dB인 경우에, ERP는 80dBm이 된다. 레이다 안테나 조준선 이득이 32dB이고 측엽 격리도는 21dB이다(두 값 모두 표 3.1에 있음). 따라서 측엽 이득은 11dB이다. 스탠드 오프 재머의 거리는 46km이다(표 3.1에서 45km의 살상 거리를 약간 넘는다). 대상 항공기 RCS는 1m^2이다.

위의 원격 재밍 공식에 이 값들을 대입하면 다음과 같다.

$$J/S = 71 + 80\text{dBm} - 120\text{dBm} + 40\log(5) - 20\log(46) + 11\text{dB} - 32\text{dB} - 10\log(1)$$
$$= 71 + 80 - 120 + 28 - 33.3 + 11 - 32 - 0 = 4.7\text{dB}$$

그림 3.6은 원격 재밍의 다른 경우를 보여주고 있다. 이것은 스탠드 인 stand-in 재밍으로

재머는 보호하고 있는 표적 항공기보다 적 레이다에 더 가깝게 위치한다. 이 재머도 역시 적 레이다의 측엽을 재밍하는 것으로 가정한다.

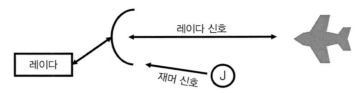

그림 3.6 스탠드인 재밍은 적 레이다에 더 가깝게 위치하고 있는 재머를 사용하여 표적을 보호한다.

1m² RCS를 갖는 항공기가 안테나의 조준선 위에 있으면서 레이다로부터 10km 떨어진 위치에 있는 그림 3.7의 상황을 고려해보자. 소형 재머는 레이다로부터 500m 거리에 있으며 조준선 이득보다 21dB나 더 낮은 측엽 내에 위치해 있다. 재머의 ERP는 1W (30dBm)이다. 위의 원격 재밍 공식에 이 값들을 대입하면 다음과 같다.

$$J/S = 71 + 30\text{dBm} - 120\text{dBm} + 40\log(10) - 20\log(0.5) + 11\text{dB} - 32\text{dB} - 10\log(1)$$
$$= 71 + 30 - 120 + 40 - (-6) + 11 - 32 - 0 = 6\text{dB}$$

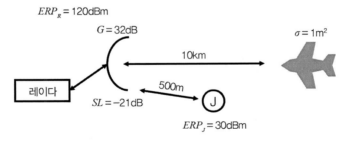

그림 3.7 스탠드인 재밍 문제

3.3.4 번 스루 거리

위의 방정식 모두에서 J/S는 레이다에서 표적까지 거리의 함수이다. 따라서 표적이 레이다에 접근할수록 J/S가 감소한다. J/S가 충분히 작으면, 재밍되고 있는 레이다는 표적을 다시 획득할 수 있다. 재획득이 발생될 수 있는 J/S 값을 결정하고 이 J/S가 발생되는 표적으로부터의 거리를 **번 스루** 거리로 정의하는 것이 일반적이다.

이는 자체 보호 재밍에 대해 그림 3.8에 설명되어 있다. 레이다 표적 반사 전력은 감소되는 거리의 4제곱에 따라 증가되는 반면, 수신된 재머 출력은 감소되는 거리의 제곱에 따라서만 증가한다는 것에 주목하여야 한다.

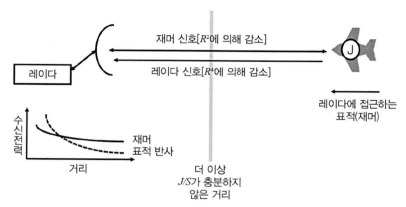

그림 3.8 자체 보호의 번 스루는 표적이 레이다와 충분히 가까워서 레이다가 표적을 다시 획득할 수 있을 때 발생한다.

자체 보호 번 스루 거리의 공식은 자체 보호 J/S 공식에서 유도된다.

$$20\log R_{BT} = -71 + ERP_R - ERP_J + 10\log\sigma + J/S\ Rqd$$

여기서, R_{BT}는 번 스루 거리(km), ERP_R은 레이다의 유효 방사 출력(dBm), ERP_J는 재머의 유효 방사 출력(dBm), σ는 표적 RCS, $J/S\ Rqd$는 재획득이 일어날 수 있는 J/S 값이다.

번 스루 거리(km)는 $20\log R_{BT}$의 값에서 다음과 같이 얻을 수 있다.

$$R_{BT} = \text{antilog}[(20\log R_{BT})/20]$$

표적 항공기가 레이다를 향해 비행하는 그림 3.3의 자체 보호 재밍 상황을 고려해보자. 그림 3.9는 레이다가 재밍 상태에서 표적을 재획득할 수 있는 거리까지 J/S가 감소되고 있으며, 표적이 그 거리에 도달한 것을 보여주고 있다. 번 스루 J/S는 사용된 재밍 유형에 따라 달라지며 종종 0dB J/S가 적절하다는 점에 유의하자. 이 예제에서는 번 스루 J/S 값을 2dB로 임의로 설정하였다.

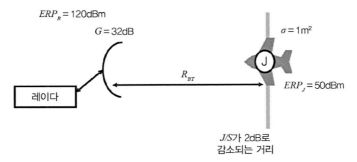

그림 3.9 자체 보호 번 스루 문제

재머 ERP는 50dBm이고, 레이다 ERP는 120dBm이고, σ는 1m²이며, 필요한 J/S는 2dB이다. 위의 공식을 통해 자체 보호 번 스루 공식에 이 숫자를 대입하면 다음과 같다.

$$20\log R_{BT} = -71 + 120\text{dBm} - 50\text{dBm} + 10\log(1) + 2\text{dB}$$
$$= -71 + 120 - 50 + 0 + 2 = 1$$

R_{BT}를 구해보면 다음과 같다.

$$R_{BT} = \text{antilog}[(1)/20] = 1.12\text{km}$$

그림 3.10은 임의 유형의 원격 재밍에 대한 번 스루를 보여주고 있다. 표적이 레이다에 접근하는 동안 스탠드 오프 또는 스탠드인 재머가 움직이지 않고 있다고 일반적으로 가정한다. 따라서 레이다에 수신되는 재머 전력은 일정하게 유지되는 반면 수신되는 표적 반사 전력은 감소되는 거리의 4제곱에 의해 증가한다. 따라서 번 스루 거리는 레이다에서 표적까지의 거리만 참조한다. 원격 재밍 번 스루에 대한 공식은 다음과 같이 원격 재밍 J/S 공식에서 유도된다.

$$40\log R_{BT} = -71 + ERP_R - ERP_J + 20\log R_J + G_M - G_S + 10\log\sigma + J/S \ Rqd$$

번 스루 거리(km)는 $40\log R_{BT}$의 값에서 다음과 같이 계산된다.

$$R_{BT} = \text{antilog}[(40\log R_{BT})/40]$$

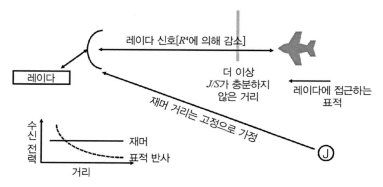

그림 3.10 원격 재머 번 스루는 표적이 레이다에 충분히 근접하여 레이다가 목표를 다시 획득할 수 있을 때 일어난다.

그림 3.5에서와 같이 레이다를 향해 비행하는 표적 항공기와 레이다 측엽의 고정된 위치에 작은 패턴으로 비행하는 스탠드 오프 재밍 항공기가 있는 스탠드 오프 보호 재밍 상황을 고려해보자. 그림 3.11은 레이다가 재밍 상태에서 표적을 다시 획득할 수 있는 거리까지 J/S가 감소되고 있으며, 표적이 그 거리에 도달한 것을 보여주고 있다. 자체 보호 예제에서와 같이 번 스루 J/S 값을 임의로 2dB로 설정한다.

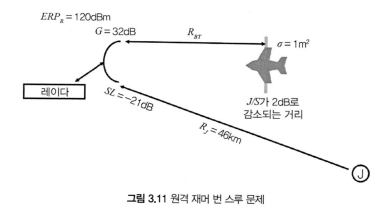

그림 3.11 원격 재머 번 스루 문제

재머 ERP는 80dBm, 레이다 ERP는 120dBm, σ는 1m^2, 요구되는 J/S는 2dB이다. 위의 자체 보호 번 스루 공식에 이 값들을 대입하면 다음과 같다.

$$40\log R_{BT} = -71 + 120\text{dBm} - 80\text{dBm} + 20\log(46) + 32\text{dB} - 11\text{dB} + 10\log(1) + 2\text{dB}$$

$$= -71 + 120\text{-}80 + 33.3 + 32 - 11 + 0 + 2 = 25.3$$

R_{BT}를 구해보면 다음과 같다.

$$R_{BT} = \text{antilog}[(25.3)/40] = 4.2\text{km}$$

3.4 레이다 재밍 기법

레이다 재밍 기법은 커버 및 기만 재밍으로 구분할 수 있다. 두 가지 유형의 기법에 대한 재밍 효과는 위에서 논의된 J/S의 관점에서 설명된다.

3.4.1 커버 재밍

커버 재밍의 목적은 레이다가 표적을 획득하거나 추적할 수 없도록 레이다 수신기에서 신호의 품질을 떨어뜨리는 것이다. 이는 자체 보호 또는 원격 재밍 형태에서 사용될 수 있다. 커버 재밍은 대개 잡음 파형을 가지고 있지만 레이다의 전자 보호EP 기능을 극복하기 위하여 다른 파형을 사용하기도 한다. 이 EP 기법은 4장에서 다루어질 것이다.

3.3절에 제시된 J/S와 번 스루에 대한 공식은 재머의 모든 출력이 레이다 수신기의 대역폭 내에 있다고 가정했다. 재머가 레이다 수신기의 유효 대역폭보다 넓은 주파수의 잡음을 사용할 경우, 레이다의 수신기 대역폭 내에 있는 부분만 유효하다. 재밍 효율은 유효한 재머 ERP를 총 ERP로 나눈 값이다. 이것은 레이다 수신기 대역폭을 재밍 대역폭으로 나눈 것과 동일하다. 예를 들어 레이다 수신기 대역폭이 1MHz이고 재밍 신호 대역폭이 20MHz이면 재밍 효율은 5%이다.

3.4.2 광대역 재밍

광대역 재밍은 하나 이상의 위협 레이다가 포함될 것으로 예상되는 모든 주파수 대역에 잡음을 방사하는 광대역 재머에 의해 만들어진다. 이 기법은 초창기의 재머에서 자주 사용되었고, 아직도 많은 재밍 상황에서 적절한 접근 방법이다. 광대역 재밍의 큰 장점은 레이다 운용 주파수에 대한 실시간 정보가 필요하지 않다는 것이다. 룩 스루look-through (즉 위협 레이다 신호를 찾기 위해 재밍 중단)가 필요하지 않다. 문제는 광대역 재밍이 일반적으로 매우 낮은 재밍 효율을 갖는다는 것이다. 대부분의 재밍 출력은 낭비되며, 이는 유효한 J/S가 효율 계수에 의해 감소되고, 번 스루 거리도 증가하기 때문이다.

3.4.3 점잡음 재밍

재밍 신호의 대역폭을 표적 레이다 대역폭보다 약간만 크도록 감소시키고, 재머가 레이다 방사 주파수에 동조될 때 이것을 점잡음 재밍이라고 부른다. 그림 3.12와 같이 점잡음 재밍은 재밍 출력을 거의 낭비하지 않기 때문에 재밍 효율은 현저하게 증가한다. 점잡음 폭은 목표로 하는 신호에 대한 셋온set-on 주파수의 불확실성을 커버할 수 있을 만큼 충분히 넓어야 한다. (우리는 4장에서 코히어런트 재밍에 대해 다룰 것이다.) 효율은 레이다 대역폭을 재밍 대역폭으로 나눈 것으로 매우 높다. 참고문헌 [1]은 점잡음 재밍을 레이다 대역폭의 5배 미만을 갖는 대역폭의 재밍으로 정의하였다.

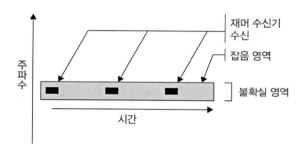

그림 3.12 점잡음 재밍은 레이다의 운용 주파수 주변에 잡음을 집중시킨다.

3.4.4 소인 점잡음 재밍

협대역 재머가 위협 신호의 모든 예상 주파수 범위를 소인하면, 그림 3.13과 같이 이를 소인 점잡음 재밍swept spot jamming 이라고 부른다. 광대역 잡음 재머와 같이 소인 점잡음 재머는 룩 스루가 필요하지 않으며 소인 범위 내에 있는 신호를 재밍한다. 재머가 표적 레이다의 대역폭 내에 있는 동안에는, 셋온 재머와 동일한 재밍 효율을 제공할 것이다. 그러나 재밍 듀티 사이클은 소인 범위 대 점잡음 대역폭의 비율로 감소된다. 이는 여러 가지 상황에서 다수의 레이다에 대해 여전히 적절한 재밍 성능을 제공할 수 있다. 점잡음 대역폭 및 소인 범위는 상황에 맞게 최적화되어야 한다.

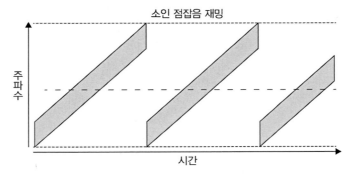

그림 3.13 소인 점잡음 재밍은 레이다가 동작하는 전체 주파수 대역에 대해 좁은 재밍 대역폭을 사용해서 움직인다.

3.4.5 기만 재밍

기만 재밍은 레이다가 표적으로부터 유효한 표적 반사를 받고 있다고 생각하게 하며, 수신 신호로부터 유도된 정보는 레이다가 거리 또는 각도에서 표적을 잃게 한다. 기만 재머는 표적에 μsec 이하의 정확성으로 표적 신호를 맞춰야 하기 때문에, 일반적으로 기만 재밍은 자체 보호용으로 제한적으로 사용된다. 원격 재머에서 기만 기법을 수행하는 것이 가능하기는 하지만 거의 실용적이지 않다. 따라서 여기에서의 기만 기법은 자체 보호 재밍에 대해 논의될 것이다. 우리는 먼저 거리 측면에서 레이다를 기만하는 기법을 논의한 다음, 주파수 측면과 각도 측면에서 레이다를 기만하는 기법을 논의할 것이다.

3.4.6 거리 기만 기법

거리 게이트 풀 오프RGPO, 거리 게이트 풀인RGPI 및 커버 펄스와 같은 3가지의 거리 기만 기법을 고려할 것이다.

3.4.6.1 RGPO

거리 게이트 풀 오프 RGPO 재머는 레이다 펄스를 개별적으로 수신한 다음, 그 레이다를 향해 증가된 출력으로 펄스를 되돌려 보내주는 것이다. 그러나 RGPO 재머는 첫 번째 펄스 이후부터 연속되는 다음 펄스들을 더 많은 양으로 지연시킨다. 펄스에서 펄스로의 지연 변화율은 지수 함수 또는 로그 함수이다. 레이다가 펄스의 왕복 전파 시간으로부터 표적까지의 거리를 결정하기 때문에 표적이 레이다에서 멀어지고 있는 것처럼 보인다.

그림 3.14는 레이다 프로세서의 초기 early 및 후기 late 게이트들을 보여주고 있다. 레이다가 추적 중일 때 이들은 일반적으로 펄스폭 정도의 크기를 갖는 두 개의 시간 게이트이다

(레이다가 획득 중일 때는 펄스폭이 더 길다). 레이다는 이 두 게이트 내에서 되돌아오는 펄스들의 에너지를 균형 있게 조정함으로써 거리를 추적한다. 재머는 후기 게이트의 에너지를 초기 게이트의 에너지보다 크게 하여 레이다가 표적에 대한 거리 추적을 잃어버리도록 만든다.

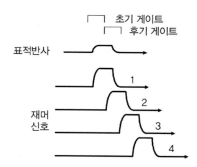

그림 3.14 거리 게이트 풀 오프는 반사 펄스를 순차적으로 지연시키고 있으며, 이는 레이다의 후기 게이트를 지연시킨다.

레이다의 해상도 셀은 레이다가 여러 표적을 분해할 수 없는 공간 볼륨이다. 거리 측면에서 이 셀의 중심은 왕복 전파 시간이 전송된 신호를 초기 및 후기 게이트의 교차점에 위치시킬 때의 거리이다. 따라서 레이다는 표적이 셀의 중심에 있다고 가정한다. 그림 3.15(2차원)에서 RGPO 재머는 레이다의 해상도 셀을 거리 측면에서 밖으로 이동하게 만든다. 일단 실 표적이 해상도 셀에서 벗어나면 레이다는 거리 추적을 잃게 된다.

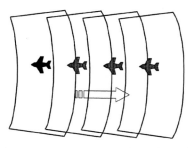

그림 3.15 후기 게이트를 지연시킴에 따라 레이다의 분해능 셀이 밖으로 이동하게 되어 레이다는 표적이 점점 멀어진다고 생각하게 된다.

RGPO가 최대 지연에 도달하면 0의 지연 시간으로 다시 돌아가고 이러한 과정을 반복하여 수행한다(여러 번). 이에 따라 레이다는 거리 측면에서 표적을 다시 획득해야 하는 데 수 밀리초가 걸리며, 그 시간까지 레이더의 거리추적은 다시 끌려나갈 것이다.

3.4.6.2 RGPI

거리 게이트 풀인RGPI은 인바운드 거리 게이트 풀 오프라고도 한다. RGPI 재밍은 펄스의 앞쪽 가장자리에 있는 에너지만을 사용하여 거리 추적하는 레이다에 적용된다. 따라서 초기 및 후기 게이트는 앞쪽 가장자리에 있는 에너지를 균형 있게 조정한다. RGPO 재머는 기만 재밍 펄스를 생성하는 과정에 레이턴시가 있기 때문에 앞쪽 가장자리의 에너지 버스트 동안 추적 게이트를 포착할 수 없으므로 레이다는 기만당하지 않는다. RGPI 재머는 레이다 펄스 반복 타이밍을 추적하고 그림 3.16과 같이 다음 펄스를 예측하여 기하급수적으로 또는 대수적으로 증가하는 시간 차이를 갖고 강한 리턴 펄스를 생성한다. 이것은 초기 게이트가 재밍되도록 하여 레이다를 목표가 다가오고 있다고 생각하게 만든다.

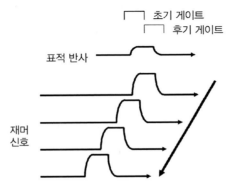

그림 3.16 거리 게이트 풀인은 레이다 초기 게이트가 재밍되도록 표적 반사 신호보다 연속적으로 이전으로 증가하는 리턴 펄스를 만들어낸다.

RGPI 재머는 레이다가 고정 펄스 반복 주파수PRF 이거나 저단 스테거 PRF일 경우 잘 동작한다. 그러나 랜덤 PRF는 추적당하지 않기 때문에, RGPI는 이러한 유형의 신호에 대해 동작하지 않을 것이다.

3.4.6.3 커버 펄스

기술적으로 기만 재밍은 아니지만 커버 펄스는 표적의 펄스 타이밍과 관련성이 높으므로 여기에서 논의한다. 재머가 펄스열 추적기를 가지고 있으면, 레이다의 표적 반사 펄스를 중심으로 긴 펄스를 출력할 수 있다. 이와 같은 커버 펄스 재밍 신호는 레이다의 거리 정보를 방해하기 때문에 레이다가 거리 추적을 할 수 없도록 만든다.

3.4.7 각도 기만 재밍

레이다의 거리 추적이 끊어지면 추적을 다시 시작하는 데 수 밀리초가 걸리게 될 것이고, 그 후에 거리 추적은 다시 끊어질 것이다. 그러나 각도 추적이 끊어지면, 레이다는 일반적으로 표적 각도를 찾는 탐색 모드로 돌아가야 하며 이는 수 초가 소요된다. 기존 레이다는 각도에서 표적을 추적하기 위해 안테나 빔을 이동하였다. 그림 3.17의 첫 번째 그림에 표시된 코니컬 스캔 레이다의 수신 전력 대 시간 도표를 고려해보자. 안테나가 원뿔과 같은 형태로 이동한다. 수신 신호는 안테나가 표적에 더 가깝게 지향할수록 더 강해지고 표적으로부터 지향이 멀어질 때 더 약해진다. 레이다는 표적을 스캔의 중심에 위치시키기 위하여 스캔 패턴의 중심을 최대 수신 전력의 방향으로 이동시킨다. 레이다 수신기와 표적의 레이다 경보 수신기는 둘 다 동일한 전력 대 시간 그래프를 보게 된다. 표적에 탑재된 재머가 가장 약한 신호 강도 시간(그림 3.17의 두 번째 그림 참조)에 강력한 펄스버스트(레이다의 펄스와 동기화됨)를 전송하면, 레이다에는 세 번째 그림과 같은 시간 대 전력 그래프가 보일 것이다. 레이다는 이 정보로부터 각도유도신호를 생성하기 때문에, 파선으로 표시된 바와 같이 (좁은) 서보 응답 대역폭에서 전력 데이터를 처리할 것이다. 따라서 레이다는 스캔 중심축이 표적에서 멀어지게 되어 각도 추적을 잃게 된다. 이와 같은 방식을 역이득 재밍 inverse gain jamming 이라고 한다.

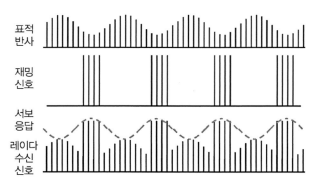

그림 3.17 역이득 재밍은 레이다가 각도유도신호를 잘못된 방향으로 수정하게 한다.

만약 레이다가 조사기는 고정시키고 수신 안테나만을 스캔시키면, 표적에 있는 재머는 시간에 따른 정현파 전력 변화의 위상을 알 수 없게 될 것이다. 따라서 재머는 재밍 펄스버스트를 최소 수신 전력 시간에 맞출 수 없다. 그러나 재머가 재밍 펄스버스트를 레이다 안테나의 알려진 스캐닝 속도보다 약간 더 빠르거나 느리게 하면, 재머는 여전히 레이다의 각도 추적을 잃게 할 수 있다. 재밍 펄스버스트의 타이밍이 최적으로 맞춰진 것만큼 효과적이지는 않지만 여전히 효과적인 재밍이 될 수 있다.

그림 3.18은 TWS track-while-scan 레이다에 대한 각도 재밍을 보여주고 있다. 첫 번째 그림은 TWS 레이다의 빔이 표적에서 반사된 버스트 펄스열을 보여주고 있다. 레이다는 각도 게이트를 사용하여 표적의 각도 위치를 결정한다. 이것은 각도 게이트를 이동시켜 오른쪽 (이 경우) 및 왼쪽 게이트의 전력을 균등하게 만든다. 이 두 게이트 사이의 교차점은 표적의 각도를 나타낸다. 표적에 탑재된 재머가 그림 3.18의 두 번째 그림과 같이 일련의 동기화된 펄스버스트를 생성하면, 레이다에는 세 번째 그림과 같은 시간 대 전력 그래프가 나타난다. 이는 각도 게이트의 한쪽이 작용하여 레이다를 표적의 각도에서 벗어나도록 만든다.

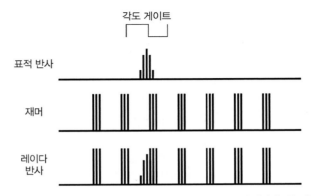

그림 3.18 역이득 재밍은 TWS 레이다를 각도에서 표적으로부터 멀어지도록 만든다.

3.4.7.1 자동 이득 제어 재밍

레이다는 넓은 동적 범위에서 동작해야 하기 때문에 자동 이득 제어 AGC 가 있어야 한다. AGC는 수신 전력 레벨을 측정하여, 그 측정 지점에서 신호 세기가 일정하도록 회로 앞부분에 이득 및 손실을 조정함으로써 구현된다. AGC 회로가 효과적이기 위해 고속어택/저속 감쇠 fast attack/slow decay 특성을 가져야 한다. 그림 3.19의 첫 번째 그림은 코니컬 스캔 conical scan 레이다 리턴에서 생성되는 시간대 전력의 정현파 곡선을 보여주고 있다. 강한 협대역 재밍 신호가 표적 반사 신호에 추가되면, 강한 펄스가 AGC를 포착함에 따라 두 번째 그림과 같이 코니컬 스캔 안테나의 정현파 신호가 크게 감소된다. 정현파 신호는 그림에 표시된 것보다 훨씬 더 많이 감소되어 레이다가 표적의 각도를 추적할 수 없게 된다.

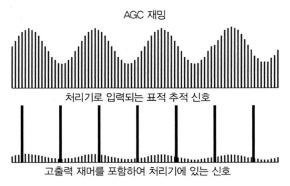

처리기로 입력되는 표적 추적 신호

고출력 재머를 포함하여 처리기에 있는 신호

그림 3.19 AGC 재밍은 레이다의 AGC를 포착하기 위해 대략적인 표적 신호 변조율로 강하고 좁은 펄스를 생성한다.

3.4.7.2 다른 종류의 각도 재밍 예제

몇 가지 다른 각도 재밍의 예는 다음과 같다. 예를 들어, 역이득은 로빙 레이다에 대해 사용될 수 있다. 그러나 앞에서의 각도 재밍 설명은 각도 재밍의 동작 방법을 보여주며 나중에 논의할 때 도움이 될 것이다. 한 가지 중요한 점은 앞의 예에서 레이다가 각도 추적을 위해 안테나를 움직이고 여러 개의 표적 반사 펄스들을 수신해야 한다는 것이다. 모노펄스 레이다라고 하는 중요한 레이다 종류가 있으며, 이는 각각 수신된 표적 반사 펄스마다 완전한 각도 정보를 얻는다. 이러한 유형의 레이다와 이에 대한 효과적인 재밍 기법은 3.4.9절에서 다룬다.

3.4.8 주파수 게이트 풀 오프

종종 주파수에서 레이다를 기만하는 것이 중요하다. 표적 반사 신호의 수신 주파수는 송신 주파수 및 레이다와 표적 간의 거리 변화율에 의해 결정된다. 그림 3.20의 첫 번째 그림은 도플러 레이다에서 표적 반사 신호들에 대한 주파수 대 수신 전력을 보여주고 있다. 레이다의 내부 잡음이 리턴 신호의 낮은 주파수 범위에서 나타남을 주목하라. 또한 여러 개의 지면 반사가 있다. 만약 이것이 항공 탑재 레이다라면 가장 크고 가장 높은 주파수 (즉, 최고 속도) 지면 반사는 항공기가 지나가고 있는 지면으로부터 생성된다. 좀 더 적은 반사들은 통과하고 있는 지형 특성으로부터 나온다. 이러한 반사들은 항공기의 비행경로에서 지형 특징의 오프셋 각도로 인해 더 낮은 도플러 주파수에 위치한다. 마지막으로 레이다와 표적 사이의 접근 속도와 관련된 주파수에 있는 표적 반사가 있다. 레이다는 표적을 추적하기 위해 표적 반사 주파수 주변에 속도 게이트를 위치시킨다. 재머가 속도 게이트에 재밍 신호를 위치시킨 다음 재밍 신호를 표적 반사 주파수로부터 멀리 이동시키면 레이다는 표적에 대한 속도 추적을 잃게 된다. 이 기법을 속도 게이트 풀 오프velocity gate pull-off 라고 한다.

일부 레이다는 거리 게이트 풀 오프로 인한 거리 변경 비율과 표적 반사의 도플러 편이를 연관시켜 거리 게이트 풀 오프 재밍을 식별할 수 있다. 이 경우 거리 및 속도 게이트 풀 오프를 모두 수행해야 할 필요가 있다.

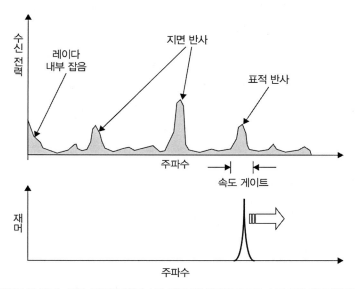

그림 3.20 주파수 게이트 풀 오프는 재밍 신호를 레이다 속도 게이트에 위치시킨 다음, 속도 게이트를 포착하여 표적 반사 밖으로 이동시킨다.

3.4.9 모노 펄스 레이다 재밍

3.4.7절에서 우리는 표적으로부터 반사되는 여러 개의 펄스들을 사용하여 표적의 각도 위치를 결정해야 하는 레이다에 대한 각도기만을 논의하였다. 이제 우리는 모든 펄스가 각각 돌아올 때마다 각도 정보를 얻는 모노 펄스 레이다를 고려해보자. 모노 펄스 레이다는 여러 개의 수신 센서들의 신호를 비교하여 표적의 각도를 결정한다. 그림 3.21은 두 개의 센서만을 보여주고 있다. 그러나 실제 모노 펄스 레이다는 2차원 각도 추적을 위해 3개 또는 4개의 센서를 가지고 있다. 센서의 출력은 합 및 차 채널로 구성되어 있다. 합 채널은 반사된 신호의 레벨을 만들고 차 채널은 각도 추적 정보를 제공한다. 차 응답은 일반적으로 합 응답의 3dB 폭에 걸쳐 선형성을 갖는다. 유도 입력은 차 응답에서 합 응답을 뺀 값이다.

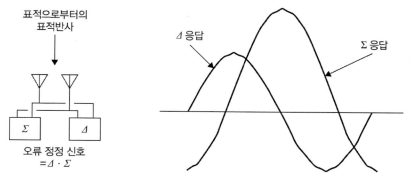

그림 3.21 모노 펄스 레이다는 여러 개의 센서를 사용하여 각각의 펄스에 대한 각도 정보를 추출한다.

지금까지 3.4절에서 설명한 재밍 기법들은 실제로 표적 위치로부터 수신된 신호 강도를 증가시키기 때문에 모노 펄스 레이다의 각도 추적 효과를 향상시킨다. 그러나 모노 펄스 레이다에 대응하여 동작하는 몇 가지 기법들이 있다. 다음과 같은 기법들이 여기에 포함된다.

- 편대 재밍
- 거리 기만을 갖는 편대 재밍
- 블링킹
- 지형 반사 기법
- 교차 편파
- 크로스 아이

3.4.10 편대 재밍

두 대의 항공기가 그림 3.22와 같이 레이다의 해상도 셀 안에 편대비행을 하면, 레이다는 두 개의 실제 표적이 하나의 표적으로 보이는 효과로 그들을 구분할 수 없게 된다. 이 기법의 어려움은 해상도 셀 내에 두 항공기를 유지하는 것이 매우 어려울 수 있다는 것이다.

해상도 셀의 폭(즉, 교차−거리) 치수는 다음과 같다.

$$W = 2R sin(BW/2)$$

여기서 W(m)는 셀의 폭, R(m)은 레이다에서 표적까지의 거리, BW는 레이다 안테나의 3dB 빔폭이다. 셀의 깊이(즉 거리) 치수는 다음과 같다.

$$D = c(PW/2)$$

여기서 D(m)는 셀의 깊이, PW(sec)는 레이다 펄스폭, c는 빛의 속도(3×10^8m/sec)이다.

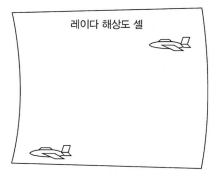

그림 3.22 편대 재밍은 레이다의 해상도 셀 안에 비행하는 두 대의 항공기를 포함한다. 레이다는 두 개의 실제 표적 사이의 절반에서 하나의 표적만을 '볼' 것이다.

예를 들어 표적이 레이다에서 20km 떨어진 곳에 있는 경우 레이다 펄스폭은 $1\mu s$이고 레이다 안테나 빔폭은 2°이면, 해상도 셀 폭은 698m, 깊이는 150m이다. 그림 3.23은 레이다에서 표적까지 여러 가지 경우에 대해 레이다 해상도 셀의 크기를 비교하여 보여준다.

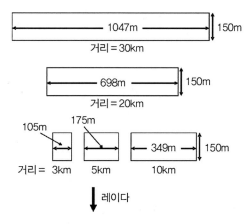

그림 3.23 레이다의 해상도 셀의 모양은 레이다와 목표 거리에 따라 크게 달라진다. 이 경우는 $1\mu sec$ PW 및 2° BW에 대한 것이다.

3.4.11 거리 기만 편대 재밍

자체 보호 재밍은 레이다의 표적에서 방사되기 때문에 모노 펄스 레이다의 각도 추적을 향상시킨다. 그러나 이 재밍은 레이다 거리 정보를 방해할 수 있다. 두 개의 항공기가 그림 3.24와 같이 거의 동일한 출력으로 재밍을 하면, 레이다는 거리 측면에서 두 개의 표적을 분리할 수 없을 것이다. 이를 위해 두 개의 항공기는 레이다가 거리 정보에서 두 표적을 분리하는 것을 방해하도록 해상도 셀의 교차 거리 내에서 유지되어야 한다. 장거리에서는 해상도 셀은 깊이보다 넓이가 훨씬 더 넓으므로 이 기법은 스테이션을 유지하는 것으로 단순화할 수 있다.

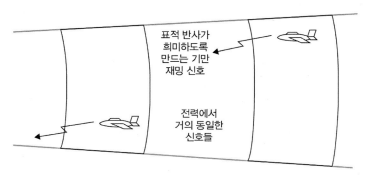

그림 3.24 각 항공기가 레이다의 거리 정보를 방해하기 위해 동일하게 재밍할 경우, 두 항공기는 단지 레이다 분해능 셀의 교차 범위 내에서 편대를 유지해야 한다.

3.4.12 블링킹

레이다의 해상도 셀 내에 두 대의 항공기가 그림 3.25와 같이 적당한 비율(0.5~10Hz)로 재밍을 교대로 수행한다면, 공격 미사일은 번갈아 가며 각각의 항공기로 유도될 것이다. 미사일이 두 항공기에 접근함에 따라 각도 오프셋이 점점 커지는 상황에서 표적을 재지정할 것이다. 미사일의 각도 유도는 루프 대역폭이 제한되어 있기 때문에 미사일은 교번하는 표적 중 한 표적을 따라갈 수 없게 되어 다른 임의의 방향으로 날아가버릴 것이다.

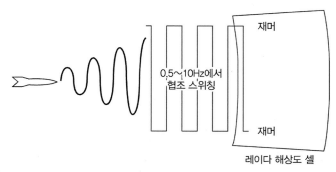

그림 3.25 블링킹 재밍은 두 항공기에 탑재된 재머가 순차적으로 동작하여 미사일 유도가 과도하게 스트레스를 받을 때까지 추적 레이다가 표적 사이를 스위치하도록 만든다.

3.4.13 지형 반사 기법

만약 재머 항공기가 미사일이 날고 있는 지면이나 수면을 향해 안테나로부터 충분한 이득을 갖고 레이다 신호를 재방사한다면(그림 3.26 참조), 모노 펄스 추적기는 재머 항공기의 아래쪽을 추적하게 될 것이다. 이는 무기가 표적을 잃어버리게 만들 것이다.

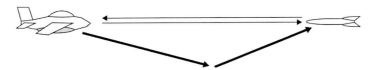

그림 3.26 지형 반사 재밍은 지상이나 수면으로 강력한 신호를 송신하여 레이다가 표적의 아래를 추적하도록 만든다.

3.4.14 교차 편파 재밍

만약 레이다의 파라볼릭 안테나 리플렉터가 뚜렷한 전방 기하학적 구조를 가지고 있다면, 주 안테나 피드에 교차 편파 cross-polarizaton 된 작은 로브(콘돈 로브라고 부름)가 발생할 수 있다. 일반적으로 안테나의 곡률이 클수록 콘돈 로브도 더 커진다. 그림 3.27과 같이 주 레이다 신호에 대해 교차 편파된 강한 재밍 신호를 레이다에 방사하면 이 콘돈 로브가 커지게 된다.

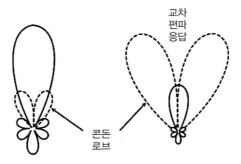

그림 3.27 일부 레이다 안테나는 교차 편파된 로브를 동일 편파의 조준선에서 멀어지는 방향으로 향하게 한다.

그림 3.28은 교차 편파 재머의 동작을 보여주고 있다. 직교상태로 편파가 분리된 2개의 안테나로 레이다 신호를 수신한다. 그림에서 하나의 안테나는 수직편파이고 다른 안테나는 수평편파이다. 수직편파 안테나에 수신된 신호는 수평편파로 재송신되며, 수평편파 안테나에 수신된 신호는 수직편파로 재송신된다. 이러한 구조는 재머가 수신된 신호의 극성에 관계없이 수신된 신호에 교차 편파된 신호를 생성하게 한다. 이와 같이 생성된 재밍 신호는 20dB에서 40dB의 J/S를 만들어낼 만큼 충분한 크기로 증폭된다.

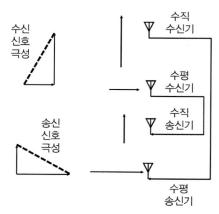

그림 3.28 교차 편파 재밍은 강한 교차 편파 반사 신호를 생성하여 레이다가 콘돈 로브들 중 하나의 로브에서 표적을 추적하도록 만든다.

강한 교차 편파 신호가 레이다에 도달하게 되면, 레이다는 콘돈 condon 로브들 중 하나를 통해 신호를 포착한다. 그러면 그 레이다는 포착된 콘돈 로브가 표적을 향하도록 하기 위해 안테나를 이동할 것이다. 이것이 레이다가 표적 추적을 잃어버리게 하는 원인이다.

일반적으로 이러한 형태의 재밍은 평평한 평면형 위상 배열 안테나를 가진 레이다에 대해 효과적이지 않다. 왜냐하면 위상 배열 안테나는 콘돈 로브를 생성하는 전방 기하학 구조를 가지지 않기 때문이다. 그러나 위상 배열이 가변적인 방사를 통해 특정한 빔을 형성할 수 있다면, 콘돈 로브들을 가질 수 있다.

만약 레이다 안테나가 편파 필터에 의해 보호되면, 교차 편파 재밍에 영향받지 않을 것이다.

3.4.15 크로스 아이 재밍

크로스 아이 cross-eye 재머의 구성은 그림 3.29와 같다. 지점 A에서 안테나에 의해 수신된 신호는 20에서 40dB로 증폭된 후 지점 B에 있는 안테나로부터 재송신된다. 마찬가지로 지점 B에서 안테나에 의해 수신된 신호는 증폭된 후 지점 A에 있는 안테나로부터 재송신되지만 이 회로에는 180° 위상 편이를 포함한다. 효과적인 재밍을 위해 두 신호 경로는 정확하게 같은 길이를 가져야 하며, 또한 점 A와 점 B가 상당한 간격을 가져야 하므로 긴 케이블이 사용된다. 온도와 주파수가 변화하는 환경에서 두 세트의 케이블이 적절하게 균형을 유지하는 것은 매우 어렵다. 두 케이블 경로는 효과적인 재밍을 위해 전기적 각도로 180° 관계를 유지해야 한다. 이것은 1/10mm 정도의 전기 길이 차이이다.

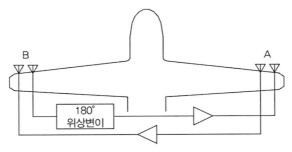

그림 3.29 크로스 아이 재밍은 위치 A에서 수신한 레이다 신호를 위치 B에서 송신하고 동시에 위치 B에서 수신한 신호를 180° 위상 천이한 후 위치 A에서 송신한다.

이 문제를 완화하기 위해 그림 3.30과 같이 시스템을 구성할 수 있다. 나노초 스위치는 두 위치에서 각각 단일 안테나로 단일 케이블을 사용할 수 있게 해주며 (매우 작은) 상자 내에서 위상 정합을 쉽게 유지할 수 있도록 해준다. 스위치는 각 레이다 펄스를 수신하는 동안 위상 천이가 있는 경로와 위상 천이가 없는 경로를 교번하면서 많은 횟수로 전환된다. 레이다 수신기는 레이다의 펄스를 수신하도록 최적화되므로 그림에서 펄스 아래에 표시된 구형파를 평균으로 만든다. 따라서 두 개의 재머 안테나로부터 방사된 신호는 레이다에 위상이 180° 떨어져 있는 두 개의 펄스로 동시에 보인다.

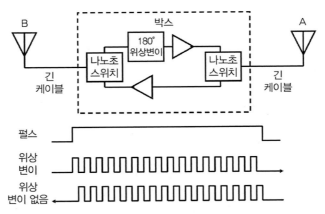

그림 3.30 나노초 스위치는 각 안테나에서 단일 케이블이 양방향에서 신호를 시분할할 수 있도록 하고 케이블 길이 정합문제도 제거해준다.

레이다에서 안테나 A를 지나고 안테나 B를 거쳐 레이다로 다시 돌아오는 경로는 레이다에서 안테나 B를 지나고 안테나 A를 거쳐 레이다까지 돌아오는 경로와 정확히 동일하다. 상기와 같이 동작하기 때문에 A-B 기준선은 재머로부터 레이다까지의 경로에 대해 수직일 필요는 없다. 따라서 레이다는 180° 위상차를 갖는 2개의 신호를 수신한다. 그림 3.31에서 볼 수 있듯이 이것은 레이다의 센서에서 널null을 발생시킨다. 결과적으로 합 응답이 차 응답 아래에 있게 되어 '차−합 방정식'의 부호가 변경된다. 이에 따라 레이다는 표적을 향하는 것이 아니라 표적에서 멀리 떨어지도록 레이다의 추적 각도를 수정하게 된다.

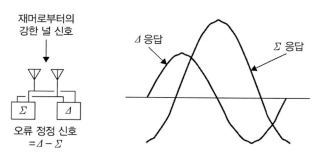

그림 3.31 크로스 아이 재머의 널은 합 응답을 차 응답보다 작게 하여 모노 펄스 추적응답의 방향을 반전시킨다.

비디오카메라를 모노 펄스 레이다의 기준선에 맞추어놓았을 때, 크로스 아이 재밍을 적용하면 표적이 빠른 속도로 영상에서 벗어나는 것으로 나타난다. 이것은 모노 펄스 레이다가 표적으로부터 빨리 멀어지도록 하는 결과를 보여준다. 크로스 아이 재머의 효과는 그림 3.32에서와 같이 종종 문헌에서 표적 반사 신호 파면wave front 의 왜곡으로 설명되고 있다.

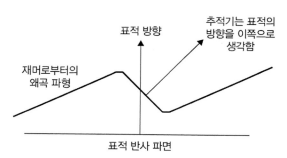

그림 3.32 위상 천이된 신호와 위상이 천이되지 않은 신호가 동시에 모노 펄스 추적 센서에 도달하기 때문에 이 신호들은 널을 만들어 레이다 추적기를 표적에서 멀리 떨어지도록 한다.

참고문헌

[1]   Schleher, D. C., *Electronic Warfare in the Information Age*, Norwood, MA: Artech House, 1999.

[2]   Adamy, D., *EW 101: A First Course in Electronic Warfare*, Norwood, MA: Artech House, 2001.

[3]   Adamy, D., *EW 102: A Second Course in Electronic Warfare*, Norwood, MA: Artech House, 2004.

[4]   Adamy, D., "EW 101," *Journal of Electronic Defense*, May 1996-April 1997.

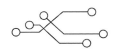

4장
차세대 위협 레이다

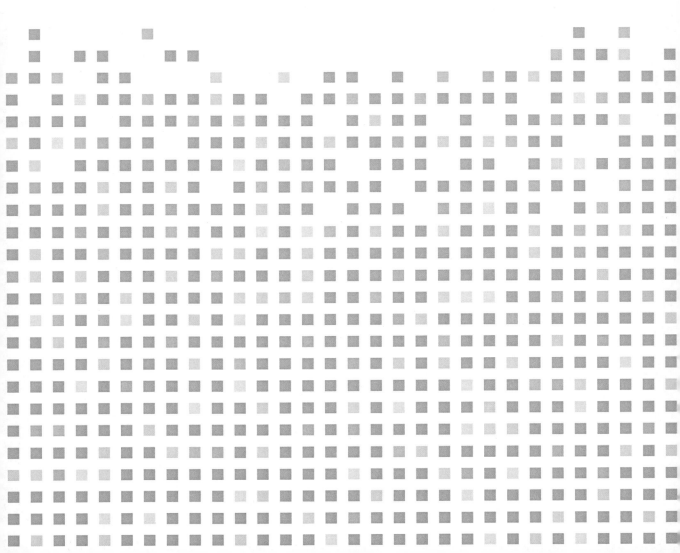

4장

차세대 위협 레이다

4.1 위협 레이다 개선

지난 10년 동안 새로운 위협을 개발하기 위한 많은 활동이 있었다. 새로운 위협은 수년간 사용한 기존 무기에 대해 성공적으로 대응하도록 설계되었다. 이러한 새로운 개발에는 더욱 성능 좋은 무기와 레이다 개발이 포함된다. 3장에서 언급했듯이 이것은 단순히 위협 브리핑을 위한 것이 아니다. 비밀 자료에는 이러한 정보들이 있으며 지속적으로 변화되고 있다. 그러나 이 책은 일반서적이기 때문에 비밀 정보들은 언급되지 않는다. 이 장의 접근 방식은 새로운 위협이 될만한 무기들의 기술적 측면을 논의하는 것이다. 이 장에서는 위협의 변화과정과 전반적인 위협 레이다와 이에 대한 전자전의 영향을 논의할 것이다. 논의할 전자전EW 분야는 다음과 같다.

• 전자전 체계 및 전술에서 더 이상 실용적이지 않은 것은 무엇인가?
• 어떤 새로운 전자전 전술이 필요한가?
• 어떤 새로운 전자전 체계 기능이 필요한가?

이 책은 비밀로 분류된 문제들을 다루기보다는 위협의 전반적인 변화에 대해서 다룰 것이다. 만약 어떤 특정한 변수가 변경되면 전자전 체계에 필요한 것은 무엇인가? 이 장에는 위협 변수의 다양한 변화가 미치는 영향을 보여주는 표와 그래프들이 있다. 그런 다음 특정한 실제 문제에 접근할 때는 특정한 차세대 위협에 대한 파라미터를 비밀자료에서 찾고 새로운 위협에 대응하는 데 필요한 새로운 전자전 체계 및 전술 사양을 결정할 수 있을 것이다.

즉, 이러한 새로운 무기와 레이다의 주요 특징에 관한 많은 정보는 이미 공개되어 있으며, 이러한 특징은 우리가 전자전을 수행하는 방식이 더 이상 적합하지 않다는 것을 의미한다. 전자전으로 대응해야 하는 위협에는 많은 변화가 있다고 분명히 말할 수 있다. 우리가 지난 수십 년 동안 운영했던 방식으로는 효과적인 전자전 작전을 수행할 수 없다. 공개 문헌에 다음과 같이 명백하게 기록되어 있다.

- 미사일의 사거리가 크게 증가하였다. 이는 스탠드 오프 stand-off 재밍에 영향을 미친다.
- 위협 레이다에는 상당한 전자 보호 EP 기능이 있다. 이는 새로운 장비와 전술을 필요로 한다.
- 새로운 무기는 은폐, 사격 및 도피 scoot 기능이 개선되었다. 이는 반응 시간을 감소시킨다.
- 새로운 위협 레이다는 유효 방사 출력 ERP 을 증가시켰다. 이는 재밍 대 신호비 J/S 및 번 스루 burn-through 거리를 개선시킨다.
- 레이다 프로세싱에 중요한 변화가 있다. 이는 전자전 프로세싱 작업이 더욱 복잡해져야 한다.
- 많은 새로운 위협에는 능동 전자 주사 배열이 포함된다. 이는 전자전 프로세싱을 더욱 복잡하게 하고 필요 재밍 출력에도 영향을 미친다.

또 다른 새로운 개발 내용은 센서와 열 추적 미사일 유도가 크게 개선되었다. 이를 대응하기 위해서는 플레어 및 적외선 재머의 상당한 변경이 필요하다. 이러한 문제와 전자전 체계의 필수 변경 사항과 적외선 IR 스펙트럼의 전술은 9장에서 다룬다. 무선 전파 RF 스펙트럼 전자전 전술은 여러 가지 방식으로 변경되었다.

- 스탠드 오프 재밍은 심각한 도전을 받는다.
- 자체 보호 재밍은 홈 온 재밍 HOJ 무기들로부터 영향을 받는다.
- 디코이와 오프 보드 자산들 assets 의 역할이 증대되고 있다.
- ES는 LPI 레이다의 영향을 받는다.

이 장에서는 전자 보호, 무기 및 레이다 계보 업데이트, 새로운 미사일 성능 (공개된 정보) 및 새로운 위협 레이다 변수(공개된 정보)를 다룬다. 그런 다음 예상되는 각 위협 요소 업그레이드 특징을 살펴보고 다양한 매개 변숫값이 전자전 활동에 미치는 영향을 표와 그래프로 표시한다.

이 장의 순서는 다음과 같다.

- 전자 보호
- 지대공 미사일 SAM 업그레이드
- SAM 획득 레이다 업그레이드
- AAA 업그레이드
- 요구된 새로운 전자전 기법

4.2 레이다 전자 보호 기법

전자 보호 EP 는 전자전의 부 영역 subfield 중 하나이지만 일반적으로 특정 전자전 하드웨어를 포함하지 않는다는 점에서 ES 또는 EA와 다르다. 이것은 오히려 적의 재밍 효과를 줄이도록 설계된 센서 체계의 여러 기능 중 하나이다. 따라서 EP는 플랫폼을 보호하는 것이 아니라 센서를 보호한다고 말할 수 있다. 우리는 6장에서 통신 체계를 보호하는 EP 기법에 대해 논의한다. 이 장에서는 레이다 전자 보호를 다룰 것이다.

표 4.1에는 주요 레이다 EP 기법과 이들이 보호하는 EA 기법이 나열되어 있다.

이러한 각 기법에 대해 논의할 때, 레이다가 데이터를 처리하는 방식과 같은 관련 주제를 취급해야 한다. 우리가 또한 EP 기법이라고 부르는 것이 때때로 레이다에 통합되고 추가 혜택으로 항재밍 antijamming 기능을 제공함을 알 수 있다. 이러한 기법을 살펴보면 대부분의 항재밍 기능은 세부적인 구현 방법에 따라 달라지며 어떤 기법은 여러 형태의 재밍을 방어한다.

표 4.1 전자 보호 기법

기법(Technique)	보호 대상(Protect Against)
매우 낮은 측엽	레이다 탐지 및 측엽 재밍
측엽 제거	측엽 잡음 재밍
측엽 블랭킹	측엽 펄스 재밍
안티 교차 편파	교차 편파 재밍
펄스 압축	디코이 및 비코히어런트 재밍
모노 펄스 레이다	다중 기만 재밍 기법
펄스 도플러 레이다	채프 및 비코히어런트 재밍
리딩 에지 추적	거리 게이트 풀 오프
디키 픽스	AGC 재밍
번 스루 모드	모든 형태의 재밍
주파수 고속변경	모든 형태의 재밍
PRF 지터	거리 게이트 풀인 및 커버 펄스
홈 온 재밍 모드	모든 형태의 재밍

4.2.1 유용한 자료

이 장의 이해를 돕기 위한 유용한 참고문헌으로는 전자 보호 기법 이면에 있는 수학을 이해하기 위한 참고문헌 [1]과 레이다의 작동을 이해하는 데 매우 유용한 참고문헌 [2]가 있다.

4.2.2 매우 낮은 측엽

그림 4.1은 일반적인 레이다 안테나의 각도별 이득 변화를 2차원으로 표시한 이득 패턴이다. 안테나 제조업체의 웹 사이트에 가서 특정 안테나에 대한 이득 패턴을 찾으면 이와 관련된 곡선들을 볼 수 있을 것이다. 곡선들은 무반향실의 회전 테이블에 안테나를 놓고 회전시켜 만든다. 잘 교정된 송신 안테나가 챔버의 원뿔 모양 위치에 놓여 있으며 챔버의 표면은 모두 전파 흡수재로 덮여 있다. 따라서 회전 테이블의 안테나는 송신기로부터 직접 파만 수신한다. 안테나 및 다른 곳에서의 모든 반사는 챔버 벽에서 흡수된다. 시험 안테나는 수평면에서 360° 회전되며 수신 전력 레벨은 송신 안테나를 향한 안테나 이득에 비례한다. 상대적인 수신 전력을 표시하는 곡선이 수평 안테나 패턴이다. 그 안테나를 회전 테이블에서 90° 돌려 위치시켜 회전하여 수직 안테나 패턴을 측정할 수 있다. 웹 사이트에서 안테나 주위의 다양한 평면에서 각 주파수 범위에 걸친 전체 곡선 군을 얻을 수 있다.

그림 4.1의 아래쪽 그림은 가로 좌표는 조준선으로부터 각도이고 세로 좌표는 이득 크

기를 보여준다. 이 곡선에서 조준선 이득과 첫 번째 측엽의 상대 레벨이 정의되고, 조준선 및 측엽 이득은 dBi(등방성 대비 dB)로 표시되고 상대 측엽 레벨은 데시벨(dB)로 표시된다.

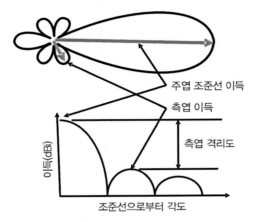

그림 4.1 안테나 측엽은 모든 방향에서 레이다 탐지 및 재밍을 허용한다.

이득 패턴은 일반적으로 주엽 조준선 이득을 기준으로 정의된다. 조준선은 안테나가 가리키는 방향으로 정의되며 이것은 대부분 송신 또는 수신 안테나의 최대 이득 방향이다.

이 이득 패턴은 조준선을 중심으로 $\sin(x)/x$ 패턴이다. 주엽의 가장자리에는 널 null 이 있으며 다른 모든 방향에는 측엽이 있다. 1차 측엽 또는 2차 측엽 외에 다른 측엽은 구조물의 반사에 의해 결정되며 종종 큰 후엽도 있다. 로브 lobe 사이의 널은 측엽보다 훨씬 좁다. 따라서 평균 측엽 레벨을 고려하면 레이다의 주엽에서 멀리 떨어진 곳으로부터 전자전과 상호 작용에서 발생할 수 있는 레이다 안테나의 송신 또는 수신 이득을 합리적으로 추정할 수 있다.

낮은 측엽에 대한 명확한 정의는 없다. 이것은 단지 안테나 측엽이 일반 안테나에서 예상되는 것보다 훨씬 낮다는 것을 의미한다. **Schleher[1]가** 일부 특정 안테나에는 다를지라도, 합리적인 값의 범위를 제공하였다.

- '보통' 측엽 : 최대 이득이 0~−5dBi이고 주엽 최댓값으로부터 13~30dB 이하인 측엽
- '낮은' 측엽 : 최대 이득이 −5~−20dBi이고 주엽 최댓값으로부터 30~40dB 이하인 측엽
- '매우 낮은' 측엽 : 최대 이득이 −20dBi 이하이고 주엽 최댓값으로부터 40dB 이하인 측엽

4.2.3 감소된 측엽 레벨로 인한 전자전 영향

아직 표적을 획득하지 못한 레이다를 탐지하기 위해서는 수신기(예: 레이다 경보 수신기)가 레이다의 측엽 신호를 수신하기에 적당한 감도(안테나 이득 포함)를 가져야 한다. 이 경우 수신기 감도는 신호의 도달 방향을 결정하고 레이다 형태 및 운용 모드를 결정하기 위해 신호 변수를 분석하기에 충분한 신호 전력을 요구한다. 그림 4.2에서 볼 수 있듯이, 측엽 탐지 intercept 문제에 적용 가능한 레이다 유효 방사 출력은 평균 측엽 이득에 의해서 증가된 송신기 출력(때로는 튜브 전력이라고 함)이다. 레이다 신호는 레이다로부터의 거리 제곱으로 감소한다. 따라서 측엽 이득을 10dB 줄이면(즉, 측엽 방향으로 10dB 낮은 ERP) 모든 고정 수신기에 대해 10의 제곱근, 즉 3.16배로 탐지 거리가 감소한다. 20dB 측엽 격리도 isolation 는 탐지 거리를 10배 감소시킨다. 5장에서 무선 전파 모델에 대해 자세하게 설명한다.

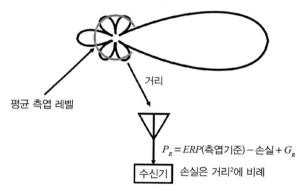

그림 4.2 안테나 주엽 방향에서 벗어난 탐지 수신기에 수신되는 신호들은 레이다의 평균 측엽 격리도에 따라서 감소된다.

3.3.3절에서 논의한 바와 같이 스탠드 오프 재밍은 일반적으로 레이다의 측엽에서 수행되는데, 이는 EA6B 항공기 포드와 같은 단일 재머로 다수 레이다를 재밍하기 때문이다. 그림 4.3에서 볼 수 있듯이 스탠드 오프 재밍 대 신호비(J/S)는 재머와 레이다의 상대 유효 방사 출력의 함수이며, 표적까지 도달거리(R_T)의 4제곱에 비례하고, 재머에서 레이다까지 거리(R_J)의 제곱에 반비례하며, 레이다 안테나의 조준선 이득(G_M)에 대한 평균 측엽 이득(G_S)에 비례한다. 따라서 모든 것이 동일하게 유지되면 10dB의 측엽 이득을 줄이면 J/S가 3.16인 범위까지 거리가 줄어든다. 20dB의 측엽 격리도는 스탠드 오프 재밍 거리를 10배로 줄일 수 있다.

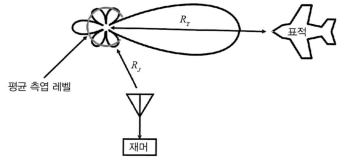

J/S는 다음에 비례함 : $\dfrac{\text{재머 } ERP \times R_T^4 \times G_S}{\text{레이다 } ERP \times R_J^2 \times G_M}$

그림 4.3 측엽 재머로 달성되는 J/S는 레이다 안테나의 측엽 격리도에 따라서 감소된다.

4.2.4 측엽 제거

그림 4.4와 같이 SLC side lobe canceller 에는 레이다 주 안테나의 측엽 방향에서 신호를 수신하는 보조 안테나가 필요하다. 이 측엽은 주엽에서 가까운 측엽이다. 보조 안테나는 주 안테나의 주엽보다 측엽 방향에서 더 큰 이득을 가진다. 따라서 레이다는 신호가 측엽 방향으로부터 도달한 것으로 판단하고 이것을 구별할 수 있다.

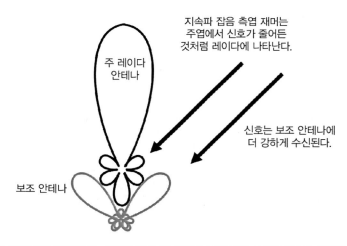

그림 4.4 코히어런트 측엽 제거는 레이다 안테나의 주엽보다 측엽에서 더 강한 지속파 신호를 제거한다.

이 기법은 코히어런트 측엽 제거 CSLC 라고도 하며, 간섭 신호를 코히어런트하게 coherently 제거하므로 레이다 수신기의 입력에서 (재밍)신호가 감소하게 된다. 그림 4.5에 표시된 것처럼 보조 안테나의 재밍 신호는 전기적으로 180° 편이된 복사본을 만드는 데 사용된다.

신호의 위상 편이 복사본을 만드는 과정에는 일종의 고정 루프PLL 회로가 필요하며 고품질 위상 제어(즉 180°에 매우 근접)를 갖기 위해서는 좁은 루프 대역폭을 가져야 한다. 넓은 루프 대역폭은 빠른 응답을 하지만 고품질 잠금lock은 좁은 루프를 요구하므로 응답 속도가 느리다. 좁은 루프는 연속 신호, 예를 들어 스탠드 오프 잡음 재머에 사용되는 잡음 변조 CW 신호를 필요로 한다. 위상 편이 신호가 재밍 신호와 정확히 180° 위상에 근접할수록 레이다 수신기로 가는 재밍 신호가 크게 감소한다는 것을 이해하는 것이 중요하다.

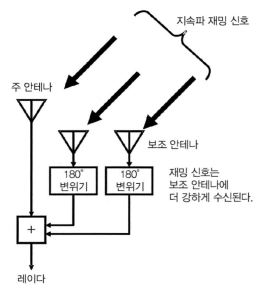

그림 4.5 보조 안테나의 입력은 위상이 180° 바뀌어서 주 안테나의 출력에 추가된다.

각각의 재밍 신호를 제거할 때마다 별도의 안테나 및 위상 편이 회로가 필요하다. 그림 4.5에는 2개의 보조 안테나가 있기 때문에 이 레이다는 2개의 CW 측엽 재머 신호를 제거할 수 있다.

그림 4.6에 나타난 바와 같이 펄스 신호(즉, 주파수 영역에서 본 펄스 신호)의 푸리에 변환은 다수의 스펙트럼선을 갖는다는 점에 주목해야 한다. 그림의 윗부분은 시간 영역의 펄스 신호(오실로스코프에서 볼 수 있음)를 나타내고 그림 아랫부분은 주파수 영역에서 동일한 신호(스펙트럼 분석기에서 볼 수 있음)를 나타낸다. 주엽의 주파수 응답은 1/PW이며 여기서 PW는 시간 영역의 펄스폭이다. 또한 스펙트럼선은 펄스 반복 주파수PRF에 의해 분리된다. PRF=1/PRI, 여기서 PRI는 시간 응답의 펄스 반복 주기이다. 따라서 측엽 제거기

에 의해 보호되는 레이다의 측엽으로 송출되는 단일 펄스 신호는 여러 코히어런트 측엽 제거기와 연동할 수 있다. CSLC는 잡음 재밍에 대해 비효율적이다. 그래서 가끔 펄스 신호를 측엽 재밍 잡음에 추가하는 것이 적절하다.

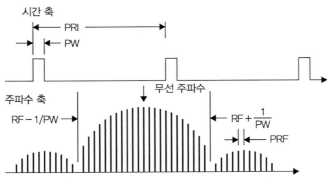

그림 4.6 펄스 신호는 주파수 영역에서 볼 때 많은 스펙트럼선이 있다.

4.2.5 측엽 블랭킹

그림 4.7과 같은 측엽 블랭킹 SLB 은 그림 4.8과 같이 주요 측엽 각도를 커버하는 보조 안테나를 사용한다는 점에서 측엽 제거기와 유사하고, 차이점은 측엽 펄스 재밍의 영향을 줄이기 위해 사용하는 것이다. 펄스 신호가 레이다 주 안테나에 의해 수신되는 것보다 더 크게 보조 안테나에서 수신되는 경우 레이다는 그것이 레이다의 신호로부터 반사되는 것이 아니라 측엽 재밍 신호라는 것을 안다. 그런 다음 레이다는 그림에 표시된 회로를 사용하여 재밍 펄스 기간 동안 수신기의 입력을 차단한다.

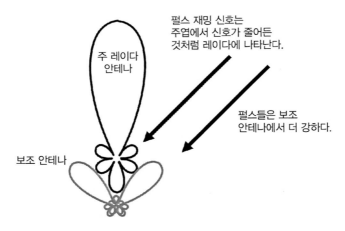

그림 4.7 측엽 블랭커는 주엽에서보다 측엽에서 더 강한 펄스 신호들을 제거한다.

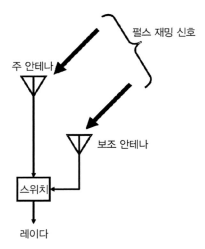

그림 4.8 레이다 주 안테나의 출력은 보조 안테나에서 신호가 더 강한 펄스 동안 차단된다.

이러한 형태의 EP는 다른 어떤 형태의 펄스 신호 수신기에도 유용하다. 예를 들어 일부 제어 링크 및 일부 피아식별기IFF 체계는 펄스를 수신하며, 이러한 체계는 허위false 펄스에 의해 재밍을 받을 수 있으나 SLB에 의해 제거될 것이다.

이 기법이 레이다에 주는 문제점은 측엽에 펄스가 존재하는 시간 동안 자체 반사 신호를 수신할 수 없다는 것이다. 따라서 재머는 커버 펄스를 사용하여 레이다(또는 데이터 링크 또는 IFF)를 비활성화할 수 있다. 이것은 레이다가 반사 펄스를 찾아야 하는 시간 동안만 레이다를 차단한다. 측엽 재머(예 : 스탠드 오프 재머)는 표적과 다른 위치에 있으므로 적 레이다의 펄스 시간을 μsec 단위로 정확하게 알 수 없다. 따라서 적 레이다의 표적 반사 펄스 위에 정확하게 펄스를 겹치지 못한다. 이러한 이유 때문에 측엽 커버 펄스는 시간 불확실성을 고려하여 충분히 길어야 한다.

4.2.6 모노 펄스 레이다

모노 펄스 레이다는 모든 표적 반사 펄스skin return pulse에서 도착 방향 정보를 얻는다. 이것은 일부 종류의 기만 재밍을 비효율적으로 만들기 때문에 EP 기법으로 고려될 수 있다. 모노 펄스 레이다의 운용은 3장에서 다룬다.

거리 게이트 풀 오프RGPO 또는 커버 펄스와 같은 재밍 기법은 거리 기만을 하지만 이것들은 표적 방향으로 강한 펄스를 생성하므로 모노 펄스 레이다에게 각도 추적을 당한다. 역이득 재밍과 같은 각도기만 기법은 강력한 펄스를 생성하여 레이다 추적 알고리즘을 속이지만, 모노 펄스 각도 추적을 향상시킨다. 이러한 재밍 기법은 3장에서 설명한다.

일반적으로 각도기만은 거리 기만보다 강력하다. 레이다는 보통 거리는 수 msec 이내에 재추적할 수 있지만 각도가 많이 벗어나면 레이다는 획득acquisition 모드로 되돌아가야 한다. 이로 인해 수 초의 각도 재획득 시간이 발생할 수 있다.

채프 구름 또는 디코이는 실제 추적 가능한 물체를 생성하기 때문에 모노 펄스 레이다 방해에 잘 작동한다.

모노 펄스 레이다는 그림 4.9와 같이 다수 안테나 피드feed 에 의해 수신된 전력의 균형을 맞추기 위해 각도를 조정하여 안테나가 표적을 지향하게 한다. 효과적인 각도 방해는 재밍 신호로 인해 레이다가 안테나를 허위 방향으로 움직이게 하여 안테나 피드의 균형을 왜곡시키는 것이다. 예를 들어 교차 편파 재밍은 레이다가 교차 편파 콘돈 로브condon lobe 중 하나로 표적을 가리키게 한다.

4.2.7 교차 편파 재밍

교차 편파 재밍은 3.4.14절에서 다뤘지만, 교차 편파 콘돈 로브를 더 잘 이해하기 위해서 다음과 같이 해보자. 손에 연필을 오른쪽으로 45° 방향으로 잡고 45°로 벽을 향해 연필이 벽에 닿을 때까지 손을 움직인다. 그런 다음 벽에서 연필이 반사될 때 연필이 움직이는 방향으로 손을 움직인다. 그러면 이제 연필이 왼쪽 45° 방향으로 움직이는 것을 알게 된다. 벽의 앞쪽 지오메트리와 연필의 대각선 각도로 인해 손의 앞쪽 움직임에 대한 연필 각도가 90°로 변경되었다.

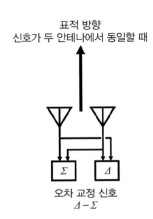

그림 4.9 모노 펄스 레이다는 다수 안테나 피드를 가지며 두 수신 신호의 차이로(두 신호 합으로 정규화함) 안테나 지향을 보정한다.

그림 4.10의 포물선 접시 반사기의 오른쪽 상단에 수직으로 편파된 신호가 도달하는 것을 고려하자. 접시의 전방 기하 구조는 접시의 이 부분이 신호 편파에 대해 약 45°이기 때문에 안테나 피드를 향하는 수평으로 편파된 반사를 일으킨다. 이 효과는 콘돈 로브의 발생 원인이 된다.

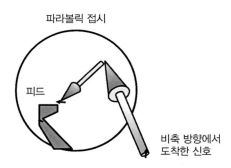

그림 4.10 포물선 접시 반사판의 가장 자리에 있는 전방 형상(forward geometry)은 비축 신호(off axis signals)가 안테나 피드로 반사될 때 편파를 90°까지 변경시킨다.

Leroy Van Brunt는 제목이 'Applied ECM'인 우수하면서도 기술적으로 매우 뛰어난 세 권의 책에서(현재는 인쇄되지 않은) 교차 편파 재밍에 대하여 자세하게 다루었다[3]. 그는 교차 편파 재밍은 주파수 또는 잡음 재밍과 함께 사용될 수 있으며 빔들이 서로 교차 편파되어서 2개 빔을 갖는 SA-2의 트랙-화일-스캔 track-while-scan 레이다를 포함한 모든 획득 및 추적 레이다에 효과적이라고 기술했다.

3장에 설명된 2개 경로 리피터 유형 교차 편파 재머 이외에도 그림 4.11과 같이 도착하는 레이다 신호의 편파를 감지하여 신호 발생기로 교차 편파 응답을 생성하는 재머가 있다. 만약 2채널 리피터 교차 편파 재머가 적당한 안테나 격리를 달성할 수 없다면 Van Brunt는 타임 게이팅을 사용하여 두 교차 편파 신호를 서로 분리할 수 있다고 했다. 그가 책에서 제안한 타이밍은 3.4.15절의 크로스 아이 재밍에서 제시된 것과 같이 최신의 초고속 스위치를 사용해도 된다. 타임 게이트 교차 편파 기법은 오늘날의 최신 기술로 더 잘 작동할 것이다.

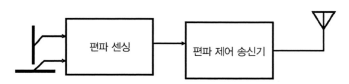

그림 4.11 교차 편파 재밍 신호를 생성하는 한 가지 기법은 편파를 감지하여 적당한 편파로 반사 신호를 생성하는 것이다.

4.2.8 안티 교차 편파

교차 편파 신호에 대한 감도를 감소시키거나 콘돈 로브를 감소시키는 기능을 포함하는 레이다를 안티 교차 편파 EP 기능을 가지고 있다고 말한다. 그림 4.12와 같이 교차 편파 격리 기능이 있는 레이다에는 매우 작은 콘돈 로브가 있다. 큰 포물선 표면의 작은 레이다 안테나 반사기는 반사기 직경에 비해 반사기로부터 멀리 떨어진 피드를 가질 것이고, 반사기는 전방 형상이 거의 없어서 콘돈 로브가 작다. 만약 반사기가 반경이 짧은 포물선 표면으로 이루어진 경우, 그 피드는 반사기에 상대적으로 가까울 것이고 반사기는 더 큰 전방 형상 구조를 가져서 큰 콘돈 로브를 가질 것이다. 레이다 안테나가 평평한 위상 배열인 경우 교차 편파 응답을 생성하기 위한 전방 형상 구조가 없기 때문에 일반적으로 콘돈 로브는 거의 존재하지 않는다. 그러나 빔 형성을 위한 배열 안테나 요소에 이득 차이가 있는 경우 콘돈 로브를 가진다. 콘돈 로브에 대한 안테나 형상의 영향은 그림 4.13에 설명되어 있다.

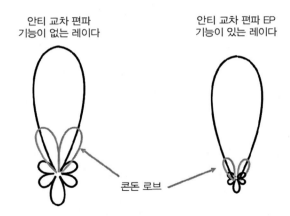

그림 4.12 안티 교차 편파 EP 레이다는 콘돈 로브를 크게 줄인다.

그림 4.13 레이다 안테나 형상은 콘돈 로브의 크기에 영향을 미친다.

안티 교차 편파 EP를 구현하는 또 다른 방법은 안테나의 피드입구throat 또는 피드를 가로지르거나 또는 위상 배열을 가로지르는 편파 필터를 사용하는 것이다.

4.2.8.1 편파 제거기

이와 관련된 EP 기법은 Van Brunt의 시리즈[3]에 잘 기술되어 있다. 여기에는 두 개의 직교 편파 보조 안테나가 사용되며 단일 원형 또는 대각선 편파 재머에 매우 효과적일 수 있다. 이 회로는 레이다와 동일 편파를 갖지 않는 재밍 신호 성분을 분리하여 레이다 반사 신호를 통과시킨다. Van Brunt는 위에서 설명한 이중 교차 편파 재밍 채널이 이러한 EP 기법을 무력화할 것이라고 언급했다.

4.2.9 처프 레이다

펄스 압축의 목적은 거리 해상도 크기를 줄이는 것이지만, 재머가 표적 레이다의 펄스 압축 코드를 모방하지 않으면 재머의 효율성을 줄이는 효과도 있다. 펄스 압축 형태 중 하나인 LFMOPlinear frequency modulation on pulse 를 처프라고도 한다. 처프 레이다는 각 펄스마다 선형 주파수 변조를 한다. 수신기에서 신호를 수신했을 때 새떼의 소리와 유사해서 처프라는 이름으로 불린다. 그림 4.14는 처프 레이다의 블록 다이어그램이다. 이들은 일반적으로 필요한 신호 에너지를 제공하기 위해 펄스가 긴 장거리 획득 레이다로 간주된다. 그러나 LFMOP는 단거리 추적 레이다에도 사용될 수 있다. 레이다 수신기에 입력되는 반사 펄스는 압축 필터를 통과한다. 필터는 주파수가 변하는 지연소자delay 를 가지고 있다. 필터 기울기는 펄스의 FM과 일치한다(즉 주파수 변화 대 시간 곡선은 지연 대 주파수 곡선과 동일하다). 이는 펄스의 각 부분을 펄스의 끝부분까지 지연시키는 효과가 있다. 따라서 긴 펄스는 처리 후에 훨씬 짧은 펄스로 바뀐다.

레이다의 해상도 셀은 레이다가 다수 표적들을 구별할 수 없는 영역이다. 그림 4.15는 해상도 셀을 2차원으로 보여준다. 실제로는 거대한 욕조와 같은 3차원이다. 그림과 같이 셀의 교차 거리는 레이다 안테나의 3dB 빔폭에 의해 결정된다. 거리 해상도는 레이다 펄스 폭에 의해 결정된다(nsec 펄스폭당 ⅙m). 장 펄스는 에너지는 많이 소모되지만 거리 해상도는 떨어진다. 그림 4.15에서 해상도 셀 상단의 어두운 대역은 LFMOP로 인한 거리 불확실성이 감소된 것을 보여준다. 압축 필터를 통과한 후 유효 펄스가 짧아지기 때문에 거리 해상도가 개선된다.

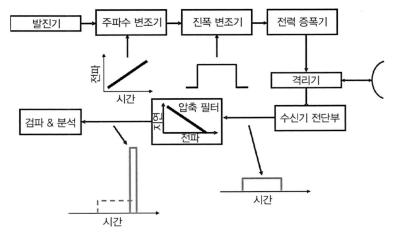

그림 4.14 처프 펄스는 펄스 내부에 선형 주파수 변조가 있어 수신된 펄스를 수신기에서 처리하면 짧아진다.

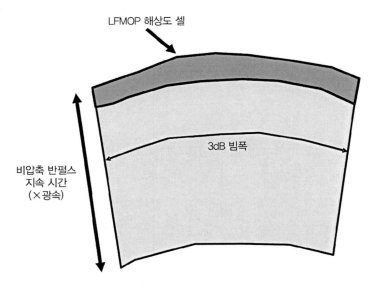

그림 4.15 레이다의 해상도 셀은 안테나의 빔폭과 LFMOP의 지속 시간에 의해 결정되며 유효 펄스 지속 시간은 크게 감소한다.

거리 압축량은 펄스폭의 역수에 대한 주파수 변조 범위의 비율이다. 따라서 2MHz의 주파수 변조 범위를 갖는 $10\mu s$ 펄스의 거리 해상도는 20배 개선된다.

재밍에 대한 영향은 그림 4.16에 나타나있다. 검은색 펄스는 LFMOP의 레이다 신호이며, 그림 오른쪽에 표시된 것처럼 압축 필터에 의해 압축된다. 회색 펄스는 LFMOP가 없는 재밍 펄스이며, 그림 오른쪽에 회색으로 표시된 것처럼 펄스의 끝에서 에너지가 축적되지 않는다. 레이다 처리는 압축 펄스가 존재하는 시간에만 집중되므로, 비압축 재밍 펄스의

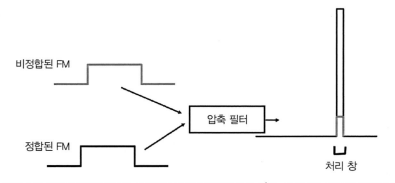

그림 4.16 재밍이 정확한 주파수 기울기를 가지지 않으면 유효 J/S는 압축 계수에 의해 줄어든다.

에너지는 압축 펄스의 에너지보다 상당히 낮다. 이것은 J/S를 감소시키는 효과가 있다. J/S 감소는 펄스 압축 계수와 같다. 위의 예에서 J/S는 13dB 감소할 것이다.

재머가 재밍 신호에 적절한 LFMOP를 사용하면 레이다의 EP 기능에 대항할 수 있다. DDS direct digital synthesis 또는 DRFM digital RF memory 을 사용하는 재머로 매칭 LFMOP를 만들 수 있으며 이 두 가지 기법에 대해서는 8장에서 설명한다.

4.2.10 바커 코드

그림 4.17은 바커 코드 barker code 펄스 압축 레이다의 블록 다이어그램이다. BPSK Binary phase shift keyed 변조는 레이다의 펄스마다 일어나며, 반사된 펄스를 탭 지연선 delay line 을 통과시켜 펄스를 압축한다. 그림 4.18의 상단에는 최대 길이 7비트의 코드 예가 나와 있다. 레이다는 일반적으로 훨씬 긴 코드를 사용한다. 이 코드는 1110010이며, 여기에서 '0' 비트는 '1' 비트에 대해 신호 위상이 180° 변이 된다. 펄스가 탭 지연선을 통과함에 따라 펄스가 정확히 편이 레지스터를 채울 때를 제외하고 모든 탭의 신호 합이 0 또는 −1이 추가된다. 네 번째, 다섯 번째 및 일곱 번째 탭에는 180° 위상 변이가 있으므로 정확하게 정렬된 펄스는 모든 탭이 쌓이는 모양으로 추가된다. 이로 인해 1비트 지속 시간 동안 큰 출력이 발생된다. 따라서 탭 지연선 이후의 펄스 지속 시간은 사실상 1비트 길이다. 이는 각 펄스에 배치된 코드의 비트 수만큼 펄스를 압축하여 거리 해상도를 개선한다.

예를 들어 각 펄스에 31비트 코드를 사용하면 거리 해상도는 31배 개선된다.

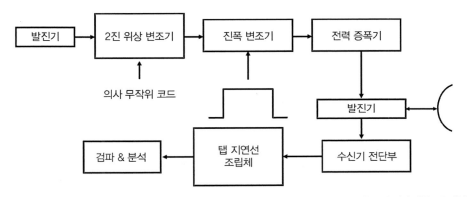

그림 4.17 2진 주파수 의사 무작위 코드는 각 펄스에서 변조된다. 수신기의 탭 지연선은 유효 펄스폭을 줄여 거리 해상도를 개선한다.

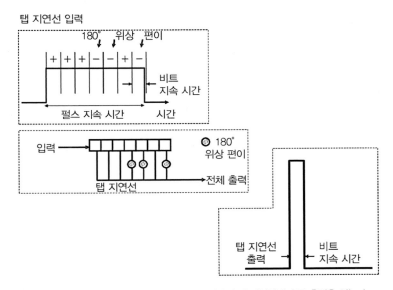

그림 4.18 코딩된 펄스는 모든 비트가 탭에 정렬될 때 지연선에서 큰 출력을 얻는다.

이제 그림 4.19를 고려해보자. 검은색 펄스는 탭 지연선과 일치하는 적절한 2진 코드를 가진 레이다 신호이다. 이것은 그림 오른쪽에 검은색으로 표시된 것처럼 지연선에 의해 압축된다. 회색 펄스는 코드가 없는 재밍 펄스이다. 그림 오른쪽에 회색으로 표시된 것처럼 에너지는 1비트 지속 시간에 출력이 모아지지 않는다. LFMOP와 마찬가지로 디지털 코드 압축은 J/S를 줄이며 만약 이렇게 하지 않으면 J/S는 줄어들지 않는다. J/S 감소 계수는 압축 계수와 동일하다. 위의 31비트 코드 예제에서는 유효 J/S가 15dB 감소한다.

재머가 (DRFM을 사용하여) 재밍 신호에 적절한 2진 코드를 사용하면 레이다의 EP 기능이 상쇄된다.

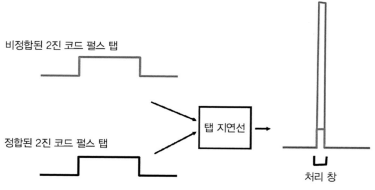

그림 4.19 재밍에 적합한 2진 코드가 없으면 유효 J/S는 압축 계수에 의해 줄어든다.

4.2.11 거리 게이트 풀 오프

3장에 있는 것처럼 RGPO 기만 재밍은 표적이 레이다로부터 멀어지고 있다고 착각시키기 위해 점점 지연되는 허위 반사 펄스를 발생시켜서 레이다가 거리 추적을 못하게 한다. RGPO는 레이다의 후기late 게이트에 큰 재밍 펄스 에너지를 채워 넣어서 이를 수행한다. RGPO를 물리치는 데 사용되는 EP 기법은 리딩 에지 추적leading-edge tracking 이다. 그림 4.20 에서 보는 바와 같이 레이다는 표적의 거리를 표적 반사파의 리딩 에지 에너지로부터 추적한다. RGPO 재머에 약간의 처리 지연 시간이 있다고 가정하면 재밍 펄스의 리딩 에지는 실제 표적 반사파의 리딩 에지보다 늦게 시작된다. **Schleher[1]는** RGPO 재머가 거리 추적을 계속할 수 있는 최대 재밍 프로세스 지연 시간을 약 50ns로 설정했다. 이보다 재머 지연 시간이 더 크다고 가정하면, 레이다 프로세스는 재밍 펄스를 추적하지 않고 실제 표적 반사파 펄스로 표적 거리를 계속 추적한다.

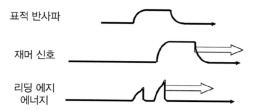

그림 4.20 리딩 에지 추적기는 재머에서 지연된 거리 게이트 풀 오프 재밍 신호를 무시하여, 재밍 펄스의 리딩 에지가 레이다의 리딩 에지 후기(late) 게이트를 벗어나서 재머가 레이다의 추적 회로를 장악할 수 없게 된다.

리딩 **에지** 추적을 극복하는 데 사용되는 재밍 기법은 인바운드inbound 거리 게이트 풀오프라고도 불리는 거리 게이트 풀인range gate pull in, RGPI 이다. 그림 4.21에 표시된 것처럼 재머는 각 펄스의 위치를 예상하여 시간적으로 (표적 반사 신호보다) 앞쪽에 허위 펄스를 생성한다. 허위 펄스는 레이다의 거리 추적을 장악하면서(레이다가 리딩 에지 추적을 하는 경우에도) 실제 표적 반사 펄스를 따라 다닌다. 이렇게 하여 표적이 레이다를 향하고 있음을 확신시키며, 이로 인해 레이다가 거리 추적을 잃게 된다. RGPI를 수행하려면 다음 펄스 생성시기를 예상할 수 있는 PRI 추적기가 재머에 있어야 한다. RGPI 기법에 효과적인 레이다 EP는 지터 펄스를 사용하는 것이다. 지터 펄스의 경우 펄스 주기가 임의로 변경되므로 재머는 다음 펄스의 타이밍을 쉽게 예측할 수 없어서 허위 펄스를 생성할 수 없다.

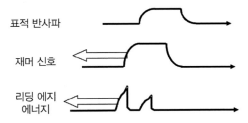

그림 4.21 거리 게이트 풀인 재밍은 실제 표적 반사 펄스보다 앞쪽으로 이동하는 펄스를 생성하여 리딩 에지 추적 회로를 장악한다.

4.2.12 자동 이득 제어 재밍

3장에서는 표적 레이다의 스캔 비율에 따라 강하고 좁은 재밍 펄스가 발생되는 자동 이득 제어AGC 재밍에 대해 설명하였다. 좁은 재밍 펄스는 레이다의 AGC를 포착하여 레이다가 레이다 안테나의 스캔에 의한 반사파의 진폭 변화를 볼 수 없을 정도로 이득을 줄인다 (그림 4.22 참조). 따라서 레이다는 각도 추적 기능을 수행할 수 없다. 재밍 펄스는 듀티 사이클이 낮기 때문에 이 기법은 재머 에너지를 최소화하면서 효과적인 재밍을 할 수 있다. 이 AGC 재밍 기법에 대한 EP는 그림 4.23과 같은 디키 픽스dicke fix 이다.

디키 픽스는 리미터가 있는 광대역 채널과 레이다의 펄스와 일치하는 대역폭을 가진 좁은 채널을 가지고 있다. 좁은 재밍 펄스는 넓은 대역폭을 가지므로 광대역 채널에서 클리핑된다. 레이다의 필요한 AGC 기능은 좁은 채널에서 수행되므로 이전에 제한된 좁은 펄스로는 포착할 수 없다.

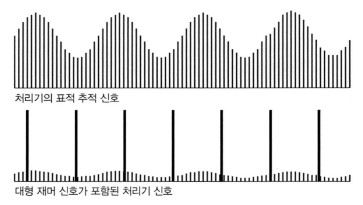

처리기의 표적 추적 신호

대형 재머 신호가 포함된 처리기 신호

그림 4.22 AGC 재머는 레이다 안테나 스캔 속도로 강하고 좁은 펄스를 송신함으로써 레이다의 AGC를 추적하면서 안테나 스캔에 의한 진폭 변화를 사용할 수 없는 수준으로 줄인다.

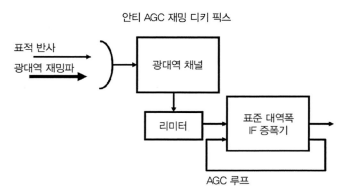

안티 AGC 재밍 디키 픽스

표적 반사
광대역 재밍파

광대역 채널

리미터

표준 대역폭
IF 증폭기

AGC 루프

그림 4.23 레이다의 디키 픽스 기능은 광대역 채널의 출력을 제한하여 좁은 채널로 입력하기 전에 광대역 신호를 줄여서 AGC 기능을 강력한 광대역 재밍으로부터 보호한다.

4.2.13 잡음 재밍 품질

잡음 재밍 효과는 잡음 품질에 큰 영향을 받는다. 이상적인 재밍 잡음은 백색 가우시안 잡음이어야 한다. 따라서 포화 재머 증폭기에서 클리핑에 의한 왜곡 distortion 은 표적 레이다 수신기에서 J/S를 큰 데시벨로 감소시킬 수 있다. 고품질의 재밍 잡음을 발생시키는 매우 효율적인 방법이 그림 4.24에 나와 있다. CW 신호는 레이다 수신기의 대역폭보다 훨씬 넓은 주파수 대역에서 가우시안 신호로 주파수 변조된다. 재밍 신호가 레이다 수신기 대역을 통과할 때마다 임펄스가 생성된다. 이 일련의 무작위 타이밍 임펄스는 수신기에서 고품질 백색 가우시안 잡음을 발생시킨다.

임펄스 impulses 는 본질적으로 초 광대역이다. 따라서 디키 픽스의 광대역 채널을 제한하면 협대역 채널의 J/S가 줄어든다. 이것은 잡음 재밍 기법에 대한 효과적인 EP이다.

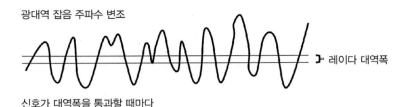

광대역 잡음 주파수 변조

레이다 대역폭

신호가 대역폭을 통과할 때마다
임펄스가 발생한다.

그림 4.24 광대역 FM 잡음 변조는 레이다 대역폭을 통과할 때마다 임펄스를 생성하여 레이다 수신기에서 이상적인 잡음 재밍을
일으킨다. 디키 픽스는 이러한 재밍 효과를 줄인다.

4.2.14 펄스 도플러 레이다의 전자 보호 기능

펄스 도플러 PD 레이다에는 다음과 같은 고유한 전자 보호 기능이 있다.

- 좁은 주파수 범위에서 반사가 예측되므로 비코히어런트 재밍을 식별할 수 있다.
- 재머의 스퓨리어스 출력을 알 수 있다.
- 채프에서 퍼지는 주파수를 알 수 있다.
- 표적 분리를 알 수 있다.
- 거리 비율과 도플러 편이를 연관시킬 수 있다.

4.2.15 펄스 도플러 레이다의 구성

펄스 도플러 레이다는 그림 4.25와 같이 각 펄스가 동일한 RF 신호의 모형이기 때문에 위상동기 coherent 이다. 따라서 수신 신호의 도달 시간 및 도플러 편이 모두를 측정할 수 있다. 도착 시간은 표적까지의 거리를 결정할 수 있게 하며 도플러 편이는 레이다에 대한 표적의 시선각 radial 속도에 의해 발생된다. 다음에 논의되겠지만 모호성 문제가 PD 레이다 처리에서 해결되어야 한다.

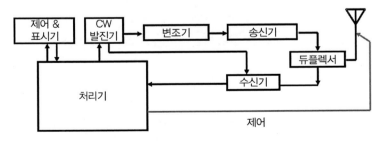

그림 4.25 펄스 도플러 레이다는 위상동기이며 모호성을 해결하기 위해 복잡한 처리를 한다.

펄스 도플러 레이다의 프로세서는 그림 4.26과 같이 거리 대 속도의 매트릭스를 형성한다. 거리 셀은 송신된 펄스에 대한 수신 펄스의 도달 시간을 나타내고, 각 셀은 하나의 거리 해상도 크기이다. 시간 해상도(또는 거리 셀의 크기)는 펄스폭의 절반이다. 펄스 도플러 레이다의 거리 해상도는 다음과 같다.

거리 셀 크기＝(펄스폭/2)×빛의 속도

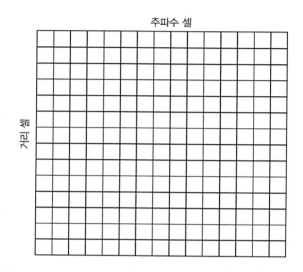

그림 4.26 펄스 도플러 레이다 프로세싱은 거리 대 반사 신호 주파수 매트릭스를 만든다.

이러한 거리 셀은 펄스 주기의 전체 시간 동안 연속적이다. 속도 셀은 채널화된 필터 뱅크에 의해 만들어지나 고속 푸리에 변환^{FFT} 에 의해 채널화된다. 속도(즉, 도플러 주파수) 채널의 폭은 각 필터의 대역폭이다. 필터 대역폭의 역수는 코히어런트 처리 주기_{coherent processing interval, CPI} 이며 레이다가 신호를 처리하는 시간이다. 탐색 레이다에서 CPI는 레이다의 안테나가 표적을 비추는 시간일 수 있다. 따라서 주파수 채널은 매우 좁을 수 있다. 예를 들어 레이다 빔이 20ms 동안 표적을 비추면 필터의 폭은 50Hz일 수 있다.

레이다에 의해 누적된 펄스 수에 따라 처리 이득(잡음 레벨 이상)이 결정된다. 처리 이득은 다음과 같다.

처리 이득(dB)은 10log(CPI×PRF) 또는 10log(PRF/filter BW)이다.

4.2.16 표적 분리

RGPO의 기만 재밍(3장에서 설명됨) 사용을 생각해보자. 그림 4.27은 재머에 의해 생성된 허위 펄스와 실제 반사 펄스를 보여준다. 종래의 레이다에서는 프로세서가 초기^{early} 게이트와 후기^{late} 게이트를 갖는다. 재밍 펄스는 양^{positive}의 J/S를 갖기 때문에 레이다의 거리 추적을 장악한다. 후속 재밍 펄스들을 지연시킴으로써 재머는 후기 게이트에 에너지를 추가하여 레이다가 표적이 멀어지고 있다고 생각하도록 한다. 그러나 PD 레이다는 두 가지 신호를 다 볼 수 있고 각 펄스는 그림 4.28과 같이 시간 대 속도 매트릭스에 배치된다.

실제 표적 반사 신호는 거리 값이 증가함에 따라 일련의 거리 셀을 통해 이동한다. 이러한 증가 거리는 시선 속도^{radial velocity}를 나타낸다. 표적 반사 펄스는 실제 표적 거리 비율에

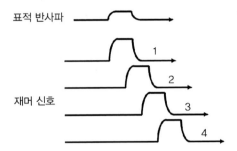

그림 4.27 거리 게이트 풀 오프는 반사 펄스의 순차적 지연을 통하여 레이다의 후기 게이트를 로드한다.

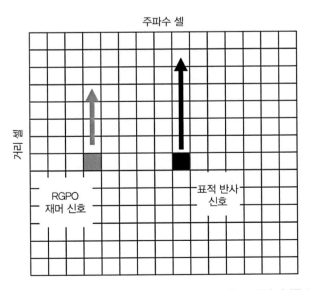

그림 4.28 RGPO 재머에 의해 생성된 펄스는 거리 변화율과 일치하는 도플러 편이를 갖지 않는다.

의한 도플러 편이에 해당하는 속도 셀로 떨어질 것이다. 그러나 재머가 반사 신호들을 지연시키기 때문에 재밍 펄스들의 이격 거리가 증가된다. 각 재밍 펄스들을 유지hold 하는 도플러 주파수 셀은 재머의 실제 시선각 속도에 의해 결정된다. 따라서 재밍 펄스는 거리 셀에 표시된 거리 변화로부터 계산될 수 있는 거리 비율에 관계없이 속도 셀로 떨어질 것이다. 이를 통해 PD 레이다는 거리 변화율이 관측되는 도플러 주파수에 해당하는 펄스를 선택할 수 있다. 따라서 표적을 계속 추적하여 RGPO 재밍을 방지한다.

위에서 논의한 내용은 간단하다. 동적 교전에서 표적 거리가 변경될 가능성이 있지만 점유된 거리 셀의 시간 기록은 반사 신호를 포함하는 도플러 필터에 의해 표시되는 속도 값과 같은 시선각 속도를 나타낼 것이다. 재밍 신호에 대해서는 계산 거리 및 표시 거리 비율이 다르다.

이것은 PD 레이다는 RGPI 재밍을 식별할 수 있다는 것을 알려준다.

PD 레이다의 이러한 장점을 극복하기 위해서 재머는 3장에 설명된 속도 게이트 풀 오프 velocity gate pull-off, VGPO 를 사용해야 한다. 주파수 오프셋은 PD 레이다를 속이기 위해 거리 게이트 풀 오프 속도를 조절해야 한다.

4.2.17 코히어런트 재밍

그림 4.29에서 보는 것처럼 표적의 코히어런트 반사는 단일 도플러 셀에 속한다. 광대역 재밍 신호(예 : 광대역 또는 비코히어런트 점잡음)는 여러 주파수 셀을 차지하므로 레이다

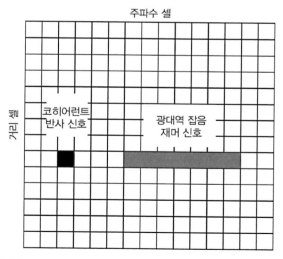

그림 4.29 코히어런트 PD 레이다에서 표적 반사 신호는 단일 주파수 셀을 차지하는 반면에 광대역 잡음 재밍은 많은 주파수 셀을 차지한다.

는 코히어런트 표적 반사를 쉽게 식별할 수 있다. 이는 재머가 PD 레이다를 기만하려면 코히어런트 재밍 신호를 사용해야 한다는 것을 의미한다.채프 구름으로 인한 섬광^{scintillation}은 레이다 신호를 확산시킨다. PD 레이다는 이러한 주파수 확산을 감지할 수 있으며 채프 반사를 구별할 수 있다.

4.2.18 PD 레이다 모호성

레이다의 비모호성^{unambiguous} 최대 탐지 거리는 다음 펄스가 송신되기 전에 송신된 펄스가 빛의 속도로 왕복할 수 있는 거리이다(그림 4.30 참조).

$$R_U = (\mathrm{PRI}/2) \times c$$

여기서 R_U는 미터 단위의 비모호성 거리이고, PRI는 펄스 반복 주기(초)이며 c는 광속 ($3 \times 10^8 \mathrm{m/s}$)이다.

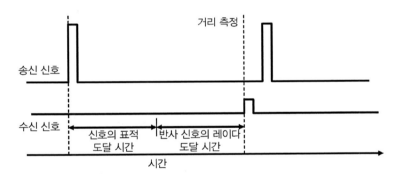

그림 4.30 최대 비모호성 거리는 다음 펄스가 송신되기 전에 레이다 펄스가 빛의 속도로 표적을 왕복할 수 있는 거리이다.

예를 들어 PRI가 $100\mu s$이면 비모호성 거리는 15km이다. 펄스 반복 주파수^{PRF}가 높을수록 PRI는 짧아지고 비모호성 거리는 짧아진다. 만약 PRF가 매우 높으면 거리 모호성이 높을 것이다. 반사 신호의 도플러 편이 주파수는 PD 레이다 프로세서의 도플러 필터에 관련된다.

최대 도플러 주파수 편이는 다음과 같다.

$$\Delta F = (v_R/c) \times 2F$$

여기서 ΔF는 kHz 단위의 도플러 편이, v_R은 m/s 단위의 변화 속도, F는 kHz 단위의 레이다 운용 주파수이다.

예를 들어 10GHz 레이다가 최대 500m/s(1.5 마하 약간 초과)의 교전 속도를 처리하도록 설계된 경우:

$$\Delta F = (500\text{m/s}/3 \times 10^8 \text{m/s}) \times 2 \times 10^7 \text{kHz} = 33.3\text{kHz}$$

펄스 신호의 스펙트럼은 그림 4.31과 같이 PRF와 동일한 주파수 증분 간격으로 스펙트럼선이 있다. 만약 PRF가 낮으면(예:1,000pps) 스펙트럼선들은 1kHz 간격으로 떨어질 것이다. PRF가 높으면(예:300kpps) 스펙트럼선들은 300kHz 간격으로 떨어질 것이다. 이들 선들은 또한 도플러 편이로 될 것이며 만약 그것들이 설계 상황에서 고려한 최대 도플러 주파수 편이보다 작으면 프로세싱 매트릭스에서 주파수 응답(즉 주파수 모호성)을 야기할 것이다. PRF가 낮을수록 주파수 모호성은 커진다. 1,000pps의 PRF는 33.3kHz 미만의 많은 모호한 응답을 가지지만, 300kpps의 PRF는 프로세싱 매트릭스의 주파수 범위 내에서 매우 명확할 것이다.

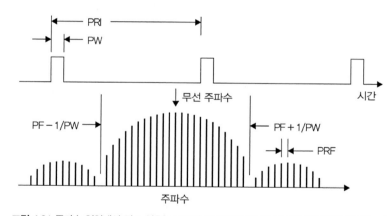

그림 4.31 주파수 영역에서 펄스 신호는 PRF와 동일한 주파수로 분리된 스펙트럼선을 갖는다.

그림 4.32에서 볼 수 있듯이 PRI가 처리 행렬의 최대 표적 거리까지의 왕복 시간보다 짧으면 거리가 모호하며 PRF가 행렬에서 최대 도플러 편이(즉 도플러 필터의 최고 주파수)보다 작으면 주파수는 모호하다.

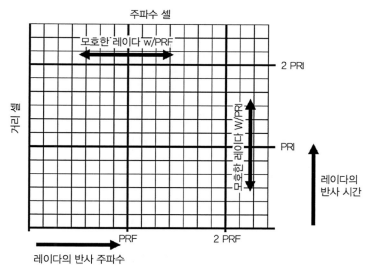

주파수 셀

거리 셀

모호한 레이다 w/PRF

2 PRI

PRI

모호한 레이다 w/PRI

레이다의
반사 시간

PRF

2 PRF

레이다의 반사 주파수

그림 4.32 PD 레이다는 PRI의 함수로서 거리와 펄스 반복 속도의 함수이므로 주파수가 모호할 수 있다.

4.2.19 저, 중, 고 PRF PD 레이다

PRF에 의해 구별되는 세 종류의 PD 레이다가 그림 4.33에 설명되어 있다.

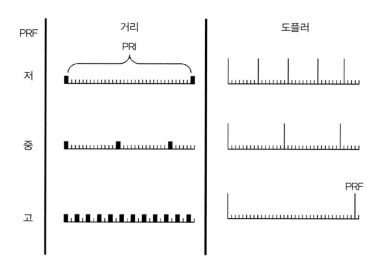

PRF

거리

도플러

PRI

저

중

고

PRF

그림 4.33 저, 중, 고 PRF 도플러 레이다의 거리와 주파수 셀

PRF가 낮은low 레이다는 PRI가 커서 표적을 탐지하는 거리가 명확하다. 따라서 표적 획득에 매우 유용하다. 그러나 낮은 PRF는 매우 모호한 도플러 주파수를 생성한다. 이는 표

적의 시선각 속도 결정이 모호해서 유용한 거리 비율/속도 range rate/velocity 상관관계를 만드는 레이다의 능력이 제한되고 RGPO 및 RGPI 재밍에 취약함을 의미한다.

PRF가 높은 high 레이다는 도플러 주파수가 상당히 높은 수준까지 모호성이 없으므로 표적과 고속 정면 교전에 사용하기에 이상적이다. 표적 반사는 지면 반사와 내부 잡음 간섭으로부터 멀리 떨어져 있기 때문에 높은 도플러 주파수가 매우 바람직하다. 그러나 높은 PRF는 낮은 PRI를 유발하므로, 높은 PRF 펄스 도플러 레이다의 탐지 거리는 매우 모호하다. 이 레이다는 속도 전용 모드로 사용되거나 그림 4.34에 표시된 것처럼 신호에 주파수 변조를 적용하여 거리를 측정할 수 있다. 후미 추적 tail chase 교전은 낮은 범위의 속도로 특성화되므로 도플러 주파수 편이는 정면 교전보다 훨씬 낮다. 이것은 높은 PRF PD 레이다를 불리하게 한다.

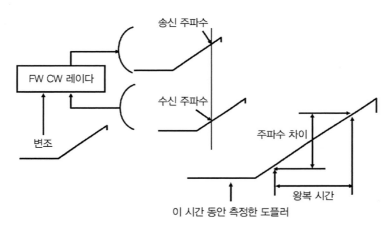

그림 4.34 그림과 같이 FM 변조가 레이다 신호에서 일어나면 송신 신호와 수신 신호의 차이는 선형 부분의 도플러 편이와 경사 부분의 전파 지연에 의한 것이다.

중간 medium PRF 레이다는 거리와 속도 모두에서 모호하다. 이것은 후미 추적 교전을 개선하기 위해 개발되었다. 중 PRF PD 레이다는 여러 PRF를 사용하며, 각 PRF는 거리/속도 매트릭스에 모호한 영역을 준다. 프로세싱을 통해서 일부 PRF는 추적되는 표적의 거리 및 속도에서 모호성을 제거한다.

4.2.20 재밍 탐지

PD 레이다는 재밍을 탐지할 수 있기 때문에 4.2.23절에서 논의되는 바와 같이 홈 온 재밍 home-on-jam 기능이 있는 미사일 체계는 홈 온 재밍 모드를 선택할 수 있다.

4.2.21 주파수 다이버시티

레이다는 그림 4.35와 같이 여러 동작 주파수를 가질 수 있다. 레이다에는 효율적인 안테나와 잘 작동하는 전력 증폭기가 필요하므로 사용되는 주파수 범위는 10% 미만일 것으로 예상한다. 포물선 안테나는 10% 미만의 주파수 범위에서 운용하는 경우 55%의 효율을 가질 수 있지만 더 넓은 주파수 범위의 안테나는 훨씬 낮은 효율을 갖는다. 예를 들어, 2-18GHz 전자전 안테나는 약 30%의 효율을 기대할 수 있다.

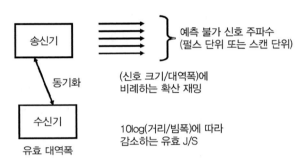

그림 4.35 주파수 다이버시티는 재머가 다수 주파수 또는 확장된 주파수 범위를 갖도록 요구한다.

주파수 다이버시티의 가장 간단한 경우는 레이다가 선택 가능한 주파수 세트를 가지고 있으며, 주파수를 선택하여 일정 시간 동안만 운용한다. 재머와 관련된 수신기가 (레이다) 운용 주파수를 측정할 수 있는 경우 재머를 운용 중인 레이다 주파수로 설정하면 해당 신호에 대한 재밍 대역폭을 최적화할 수 있다. 이것은 협대역 점잡음 재밍과 기만 재밍에 적용한다.

주파수 다이버시티의 고난이도 운용은 레이다 안테나의 소인 sweep 당 하나의 주파수를 할당하는 것이다. 예를 들어 레이다 안테나가 나선형 스캔(각각의 고도 고각에서 하나의 원형 방위각 소인)을 하는 경우 레이다는 각 원형 소인마다 주파수를 변경하는 것이다. 이것은 레이다가 코히어런트 프로세싱 시간 동안 단일 주파수로 처리되는 이점이 있다. 재머에 DRFM이 있는 경우 레이다 빔이 표적을 지나가는 동안에 재머는 첫 번째 펄스의 주파수(그리고 기타 매개 변수)를 측정하여 모든 후속 펄스들을 정확하게 복사할 수 있다(8장에서 DRFM에 대해 자세히 논의할 것이다).

주파수 다이버시티 중에서 가장 고난이도 경우는 펄스 간 주파수 도약이다. 이 경우 각 펄스는 의사 무작위 pseudo-randomly 로 선택된 주파수를 전송한다. 재머는 향후 펄스의 주파수를 예측할 수 없으므로 레이다를 효과적으로 재밍하는 것이 불가능하다. 또한 이러한 형태의 레이다는 재밍이 탐지되는 주파수를 피할 것으로 예상되므로 일부 주파수 재밍은 재밍 효과가 없을 것이다. 만약 몇 개의 주파수만 있는 경우에는 재머를 각 주파수에 설정하는 것이 실용적일 수 있지만, 일반적으로 전체 도약 주파수 범위를 재밍해야 할 필요가 있다. 예를 들어 레이다가 약 600MHz에서 10% 주파수 범위에서 운용하고 3MHz 수신기 대역폭을 갖는 경우:

- 방해 전파는 600MHz의 주파수 범위를 포함해야 한다.
- 레이다는 레이다 대역폭에서 3MHz의 재밍 신호만 볼 수 있다.
- 따라서 재밍 효과는 0.5%에 불과하다.
- 이렇게 하면 유효 J/S가 23dB 줄어든다.

4.2.22 PRF 지터

만약 레이다가 그림 4.36과 같이 의사 랜덤으로 선택된 펄스 반복 주기를 가지면, 레이다 펄스의 도착 시간을 예측할 수 없다. 따라서 RGPI 재밍을 사용할 수 없다. 레이다 거리 정보를 거부 deny 하기 위해 커버 펄스를 사용하는 경우 가능한 모든 펄스 위치를 커버하도록 커버 펄스를 확장해야 한다. 이로 인해 재머의 커버 펄스 스트림 stream 에서 듀티 사이클이 길어져서 재밍 효율이 감소한다.

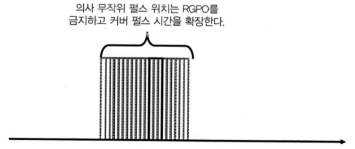

그림 4.36 랜덤 PRI는 재머가 펄스 이탈(excursion) 시간 전체를 커버하도록 요구된다.

자체 보호 재밍에 대한 재밍 대 잡음 비율은 레이다 신호가 표적으로 가는 거리의 제곱에 비례해서 전력을 손실하고 다시 레이다로 돌아가는 거리의 제곱에 비례해서 전력을 손실한다. 그러나 재밍 신호는 표적에서 레이다로 가는 동안만 전력이 감소된다. 그림 4.37에 나타난 바와 같이 표적(재머가 장착된)이 레이다에 접근하면, 레이다 수신기의 재밍 신호는 감소 거리의 제곱만큼 증가하는 반면, 표적 반사 신호는 감소 거리의 4제곱만큼 증가한다. 레이다가 표적을 다시 획득할 수 있을 정도로 J/S가 감소되는 거리를 **번 스루** 거리라고 한다. 그림은 방해 전파와 표적 반사 신호가 같을 때 발생하는 **번 스루** 범위를 보여준다. 표적을 보호하기 위한 최소 J/S는 적용된 재밍 기법과 레이다 설계에 따라 다르므로 이것은 다소 예측이 어렵다.

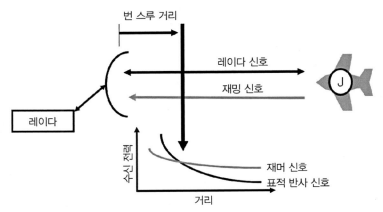

그림 4.37 레이다의 **번 스루** 거리는 재밍 중에 표적을 재획득할 수 있는 거리이다.

3장에서 스탠드 오프 재밍을 설명했다. 자체 보호 재밍과 차이점은 표적이 레이다에 접근할 때 재머는 움직이지 않는다는 것이다. 스탠드 오프 재머가 더 이상 보호받지 못하는 표적까지 거리가 **번 스루** 거리이다.

레이다가 표적을 획득할 수 있는 거리를 정의하는 레이다 거리 방정식은 [1]에서 주어진다. 이 방정식은 여러 가지 다른 형태로 사용되지만 레이다가 표적을 조사하는 시간 동안 분자에 모든 시간 항이 있다. 레이다 거리는 표적 반사 신호의 수신 에너지에 의존하기 때문이다. 잡음 에너지에 대한 신호 에너지는 탐지가 발생하기 위해서 필요한 레벨(일반적으로 13dB)에 도달해야 한다.

그림 4.38은 피재밍 레이다에 도달하는 반사 신호와 재밍 신호를 보여준다. 이 그림은 재머가 재밍을 하는 동안 레이다가 표적을 찾는 것을 나타낸다. 레이다는 유효 방사 출력을 늘리거나 펄스열의 듀티 사이클을 늘림으로써 획득 거리를 늘릴 수 있다. 많은 레이다는 방사 emisson 통제를 실시하여 양질의 반사 신호 대 잡음비를 달성하기에 충분한 전력만 방사한다. 재밍이 감지되면 레이다는 출력 전력을 최대 레벨로 높일 수 있다. J/S는 재머

대 레이다 유효 방사 출력의 함수이므로 레이다 전력의 증가는 J/S를 감소시키므로 레이다가 재밍을 대항할 수 있는 거리를 증가시킨다.

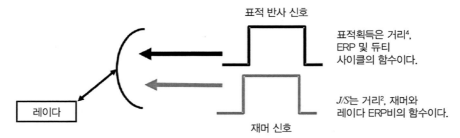

그림 4.38 번 스루 모드는 송신 전력 또는 신호의 듀티 사이클을 증가시켜 번 스루 거리를 확장한다.

레이다의 획득 거리는 표적이 조사되는 시간에 비례하기 때문에 레이다의 듀티 사이클이 증가하면 획득 거리가 증가하여 레이다가 더 넓은 범위에서 표적을 획득(또는 재획득)할 수 있다.

4.2.23 홈 온 재밍

많은 현대 미사일 체계에는 트랙 온 잼track on jam, TOJ 모드라고도 불리는 홈 온 재밍 모드가 있다. 그림 4.39에 표시된 것처럼 미사일은 재밍 신호를 수신하여 재밍 신호의 방향을 판단할 수 있어야 한다. 레이다가 재밍을 탐지하면 홈 온 재밍 모드로 전환되어 미사일이 재머를 향하게 한다. 이 기능은 최종단terminal 보호를 위해 자체 보호 재밍을 사용하는 것은 매우 위험하다. 이 모드는 스탠드 오프 재머에도 사용할 수 있기 때문에 미사일이 스탠드 오프 재밍 위치에 도달할 수 있는 사거리를 가지고 있으면 고가치/저재고 자산을 위협할

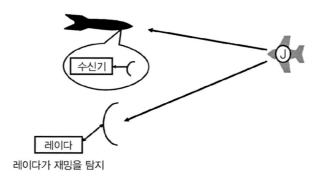

그림 4.39 홈 온 재밍 모드는 미사일이 재밍 에너지원을 호밍할 수 있도록 수동 유도 기능을 요구한다.

수 있다. 미사일을 로프팅 lofting 해서 홈—온—잼 모드에서 사거리를 확장하는 것이 실용적
일 수 있다.

4.3 지대공 미사일 업그레이드

　　그림 4.40은 소련의 방공 체계를 업그레이드한 계보이다. 이 다이어그램은 러시아 무기
에만 초점을 맞추지만 일부 기술은 중국으로 수출되어 러시아 기술의 근원과는 다른 방식
의 병렬식 개발이 이루어지고 있다. 그림에 표시된 각 무기 종류에서 각 세대의 무기체계는
과거 체계가 당면한 대응책 구축과 운용시험에서 경험한 단점을 보완하도록 설계되었다.

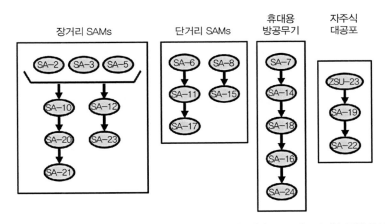

그림 4.40 위협 무기체계에 대한 많은 업그레이드가 있었고 업그레이드 프로세스가 계속 진행 중이다.

　　공개 문헌에 설명된 레이다의 주파수 범위는 일반적으로 표 4.2와 같은 NATO 레이다
주파수 대역으로 표시된다. 그러나 때로는 표 4.3에 나와 있는 것처럼 IEEE 표준 레이다
주파수 대역으로도 제공된다.

　　이 차트의 가장 큰 역할은 미사일 대응책이 있을 때 초기 소련 미사일 체계의 단점을
극복하기 위해 개발된 S-300 미사일 체계와 관련이 있다. 이 일련의 SAM 체계는 이전 SA-
2, SA-3, SA-4 및 SA-5 체계에서 출발한 것으로 표시된다. S-300 체계 제품군의 설계는 확실
히 이전 체계의 기능을 활용하였지만 새로운 체계는 이전 체계의 취약성을 피할 수 있는
기능이 크게 개선되었다.

표 4.2 NATO 레이다-주파수 대역

대역	주파수 범위
A	0–250MHz
B	250–500MHz
C	500–1,000MHz
D	1–2GHz
E	2–3GHz
F	3–4GHz
G	4–6GHz
H	6–8GHz
I	8–10GHz
J	10–20GHz
K	20–40GHz
L	40–60GHz
M	60–100GHz

표 4.3 IEEE 표준 레이다-주파수 대역

대역	주파수 범위
HF	3–30MHz
VHF	30–300MHz
UHF	300–1,000MHz
L	1–2GHz
S	2–4GHz
C	4–8GHz
X	8–12GHz
Ku	12–18GHz
K	18–27GHz
Ka	27–40GHz
V	40–75GHz
W	75–110GHz
mm	110–300GHz

또한 초기 SA-6 및 SA-8에서 발전된 단거리 미사일 체계 제품군이 두 가지 있다. 이 제품군의 후속 체계에는 특정 대응책 취약성을 극복하기 위해 S-300 체계 제품군의 다양한 기능이 있다.

휴대용 대공방어 시스템man portable air defense system, MANPADS 제품군은 SA-7의 업그레이드들이다. 이들은 적외선 유도 열 추적 미사일이다.

이 절에서는 이러한 체계의 기술적 측면만 다루고 다양한 지원 차량에 대한 설명이나 체계가 작동하는 동력구조force structure 의 구성은 포함하지 않는다. 또한 미사일, 레이다 및 차량의 사진도 생략한다. 이러한 모든 내용은 온라인 기사에 상세하게 설명되어 있다. 위키피디아wikipedia 참고문헌에 가면 많은 자료가 있으며, 특히 호주 공군 웹 사이트www.ausairpower.net 에는 사진을 포함한 매우 좋은 보도 자료가 있다.

우리는 이러한 체계, 미사일 및 레이다에 대해 NATO 지정자designator 로 논의할 것이다. 위에서 언급한 온라인 기사는 모든 NATO 지정자가 러시아 지정자와 연관되어 있다.

이러한 모든 SAM 체계 및 관련 부 체계는 은폐, 사격 및 도피 방법을 지원하도록 개발되었다. 이러한 목표는 미사일이 발사될 때까지 체계를 가능한 한 탐지할 수 없게 한 다음 발사 위치로 날아오는 미사일에 의해서 귀중한 장비가 파괴되는 것을 피하기 위해 가능한 빨리 발사 위치에서 멀리 떠나는 것이다.

오픈 소스 문헌은 현대 미사일의 많은 기능에 대한 스케치한 세부사항을 제공한다. 일반적으로 업그레이드가 늦게 될수록 이에 대한 사용 가능한 특정 기능에 대한 세부사항이 적다. 그럼에도 불구하고 제공된 정보를 수집하는 것은 유용하다. 이 절 끝에서 기술된 업그레이드와 그에 대한 EW 영향에 대해 토론할 것이다.

4.3.1 S-300 계열

S-300 제품군에는 여러 SAM 체계가 포함된다. 그것들은 포장 케이스에서 수직 콜드 런칭, 5분의 셋업 시간, 미사일 런칭 사이의 3-5초 지연 특성을 공유한다. 그림 4.41은 다른 신형 미사일에도 사용되는 수직 콜드 런칭을 보여준다. 미사일은 가스 압력에 의해 포장 케이스 또는 밀폐된 발사실에서 발사된 후, 미사일은 데이터 링크에 연결되어 표적을 향해 회전된다. 그런 다음 미사일 고체연료가 점화된다. 이러한 미사일 체계의 각 분야는 또한 중요한 EP 기능을 가지고 있다.

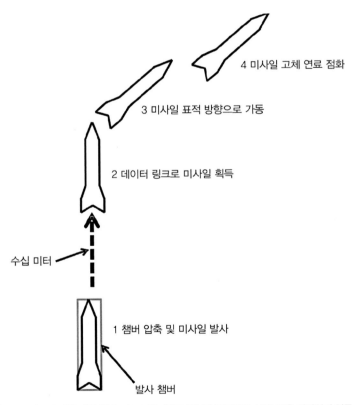

그림 4.41 미사일은 콜드 가스에 의한 런칭 챔버 또는 포장 케이스로부터 배출된다. 그런 다음 미사일이 연동되어 표적을 향해 회전하고 미사일의 연료가 점화된다.

4.3.2 SA-10 및 업그레이드

고정 및 모바일 버전의 육상 기반 SA-10 체계는 Grumble 미사일과 FLAP LID 사격통제 fire control 시스템을 사용한다. 미사일은 마하 4의 표적을 공격할 수 있다고 한다. 초기 SA-10 에는 TIN SHIELD와 CLAM SHELL 두 가지의 획득 레이다가 있다. 최신 버전은 BIG BIRD 획득 레이다에서 지원된다.

공개 문헌에 SA-10의 초기 유효 사거리는 75km로 명시되어 있다. 몇 가지 시스템 개선 후 유효 사거리는 150km로 설명된다. SA-10은 이동/발사기가 장착된 트럭 TELAR 에서 발사 된다. 미사일은 가스 압력을 사용하여 원통형 포장 케이스에서 수직으로 콜드 런칭 launched 된다. 미사일은 수십 미터 고도로 발사되어 표적으로 향한다. 그런 다음 고체연료 미사일 엔진이 점화된다. 이 접근 방식은 SA-10에 매우 빠른 재장전 시퀀스와 매우 단순화된 운영 군수지원을 제공하여 은폐, 사격 및 도피 방법을 지원한다. 이 체계의 추적 레이다는 FLAP LID이며 일부 EP 기능을 보유한 능동 전자 주사 배열 AESA 레이다이다. 대부분의 특정 EP 기능은 공개 문헌에서는 확인되지 않으며 레이다의 안테나 측엽이 매우 작다는 기록만 있다.

4.3.2.1 SA–N–6

SA-10의 함상 shipboard 버전을 SA-N-6라고 한다. 공개 문헌은 유효 사거리를 90km로 설명 한다. 로터리 발사기에서 Grumble 미사일을 발사한다. 추적은 TOP SAIL, TOP PAIR 또는 TOP DOME 레이다에 의해 제공된다. 명령 유도 command guidance 를 사용하지만 그림 4.42와 같이 종단 반능동 레이다 호밍 모드도 있다.

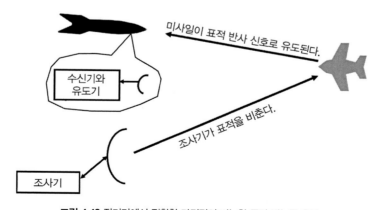

그림 4.42 장거리에서 정확한 타깃팅이 가능한 종단 반능동 유도

4.3.2.2 SA-N-20

이것은 마하 8.5에 근접하는 속도로 표적과 조우할 수 있는 MACH 6 미사일로 명명된다. TOMB STONE 추적 레이다를 사용하며, 그림 4.43에 표시된 것과 같이 미사일 추적 능력을 갖는 것으로 설명되어 있다.

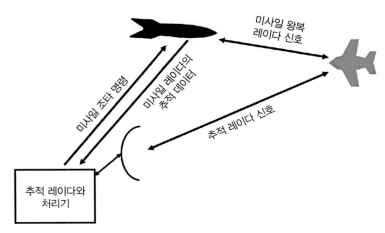

그림 4.43 미사일 유도를 통한 추적을 하는 경우 미사일의 보조(2차) 레이다가 표적을 추적하고 추적 정보를 기본(1차) 추적 레이다로 보내서 전체 추적 정확도를 개선시킨다.

4.3.2.3 SA-20

SA-10은 새로운 미사일 Gargoyl 과 TOMB STONE 추적 레이다로 업그레이드되었다. 항공기뿐만 아니라 단거리 및 중거리 전술 미사일에도 대응할 수 있다고 설명되어 있다. 이 업그레이드는 NATO 명명으로 SA-20이다. 195km의 사거리를 갖는 것으로 설명되어 있다. Gargoyl 미사일은 초기 미사일의 공기역학 핀보다 가스역학 조향 steering 을 갖는 것으로 설명되어 있으며 기동성이 개선되었다.

4.3.2.4 SA-21

이 체계는 GRAVE STONE 추적 레이다와 TRIUMF 미사일을 사용하는 SA-21로 추가 업그레이드되었다. 미사일은 240km, 다른 미사일은 396km, 세 번째 미사일은 442km의 사거리를 갖는다고 한다. 이 미사일은 스탠드 오프 재머를 회피하고 확장된 거리에서 전술 항공 교통 관제 항공기와 교전하도록 설계되었다. 또한 74km 사거리의 소형 미사일을 보유하고 있는데, 조종 속도가 매우 높기 때문에 실제 표적에 충격을 줄 수 있다.

4.3.3 SA-12 및 업그레이드

SA-12 SAM 체계에는 공기역학을 이용하는 표적을 위한 GLADIATOR와 탄도 미사일을 위한 GIANT의 두 가지 형태의 미사일이 있다. Gladiator는 GRILL PAN 레이다를 사용하여 75km의 교전 거리를 가지며 Giant는 HIGH SCREEN 레이다를 사용하여 최대 고도가 32km 인 100km의 교전 거리를 가진다.

GRILL PAN 레이다는 자동 탐색 기능이 있는 것으로 설명된다.

SA-12는 탁월한 크로스 컨트리 이동을 위해 추적 발사 및 지원 차량을 사용한다.

SA-12는 200km의 유효 거리와 고급 레이다 데이터 처리 기능이 있는 SA-23으로 업그레이드되었다. 이것은 그림 4.44와 같이 관성, 명령 및 반능동 호밍 유도를 가지고 있다. TELAR에 조사기 illuminator 로 반능동 레이다 호밍 semi-active radar homing, SARH 레이다를 사용한다.

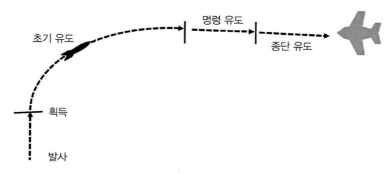

그림 4.44 많은 현대 미사일은 미사일 획득 시점에서 관성 유도를 사용한 다음 미사일이 표적에 접근할 때 명령 유도로 업그레이드 하고, 종말 단계에서는 반능동, 수동 호밍 또는 TVM 유도로 업그레이드한다.

4.3.4 SA-6 업그레이드

SA-6는 FIRE DOME 레이다를 사용하는 단거리 미사일 체계이다. 20~30km로 다양한 거리를 가지고 있다. 마하 2.8의 표적을 공격할 수 있다.

이 체계는 Gainful 미사일과 STRAIGHT FLUSH AESA 추적 레이다를 사용하는 SA-11로 업그레이드되었으며 사거리는 35km로 설명되어 있다.

두 번째 업그레이드는 50km 사거리의 SA-17 체계이다.

4.3.5 SA-8 업그레이드

SA-8은 바퀴 달린 수륙양용 플랫폼의 저고도 단거리 체계이다. 처음에는 9km 사거리였고 나중에 15km까지 사거리가 확장되었다. J-밴드 주파수 고속변경 모노 펄스 추적 레이다와 C-밴드 획득 레이다를 사용한다. 또한 전자광학^{EO} 추적기가 있다.

이 체계는 새로운 레이다와 미사일로 SA-15로 업그레이드되었다. Gauntlet 미사일을 사용하며 사거리는 12km이다. 이 체계의 특징은 동일한 차량에서 감시, 지휘통제, 미사일 발사 및 유도가 자율적으로 이루어진다. IFF 기능과 위상 배열 PD G/H 대역 추적 레이다가 포함된다.

4.3.6 MANPADS 업그레이드

휴대용 방공무기_{MANPADS}는 광학적으로 조준하는 IR 유도 미사일 체계이다. 이 어깨 발사 미사일 체계는 다음과 같이 공개 문헌에 설명되어 있다. 이 시리즈의 원래 미사일은 비냉각 납 황화물^{PbS} 센서로 유도되는 SA-7 STRELLA였다. 항공기를 후방에서만 공격할 수 있으며, 사거리는 3,700m, 최대 표적 고도는 1,500m이다.

이 체계의 최신 업그레이드는 다음과 같다.

- SA-14 GREMLIN : 어떤 각도에서도 공격이 가능한 매우 좋은 추적기를 가지고 있다. 최대 고도는 2,300m이다.
- SA-16 GIMLET : 플레어를 방지하기 위해 전방향^{all-aspect} 센서로 SA-14를 개량했다. 사거리는 5km이고 최대 고도는 3,500m이다.
- SA-18 GROUSE : 냉각된 인듐 안티모나이드^{antimonide} 센서가 장착된 모든 각도에서 5.2km 거리와 3,500m 고도까지 공격할 수 있다. 2채널 추적기를 보유하여 플레어 방지 기능이 크게 개선되었다.
- SA-24 GRINCH : 표준 야간 투시경을 보유하며 사거리는 6km이다.

4.4 SAM 획득 레이다 업그레이드

베트남 시대 SAM 체계의 추적 레이다는 획득 레이다에 크게 의존했다. 일반적으로 VHF 또는 UHF 주파수 대역의 획득 레이다는 표적을 획득하여 추적 레이다로 전달한다. 두 가지 추세가 발전하고 있다. 하나는 일부 추적 레이다에 획득 모드가 포함되어 있는 것이다. 두 번째는 획득 레이다가 더 높은 주파수에서 동작하는 것이다. 예를 들어, TIN SHIELD 및 BIG BIRD는 S-밴드에서 운용하고 HIGH SCREEN은 X-밴드에서 운용한다.

일반적으로 동작 주파수가 높을수록 더 높은 각도 해상도를 위해 안테나 대역폭을 줄일 수 있으며 파장이 짧을수록 매우 작은 레이다 반사 단면적의 표적을 처리하는 데 유용하다. 스텔스 항공기, 미사일 및 UAV를 획득하려면 작은 RCS 표적을 획득하는 능력이 중요하다. 펄스 압축 수준이 높아짐에 따라 최신 수집 레이다의 표적 위치 정확도 및 해상도가 증가한다.

획득 레이다는 항상 연동되는 추적 레이다보다 거리가 훨씬 길며 이것은 변경되지 않았다. 그러나 이 레이다에는 확실한 EP 기능이 있어 스탠드 오프 재머로 재밍하기가 어렵다. 미확인 표적의 조기 식별을 가능하게 하는 피아 식별기가 점점 더 획득 레이다에 포함되고 있다.

4.5 AAA 업그레이드

자주식 대공포 제품군들은 ZSU-23-4 SHILKA를 시작으로 발전되었다. 추적 차량에는 4개의 23mm 수냉식 건이 장착되어 있다. 거리는 2.5km이며 최대 유효인 고도는 1,500m이다. 나중에 8개의 SA-18 또는 SA-16 열 추적 미사일이 추가되었으며 GUN DISH 레이다가 포함된다.

이 체계는 SA-19 TUNGUSKA로 업그레이드되었으며 30mm 포 2개와 레이다 명령유도 미사일 8개를 갖추고 있다. 총의 사거리는 4km, 고도는 3km, 미사일은 사거리 8km, 고도는 3.5km이다. C/D 대역 획득 기능과 J 대역 2채널 모노 펄스 추적 기능이 있는 HOT SHOT 레이다가 포함된다.

SA-22 GREYHOUND는 30mm 포 2개와 최대 12개의 명령유도 미사일과 레이다 또는 광학 추적장치를 추가로 업그레이드했다. HOT SHOT 레이다와 통합 IFF가 있으며 총의 사거리는 4km이며 최대 고도는 3km이다. 미사일의 사거리는 20km, 수직 고도는 최대 10km이다.

4.6 기술된 기능의 전자전 시사점

위에서 논의된 현대식 무기의 성능 개선에는 중요한 시사점들이 있다. 여기에서는 그것들을 특정 위협 체계에 관련짓지 않고 기능성 측면에서 논의할 것이다. 대부분은 여러 다른 체계에도 나타나며, 이후의 개선 사항은 지속적인 미사일 및 위협 레이다 업그레이드에 포함될 것이다. 레이다 개선에 의한 영향을 설명한 후, 그런 조치에 대해 무엇을 해야 하는지를 본 절에서 조언할 것이다.

4.6.1 유효 사거리 증가

스탠드 오프 재밍^{SOJ}은 위협 체계에 대응하기 위한 주요 기법 중 하나이다. 3장에서 살펴본 바와 같이 SOJ는 유효 사거리 안으로 비행하는 여러 대의 타격 항공기를 보호하기 위하여, 다수 위협 미사일의 유효 사거리를 넘어서 밀착^{tight} 패턴으로 비행하는 것을 말한다. 여러 대의 레이다가 동시에 재밍되기 때문에 위협 레이다들의 주엽만을 재밍할 수는 없다. 또한 재밍 항공기는 재밍 출력을 여러 방향으로 분산해야 한다.

스탠드 오프 재밍에서 달성되는 J/S는 다음 방정식으로 계산된다.

$$\frac{J}{S} = 71 + ERP_J - ERP_R + 40 Log R_T - 20 Log R_J + G_s - G_M - 10 Log \sigma$$

여기서 71은 상수이다. ERP_J는 재머의 유효 방사 출력(dBm)이고, ERP_R은 레이다의 유효 방사 출력(dBm)이며, R_T는 레이다에서 목표까지의 거리(km), R_J는 재머에서 레이다까지의 거리(km), G_S는 레이다 측엽 이득(dB), G_M은 레이다 조준선 주엽 이득(dB), σ는 표적의 레이다 반사 단면적(m^2)이다.

$-20 \log R_J$ 항에 주목하자. 이는 J/S가 거리 계수의 제곱에 의해 감소됨을 의미한다. SA-2의 45km 유효 사거리에서의 재밍과 개량 SA-10의 150km 예상 사거리에서의 재밍은 J/S를 20.5(13dB)만큼 감소시킨다. 가장 유능한 미사일인 SA-21의 396km 예상 사거리로 재머를 옮기면 77배(19dB)만큼 J/S가 줄어든다. SOJ는 자신의 재밍 탑재체를 보호하기 위해 충분한 J/S가 필요하다는 점을 고려해야 한다.

이를 해결하는 방법은 재밍 성능을 높이거나 표적의 RCS를 줄이는 것이다. 그러나 대부분의 위협 레이다 업그레이드는 작은 RCS 표적도 탐지하도록 성능을 개선시킨다. 또 다른 접근 방식은 스탠드 인 재밍이다. 이 경우에는 재머(무인)가 표적보다 위협 레이다에 훨씬 더 가까이 있다.

4.6.2 매우 낮은 측엽

매우 낮은ultralow 측엽은 ES 시스템이 위협 레이다를 탐지하기 어렵게 하고 EA 시스템이 이를 방해하기 어렵게 만든다. 측엽에서 위협 레이다를 탐지하려고 하면 탐지 거리는 측엽 이득 감소의 제곱만큼 줄어든다. 마찬가지로 SOJ와 같은 EA 시스템에 의한 J/S는 측엽 감소 계수에 따라 줄어든다(4.2.2절 참조).

ES 시스템에서 이 문제를 해결하는 방법은 시스템 감도를 최적화하는 것이다. 한 가지 방법은 위상 배열 수신 안테나를 스캔하여 수신 신호 세기를 높이는 것이다. ES 시스템에 디지털 수신기가 있는 경우 최대 감도를 얻기 위해 대역폭을 최적화할 수 있을 것이다. 만약 위협 레이다에 스캐닝 안테나 빔이 있는 경우 수신 안테나를 지나 스캔할 때 주엽에서 필요한 정보를 얻을 수 있다.

EA 시스템에 능동 전자 주사 배열이 있는 경우 J/S를 개선하기 위해 재밍하려는 위협 레이다로 빔을 쏠 수 있다.

4.6.3 코히어런트 측엽 제거

스탠드 오프 재밍을 다시 생각해보자. 위에서 언급했듯이 SOJ는 위협 레이다의 측엽에서 재밍이 일어나도록 해야 한다. 해당 레이다에 CSLCcoherent side lobe canceling 기능이 있으면 측엽으로 수신되는 신호(FM 잡음과 같음)의 협대역 재밍 전력을 최대 30dB까지 줄일 수 있다. 이로 인해 J/S가 감소하므로 재머는 30dB 더 많은 전력이 필요하거나, 거리가 32배 더 가까워지거나 또는 보호용 항공기의 RCS를 1,000배로 줄여야 동일한 J/S를 달성할 수 있다(4.2.4절 참조).

이 상황을 해결하는 방법은 다음과 같다. 문헌에서 논의된 한 가지 기법은 펄스를 FM 잡음 재밍과 혼합하는 것이다. 펄스는 협대역 재밍 신호와 같은 많은 CW 요소를 생성하므로 모든 코히어런트 측엽 제거 채널을 묶을 것이며 이렇게 하면 재밍 효율은 높아진다.

4.6.4 측엽 블랭킹

측엽 블랭킹 기능이 있는 레이다가 메인 안테나보다 측엽으로 수신하는 특수 안테나 출력에서 더 강한 펄스 신호를 수신할 때마다 측엽 펄스가 존재하는 1μsec 또는 수 μsec 동안 메인 안테나 출력을 블랭킹한다(4.2.5절 참조).

이 문제를 해결하는 방법은 위협 레이다의 펄스를 재머의 펄스가 시간적으로 커버하면 위협 레이다는 본질적으로 재밍된다.

4.6.5 안티 교차 편파

안티 교차 편파는 교차 편파 재밍을 감소시키는 레이다의 기능을 설명하는 것이다. 그것은 안티 교차 편파의 크기(dB)로 표시된다. 이는 측엽을 줄이기 위해 가장자리에도 이득이 일정한 평판 위상 배열 안테나 또는 교차 편파 재밍 신호를 레이다 수신기로 보내지 못하게 하는 편파 필터를 사용하여 이루어진다(4.2.7절 참조).

이 문제를 해결하는 방법은 매우 큰 J/S를 만들 수 없으면 해당 레이다에 교차 편파 재밍을 사용하지 못한다는 것이다. 가장 좋은 대답은 다른 종류의 재밍을 사용하는 것이다.

4.6.6 펄스 압축

만약 펄스 압축[PC]을 하는 위협 레이다를 재밍하는데, 레이다의 압축 파형(처프 또는 바커 코드)이 포함되어 있지 않으면, J/S는 압축 계수에 의해 최대 30dB까지 감소될 수 있다(4.2.10절 참조).

이 문제를 해결하는 방법은 위협 레이다의 주엽 또는 측엽으로 전송되는 재밍 신호에 압축 파형을 포함시키는 것이다. 압축 기법이 선형 처프인 경우 여러 방법(소인 발진기, 직접 디지털 합성기 등)으로 이를 재현할 수 있다. 그러나 비선형 처프 또는 Barker 코드 펄스 압축 변조인 경우 재머에 DRFM을 사용해야 한다. 이에 대해서는 8장에서 자세히 설명한다.

4.6.7 모노 펄스 레이다

모노 펄스 레이다는 3장에 설명된 재밍 기법 중 어떤 기법은 재밍이 되지 않는다. 어떤 기법은 오히려 모노 펄스 위협 레이다의 각도 추적을 도와준다(4.2.6절 참조).

이에 대한 해결책은 3.4.9절에서 3.4.15절까지 설명한 재밍 기법이 모노 펄스 재밍에 효과적이라는 것이다.

4.6.8 펄스 도플러 레이다

펄스 도플러 레이다는 채널화된 필터의 한 개 채널에 모여지는 코히어런트 신호를 보려고 한다. 재밍 신호가 여러 채널을 채우거나 강한 스퓨리어스 요소가 있는 경우 레이다는 재밍이 되고 있다는 것을 인식하고 HOJ을 시작할 수 있다.

레이다 프로세싱은 또한 여러 채널에 걸쳐 있는 잡음 재밍에 의한 J/S를 줄일 것이다. 또한 채프chaff 에서 반사되는 신호들을 구별할 것이다.

또한 분리된 신호들(예 : 거리 게이트 풀 오프 재밍)을 감지하고 수신된 도플러 편이 주파수에 적합한 거리 변경 속도를 갖는 신호를 추적할 수 있다(4.2.11절, 4.2.14절, 4.2.15절 참조).

이 문제를 해결하는 방법은 코히어런트 신호로 재밍을 하면, 재밍 신호가 단일 PD 프로세싱 필터에 들어가서 유효한 신호로 받아들여지므로 재밍이 효과적일 것이다. 만일 채프 구름cloud 이 강력한 재밍 신호로 조사되면 PD 위협 레이다는 채프 구름을 표적 반사를 하는 디코이로 간주한다. 거리 및 주파수 풀 오프 재밍을 함께 실시하면 PD 위협 레이다는 재밍 신호를 유효한 반사 신호로 간주한다. 이것은 DRFM을 사용하는 것이 가장 좋다.

초기 전투에서는 레이다가 항공기를 탐지하지 못하도록 벌크bulk 채프가 전투지역에 발사되었다. 이것은 펄스 도플러 레이다가 채프를 구별할 수 있기 전에는 매우 효과적이었지만 현재는 제한적으로 사용되고 있다.

4.6.9 리딩 에지 추적

위협 레이다에 리딩 에지 추적 기능이 있는 경우 RGPO 재머의 지연 시간latency 때문에 레이다가 지연된 RGPO 펄스를 보지 못해서 표적 반사 신호를 계속 추적할 수 있다.

이에 대한 고전적인 해결책은 RGPI 재밍을 사용하는 것이다. 그러나 다른 해결책은 RGPO 프로세스의 지연 시간을 리딩 에지 추적기가 캡처capture 할 수 있을 정도로 짧게 만드는 것이다. 이는 일반적으로 프로세스 지연 시간이 매우 짧은 DRFM을 사용하여 실행한다.

4.6.10 디키 픽스

디키 픽스*dicke-fix*는 협대역 채널에서 강하고 짧은 듀티 사이클 펄스가 클리핑되어 다음 협대역 채널에서 레이다의 자동 이득 제어가 동작되지 않도록 하는 광대역 채널을 포함한다(4.2.12절 참조).

이를 해결하는 방법은 재밍 신호가 디키 픽스를 통과할 수 있도록 하는 특수 파형 [1]을 사용하는 것이다.

4.6.11 번 스루 모드

번 스루 모드는 거리를 최대로 확장하기 위해서 레이다 유효 방사 출력 또는 듀티 사이클을 확장하는 모드이다.

이에 대한 해결책은 유효 재밍 출력을 최대로 높이는 것이다.

4.6.12 주파수 고속변경

만약 레이다에 의사 랜덤 펄스-펄스 주파수 고속변경 신호가 있으면 다음 펄스의 주파수가 무엇인지 알 수 없다. 따라서 재머는 각 레이다의 주파수를 재밍하거나 전체 고속변경 범위에 재밍 출력을 분산시켜야 한다. 이것은 J/S를 수 데시벨 감소시킬 것이다(4.2.19절 참조).

이에 대한 해결책은 DRFM을 다시 체계에 포함하는 것이다. DRFM과 관련 프로세서가 펄스의 초기 50ns를 측정하면 재머를 해당 주파수로 빠르게 설정할 수 있다. 현대 레이다는 일반적으로 수 μsec 길이의 펄스를 가지므로 이 작은 펄스 부분을 잃어버려도 재밍 에너지가 거의 감소되지 않는다. 이에 대해서는 8장에서 설명한다.

4.6.13 PRF 지터

위협 레이다에 지터 PRI라 불리는 의사 랜덤 PRI가 있으면 다음 펄스가 발생하는 시간을 예측할 수 없다. 이로 인해 RGPI 재밍 기법이 불가능하다. 또한 펄스 타이밍의 예측이 필요한 커버 펄스가 효율적으로 생성될 수 없다(4.2.22절 참조).

이것에 대한 해결책은 지터 PRI인 위협 레이다에 대해 커버 펄스를 사용하는 경우 확장된 커버 펄스를 사용하여 레이다 PRI의 전체 지터 범위를 커버하는 것이다.

4.6.14 홈 온 재밍 기능

여기에 나열된 어떤 미사일 체계도 공개 문헌에서 홈 온 재밍 기능이 있는 것으로 확인 되지는 않았지만 현재 또는 가까운 미래의 위협에 포함되는 것은 분명하다.

홈 온 재밍HOJ은 재밍을 탐지할 수 있는 레이다(펄스 도플러 레이다 포함)가 미사일에게 명령하여 재밍 신호가 있는 곳으로 유도하는 것을 의미한다. 즉 미사일은 자체 보호 재밍SPJ을 수행하는 항공기로 직접 날아갈 것이다.

또한 스탠드 오프 재밍을 수행하는 재밍 항공기를 생각해보자. 이 항공기는 비싸고 재고가 거의 없는 자산이므로 위협 미사일의 유효 사거리를 넘어서 배치한다. HOJ 기능이 있는 미사일은 사거리를 최대로 하기 위해서 유도 레이다의 유효 거리를 넘어서 발사lofted 될 수 있다. 그러면 먼 곳에서 SOJ 항공기로 호밍할 수 있다. 만약 미사일에 항공 역학 조향steering 기능이 있으면 연료가 허용하는 한 먼 거리에서도 공격할 수 있다(4.2.23절 참조).

자체 보호 재밍의 해결책은 재밍을 하지 않는 것이다. 미사일을 끌고 가는 디코이를 사용하여 자신을 보호해야 한다. 10장에서는 미사일을 끌고 갈 수 있는 여러 종류의 레이다 디코이를 설명한다. 8장에서는 디코이를 매우 정교하게 만드는 데 사용할 수 있는 DRFM 의 역할에 대해 설명한다. 또한 어느 곳에서도 재밍할 수 있는 소모성 디코이를 고려해야 한다. 이들 중 하나는 소형 공기 발사 디코이 J 모델MALDJ이다. 이것은 홈 온 재밍 미사일을 공격하는 원격 재머이다.

4.6.15 개선된 휴대용 대공방어 시스템

휴대용 대공방어 시스템MANPADS의 개선으로 사거리와 유효 고도가 연장되었다. 이것은 헬리콥터 또는 저비행 항공기에게 중대한 위협이다.

이에 대한 해결책은 MANPADS를 피하기 위해서 더 높이 날아가는 것으로 충분했지만 이제는 9장에서 설명하는 것과 같은 최신 IR 방해기를 고려해야 한다.

4.6.16 개량된 대공포

월남 시대에는 ZSU-23의 최대 수직 고점envelop 때문에 지상에서 1,500m 이상 비행하는 경우 자동 대공포AAA에 대한 보고를 무시할 수 있었다. 오늘날 AAA 업그레이드는 최대

10,000m의 수직 공격 포락선과 ZSU-23의 23mm 총 사거리의 두 배 사거리인 30mm 총을 가진 열 추적 미사일을 추가했다.

이후의 업그레이드는 단순한 열 추적 미사일에서 레이다 유도 미사일로 전환되었다. 이 무기들은 훨씬 더 위험해졌다.

이러한 최신 AAA를 방어하려면 보호용 IR 및 레이다 재머를 갖추어야 한다. 높이 날아서 보호되던 시대는 지났다.

참고문헌

[1] Schleher, D. C., *Electronic Warfare in the Information Age*, Norwood, MA: Artech House, 1999.

[2] Griffiths, H. G., C. J. Baker, and D. Adamy, *Stimson's Introduction to Airborne Radar*, 3rd ed., New York: SciTech, 2014.

[33] Van Brunt, L. B., *Applied ECM, Vol. 1-3*, Dun Loring, VA:

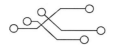

5장
디지털 통신

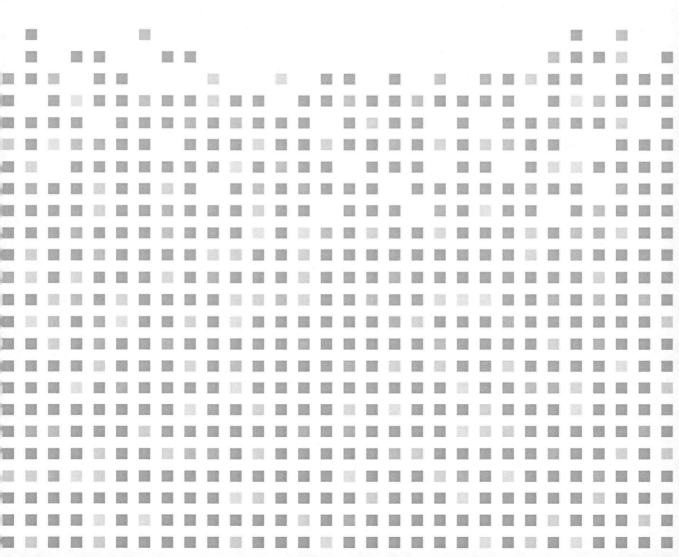

5장

디지털 통신

5.1 서 론

현대전에서의 군통신은 대부분 디지털 통신이다. 현대전의 전술 무전기는 음성통신에 디지털 방식을 사용할 뿐만 아니라 군사적으로 매우 중요한 지휘통제 통신도 대부분 디지털 정보의 전달로 이루어진다. 현대화된 통합 방공망 역시 모두 디지털 데이터 링크를 사용하고 있다. 이 장에서는 디지털 통신 이론에 관한 다양한 내용들을 다루고자 한다. 디지털 통신의 장점과 취약점, 디지털 링크의 규격, 전자전electronic warfare, EW 운용에 중요한 요인인 전파 전파wave propagation 특성 등이 포함된다.

이 장에서는 2장, 6장, 7장의 내용에 대한 기초 지식을 이해하는 차원에서 자세한 내용보다는 다양하고 중요한 이론적 배경 등을 살펴보고자 한다.

5.2 전송된 비트 스트림

그림 5.1에서 보듯이 디지털 전송 신호에는 정보 데이터뿐만 아니라 동기화 비트와 오류 정정용 비트 등이 포함되어 있다. 데이터 프레임은 그림에서 보는 바와 같다.

- 이런 형태가 프레임 동기화를 위한 대표적인 비트 구조 형태라 할 수 있다.
- 무인 비행체unmanned aerial vehicle, UAV를 비롯한 다양한 시스템의 명령 링크의 경우 동일한 위치에 있는 여러 장비 중 한 장비로만 정보 전송이 되어야 하는 경우도 있다. UAV의 경우를 보면, UAV 내에 탑재되는 다양한 페이로드 중 내비게이션 시스템 등이 해당될 수 있다. 따라서 특정 장비를 지정하기 위한 어드레스 비트가 필요하게 된다.
- 그런데 실제 전송하고자 하는 정보는 정보 비트 부분에만 포함되어 있다.
- 전송 데이터는 잡음, 간섭 또는 재밍으로 인해 디지털 데이터에 오류가 발생될 수 있으므로, 오류 데이터 블록을 검출하여 제거하거나 오류 비트를 바로 정정할 수 있는 특수 비트가 추가되어야 한다. 패리티 비트 또는 오류 검출 및 정정error detection and correction, EDC 비트 블록이 이러한 목적으로 사용된다.

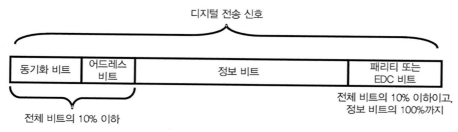

그림 5.1 디지털 신호에는 동기화, 어드레스, 정보 및 패리티 또는 EDC 비트가 포함되어 있다.

5.2.1 정보 비트율 대 전송 비트율

전송 비트율은 수신기에서 요구되는 정보 전송률로 전체 신호 프레임을 전송할 수 있을 만큼 충분히 빨라야 한다. 이것은 전체 데이터 전송률이 요구되는 정보 전송률보다 훨씬 빨라야 함을 의미한다. 링크 대역폭은 이렇게 빠른 전송률을 만족할 수 있도록 충분히 넓어야 한다.

5.2.2 동기화

동기화에는 두 가지 형태가 있다. 비트 동기화 및 프레임 동기화. 디지털 신호는 1 또는 0 비트 각각에 해당하는 변조된 RF 신호로서 수신기에 전달된다. 수신기는 이 신호를 복조하여 디지털 비트 신호를 생성한 다음 송신기의 코드 클럭과 동기된 클럭 신호가 발생되도록 타이밍 회로(비트 동기화기라고 함)를 동작시킨다. 물론 이때 코드 클럭 동기화를 위해서는 송신기와 수신기간의 전파 지연 시간(빛의 속도)이 고려되어야 한다. 비트 동기화기는 복조된 신호를 이용하여 1 및 0들로 구성된 완전한 디지털 비트 스트림을 발생시킨다. 이때 RF 신호 불량으로 일부 비트에 오류가 발생될 수 있지만, 뒷단의 디지털 회로에서 처리될 수 있는 비트 스트림 형태를 갖는다. 그림 5.2에서 볼 수 있듯이, 비트 동기화기는 코드 클럭을 발생시킬 뿐만 아니라 수신된 비트가 1인지 또는 0인지를 판별하기 위한 RF 신호의 샘플링 시점도 지정한다.

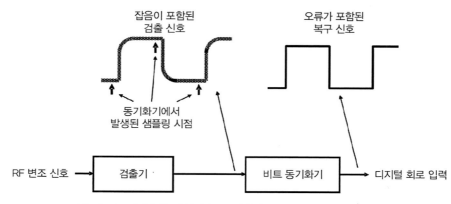

그림 5.2 비트 동기화기는 수신기의 복조된 출력으로부터 이진 비트를 생성한다.

디지털 데이터 전송 시 각 비트에 포함된 정보를 알 수 없다면, 단순히 0과 1들로 구성된 의미 없는 데이터만을 전달하게 되는 것이다. 디지털 정보는 여러 비트들로 구성된 프레임 구조를 가지며, 수신기는 각 프레임의 시작점을 알 수 있어야 한다. 프레임 내의 각 비트들은 위치별로 고유한 기능을 갖도록 정렬되는데, 이 과정을 동기화라고 한다. 일부 데이터 전송 시스템은 데이터 프레임의 시작을 나타내는 동기화 펄스와 관련된 별도의 변조정보를 갖고 있다. 그러나 일반적인 디지털 비트 스트림은 프레임의 시작을 찾아낼 수 있도록 저장된 비트 스트림과 비교할 수 있는 고유의 비트 스트림을 가지고 있다.

그림 5.3은 이러한 비트열에서 나타나는 압핀 모양thumb tack 상관관계를 보여준다. 디지털 신호에 포함된 1과 0들의 개수는 거의 같으며 랜덤하게 분포한다. 두 신호의 상관값은 1 또는 0으로 나타나는데, 두 신호를 상호 비교해보면 알 수 있다. 어느 순간에 두 신호가 동일한 상태이면(예를 들어 모두 1) 상관값은 1이 된다. 만일 동일하지 않다면(즉, 1과 0), 상관값은 0이 된다. 비트가 랜덤하게 분포하기 때문에 전체 비트에 해당하는 블록 단위에서의 평균 상관값은 0.5가 될 것이다. 수신된 코드가 저장된 기준 코드와 시간상 차이가

존재한다면, (두 신호 중 한 신호의 코드 클럭 주파수를 약간 변경시킴으로써) 두 신호 간의 상관값은 수신된 코드가 기준 코드와 일치하기 시작하면서 바로 증가하기 시작할 것이다. 그리고 두 비트 스트림이 정확히 일치하게 되면 상관값이 1이 된다(100% 상관). 수신기는 수신 신호 동기화를 위해 1과 0이 랜덤하게 분포하는 고유한 구조의 기준 코드를 저장하고 있다(그림 5.1 참조). 동기화 블록 범위 내에서 수신 코드의 시간을 지연시켜 가면서 상관값을 계산하고 평균 상관값이 100%에 이르게 되면 수신 코드의 지연을 멈추게 된다. 그런 다음 프레임 내 위치별 비트를 확인함으로써 전송된 내용(기능)을 알 수 있게 된다.

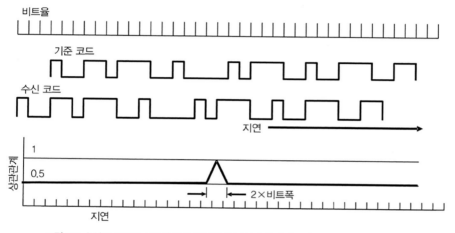

그림 5.3 수신된 디지털 신호의 비트 정보를 복구하기 위해서는 반드시 동기화가 필요하다.

그런데 동기화 비트가 반드시 프레임 시작 부분에 있어야 할 필요는 없다. 적 수신기 또는 재머가 프레임을 복구하거나 프레임 동기화를 방해하는 것이 쉽지 않도록 프레임 내 비트들을 의사 랜덤하게 분포시킬 수도 있다. 동기화를 방해하는 것이 매우 효율적인 디지털 통신 재밍 방법이기 때문에, 중요한 통신 링크는 매우 강력한 동기화 능력을 갖추게 된다.

5.2.3 요구 대역폭

그림 5.3의 압핀 모양 동기화 다이어그램은 두 비트 폭을 가지는 매우 뾰족한 삼각형 모양의 상관관계로 나타난다. 이러한 상관관계를 가지려면 비트 모양이 사각형이어야 하며 이럴 경우 무한대 대역폭이 필요하게 된다. 링크 대역폭이 좁아지면 비트 모양이 둥글게 되며 그림 5.4와 같이 상관관계 그래프 역시 둥글게 된다. Dixon은 주파수 스펙트럼 주 로브의 3dB 대역폭으로 전송된 디지털 신호를 복원하기에 충분하다고 말한 바 있다(그림 5.5 참조).

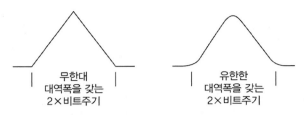

무한대
대역폭을 갖는
2×비트주기

유한한
대역폭을 갖는
2×비트주기

그림 5.4 상관관계 커브의 모양은 디지털 링크의 대역폭에 따라 달라진다.

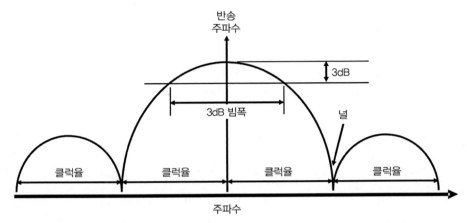

반송
주파수

3dB

3dB 빔폭

널

클럭율

클럭율

클럭율

클럭율

주파수

그림 5.5 디지털 신호 스펙트럼은 반송파 주파수로부터 클럭 속도의 배수 간격으로 정확하게 널(null)이 나타나는 주 로브와 측엽을 가지고 있다.

참고문헌 [1]에 의하면, 대부분의 디지털 RF 변조방식의 경우 3dB 대역폭은 비트율의 0.88배로 주어지지만, 최소 편이 키잉minimum shift keying, MSK 변조방식의 경우에는 비트율의 0.66배에 불과하다. MSK 변조는 이처럼 비트율 대비 작은 대역폭으로도 우수한 수신감도를 얻을 수 있기 때문에 디지털 링크에서 널리 사용되는 효율적인 변조방식이다. 5.4절에서는 몇 가지 변조방식과 그 특징들에 대하여 자세히 다룰 것이다.

5.2.4 패리티와 EDC

그림 5.1에서처럼 프레임의 마지막 비트 블록은 비트 오류를 검출하거나 정정하여 정보 충실도를 향상시키기 위한 것이다. 매우 열악한 환경에서도 시스템을 운용하기 위하여 이러한 비트들이나 충실도 유지를 위한 다양한 기술들을 적용할 경우 정해진 시간 내에 모든 데이터를 전송하려면 대역폭이 크게 증가할 수 있다.

5.3 콘텐츠 충실도 보호

네트워킹에서 가장 중요한 점은 정확한 정보를 원하는 곳으로 잘 전달할 수 있는지의 여부일 것이다. 대부분의 정보가 디지털 방식으로 전송되기 때문에 네트워크상에서 원하는 기능 전달에 문제가 없으려면 비트 오류율이 아주 작아야 한다.

5.3.1 기본 충실도 기술

전송 링크에서 정보 전달의 충실도를 보장하기 위한 방법에는 몇 가지가 있다. 데이터율, 대기 시간, 충실도 보장 수준 및 시스템 복잡성을 고려하여 충실도 보장에 필요한 기술을 선정한다.

그림 5.6과 같이 데이터를 여러 차례 반복적으로 보내는 방식이 충실도 보장방법들 중의 하나일 것이다. 만일 각 데이터 블록이 세 번씩 전송된다고 가정해보자. 수신기는 수신된 데이터 블록들을 비교하게 될 것이다. 세 개 데이터 블록이 모두 일치하면 데이터는 출력 레지스터로 전달된다. 세 개 중 두 개가 일치하면 다른 버전으로 데이터가 출력된다. 하나도 일치하지 않으면 데이터를 무시하거나 다른 조치 방안이 강구될 수 있다. 이 방법을 적용할 경우 충실도는 향상되지만 데이터 전송률은 3분의 1로 감소하고 출력 데이터는 데이터 블록 길이의 3배만큼 길어지게 된다. 반복전송 횟수를 늘리면 열악한 환경에서의 충실도는 향상되겠지만 데이터 처리 속도는 더 떨어지고 대기 시간은 늘어날 것이다.

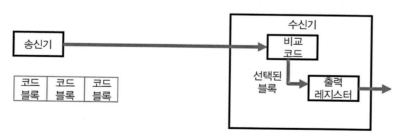

그림 5.6 일반적으로 코드 블록은 여러 차례 전송되며 수신기는 가장 많이 수신된 블록을 선택한다.

데이터 블록만을 여러 번 전송할 수도 있지만, 이 경우에도 그림 5.7과 같이 각 블록마다 패리티 비트가 추가되어야 한다. 뒤에서 다루겠지만 각 데이터 블록 내의 패리티 비트를 점검하여 비트 오류가 발생한 블록은 제거할 수 있다. 오류 없이 수신된 첫 번째 데이터 블록이 출력 레지스터로 전달된다. 이 경우 데이터 처리 속도가 저하되고 블록당 패리티 비트의 비중과 블록의 반복전송 횟수에 비례하여 대기 시간이 증가한다. 예를 들어 각 블록이 다섯 번 전송되고 각 블록에 10%의 패리티 비트가 있는 경우 데이터율은 5.5분의 1로 줄어들고, 지연 시간은 데이터 블록 시간 폭의 5.5배만큼 늘어난다. 그러나 이러한 방법은 데이터 충실도를 향상시킬 수 있다.

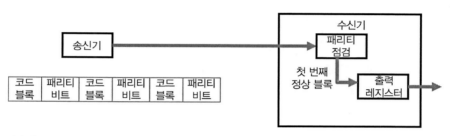

그림 5.7 다수의 패리티 비트를 포함하여 반복적으로 전송할 경우, 정보가 있는 각 코드 블록마다 패리티 비트를 붙이게 되며 패리티 비트 수에 비례하여 오류 검출 확률이 높아진다. 수신기는 패리티 점검을 통해 오류가 발생한 블록을 제거하고 오류 없이 수신된 첫 번째 정보 블록을 출력시킨다.

수신 데이터를 다시 송신기로 전송하여 데이터 비트를 점검한 후, 그림 5.8에서처럼 어떤 오류가 발생하였다면 데이터 블록을 재전송할 수 있다. 정상적인 데이터 블록은 출력 레지스터로 보내지며, 그런 다음 송신기가 다음 데이터 블록을 전송할 수 있게 된다. 데이터 블록에 오류가 발생하면 오류 없는 블록이 전달될 때까지 반복적으로 재전송된다. 이 방법은 결국 모든 데이터 블록의 완전한 전송을 가능케 한다. 그러나 반송 전송 링크는

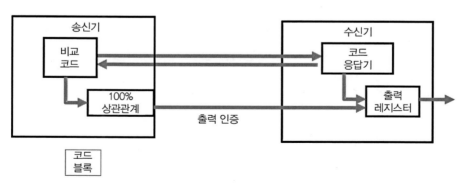

그림 5.8 재전송 데이터 유효성 검사를 위해 원천 송신 데이터와 비교될 수 있도록 수신된 정보 코드 블록이 송신기로 재전송되어야 한다. 비교결과가 정상이면 인증신호가 수신기로 전달되어 코드 블록이 출력 레지스터로 입력된다.

더욱 복잡해진다. 원격 센서와 제어 스테이션 간의 광대역 데이터 링크를 고려해보자. 통상 제어 스테이션과 원격 센서 간의 명령 링크는 일반적인 데이터 링크보다 훨씬 작은 대역폭을 사용한다. 심지어 명령 링크는 대역폭을 필요로 하지 않을 수도 있다. 그런데 이러한 충실도 보호방법을 적용하려면 제어 스테이션과 원격 센서 간에도 링크가 반드시 있어야 하며 일반적인 데이터 링크만큼의 대역폭이 필요하게 된다. 네트워크 운용에 있어 링크 대역폭이 미치는 영향성에 대해서는 나중에 논의할 것이다. 신호간섭이 심하지 않은 경우에 이러한 방법을 적용한다면 데이터 처리 속도나 대기 시간 성능이 거의 저하되지 않는다. 신호간섭이 심하거나 재밍이 있을 때 비트 오류가 많이 발생할 수 있으므로 데이터 블록 재전송 횟수가 늘어나게 되어, 데이터 전송률이 감소하고 대기 시간이 길어진다.

그림 5.9에서처럼 각 데이터 블록에 EDC 코드를 추가할 수 있다. 데이터 블록에 오류가 있는 경우 EDC는 발생된 오류를 정정하게 된다. 이러한 방식을 순방향 오류 정정 forward error correction 이라고 한다. 오류 정정 기능을 사용하면 설정된 최대 비트 오류율 허용치 범위 내에서 오류 없는 데이터 전송이 가능하다. 또한 반송 링크가 필요하지 않으며 처리 속도 및 대기 시간이 환경적 요소에 크게 좌우되지 않는다. 처리율 감소 및 대기 시간 증가 정도는 EDC 코드를 포함한 데이터 블록을 어떻게 구성할지에 따라 달라진다. 당연히 정정 코드 비트의 비율이 높아질수록 정정 가능한 오류 비트 수가 늘어나게 된다.

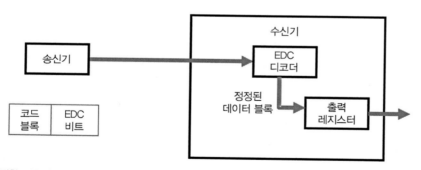

그림 5.9 순방향 오류 정정 기능의 구현을 위해서는 각 코드 블록마다 오류 검출 및 정정 코드가 있어야 한다. EDC 코드는 비트 오류를 정정할 수 있도록 디코딩되며 그 결과 정정된 코드가 출력된다.

마지막 방법은 간단하게 송신출력을 높이는 방법으로서, 높은 신호 대 잡음비 signal to noise ratio, SNR 와 원하는 신호 대 간섭비를 얻을 수 있다. 비트율을 낮출 경우 수신기 대역폭을 줄일 수 있어 동일한 효과를 얻을 수 있다. 게다가 이 방법을 사용하면 비트 오류율도 줄게 되어 정보 충실도가 향상된다. 송신출력의 증가는 시스템의 복잡성을 크게 증가시킬 수 있으며, 데이터 전송률이 감소함에 따라 데이터 처리 속도가 저하될 것이다.

5.3.2 패리티 비트

앞서 논의한 바와 같이, 정보 충실도를 높이려면 전송을 원하는 디지털 데이터뿐만 아니라 별도의 비트들이 추가되어야 한다. 이는 전파방해를 포함한 악조건의 통신 환경하에서 더 중요해진다. 이러한 추가 비트는 패리티 비트가 될 수도 있고 오류 검출 및 정정 코드가 될 수도 있다. 패리티 비트의 역할은 원하는 정보가 전송되었는지 확인할 수 있게 하는 것이다. 패리티 비트가 늘어날수록 신뢰도가 높아지는데, 모든 패리티 비트가 정확하게 전달된다면 데이터 블록에 오류가 없다는 것을 보장하게 된다.

5.3.3 오류 검출 및 정정

EDC 코드를 사용하면 순방향 오류 정정이 가능해진다. EDC 코드는 잘못된 비트(또는 바이트)를 검출함으로써 수신된 데이터 스트림을 수 비트(또는 바이트) 정도의 오류율 이내로 정정할 수 있다. 데이터 블록에 추가된 정정용 비트 또는 바이트 수에 비례하여 코드가 갖는 능력도 향상된다.

EDC 코드에는 두 가지 종류가 있다. 컨볼루션 코드는 랜덤하게 확산된 비트 오류를 정정할 수 있는 가장 효율적인 코드이다. 이러한 방법은 비트 단위의 오류 정정을 할 수 있다. 컨볼루션 코드의 출력은 (n/k)와 같은 형태로 표현되는데, 이는 k개의 정보 비트에 대해 총 n개의 출력 코드 비트가 있음을 의미한다. 즉, $n-k$개의 추가적인 EDC 코드 비트가 k개의 정보 비트마다 추가된다.

EDC 코드의 두 번째 종류는 블록 코드이다. 블록 코드는 전체 데이터 바이트 단위로 정정하며, 일반적으로 비트 오류가 그룹으로 발생할 때보다 효과적인 방법이다. 이러한 경우에 해당되는 사례가 주파수 도약 신호이다(디지털 신호이어야 함). 강한 간섭 신호로 인해 송신기가 주파수 도약을 하게 되면 간섭 주파수에서 전송된 모든 비트가 잘못되게 된다. 실제로 거의 50% 정도의 비트 오류율이 발생한다. 따라서 인접한 여러 바이트에 많은 오류가 발생된다.

부분 대역 재밍 partial band jamming 기법은 주파수 도약 통신 시스템을 재밍하기 위하여 일부의 도약 슬롯에 대해(전부는 아님) 재밍하는 기법이다. 재밍 채널 중의 하나로 주파수 도약을 할 경우 바이트 단위의 오류 그룹이 발생할 것이다.

블록 코드에 대한 표현은 각각의 k개 정보 심벌 전송을 위해 총 n바이트(또는 심벌)가 전송된다는 것을 나타내는 (n, k) 형태로 표현된다. 즉, n개의 정보 심벌 전송을 위해 $n-k$개의 바이트가 추가로 전송된다.

블록 코드의 예는 Link-16에서 사용되는 (31,15) Reed-Solomon 코드로서, Link-16은 지해공 무기체계 간의 실시간 데이터 링크를 제공하는 링크이다. 이 코드는 데이터 압축방식의 텔레비전 신호를 전송하는 위성방송에도 사용된다. 이러한 특수코드를 사용할 경우, n개의 심벌을 전송할 때마다 $(n-k)/2$개의 오류 심벌을 정정할 수 있다. 또한 정정되지 않은 오류가 발생할지라도 약 10^{-3}% 정도 이하로 오류 정정이 가능하다. 이 코드는 각 15 정보 바이트에 대해 총 31바이트를 전송하게 되므로 디지털 비트율은 정보 비트율의 2배가 넘는다. 일반적으로 이것은 주어진 정보 전송률 대비 2배 이상의 대역폭이 요구됨을 의미한다. 31바이트 중 8개 이하의 오류에 대해서는 수신된 모든 바이트에 대한 오류 정정이 가능하다는 장점이 있다.

5.3.4 인터리빙

주파수 도약 링크를 보호하기 위해 블록 코드를 사용할 경우, 단일 홉 동안 전체 바이트 블록(즉, 31,15 코드에 대해 31바이트)을 전송하는 것이 일반적이다. 간섭 신호 주파수와 겹치는 도약 주파수에서 수신된 신호는 모든 비트에서 오류가 발생함을 알아야 한다. 이 문제를 해결하려면 특정 주파수에서 31바이트 중 8바이트 이하(간섭 발생)가 전송되도록 하여야 한다. 그림 5.10은 두 번째 8바이트가 다음 홉에 할당되고 그다음 홉에 다시 다음 8바이트가 할당되는 선형 인터리빙 방식을 보여주고 있다. 따라서 간섭이 발생한 도약 주파수에 해당하는 8바이트 이상의 인접한 신호는 영향을 받지 않는다. 일반적으로 다소 긴 바이트 신호인 경우에 의사 랜덤 인터리빙 방식을 사용하고 있다. 어떤 인터리빙 방식의 경우에는 대기 시간이 다소 증가되기도 한다.

그림 5.10 인터리빙 시에는 간섭이나 재밍에 대응할 수 있도록 인접한 데이터를 신호 스트림상의 다른 위치에 할당한다.

5.3.5 콘텐츠 충실도 보호

네트워킹에 있어서 매우 중요한 요구사항 중 하나는 올바른 정보를 원거리로 전달하는 것이다. 대부분의 정보는 디지털 방식으로 전송되기 때문에 네트워크상에서 원하는 목표를 적절히 달성하려면 비트 오류율이 충분히 낮아야 한다.

5.4 디지털 신호 변조

5.4.1 보당 단일 비트 전송 변조방식

디지털 파형을 직접 전송할 수는 없다. 신호는 여러 변조방식 중 하나를 사용하여 RF 반송파로 변조되어야 한다. 일부 변조방식은 보baud당 1비트를 전송하기도 하고, 다른 변조방식은 보당 여러 비트를 전송하기도 한다. 정보 전송에 필요한 초당 비트 수를 만족하는 대역폭 조건과 송신링크상의 SNR에 따라 나타날 수 있는 비트 오류율 등을 고려하여 적절한 변조방식을 선정하여야 한다. 이것을 검토하는 데는 보통 2개월이 소요된다.

그림 5.11은 보당 1비트를 전송하기 위한 세 가지 파형 형태를 보여준다. 여기에는 펄스 진폭변조 pulse amplitude modulation, PAM, 주파수 편이 키잉 frequency shift keying, FSK 및 온오프 키잉 on off keying, OOK 방식이 있다. PAM의 경우 1에 해당하는 변조된 진폭 및 0에 해당하는 또 다른 변조된 진폭을 발생시킨다. FSK는 한 주파수로 1을, 다른 주파수로 0을 전송하는 방식이다. OOK는 디지털 1의 경우 신호가 존재하고 0의 경우 신호가 존재하지 않는 방식이다. 이것은 반대가 될 수도 있다. 일반적으로 이러한 코드 중 하나를 전송하는 데 필요한 대역폭은 비트율의 0.88배이다. 여기서 대역폭이라 함은 그림 5.5에서 볼 수 있듯이 변조된 신호의 피크값에서 3dB 낮은 지점의 주파수 스펙트럼 폭을 말한다.

그림 5.12는 반송파의 위상 변조를 통한 디지털 정보 전달방식의 두 가지 파형 형태를 보여준다. 이진 위상 편이 변조 binary phase shift keying, BPSK 방식은 1을 전송할 때는 위상 편이가 없고 0을 전송할 때는 180° 위상 편이를 갖도록 하는 방식이다. 물론 역으로도 가능하다. 직교 위상 편이 변조 quadrature phase shift keying, QPSK 방식은 90°씩의 위상차를 갖는 4개의 위상 값을 이용하는 방식이다. 이러한 네 가지 위상상태는 2비트 정보로 표현 가능하다. 그림에서와 같이 0° 위상 편이 정보는 '0, 0' 디지털 신호로, 90° 위상 편이 정보는 '0, 1'로 표현하

는 방식이다. 이진값 두 개로서 4개의 위상상태를 구분하여 표현할 수 있다. 또한 각각의 변조방식에 대한 신호 벡터 다이어그램은 그림에서 보는 바와 같다. 신호 벡터 다이어그램에서 화살표의 길이는 신호 진폭을 나타내며 화살표의 각도는 위상을 나타낸다. 전송된 신호의 각 RF 사이클이 변화하는 동안 화살표는 시계 반대 방향으로 360° 회전하게 된다. 이 경우 위상값들은 기준 신호에 대한 상대적 값으로 표현된다.

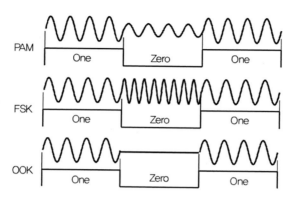

그림 5.11 디지털 정보는 펄스 진폭 변조, 주파수 편이 키잉 및 온오프 키잉을 포함한 몇 가지 변조방식으로 전송될 수 있다. 각각의 변조방식은 1과 0을 표현하기 위한 고유의 변조방법을 가지고 있다.

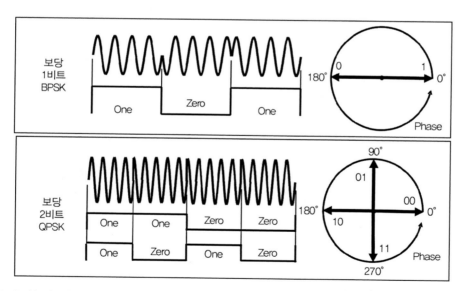

그림 5.12 전송 신호의 위상값을 이용하여 정보 전송을 할 수 있는 두 가지 형태의 디지털 변조방식을 보여준다. 이진 위상 편이 키잉은 보당 1비트씩이 할당되며 두 가지 위상상태가 존재한다. 직교 위상 편이 키잉은 보당 2비트씩이 할당되며 네 가지 위상상태가 존재한다.

5.4.2 비트 오류율

그림 5.13은 잡음이 포함된 신호를 나타내고 있다. 잡음 벡터는 통계적 분포에 기반한 진폭 및 위상 패턴 형태로 표현된다. 수신 신호는 송신 신호 벡터와 잡음 벡터의 합으로 표현된다. 따라서 신호와 잡음 벡터의 크기와 위상에 따라 원이 만들어지게 된다.

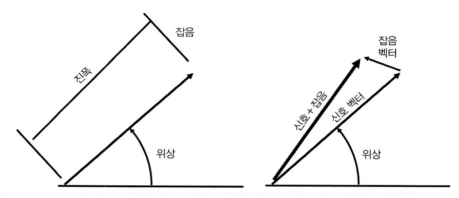

그림 5.13 수신 신호＋잡음은 신호 벡터와 통계적 분포를 갖는 잡음 벡터에 의해 결정된다. 수신 신호는 송신 신호 벡터와 잡음 벡터의 합으로 표현된다.

그림 5.14는 잡음이 포함된 신호가 수신될 때 수신기에서 나타나는 0 또는 1 조건과 임계치 관계를 보여준다. 여기서 가로축은 변조정보(진폭, 주파수 또는 위상)를 나타낸다. 세로축은 잡음이 포함되어 임의의 변조방식으로 수신되는 신호가 존재할 확률을 나타낸다. 변조방식을 나타내는 가로축은 FSK 변조의 경우 주파수, PAM 변조의 경우 진폭 및 PSK 변조의 경우 위상이 된다. 가우시안 잡음분포를 갖는 경우, 수신 신호(예를 들면 0)의 변조 값은 0이 전송된 값을 중심으로 가우시안 형태의 확률분포를 갖게 된다. 마찬가지로 1이 전송된 경우, 임의의 변조에 해당하는 수신 주파수가 나타날 확률이 1값을 중심으로 가우시안 형태로 분포한다. 여기에는 0 또는 1을 결정하기 위한 임계치가 존재한다. 수신된 신호가 임계치의 왼쪽에 있으면 0이 출력된다. 또한 임계치의 오른쪽에 있으면 1이 출력된다. 두 가우시안 커브 아래쪽의 음영 영역은 오류가 발생한 비트를 나타낸다. 사전검출 단계에서의 SNR 값이 클수록 가우시안 커브의 폭은 작아진다. 비트 오류율은 부정확하게 수신된 비트 수를 수신된 총 비트 수로 나눈 값이다. 이는 사전검출 SNR에 반비례한다. 두 개 커브 아래쪽에 있는 비트 오류 영역은 사전검출 SNR이 더 클수록 더 작아진다. 왜냐하면 SNR이 커지면 가우시안 커브는 잡음의 영향이 없는 1과 0 값 주위로 좁혀지기 때문이다.

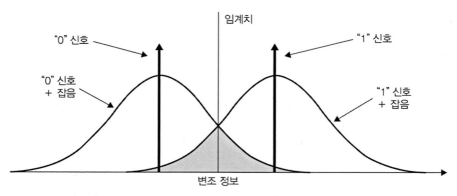

그림 5.14 수신기는 잡음이 포함된 수신 신호를 1 또는 0으로 판단하기 위한 변조정보(진폭, 주파수 또는 위상)상의 임계치를 갖는다.

E_b/N_0에 따른 비트 오류율 그래프는 그림 5.15와 같다. E_b/N_0 값은 비트율(비트/초) 대 대역폭(Hz) 비율에 따라 설정된 사전검출 SNR 값이다. 각각의 변조방식에 대하여 그림 의 그래프는 다른 커브 형태를 갖게 될 것이다. 파형이 깨끗할수록 커브는 왼쪽으로 이동 하게 된다. 그림에서 볼 때, 11dB의 E_b/N_0 값은 10^{-3} 수준의 비트 오류율을 발생시킨다(즉, 1,000개의 수신비트 중 한 개의 오류 발생).

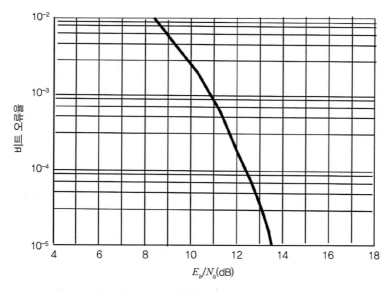

그림 5.15 수신 신호의 비트 오류율은 E_b/N_0와 반비례 함수관계를 갖는다.

그림 5.16은 주어진 임의의 변조값에서 수신 신호가 나타날 확률을 보여준다. 수신 신호 상의 잡음으로 인해 0 또는 1 임계치의 경계를 넘어서면 비트 오류가 발생한다. 그림 5.16

의 실선 커브는 그림 5.14에서 보여준 커브와 같은 형태이다. 다음으로 SNR이 증가하면 다이어그램상에 어떤 변화가 일어나는지 살펴보자. SNR 증가 시 다이어그램은 대시선과 같이 변화하게 된다. 대시선의 경우 변조값에 매우 근사한 값이며, 임계치 대비 오류가 발생하는 두 커브의 아래쪽 영역이 상당히 줄어든 상태로 잡음을 포함한 신호가 수신된다. 따라서 비트 오류율이 감소한다.

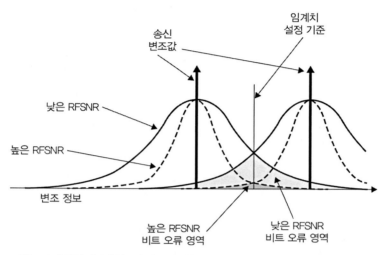

그림 5.16 수신된 디지털 신호의 신호 대 잡음비가 증가함에 따라 비트 오류율이 감소한다.

5.4.3 m차 PSK

그림 5.17은 보당 더 많은 비트를 전송할 수 있는 디지털 파형을 보여준다. 이것을 m차 위상 편이 키잉 신호라 부르며, 그림의 경우 16개의 위상상태를 가지므로 m은 16이 된다. 그림에서 방사 모양의 벡터는 각 전송 신호(잡음 미포함)의 위상 벡터들을 나타낸다. 또한 보당 4비트의 위상정보로 표현됨을 알 수 있다. 보당 4비트로 전송되므로 변조 효율성이 매우 높아진다. 따라서 요구되는 대역폭은 5.4.1절에서 논의된 변조 중 하나를 사용하여 주어진 전송률로 전송할 경우의 1/4이면 충분하다. 그림과 같은 16차 PSK가 BPSK와 동일한 비트 오류율을 갖기 위해서는 사전검출 SNR이 약 7.5dB 이상 커져야 한다. 이는 수신 신호에 포함된 위상 잡음이 그림 5.13과 같이 신호 및 잡음 벡터 각각에 대해 송신 신호 위상과 차이를 발생시키기 때문이다. 주어진 위상각에 서로 근접할수록 잡음에 대한 취약성이 커진다. 따라서 원하는 비트 오류율 기준을 만족시킬 수 있는 충분한 SNR을 확보하여야 한다.

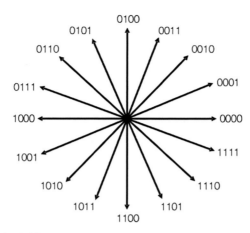

그림 5.17 m차 위상 편이 키잉 변조방식은 m개의 위상상태를 갖는다. 그림의 경우는 16개의 위상상태와 그에 따른 4비트의 위상 정보값을 갖는 경우이다.

5.4.4 I&Q 변조

그림 5.18은 I&Q 변조를 나타낸 것이다. I&Q는 동위상인지 직교위상인지를 나타내는데, 각 전송 보별로 신호 벡터의 위치(I 및 Q 공간에서)에 따라 I 또는 Q 구분이 가능하기 때문에 어떤 변조방식인지도 알 수 있다. 그림에 표현된 16개 각각의 상태는 반송파의 진폭 및 위상으로 정의되는 송신 신호 상태를 나타낸다. 이 경우 16개의 상태를 갖기 때문에 각각은 4비트로 표현 가능하다. m차 PSK 대비 I&Q 변조의 장점은 공간상의 벡터분포를 더 광범위하게 분리시킬 수 있어 수신 신호에 포함된 잡음으로 인한 비트 오류의 발생을 줄여준다는 것이다.

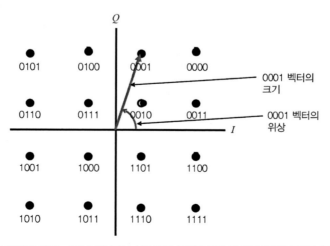

그림 5.18 I&Q 변조는 4비트 정보로서 서로 다른 16개의 진폭 및 위상상태를 표현하게 된다.

5.4.5 다양한 변조방식별 E_b/N_0 대 BER

그림 5.19는 세 가지 변조 유형에 대한 E_b/N_0 대 비트 오류율을 직접 비교한 것이다. 왼쪽 커브는 전송된 각 보당 1비트의 데이터를 전송하는 변조방식을 나타낸 것이다. 가운데 커브는 1과 0 변조값 사이의 변화에 특별한 효율성을 가지며, 오른쪽 커브는 전송된 보당 여러 비트를 전달하는 변조방식에 해당된다. 세 개 커브의 형태는 같지만 수평적으로 오프셋이 존재한다. 이러한 각 변조방식별로 정보 전송에 필요한 대역폭도 변화한다는 점이 중요하다. 왼쪽 커브는 주파수 효율성이 가장 낮고 오른쪽 커브는 주파수 효율성이 가장 좋다.

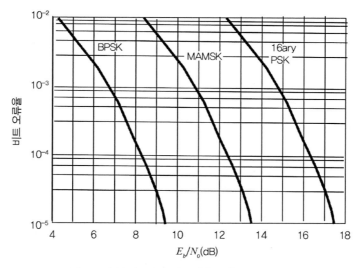

그림 5.19 수신 신호의 비트 오류율은 E_b/N_0에 반비례한다.

5.4.6 효율적인 비트 천이 변조

그림 5.20은 주파수 효율성이 우수한 두 가지 변조 형태를 나타내고 있다. 위쪽 커브는 사인파 경로를 따라 1과 0이 나타나는 형태이다. 아래쪽 커브는 최소 편이 키잉 minimum shift keyed, MSK 변조를 보여준다. 이 변조방식은 0과 1 사이의 파형변화가 에너지 관점에서 가장 효율적인 방식이다. 주파수 효율성이 낮은 변조방식과 비교하여 최소 편이 키잉 변조방식이 갖는 널 사이 대역폭 및 3dB 대역폭 특성은 표 5.1에서 보는 바와 같다. 3dB 대역폭을 일반적인 전송 대역폭으로 보기 때문에, MSK의 경우 타 변조방식과 비교 시 4분의 3의 대역폭으로도 충분하다.

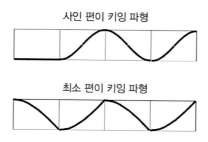

사인 편이 키잉 파형

최소 편이 키잉 파형

그림 5.20 0과 1 사이의 변화 시 개선된 파형을 사용하면 전송 대역폭을 줄일 수 있다.

표 5.1 디지털 신호 파형별 대역폭

파형	널과 널 사이 대역폭	3dB 대역폭
BPSK, QPSK, PAM	2×코드 클럭	0.88×코드 클럭
MSK	1.5×코드 클럭	0.66×코드 클럭

5.5 디지털 링크 사양

데이터 전송을 위한 디지털 데이터 링크는 적절한 링크 마진을 필요로 한다. 이러한 마진은 링크 간 거리, 시스템 이득 및 손실 등과 같이 계측 가능한 항목들로 표현되어야 한다. 또한 기상과 같은 통계적 요소도 포함하게 된다. 링크 가용도는 링크 마진에 따라 달라진다. 마진이 클수록 임의의 시간에 링크성능이 최대로 동작할 확률이 높아지게 된다.

앞에서 논의되지 않은 몇 가지 요소가 추가로 포함된 링크구조가 그림 5.21에 나타나 있다.

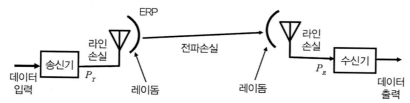

그림 5.21 데이터 링크 수신기의 수신 전력은 송신기와 수신기 사이에서 발생하는 모든 이득과 손실의 함수가 된다.

5.5.1 링크 사양

전반적인 디지털 링크에 대한 대표적인 사양은 표 5.2와 같다.

표 5.2 일반적인 링크 사양

사양	정의
최대 거리	링크의 최대 운용 거리
데이터율	전송 가능한 데이터 비트율 또는 심벌률
비트 오류율	부정확하게 수신된 비트 비율
각도 추적률	송신 또는 수신 안테나의 최대 각도 추적률 및 각 가속도
기상	링크 사양을 변화시킬 수 있을 정도의 강우 조건
항재밍 능력	링크가 최대 성능을 발휘할 수 있는 조건하의 재밍 대 신호비(JSR)
항스푸핑 능력	허위 데이터 주입에 대응하기 위한 인증대책 구비 능력

5.5.2 링크 마진

링크 마진이란 수신감도 이상의 신호 세기로 수신되는 전력의 양을 말한다.

$$M = P_R - S$$

여기서 M은 링크 마진(dB), P_R은 수신기 입력단의 신호 세기(dBm), S는 수신 안테나 출력단에서의 수신감도(dBm)로서 케이블 손실을 포함한 것이다.

수신 전력은 ERP, 전파전달 손실 및 수신 안테나 이득 등의 함수로 표현된다.

$$P_R = ERP - L + G_R$$

여기서 ERP는 송신 안테나의 유효 복사 전력 effective radiated power (dBm)으로서, 송신 안테나의 지향성 오차에 의한 이득 감소 및 레이돔 손실 등의 영향도 받게 된다. L은 송수신 안테나 사이의 전파 손실로서 전파가시선 line of sight, LOS 상 또는 반사파에 의한 전파 전송 손실, 회절 손실, 대기 손실 및 강우 손실(모두 dB) 등을 포함한다. G_R은 수신 안테나의 이득으로서, 레이돔 손실과 지향성 오차로 인한 안테나 이득 감소를 포함한다.

동적 운용환경에서 시스템의 일반적 성능을 예측하기 위한 세 가지 중요한 전파 손실 모델에 대해서는 6장에서 다루고자 한다.

그림 5.22는 송신 안테나가 가질 수 있는 지향성 오차를 보여준다. 수신 안테나가 송신기 방향으로 지향되지 않을 경우에도 같은 현상이 나타난다. 앞서 재밍 상황하의 신호포착과 관련된 전파환경 등을 다루면서 송수신 안테나 상호 간의 지향성 및 이득에 관하여 다룬 바 있다. 이러한 안테나 이득은 재밍과 신호포착 등에 관련된 계산식에 적용됐다. 앞에서는 레이다의 측엽을 통한 수신과 비교하여 주 빔 내 또는 주 빔 밖에서 수신되는 재밍이나 신호포착 등에 관한 일반적인 문제를 다루었다. 여기서는 링크 안테나의 주 로브 내에 위치하면서 안테나 조준선으로부터 각도가 약간 벗어난 경우를 다룬 것이다. 조준선에서 벗어남에 따른 이득 감소는 어느 정도 정확하게 계산할 수 있지만 일반적으로 제조사의 안테나 이득 패턴을 이용하는 것이 현실적이며, 조준선에서 벗어나 최대의 지향오차가 나타날 수 있는 각도 조건에서의 이득 감소량 정보가 제공된다.

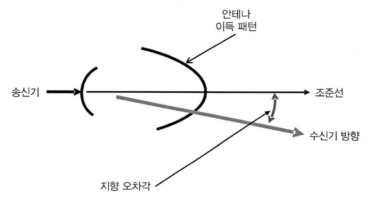

그림 5.22 수신기 방향의 송신 안테나 이득은 안테나 조준선 이득이 아니고 조준선과 실제 수신기 위치와의 각도 차에 따라 감소되어 나타난다.

5.5.3 감도

6장에서 다루게 되는 시스템의 수신 감도는 다음과 같이 표현된다.

$$S(\text{dBm}) = kTB(\text{dBm}) + NF(\text{dB}) + \text{RFSNR}(\text{dB})$$

여기서 kTB는 수신기 입력단이 고유하게 갖게 되는 내부 열잡음이다.

대기 중에서의 일반적인 kTB 값은 $-114\text{dBm} + 10\log(\text{대역폭}/1\text{MHz})$이다. 이때 온도조건은 상온인 290K가 적용된다.

시스템 잡음지수인 NF는 kTB와 무관한 수신기 자체 잡음 발생 요소로서 수신기 입력 단에서부터 고려되어야 한다.

RFSNR이란 사전검출predetection SNR을 말한다. 일부 문헌에서는 출력 SNR과 구별하기 위해 이것을 반송파 대 잡음비carrier to noise ratio, CNR 라고 부르기도 한다. 계산에 사용된 신호 전력은 반송파 전력만이 아니라 사전검출 신호의 총 전력을 나타내므로 EW101 시리즈에서는 RFSNR이란 표현을 사용한 것이다.

디지털 링크에서 RFSNR은 그림 5.23과 같이 E_b/N_0의 비율로 표현되는 비트 오류율과 관련이 있다. 그림에서 보듯이 두 가지 대표적인 커브 형태로 나타난다. 그러나 특정 링크에 대한 실제 커브는 데이터 전송에 적용되는 디지털 변조방식에 의해 결정된다.

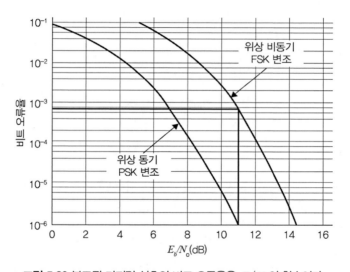

그림 5.23 복조된 디지털 신호의 비트 오류율은 E_b/N_0의 함수이다.

5.5.4 RFSNR에 따른 E_b/N_0

E_b/N_0는 비트당 에너지를 잡음밀도로 나눈 값이다(즉, 잡음 등가 대역폭 내의 헤르츠 당 잡음).

$$E_b = S/R_b$$

여기서 S는 수신 신호 전력(그림 5.21의 P_R)이고 R_b는 비트 전송률(비트/초)이다. 이는 전송된 모든 비트보다는 데이터 비트에만 관련됨에 주의해야 한다(즉, 동기화 및 오류 정정 비트 미포함).

$$N_0 = N/B$$

여기서 N은 수신기에서의 잡음(즉, $kTB +$ 잡음지수)이고, B는 심볼률 값으로 근사화될 수 있는 잡음 등가 대역폭이다.

E_b/N_0와 RFSNR의 관계는 다음 식과 같다.

$$E_b/N_0 = SB/NR_b$$

이것을 dB 형식으로 표현하면 다음과 같다.

$$E_b/N_0(\text{dB}) = \text{RFSNR(dB)} + [B/R_b](\text{dB})$$

5.5.5 최대 거리

최대 거리는 수신 감도와 운용 마진을 합한 만큼의 신호 세기로 수신될 때의 거리를 말한다. 운용 마진과 최대 거리는 상호 절충이 필요한 요소이며, 기상과 관련된 손실 조건은 아직 고려되지 않았다. 최대 거리 계산에는 5.5.2절에 제시된 수신 전력 공식을 적용한다. 그런 다음 적절한 전파 모델을 사용하여 손실요소(L)까지를 고려하여야 한다. 대부분의 데이터 링크에서 수신 전력 계산에는 전파가시선 모델이 사용된다.

$$P_R = ERP - 32 - 20\log(d) - 20\log(F) + G_R$$

여기서 P_R은 수신 신호 세기(dBm), d는 링크 거리(km), F는 운용 주파수(MHz), G_R은 수신 안테나 이득(dB)이다.

ERP와 G_R 값은 안테나 지향 오차 손실에 비례하여 감소된다. P_R은 감도 S(dBm)에 필요한 링크 마진 M(dB)을 합한 값으로 설정된다.

위의 방정식은 다음과 같이 표현된다.

$$S + M = ERP - 32 - 20\log(d) - 20\log(F) + G_R$$

앞의 식을 이용한 거리 계산식은 다음과 같다.

$$20\log(d) = ERP - 32 - 20\log(F) + G_R - S - M$$

최대 거리(km)는 20log(d)로부터 다음과 같이 구해진다.

$$d = \text{antilog}\{[20\log(d)]/20\} \ \text{또는} \ 10^{\{[20\log(d)]/20\}}$$

5.5.6 최소 링크 거리

최소 링크 거리도 고려해야 할 요소이다. 최소 링크 거리는 수신 시스템의 동적 범위와 각도 추적률에 따라 달라진다. 동적 범위란 수신기가 포화되지 않고 정상동작 가능한 수신 전력 범위를 말한다. 6장에서는 EW 및 정찰 시스템에 적용되는 동적 범위에 대해 다룰 것이다. 이러한 시스템들은 강한 간섭 신호가 있을 때에도 약한 신호를 수신할 수 있는 넓은 순시 동적 범위를 가져야 하며, 일반적으로 자동 이득 제어 automatic gain control, AGC 기능은 포함되지 않는다. 그러나 데이터 링크 수신기는 원하는 데이터 신호수신에 적합하도록 설계되므로, 광범위한 수신 신호 세기에 대해 동작할 수 있는 AGC 기능을 사용할 수도 있다. 링크 각도 추적률은 5.5.9절에서 논의된다.

5.5.7 데이터율

데이터율이란 링크를 통해 전달 가능한 초당 데이터 비트 수를 말한다. 실제로는 그림 5.24와 같이 동기화, 어드레스 및 패리티 또는 오류 정정 비트 등이 포함되므로 데이터율이 초당 총 전송 비트 수를 나타내는 것은 아니다. 데이터율은 대역폭에 따라 달라진다. 일반적인 전송 대역폭은 그림 5.25에서 보듯이 디지털 스펙트럼상의 3dB 대역폭을 말한다. 이것을 5.5.3절에서 다루었던 감도와 관련지어 보면, 대역폭은 kTB에서 B에 해당된다.

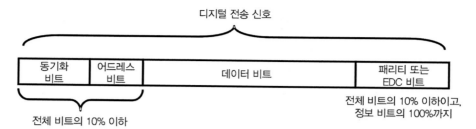

그림 5.24 디지털 신호는 동기화, 어드레스, 실제 정보에 해당하는 데이터 비트와 패리티 또는 EDC 비트 등이 포함된다.

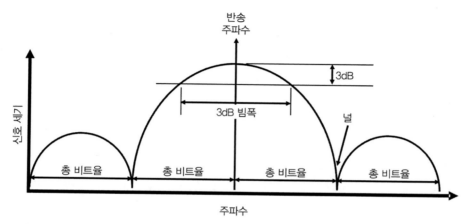

그림 5.25 일반적으로 디지털 신호에 대한 전송 대역폭은 전체 디지털 신호 스펙트럼상의 3dB 대역폭을 말한다.

5.5.8 비트 오류율

비트 오류율은 전송된 총 비트 중에서 오류가 발생한 비트가 차지하는 비율을 말한다. 5.4.2절에서 E_b/N_0의 정의에 대해 다룬 바 있다. 앞에서 정의했던 사전 검출 SNR ^{RFSNR}은 감도 계산에 적용된다.

5.5.9 각도 추적률

링크 각도 추적률 사양은 링크의 기하학적 구조와 밀접한 관련이 있다. 링크의 한쪽 또는 양쪽이 이동하는 플랫폼이고 좁은 빔 안테나를 사용할 경우, 그림 5.26에서 보듯이 안테나 장착 페디스털은 최단거리에서 최대 조우가 가능하도록 링크 대상 터미널을 추적할 수 있어야 한다. 이 그림은 고정형 링크 송신기와 이동형 링크 수신기가 있는 경우이다. 반대로 고정형 수신기와 이동형 송신기의 경우도 있을 수 있고, 송수신기가 모두 이동형일 수도 있다.

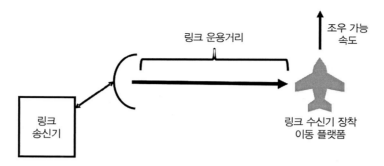

그림 5.26 링크에서 요구되는 각도 추적률은 링크 대상 터미널과의 최대 조우 가능 속도 및 최소 운용 거리의 함수가 된다.

5.5.10 링크 대역폭 및 안테나 형태에 따른 추적률

이동 플랫폼 간의 링크를 설계할 때 고려해야 할 중요한 요소 중의 하나가 좁은 빔 안테나의 사양이라고 할 수 있다. 데이터 전송률에 따라 필요한 전송 대역폭이 결정되고 수신 감도는 대역폭에 반비례하기 때문에, 광대역 링크의 경우 송신 또는 수신(또는 양쪽 모두)부에 고이득 안테나를 사용하여 원하는 링크 성능을 달성하기도 한다. 안테나 이득이 증가하면 빔폭이 줄어들어 높은 안테나 지향 정확도가 요구된다.

일반적으로 저속 데이터 링크는 이동 플랫폼에 간단한 다이폴 형태의 안테나를 사용하고 고정 터미널에는 상대적으로 넓은 빔 안테나를 사용하여 구현할 수 있다. 이러한 방법을 사용하면 안테나 지향성 문제를 최소화시킬 수 있다. 그러나 광대역 링크에서는 양쪽 모두 지향성 안테나가 필요할 수 있다. 이때는 안테나 지향 정확도가 중요한 문제가 될 수 있다.

5.5.11 기상 고려사항

먼저 대기 감쇠에 대하여 고려해보자. 그림 5.27은 주파수의 함수로서 킬로미터당 대기 감쇠량을 나타낸 것이다. 그림에는 두 개의 커브가 나타나 있다. 한 개의 커브는 표준 대기 조건에 대한 것이다. 이 커브는 공기 1입방미터당 7.5그램의 수분 함량을 갖는 습도 조건을 가정한 것이다. 다른 커브는 건조 대기 조건(즉, 입방미터당 수분이 0g)에 대한 것이다. 매우 건조한 공기 조건의 경우, 저주파수에서 나타나는 손실은 표준 공기 조건에서보다 훨씬 적게 나타난다. 그래프 사용법은 두 개의 커브 중 하나를 선정한 후 해당 주파수가 갖는 킬로미터당 손실값을 찾으면 된다. 대기에 의한 링크 손실값은 여기서 찾은 값에 최대 운용 거리를 곱한 값이 된다.

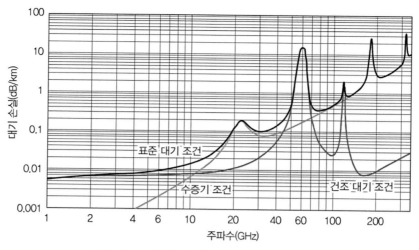

그림 5.27 대기 감쇠는 주파수와 습도의 함수로 표현된다.

지상 또는 플랫폼에서 위성과 링크를 한다면 그림 5.28을 적용한다. 이 그림은 위성과 이루는 몇 가지 앙각 조건별로 대기층이 갖는 투과 손실 커브를 나타낸 것이다. 이제 강우 조건을 고려해보자.

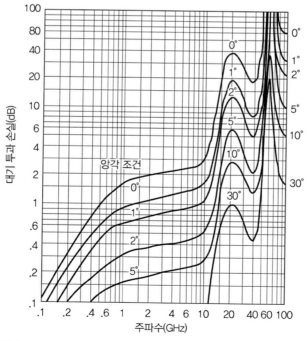

그림 5.28 위성과 지상 간 링크에서의 대기 손실은 주파수 및 위성과 이루는 앙각의 함수로 표현된다.

그림 5.29는 다양한 강우량 조건에 대한 킬로미터당 손실 그래프를 보여준다. 운용 주파수를 대상으로 강우 조건에 맞는 적절한 커브를 선정한다. 그다음 해당 강우조건 커브에서 킬로미터당 손실값을 찾는다.

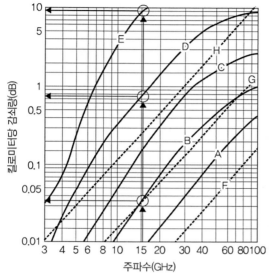

강우조건	A	0.25밀리/시간	0.01인치/시간	이슬비
	B	1.0밀리/시간	0.04인치/시간	가랑비
	C	4.0밀리/시간	0.16인치/시간	적당량의 비
	D	16밀리/시간	0.64인치/시간	폭우
	E	100밀리/시간	4.0인치/시간	강한 폭우

안개조건	F	0.032그램/m³	가시거리 600미터 이상
	G	0.32그램/m³	가시거리 약 120미터
	H	2.3그램/m³	가시거리 약 30미터

그림 5.29 강우 손실은 주파수와 강우량의 함수로 나타난다.

링크에 대한 강우 손실 마진을 설정할 때, 강우조건이 어떨지를 예측해야 하는 문제가 여전히 남게 된다. 일반적인 접근방법은 링크 가용도 사양을 이용해 예측하는 것이다. 예를 들어 링크 사용 가능시간 기준으로 99.9% 사용 가능, 즉 사용 불가능 비율 0.1%(하루에 1.44분)로 가용도 조건을 정할 수 있다. 지구상의 임의의 지역에서 시간당 얼마의 강우량이 나타날지를 예측할 수 있는 데이터는 쉽게 구할 수 있다. 시간당 20mm 정도의 강우량이 나타날 확률은 일반적으로 전체 시간 대비 0.1% 수준이다. 링크 운용을 위해 특정지역에 이 데이터를 적용할 경우, 그림 5.29에서 D 커브(또는 약간 위쪽)를 사용하면 된다. 킬로미터당 손실은 여기에 실제의 최대 링크 거리를 곱해서 계산한다.

위성과의 링크인 경우, 터미널이나 지상에서부터 0℃ 온도 조건을 가질 것으로 예상되는 고도까지의 거리를 계산해야 한다. 이러한 고도 조건에 관한 표나 그래프는 쉽게 구할 수 있다. 99.9%의 링크 운용 가용도 보장을 위한 0℃ 등온선 분포 고도는 위도 25° 이하인 경우 5km 정도이고 위도 70°인 경우 1km까지 낮아진다. 강우 조건에서의 경로 거리는 다음 식에 의해 계산된다.

$$D_{RAIN} = \Delta E1 / \sin(E)$$

여기서 D_{RAIN}은 강우 감쇄가 적용되는 경로 거리이고, $\Delta E1$은 지상 플랫폼과 0℃ 등온선 사이의 고도차이며 E는 지상 플랫폼과 위성이 이루는 앙각이다.

최종 감쇄량은 D_{RAIN} 값을 계산한 후 그림 5.29로부터 찾아낸 킬로미터당 강우 감쇄량을 곱하여 계산한다.

5.5.12 안티 스푸핑 보호

적의 허위 정보가 데이터 링크에 주입되는 것을 방지하는 것은 매우 중요하다. 이 문제에 대한 일반적인 해결책은 인증방법을 사용하는 것이다. 가장 단순한 음성 링크조차도 네트워크에 접속하기 위해 암호를 사용해야 한다. 이러한 방법은 디지털 링크에 수동으로 접속하는 경우에도 적용된다. 다중 접속자가 있는 디지털 네트워크의 경우 이와 동일한 방식을 사용할 수 있다. 그러나 적이 암호를 알아낼 경우 큰 위험요소가 될 수 있다.

매우 보편적이며 효과적인 인증방법의 하나가 암호화이다. 높은 수준의 암호화가 사용된다면, 네트워크에 적이 전혀 침투하지 못할 것이다. 아울러 이러한 방법은 메시지 보안 측면에서도 중요한 역할을 할 수 있다.

5.6 항재밍 마진

재밍으로부터 데이터 링크를 보호하기 위한 방법은 다음과 같은 방법을 포함하여 다양하다.

- 송신 ERP 극대화
- 좁은 빔 안테나 사용
- 링크 송신기 이외의 방향에서 수신된 신호 제거
- 확산 스펙트럼 변조방식 사용
- 오류 정정 코드 사용

재밍 효과도는 재밍 대 신호비 jammer to signal ratio, J/S 로 측정된다. J/S가 높을수록(일반적으로 dB로 표시) 재밍이 더 효과적임을 나타낸다. ERP를 극대화하면 S가 증가하므로 J/S는 감소한다. 좁은 빔 안테나를 사용하면 재밍 신호는 주 빔보다 안테나 측엽으로 수신될 확률이 높아지게 되고, 이때 안테나의 주 빔은 당연히 송신기를 지향하게 되므로 측엽으로 들어오는 재밍 신호는 상대적으로 매우 적은 이득으로 수신될 것이다(즉 J 감소).

그림 5.30에서 보듯이 측엽 제거기는 측엽 방향의 이득이 더 큰 별도의 안테나가 추가적으로 사용된다. 링크용 안테나보다 이 측엽 제거 안테나로 더 강하게 수신되는 신호는 위상을 반전시켜 링크용 안테나로 수신된 원 신호와 합해줌으로써 재밍 신호를 상쇄(또는 상당히 감소)시키게 된다. 다른 방법으로는 특정 방향으로 다수의 널을 생성시킬 수 있는 위상 배열 안테나 기술로도 재밍 신호 감쇠 기능을 구현할 수 있다.

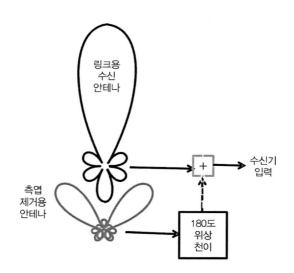

그림 5.30 재밍 신호 전력은 측엽 제거기에 의해 감소될 수 있다.

확산 스펙트럼 신호에 대하여 2장에서 다룬 바 있으며, 7장에서 보다 자세히 다룰 것이다. 다음의 3가지 기술(주파수 도약, 처프 및 직접 시퀀스 확산 스펙트럼) 각각은 정보 전달에 필요한 대역폭보다 훨씬 넓은 대역폭으로 신호를 (의사 랜덤하게) 주파수 확산시킬 수 있다. 수신기는 링크에서 수신된 의사 랜덤 확산 신호를 역과정으로 복구하여 신호 처리 이득을 높일 수 있다. 전송된 링크 신호는 이 이득에 따라 커지게 되지만 재밍 신호는 의사 랜덤 주파수 확산에 의한 이득이 발생하지 않기 때문에 신호가 커지지 않는다. 이때 재밍 신호는 상당한 감쇠를 가지고 역확산기를 통과하기 때문에 J/S가 감소하게 된다. 이 같은 처리 이득에 의해 발생되는 재밍 마진에 대한 계산식은 다음과 같다.

$$M_J = G_P - L_{SYS} - SNR_{RQD}$$

여기서 M_J는 재밍 마진(dB), G_P는 처리 이득(dB), L_{SYS}는 시스템 손실(dB)이며, 이 값들은 종종 0으로 설정된다. SNR_{RQD}는 정상동작을 위해 요구되는 SNR(즉, 재밍 신호보다 높은)이다.

5.7 링크 마진 세부사항

링크 마진이란 링크 연결에 필요한 수신기의 최소 신호 레벨과 링크상에서 실제 수신되는 신호 레벨 간의 차이를 말한다.

표 5.3은 링크 마진을 계산할 때 고려해야 할 항목들을 보여준다. 이 테이블은 참고문헌 [2]에 제시된 표를 비슷하게 인용한 것이다.

표 5.3 링크 버짓

입력단 링크 마진	링크 마진 소계	TSP & RSS	순수 링크 마진
+송신출력(NLM) TSP–RSS －송신기 손실 +송신 안테나 이득 －송신 레이돔 손실	유효 복사 전력(ERP) 왼쪽 열 항목들의 합계	총 수신 전력(TSP) 둘째 열 값들의 합계	순수 링크 마진(NLM) TSP–RSS
－경로 손실 －송신 안테나 지향오차 －강우 손실(0.999) －다중경로 손실 －대기 손실	총 경로 손실(TPL) 왼쪽 열 항목들의 합계		
－수신 레이돔 손실 +수신 안테나 이득 －수신 편파 손실 －수신기 손실 －수신 안테나 지향오차	총 수신기 이득(TRG) 왼쪽 열 항목들의 합계		
+수신기 잡음지수 +kTB +사전검출 SNR	수신감도(RSS) 왼쪽 열 항목들의 합계	둘째 열 값(RSS)	

이 표 내의 소계 항목들은 다음 두 수식과 관련이 있다.

$$RSP = ERP - TPL + TRG$$

여기서, RSP는 수신 전력 received signal power, ERP는 유효 복사 전력 effective radiated power, TPL은 전체 경로손실 total path loss 이며 TRG는 전체 수신기 이득 total receiver gain 이다.

$$NLM = RSP - RSS$$

여기서 NLM은 순수 링크 마진 net link margin, RSP는 수신 전력이며 RSS는 수신감도 receiver system sensitivity 이다.

5.8 안테나 정렬 손실

안테나 오정렬에 의한 손실을 링크 버짓 값으로 감안해주기 위한 가장 정확한 방법은 안테나 제조사의 이득 패턴을 이용하여 조준선 이득 대비 지향성 오차로 인한 이득 손실값을 찾아서 적용하는 것이다. 이것이 여전히 좋은 방법이기는 하지만, 이상적인 파라볼라 안테나의 지향성 오차에 따른 손실 계산 공식을 이용하는 방법도 매우 편리하다. 다음 식은 파장 및 안테나 직경을 이용하여 3dB 빔폭을 계산하는 식이다.

$$\alpha = 70\lambda/D$$

여기서 α는 3dB 빔폭(deg), λ는 파장(m), D는 안테나 직경(m)이다.
이때 파장 대신 운용 주파수를 이용하는 것이 보다 편리하다면 다음의 계산식을 사용한다.

$$\alpha = 21,000/DF$$

여기서 α는 3dB 빔폭(deg), F는 운용 주파수(MHz), D는 안테나 직경(m)이다.

각도 오차 및 3dB 빔폭(비교적 작은 오프셋 각에 대한)에 따른 이득 감소 계산식은 다음과 같다.

$$\Delta G = 12(\theta/\alpha)^2$$

여기서 ΔG는 안테나 오정렬로 인한 이득 감소(dB), θ는 안테나 지향성 정확도(deg), α는 3dB 빔폭(deg)이다.

주파수, 안테나 직경 및 안테나 지향성 정확도를 이용하여 dB 단위로 편리하게 이득을 계산하기 위한 공식은 다음과 같다.

$$\Delta G = -0.565 + 20\log(F) + 20\log(D) + \theta^2$$

여기서 ΔG는 안테나 오정렬로 인한 이득 감소(dB), θ는 안테나 지향성 정확도(deg), F는 운용 주파수(MHz), D는 안테나 직경(m)이다.

5.9 디지털화 영상

네트워크 중심전net centric warfare에서 중요한 사항은 획득된 영상을 이용하여 정보수집을 하고자 하는 운용자 또는 의사 결정자decision maker에게 영상을 성공적으로 전송하는 것이다. 영상은 전자기 스펙트럼상의 광범위한 주파수를 사용하여 전송될 수 있다. 가시광선visible light, 적외선infrared, IR 또는 자외선ultraviolet, UV.

영상 캡처에는 두 가지의 기본적인 방식이 있다. 한 가지 방법은 그림 5.31과 같이 래스터 스캔을 사용하여 특정지역을 탐색하는 방법이다. 이 방법은 단일 센서(IR, UV 또는 가시광선)나 센서 세트를 사용하여 관심영역 각도 범위를 탐색한다. 래스터 스캔을 사용할 경우, 원하는 영상의 해상도를 가질 수 있도록 수직적 스캔 간격이 촘촘해야 한다. 수평적 해상도는 센서가 데이터를 샘플링하는 각도 간격에 따라 결정된다.

아날로그 비디오를 샘플링할 경우, 각 캡처 영상 시작 부분에 프레임 동기화 펄스가 존재하고 래스터 패턴의 각 라인 시작 부분에 라인 동기화 펄스가 존재한다. 상업용 텔레비전(미국)의 경우 래스터당 575개의 라인과 라인당 575개의 샘플 데이터를 갖는다. 두 라인(교번)씩을 묶어서 초당 60회 전송한다. 이렇게 하면 초당 30장의 전체 영상을 캡처할 수 있다. 유럽의 경우에는 래스터당 625개의 라인과 라인당 625개의 샘플 데이터를 갖는다. 두 라인씩을 묶어서 초당 50회 전송하며 초당 25장의 전체 영상이 만들어진다. 사람의 눈이 초당 24회의 새로운 영상을 인식할 수 있기 때문에 두 경우 모두 완전한 동영상 비디오를 구현할 수 있다. 이러한 아날로그 비디오 신호를 풀 컬러로 전송 시 4MHz 미만의 대역폭으로도 충분하다. 디지털 비디오 신호는 스캔 센서의 출력을 디지털화하여 생성한다.

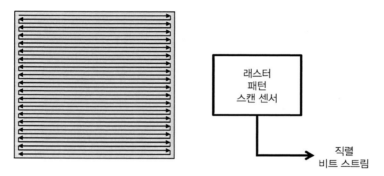

그림 5.31 래스터 스캔을 사용하는 경우, 픽셀 내에 있는 각 컬러의 밝기 강도가 직렬 비트 스트림 내의 디지털 데이터로 생성된다.

그림 5.32는 영상 데이터를 캡처하는 다른 방법을 보여준다. 이 경우 배열 내에 여러 개의 영상 센서가 존재한다. 각각의 센서는 영상 내의 한 픽셀씩을 캡처한다. 이러한 센서의 출력은 전송에 적합한 직렬 디지털 신호형태가 되도록 순차적으로 샘플링되고 디지털화된다.

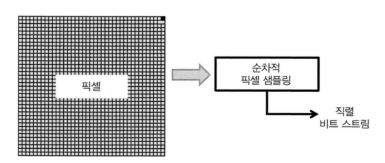

그림 5.32 영상 어레이 센서를 사용할 경우, 각 컬러의 밝기 강도가 픽셀 단위로 디지털화되고 마치 직렬 비트 스트림처럼 출력된다.

디지털 신호의 비트율은 다음 공식에 의해 결정된다.

$$\text{비트율} = \text{초당 프레임 수} \times \text{프레임당 픽셀 수} \times \text{픽셀당 비트 수}$$

풀 해상도의 표준 비디오 신호는 한 장의 영상이 720×486픽셀을 가지며, 각 픽셀은 16비트로 구성된다. 따라서 각 영상은 720×486×16비트를 갖는다.

미국에서는 초당 30프레임을 사용하므로 167,961,600비트/초의 비트율이 요구된다.

유럽에서는 초당 25프레임을 사용하므로 139,968,000비트/초의 비트율이 요구된다.

이러한 디지털 데이터 전송을 위해 신호 변조를 할 경우 아주 넓은 링크 대역폭이 필요할 수 있다. 이제는 데이터율을 줄이기 위한 다양한 방법에 대하여 살펴보자.

5.9.1 비디오 압축

요구 대역폭을 줄이기 위한 기본적인 방법에는 몇 가지가 있다. 한 가지 방법은 아날로그 비디오를 전송하는 것이다. 불행하게도 이 방법의 경우 아날로그 신호를 안전하게 암호화하는 것이 매우 어렵고 여러 번 전송이 필요한 장거리 전송 시 품질이 심하게 저하될 수 있다는 단점이 있다. 디지털 비디오를 사용할 경우, 다음과 같은 몇 가지 방법을 사용하여 데이터율(즉, 요구 대역폭)을 줄일 수 있다.

- 프레임 전송률 축소
- 데이터 밀도 축소(즉 해상도 축소)
- 탐색 영역의 각도 범위 축소(동일한 해상도 조건)
- 눈이 색차(컬러)의 두 배 해상도로 휘도(밝기)를 보게 된다는 점을 활용하므로 컬러당 8비트 해상도를 갖는 풀 컬러의 경우 픽셀당 16비트만 캡처하면 됨
- 디지털 데이터 압축 소프트웨어 사용

디지털 압축 기법으로서 세 가지 기본적 방법이 있다.

- **직접 코사인 변환 압축**direct cosine transform compression, DCT 은 캡처한 영상에 대해 8×8 섹션을 표현하기 위한 디지털 워드를 사용한다. 이것은 매우 성숙된 기술이다. 수신된 디지털 신호의 SNR이 저하될 경우 영상은 사각형 블록으로 변하게 된다. 한 개의 비트 오류가 64픽셀에 영향을 주고 때로는 전체 영상에 영향을 줄 수 있으므로 다중 프레임 재동기

화가 필요할 수 있다. 따라서 DCT 압축을 사용하는 시스템은 일반적으로 순방향 오류 정정 기능을 포함하여야 한다.

- **웨이블릿 압축** wavelet compression 은 연속적인 1 신호를 하나의 1로 처리하는 방법으로 영상에 일련의 고역통과필터를 적용하는 효과를 이용한다. 이러한 과정을 10번 또는 12번 반복하면 전체 영상에 대한 압축된 디지털 데이터가 생성된다. 이 방법을 사용하면 각 비트가 갖는 오류는 전체 영상을 약간 흐리게 하는 영향만 미치게 된다. 이는 일반적으로 순방향 오류 정정이 반드시 장점만 있는 것이 아니라는 것을 의미한다.
- **프랙탈 압축** fractal compression 은 영상을 기하학적 형상에 따라 나누고 각 형상별 밀도, 컬러 및 위치를 나타내는 디지털 비트 스트림을 생성하는 프로세스를 갖는다. 이 기술은 많은 저장 공간과 처리능력을 필요로 한다. 이 압축기법의 성능은 DCT 및 웨이블릿 압축기법의 성능과 유사하지만 확장성이 크다는 장점이 있다.

이러한 각각의 압축 기법들은 데이터 전송률을 감소시킴으로써 결국 링크 대역폭을 줄여주게 된다. 세 가지 기법 모두 비디오를 각각의 프레임 단위로 압축하게 되므로 디지털 데이터로부터 영상을 복구하는 과정에서 효율적인 편집과 분석을 가능케 한다. 압축률은 복구되는 비디오의 품질 요구수준에 따라 결정되지만 일반적으로 30%에서 50% 정도의 압축률이 적용된다.

- **시간적 압축** temporal compression 은 프레임과 프레임 사이의 중복 데이터를 제거하는 방식이다.

  이 압축 방식을 사용하면 매우 높은 압축률을 얻을 수 있다. 그러나 디지털 편집이 매우 어려워진다는 단점이 있다.

5.9.2 순방향 오류 정정

디지털 신호에 추가 비트를 적용하여 전송할 경우, 원하는 수준으로 비트 오류를 검출할 수 있고 수신기는 발생된 비트 오류를 정정할 수 있다. 추가되는 비트가 많아질수록 더 많은 비트 오류 정정이 가능해진다. 이러한 추가 비트 사용은 전송률을 증가시켜 요구되는 링크 대역폭이 늘어나게 된다.

5.10 코 드

코드는 현대전의 통신 및 EW 등에서 널리 사용되며 다음과 같은 기능을 포함한다.

- 암호화
- 주파수 도약 시퀀스
- 처프 신호에 대한 의사 랜덤 동기화
- 직접 시퀀스 처프 신호 발생

이러한 기법들이 적용될 경우, 생성된 코드는 랜덤한 분포를 갖는 것처럼 보인다. 또한 다음과 같은 특성을 갖는 최대 길이 이진 시퀀스가 포함된다.

- 시퀀스가 반복되기 이전의 2^n-1 비트, 여기서 n은 코드생성에 필요한 시프트 레지스터 수이다.
- 동기화 시, 코드 내의 모든 비트가 일치하여야 한다.
- 비동기화 시, 불일치 비트 수보다 작아야 하는 일치 비트 수의 값은 −1이다.

표 5.4는 코드가 반복되기 이전에 기본 코드를 발생시키기 위해 요구되는 시프트 레지스터 수를 코드 길이별로 나타냈다. 코드의 보안성은 코드의 길이에 따라 달라진다. 군용 시스템이나 군 관련 장비의 경우 경험적으로 볼 때 보안성 강화를 위해 동일한 코드를 2년 동안 반복 사용하지는 않는다.

표 5.4 코드 길이에 따른 시프트 레지스터 개수

레지스터 수	코드 길이
3	7
4	13
5	63
6	127
7	255
31	2,147,483,647

그림 5.33은 선형 7자리 바커 코드 barker code 인 1110100을 발생시키기 위한 시프트 레지스터 구조를 보여준다. 이것은 3개의 시프트 레지스터와 모듈형 가산기 modulo 2 adder 가 포함된 피드백 루프로 구성된다. 원하는 조건에 따라 더 많은 피드백 루프를 사용할 수 있다. 모든 피드백 루프 내에 이진 가산기 binary adder 를 사용한다면 선형코드가 만들어지게 되며 보안성이 문제가 되지 않는 경우에만 적용 가능하다.

비선형 코드 생성을 위한 피드백 루프는 디지털 AND 게이트, OR 게이트 등과 같은 부품으로 구현된다. 이것들은 보안성이 중요할 때 사용된다.

동작이 시작되면 그림 5.33에 보이는 모든 시프트 레지스터가 1 상태가 된다. 그림 5.34는 각 클럭 사이클이 변화함에 따른 시프트 레지스터들의 상태를 보여준다. 코드는 7사이클 경과 후부터 반복된다. 매 클럭 사이클 후에 레지스터 3의 상태는 레지스터 2로 이동되고, 레지스터 1 및 3의 이진 합은 레지스터 3으로 입력된다. 이 과정에서 데이터 전달은 일어나지 않게 되는데, 1+1=0이 되므로 1은 다음 레지스터로 전달되지 않는다.

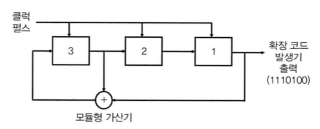

그림 5.33 3개의 시프트 레지스터를 사용하는 코드 발생기는 7비트 코드 시퀀스를 발생시킬 수 있다.

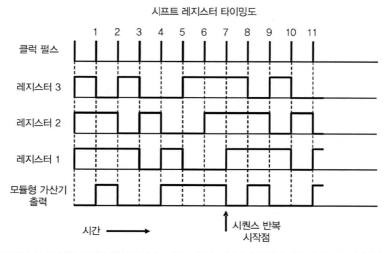

그림 5.34 각 클럭 사이클에서 각 레지스터와 모듈형 가산기의 상태가 다음 레지스터로 전달된다.

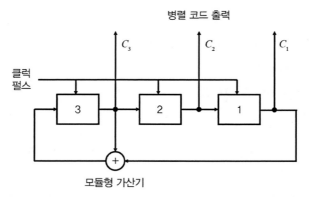

병렬 코드 출력

C_3　　　　C_2　　　　C_1

클럭
펄스

3　　　2　　　1

＋

모듈형 가산기

그림 5.35 각 클럭 사이클에서 나타나는 3개 레지스터들의 상태에 따라 의사 랜덤한 8진수 숫자가 연속적으로 생성된다.

이제 3개 레지스터 각각의 상태를 보여주는 그림 5.36을 고려해보자. 이 3비트 데이터는 8진수 숫자를 생성할 수 있다. 이 표의 오른쪽 열에 있는 첫 번째 7개의 클럭 사이클(레지스터 1의 출력에서 1110100 코드가 발생됨)은 1과 7 사이 임의의 숫자 시퀀스를 갖는 8진수 숫자로 나타난다. 이 8진수 코드는 도약 주파수 합성기 내의 카운트다운 값을 설정하는 데 사용할 수 있다. 이것은 도약 주파수를 의사 랜덤하게 선택할 수 있도록 해준다.

호핑 시간	이진 코드			주파수 스텝
	C_3	C_2	C_1	
1	1	1	1	7
2	0	1	1	3
3	1	0	1	5
4	0	1	0	2
5	0	0	1	1
6	1	0	0	4
7	1	1	0	6
8	1	1	1	7
.				.
.		코드 반복		.
.				.

그림 5.36 이 표의 오른쪽 열(주파수 스텝)은 중간 열에 보이는 8진수 코드에 따라 정해진 1과 7 사이의 값을 갖는 의사 랜덤 시퀀스를 나타낸다.

참고문헌

[1]   Dixon, R., *Spread Spectrum Systems with Commercial Applications*, New York: Wiley-Interscience, 1994.

[2]   Seybold, J., *Introduction to RF Propagation*, New York: Wiley, 1958.

6장

기존 통신 위협

6장

기존 통신 위협

6.1 서 론

이 장에서는 전파 전파radio propagation 의 기초와 그것이 통신 전자전에 어떻게 적용되는지에 관해 주로 논할 것이다. 이 장에서 다루는 기초 내용은 이 책의 다른 곳에서도 많이 참조된다.

이 장에서 다루는 다른 내용은 감청, 에미터 위치 파악 및 정상적인 통신 신호에 대한 재밍과 관련된다. 동일한 전자전 기술이 더 복잡한 신호에 대해서도 작동하는데, 주로 저피탐 확률 신호이며 7장에서 다뤄질 것이다.

6.2 통신 전자전

전자전은 아군에게는 전자기 스펙트럼의 이점을 유지하면서도 적에게 전자기 스펙트럼의 이점을 허락하지 않는 과학기술이다. 원래는 전 스펙트럼을 의미하지만, 본 시리즈에서는 전술 통신에 가장 많이 사용되는 스펙트럼 부분에 초점을 둘 것이다. 이 책에서는 전술 통신을 단순한 점대점 전파 통신이 아니라 기지국과 군사 자산 간의 명령 및 데이터 링크,

다수의 수신기를 향한 브로드캐스트 전송 그리고 무기의 원격 폭파를 포함하는 것으로 본다.

우선 초단파VHF, 극초단파UHF 그리고 저주파 마이크로웨이브 대역에서의 전파 전파에 대해 간단히 복습하고, 이러한 대역에서의 전자 지원ES, 전자 공격EA, 전자 보호EP 에 대한 이론과 예제를 다룰 것이다.

6.3 단방향 링크

레이다에 대한 전자전과 통신에 대한 전자전 간의 가장 큰 차이는 레이다가 보통 양방향 링크를 사용한다는 것이다. 즉 송신된 신호가 표적으로부터 반사되어 돌아오므로 송신기와 수신기가 (항상은 아니지만) 일반적으로 같은 위치에 있다는 것이다. 통신에서는 송신기와 수신기가 다른 위치에 있다. 어떠한 유형이든 통신 시스템의 목적은 정보를 한 위치에서 다른 위치로 전달하는 것이다. 그러므로 통신은 그림 6.1에서 보이는 것처럼 단방향 통신 링크를 사용한다.

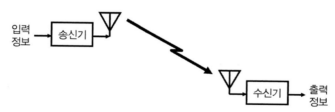

그림 6.1 송신기, 수신기, 두 개의 안테나 그리고 두 안테나 사이에 일어나는 모든 것을 포함하는 단방향 통신 링크

단방향 링크는 송신기, 수신기, 송신 및 수신 안테나들 그리고 이들 두 안테나 사이에서 신호에 일어나는 모든 것을 포함한다. 그림 6.2는 단방향 링크 방정식을 나타내는 다이어그램이다. 가로축은 실제 스케일이 아니라 단순히 신호가 링크를 지나면서 신호 레벨에 어떠한 변화가 생기는지를 보인다. 세로축은 링크상의 각 지점에서의 신호 세기를 (dBm 단위로) 보인다. 송신 전력은 송신 안테나에 입력된 전력이다. 안테나 이득은 양수로 나타나 있으나, 실제로는 (dB 단위로) 양수 또는 음수 값을 가질 수 있다. 여기 보이는 안테나 이득은 수신 안테나 방향의 이득이라는 것도 말해두는 것이 중요하다. 송신 안테나의 출력은 dBm 단위로 주어진 유효 방사 출력effective radiated power, ERP 이라 부른다. 실제로는 dBm

단위를 사용하는 것은 올바르지 않다. 실제로 이 지점에서의 신호는 전력밀도로서 미터당 마이크로볼트로 나타내는 것이 올바르다. 그러나 이론적인 이상적 등방성 안테나를 (근역장 이슈를 무시하고) 송신 안테나 바로 앞에 둘 수 있다면, 등방성 안테나의 출력은 dBm 단위로 나타내는 신호 강도가 될 것이다. 이러한 이상적 안테나를 가정하는 기법을 사용하여 전체 링크에서의 신호 강도를 단위변환 없이 dBm 단위로만 말할 수 있고, 이는 일반적으로 받아들여지는 방식이다. dBm 단위의 신호 강도와 미터당 마이크로볼트 단위의 장 밀도 간의 변환 공식은 다음과 같다.

$$P = -77 + 20\log(E) - 20\log(F)$$

여기서 P는 안테나에 도달하는 dBm 단위의 신호 강도이고 E는 도달된 미터당 마이크로볼트 단위의 장 밀도 그리고 F는 MHz 단위의 주파수이다.

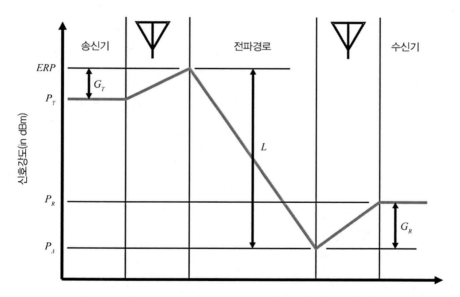

그림 6.2 단방향 링크 방정식은 다른 링크 인자의 함수로 수신 전력을 계산한다.

역으로 도달하는 신호 강도는 다음 공식에 의해 장 밀도로 변환될 수 있다.

$$E = 10^{[P + 77 + 20\log(F)]/20}$$

여기서 E는 미터당 마이크로볼트 단위의 장 밀도, P는 dBm 단위의 신호 강도 그리고 F는 MHz 단위의 주파수이다.

송수신 안테나 간에는 신호가 전파 손실에 의해 감쇠되는데, 여러 종류의 전파 손실을 자세히 다룰 것이다. 수신 안테나에 도달하는 신호는 일반적으로 사용하는 심벌이 없지만, 나중에 논의하기 편하도록 P_A라고 부르도록 한다. P_A는 안테나 외부에 있기 때문에 미터당 마이크로볼트로 나타내야 하나 이상적 안테나 기법을 이용하여 dBm 단위로 나타낸다. 수신 안테나 이득은 양수로 나타나 있으나 실제 시스템에서는 양 또는 음의 데시벨일 수 있다. 여기 보이는 수신 안테나의 이득은 송신기 방향의 이득이다.

수신 안테나의 출력은 수신기 시스템의 입력이며 dBm 단위로 나타낸다. 이것은 수신 전력 P_R이라고 부른다. 단방향 링크 방정식은 다른 링크 구성 요소로부터 P_R을 계산한다.

$$P_R = P_T + G_T - L + G_R$$

여기서 P_R은 dBm 단위의 수신 신호 전력이다. P_T는 dBm 단위의 송신기 출력 전력, G_T는 데시벨 단위의 송신 안테나 이득, L은 dBm 단위의 모든 링크 손실이다.

어떤 문헌에서는 링크 손실이 (데시벨 단위로) 음의 값을 가지는 이득의 한 종류로 다뤄진다. 이러한 표기법을 사용할 때는 전파 이득이 공식에서 빼지는 것이 아니라 더해진다. 이 책에서는 일관되게 손실을 데시벨 단위로 음수 값으로 표현하고, 따라서 링크 방정식에서 손실을 빼는 식으로 계산한다.

(데시벨이 아닌) 선형 단위로는, 이 방정식은 다음과 같다.

$$P_R = (P_T G_T G_R)/L$$

전력항들은 와트, 킬로와트 등으로 나타내고, 반드시 같은 단위여야 한다. 이득과 손실은 순전히 (단위가 없는) 비율이다. 링크 손실은 분모에 있으므로, 비율은 1보다 크다. 이후로는 손실은 데시벨 단위이든 선형 형태이든 모두 양의 값을 갖는 것으로 간주한다.

그림 6.3과 6.4는 전자전에서 단방향 링크의 사용에 대한 중요한 예를 보인다. 그림 6.3은 통신 링크와 송신기로부터 감청 수신기로 이어지는 또 다른 링크를 보인다. 원하는 수신기를 향하는 송신 안테나 이득과 탐지 수신기를 향하는 이득은 다를 수 있다. 그림 6.4는

통신 링크와 재머로부터 수신기로 이어지는 또 다른 링크를 보인다. 이 경우 수신 안테나는 원하는 송신기 방향의 이득과 재머를 향하는 이득이 다를 수 있다. (두 그림의) 각각의 링크들은 그림 6.2의 다이어그램에 보이는 인자들을 가지고 있다.

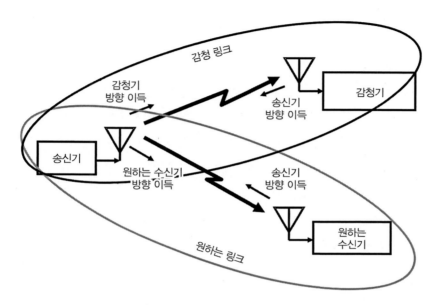

그림 6.3 통신 신호가 감청될 때 두 개의 링크가 고려된다. 즉, 송신기와 감청기 링크 그리고 송신기와 원하는 수신기 링크이다.

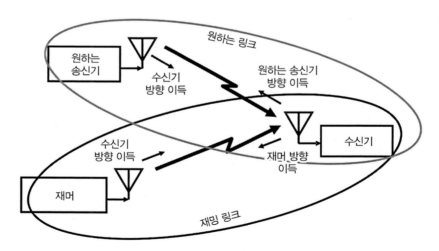

그림 6.4 통신 신호가 재밍될 때는 원하는 송신기로부터 수신기까지의 링크와 재머로부터 수신기까지의 링크가 있다.

6.4 전파 손실 모델

링크를 설명할 때, 송신 및 수신 안테나 이득을 링크 손실로부터 분명하게 구분하였다. 이것은 링크 손실이 두 개의 단위 이득 안테나 사이에 적용된다는 것을 의미한다. 정의에 의해 등방성 안테나는 단위 이득 또는 0dB 이득을 갖는다. 이 절에서 링크 손실에 대한 모든 논의는 등방성 안테나 사이의 전파 손실에 관한 것이다.

널리 사용되는 전파 모델들이 다수 있다. 예를 들어 실외 전파에 사용되는 Okumura 모델과 Hata 모델이 있고, 실내 전파에 사용되는 Saleh 모델과 SIR-CIM 모델이 있다. 또한 다중경로로 인한 단기 변화인 소규모 페이딩도 있다. 이러한 모델들은 **참고문헌 [1]**에 논술되어 있다. 이러한 상세 모델은 전파 환경에서의 각각의 반사 경로해석을 지원하기 위해 환경에 대한 컴퓨터 모델을 필요로 한다.

전자전은 기본적으로 동적이므로 이러한 상세한 컴퓨터 분석을 사용하지 않고, 대신 실제 응용에서 적절한 전파 손실 모델을 결정하기 위해 세 가지 중요한 근사법을 사용하는 것이 일반적이다. 이 세 가지 모델들은 가시선, 2선, 나이프 에지 회절이다.

참고문헌 [1] 또한 이러한 세 가지 전파 모델에 대해 어느 정도 논하고 있다. 어떠한 조건에서 이 세 가지 모델이 사용되는지는 표 6.1에 정리되어 있다.

표 6.1 적절한 전파 손실의 선택

청명 전파경로	저주파, 넓은 빔, 지상과 가까운 경우	프레넬 영역 거리보다 긴 링크	2선 모델 사용
		프레넬 영역 거리보다 짧은 링크	가시선 모델 사용
	고주파, 좁은 빔, 지상에서 먼 경우		
지형 장애 전파경로	나이프 에지 회절에 의한 추가손실 계산		

6.4.1 가시선 전파

가시선 line of sight, LOS 전파 손실은 자유공간 손실 또는 확산 손실이라고도 불린다. 이 모델은 우주공간 그리고 우주공간 이외에서도 유의미한 반사체가 없고 신호 파장 대비 지면으로부터 멀리 있는 송신기와 수신기 사이에도 적용된다.

LOS 공식은 광학에서 왔는데, 송신기를 단위 구의 중심점에 두었을 때 송신 및 수신 개구를 구면에 투영하여 전파 손실을 계산한다. 이것은 두 등방성 안테나의 구조를 고려하

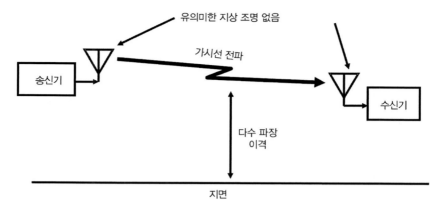

그림 6.5 송신기와 수신기가 모두 지면으로부터 수 파장 위에 있거나 안테나 빔들이 충분히 좁아서 지면으로 향하거나 지면으로부터 오는 에너지가 배제된다면, 가시선 전파 모델이 적절하다.

여 무선 주파수 전파로 변환된다. 그림 6.6에 보이는 바와 같이 등방성 송신 안테나는 신호를 구형으로 전파시키고, 총 에너지는 구의 표면으로 퍼져 나간다. 구면은 수신 안테나에 도달할 때까지 빛의 속도로 커진다. 구면의 넓이는 다음과 같다.

$$4\pi R^2$$

여기서 R은 송신기로부터 수신기까지의 거리이다.

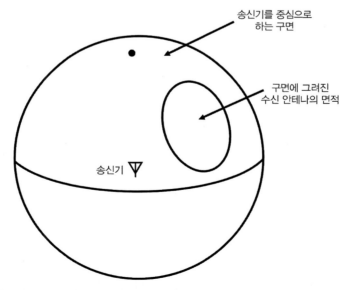

그림 6.6 가시선 손실은 송신기에 중심점을 두고 송신 거리와 동일한 반지름을 갖는 구의 표면과 수신 안테나의 유효면적의 비율이다.

등방성(예, 단위 이득) 수신 안테나의 유효면적은 다음과 같다.

$$\lambda^2/4\pi$$

여기서 λ는 송신 신호의 파장이다. 우리는 손실이 1보다 크기를 원하므로, 송신 전력을 손실로 나눔으로써 수신 전력을 구할 수 있다. 그러므로 구의 표면적을 수신 안테나의 면적으로 나눔으로써 손실 비율을 구한다.

$$Loss = (4\pi)^2\, R^2/\lambda^2$$

여기서 반지름과 파장은 모두 같은 단위를 갖는다(일반적으로 미터).

어떤 저자들은 손실을 송신 신호에 곱함으로써 이득으로 다루는데, 이 경우 수식의 우변이 역수가 된다.

파장을 주파수로 변환하면 손실 공식은 다음과 같이 된다.

$$Loss = (4\pi)^2\, R^2 F^2/c^2$$

여기서 R은 미터 단위로 나타낸 전송 경로의 거리, F는 헤르츠로 나타낸 송신 주파수 그리고 c는 빛의 속도이다($3\times10^8\,\mathrm{m/s}$).

거리를 킬로미터로, 주파수를 메가헤르츠로 입력하기 위해서는 변환계수 항이 필요하다. 항들을 모으고 데시벨 형식으로 변환하면 손실은 다음과 같이 데시벨로 나타낼 수 있다.

$$L(\mathrm{dB}) = 32.44 + 20\log_{10}R + 20\log_{10}F$$

여기서 R은 킬로미터 단위로 나타낸 링크 거리, F는 메가헤르츠 단위로 나타낸 송신 주파수이다. 상수항 32.44는 변환계수 항들과 c 및 π 항들을 모은 결과이다. 이 상수항을 사용함으로써 링크 변수들을 가장 편리한 단위들로 입력할 수 있다.

이 공식은 상수항이 다른 형태로도 사용되는데, 거리가 미국 육상마일일 경우 상수항이 36.52로, 거리가 해리일 경우 상수항이 37.74로 변경된다. 이 공식은 종종 1dB 정확도가 요구되는 곳에 사용되는데, 이 경우 상수항은 32, 37, 38로 각각 단순화된다.

데시벨 단위의 가시선 손실을 거리와 주파수의 함수로 변환해주는 노모그래프가 널리 사용되는데, 그림 6.7에 나타나 있다. 이 노모그래프를 사용하기 위해서는 메가헤르츠 단위의 주파수와 킬로미터 단위의 링크 거리를 선으로 이으면 된다. 해당 선은 가운데 위치한 축을 데시벨 단위의 LOS 손실 값에서 가로지른다. 이 그림에서 1GHz와 10km에서의 손실은 113dB 바로 위이다. 앞선 공식에서는 해당 값을 112.44dB로 계산한다.

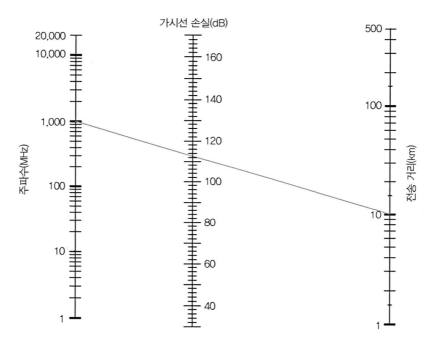

그림 6.7 주파수 값에서 송신 거리 값으로 그은 선은 가시선 손실 값을 가로지른다.

6.4.2 2선(two-ray) 전파

송신 및 수신 안테나들이 하나의 지배적인 반사면(예를 들면 지면 또는 수면)에 가깝고 안테나 패턴이 충분히 넓어서 해당 표면을 유의미하게 비출 수 있다면, 2선 전파 모델이 고려되어야 한다. 앞으로 다루겠지만, 송신 주파수와 실제 안테나 높이가 2선 전파 모델과 LOS 전파 모델 중 어떤 것을 적용하는지를 결정한다.

손실은 링크 거리의 4승에 따라 변하므로 2선 전파는 $40\log(d)$ 또는 d^4 감쇠라고도 불린다. 2선 전파에서 지배적 손실은 그림 6.8에 보이는 것과 같은 지면이나 수면에서 반사된 신호에 의한 직접파의 위상 상쇄이다. 감쇠량은 링크 거리와 송신 및 수신 안테나들의 지면 또는 수면으로부터의 높이에 따라 변한다. (LOS 감쇠와는 달리) 2선 손실 수식에서 주파수 항이 없다는 것을 알 수 있다. 로그함수를 사용하지 않을 경우 2선 손실은 다음과 같다.

$$L = d^4 / \left(h_T^2 \times h_R^2 \right)$$

여기서 d는 링크 거리, h_T는 송신 안테나의 높이, h_R은 수신 안테나의 높이이다.

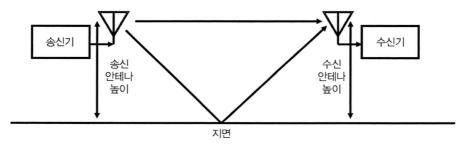

그림 6.8 2선 전파(傳播)에서 지배적 손실 효과는 직접파와 반사파 사이의 위상 상쇄이다.

링크 거리와 안테나 높이는 모두 같은 단위이다.
2선 전파 손실의 데시벨 공식은 다음과 같다.

$$L = 120 + 40\log(d) - 20\log(h_T) - 20\log(h_R)$$

여기서 d는 킬로미터 단위의 링크 거리, h_T는 미터 단위의 송신 안테나 높이, h_R은 미터 단위의 수신 안테나 높이이다.

그림 6.9는 2선 손실 계산을 위한 노모그래프이다. 이 노모그래프를 사용하기 위해서는 먼저 송신 및 수신 안테나 높이들 간에 선을 하나 긋는다. 그다음 이 선이 지시선과 교차하는 점으로부터 경로 길이를 지나 전파 손실 선까지를 잇는 선을 하나 긋는다. 이 예제에서는 두 개의 10m 높이의 안테나들이 30km 떨어져 있는데, 감쇠가 140dB보다 약간 작다. 이 손실을 위에 나온 공식 어느 것에 적용해보아도 실제 값은 139dB이라는 것을 알 수 있다.

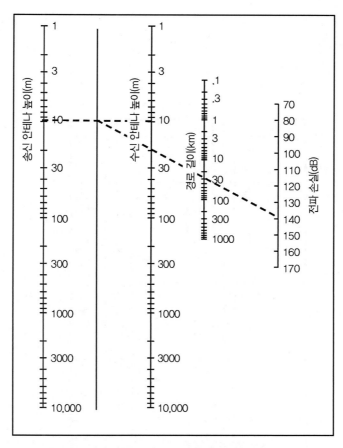

그림 6.9 2선 전파 손실은 이 노모그래프에 보이는 것처럼 알아낼 수 있다.

6.4.3 2선 전파를 위한 최소 안테나 높이

그림 6.10은 2선 전파 계산을 위한 주파수 대비 안테나의 최소 높이를 보인다. 그래프에는 다섯 개의 선이 있다.

- 해수면 위에서의 전송
- 전도 토양(good soil) 위에서의 수직편파 전송
- 부도 토양(poor soil) 위에서의 수직편파 전송
- 부도 토양 위에서의 수평편파 전송
- 전도 토양 위에서의 수직편파 전송

전도 토양은 좋은 접지면으로 동작한다. 두 안테나 높이 중 하나라도 이 그래프의 적절

한 선에 의한 최소보다 적으면 실제 안테나 높이 대신 최소 안테나 높이를 사용하여 2선 감쇠계산을 수행하여야 한다. 한 안테나가 실제로 지면 높이에 있다면 이 도표의 신뢰도는 매우 낮다는 것을 유의하여야 한다.

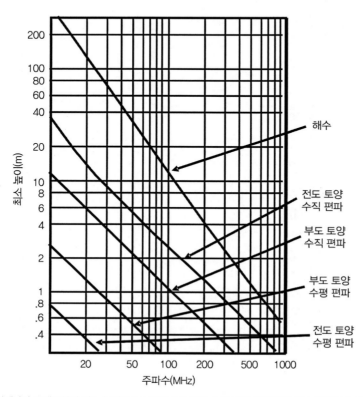

그림 6.10 안테나가 그래프상의 최소 높이보다 낮으면 2선 전파 손실 계산 시 지시된 최소 안테나 높이를 사용한다.

6.4.4 매우 낮은 안테나들에 관해 주목할 사항

통신 이론에 관한 문헌들에서, 매우 낮은 안테나들에 대한 논의는 모두 지면으로부터 적어도 반파장 이상 높이에 있는 안테나들에 국한된 것처럼 보인다. 완벽하진 않지만 최근에 수행된 실험이 반파장 높이 이하의 안테나 성능에 대해 약간의 통찰력을 준다. 400MHz, 수직편파, 1m 높이의 송신기가 정합된 수신기로부터 다양한 거리로 이동되었다. 동시에 수신기는 지면에서부터 1m 높이 이하로 낮아졌다. 건조하고 평평한 지면 위에서, 수신기가 지면에 위치할 때 수신 전력은 24dB만큼 감소했다. (수신기 근처의) 전송 경로상에 1m 깊이의 가로지르는 도랑이 있을 때 이 손실은 9dB로 줄어들었다.

6.4.5 프레넬 영역

위에 언급한 바와 같이 지면이나 수면 근처에서 전파되는 신호는 안테나의 높이와 전송 주파수에 따라 LOS 또는 2선 전파 손실을 겪게 된다. 프레넬 영역 거리는 송신기로부터 측정되는 거리로서 위상 상쇄가 확산 손실에 비해 지배적인 거리이다. 그림 6.11에 보이는 바와 같이 송신기로부터 수신기까지의 거리가 프레넬 영역 거리보다 가까우면, LOS 전파 가 일어난다. 수신기가 송신기로부터 프레넬 영역 거리보다 멀 경우 2선 전파가 적용된다. 두 경우 전체 링크 거리에 대해 적용 가능한 모델이 적용된다.

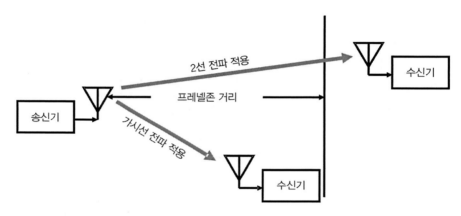

그림 6.11 링크가 프레넬 영역 거리보다 짧을 경우 가시선 전파를 사용한다. 프레넬 영역 거리보다 길 경우 2선 전파를 사용한다.

프레넬 영역 거리는 다음 공식으로 계산된다.

$$FZ = 4\pi h_T h_R / \lambda$$

여기서 FZ는 미터 단위 프레넬 영역 거리, h_T는 미터 단위 송신기 높이, h_R은 미터 단위 수신기 높이, λ는 미터 단위 송신 파장이다.

문헌에서는 프레넬 영역을 위한 몇 가지 다른 공식들이 나오는데, 위 공식이 선택된 이유는 LOS 거리와 2선 감쇠가 같아지는 거리가 있기 때문이다. 이 공식의 보다 편리한 형태는 다음과 같다.

$$FZ = [h_T \times h_R \times F] / 24{,}000$$

여기서 FZ는 미터 단위 프레넬 영역 거리, h_T는 미터 단위 송신기 높이, h_R은 미터 단위 수신기 높이, F는 메가헤르츠 단위 전송 주파수이다.

6.4.6 복잡한 반사 환경

문헌들에 따르면 매우 복잡한 반사 환경에서는, 예를 들면 그림 6.12에서 보이는 바와 같이 계곡 아래로의 전송일 경우, LOS 전파 손실 모델이 2선 전파 모델보다 정확한 값을 준다고 한다.

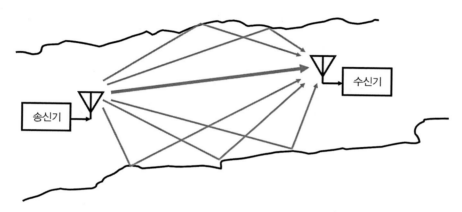

그림 6.12 계곡 아래로의 전송과 같이 매우 복잡한 반사 환경에서는 실제 전파 손실이 2선보다는 가시선에 가까울 수 있다.

6.4.7 나이프 에지 회절

산이나 능선 위에서의 비 LOS 전파는 보통 나이프 에지 위에서의 전파인 것처럼 추정된다. 이것은 매우 일반적인 방식으로 많은 EW 전문가들은 이러한 지형에서의 실제 손실은 등가적인 나이프 에지 회절 추정방식에 의해 추정된 값으로 근사될 수 있다고 한다.

나이프 에지 회절knife edge diffraction, KED 감쇠는 마치 나이프 에지가 없는 것처럼 LOS 손실에 더해진다. 나이프 에지(또는 등가적인 구조)가 있을 경우 2선 손실보다는 LOS 손실이 적용된다는 점에 유의해야 한다(그림 6.13 참조).

나이프 에지를 넘어가는 링크 구조는 그림 6.14에 나타나 있다. H는 나이프 에지의 맨 위로부터 나이프 에지가 없을 때의 LOS까지의 거리이다. 송신기로부터 나이프 에지까지의 거리를 d_1이라고 하고 나이프 에지로부터 수신기까지의 거리는 d_2라고 한다. KED가 발생하기 위해서는 d_2는 적어도 d_1과 같아야 한다. 수신기가 송신기보다 나이프 에지에 가까우

면 블라인드 존에 있게 되는데, (상당한 손실을 수반하는) 대류권 산란에 의해서만 링크가
연결된다.

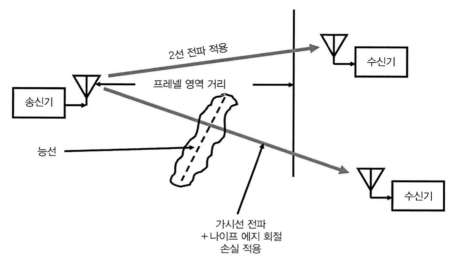

그림 6.13 링크 거리가 프레넬 영역 거리보다 클 경우라도 중간에 능선이 있을 경우 가시선 전파 모델이 적용된다.

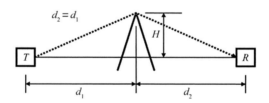

그림 6.14 나이프 에지 회절구조는 나이프 에지까지의 거리, 나이프 에지 이후의 거리, 나이프 에지가 없을 때의 가시선 거리에서
부터 나이프 에지까지의 높이에 의해 결정된다.

그림 6.15에 보이는 바와 같이 나이프 에지는 LOS 경로가 수 파장 위를 지나지 않는다
면, 가시선이 피크 위를 지날 경우에도 손실을 유발한다.

그림 6.16은 KED 계산 노모그래프이다. 왼쪽 눈금은 거리 값 d이고 다음 수식에 의해
계산된다.

$$d = \left[\sqrt{2} / (1 + d_1/d_2) \right] d_1$$

표 6.2는 몇 가지 계산된 d 수치를 보인다. 이 과정을 건너뛰려고 하면 $d = d_1$으로 놓으
면 되고, KED 감쇠 추정 정확도는 단지 1.5dB 정도 감소할 것이다.

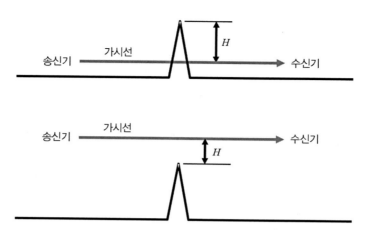

그림 6.15 가시선 경로는 나이프 에지 위나 밑으로 지날 수 있다. 너무 높은 경우가 아니라면 나이프 에지 회절은 손실을 일으킬 수 있다.

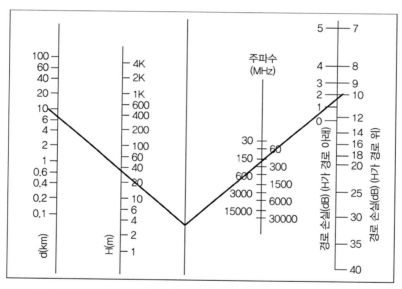

그림 6.16 나이프 에지 회절은 d, H, 주파수 값으로부터 그래픽적으로 구할 수 있다.

표 6.2 d 수치

	d
$d_2 = d_1$	$0.707d_1$
$d_2 = 2d_1$	$0.943d_1$
$d_2 = 2.41d_1$	d_1
$d_2 = 5d_1$	$1.178d_1$
$d_2 \gg d_1$	$1.414d_1$

그림 6.16으로 돌아가서 (킬로미터 단위의) d로부터 그려진 선은 H 값을 지난다. 이 지점에서 H는 나이프 에지 위로의 거리인지 아래로의 거리인지는 상관하지 않는다. 이 선을 중간의 지시선까지 이어 그린다.

첫 번째 그린 선과 중앙의 지시선과의 교차점으로부터 (메가헤르츠 단위의) 전송 주파수를 지나 우측 눈금까지 또 다른 선을 그린다. 여기서 H가 나이프 에지 위인지 아래인지를 확인한다. H가 나이프 에지 위의 거리라면 KED 감쇠는 왼쪽 눈금을 읽는다. H가 나이프 에지 아래로의 거리라면, KED 감쇠는 오른쪽 눈금을 읽는다.

(노모그래프에 그려진) 예제를 생각해보자. d_1은 10km, d_2는 24.1km, LOS 경로는 나이프 에지 아래로 45m를 지난다. (표 6.2로부터) d는 10km이고 H는 45m이다. 주파수는 150MHz이다. LOS 경로가 나이프 에지로부터 45m 위라면 KED 감쇠는 2dB일 것이다. 그러나 LOS 경로가 나이프 에지로부터 아래이므로 KED 감쇠는 10dB이다. 총 링크 손실은 나이프 에지가 없을 때의 LOS 손실과 KED 감쇠이다.

$$
\begin{aligned}
\text{LOS loss} &= 32.44 + 20\log(d_1 + d_2) + 20\log(\text{frequency MHz}) \\
&= 32.44 + 20\log(34.1) + 20\log(150) = 32.44 + 30.66 + 43.52 \\
&\approx 106.6\text{dB}
\end{aligned}
$$

따라서 총 링크 손실은 $106.6 + 10 = 116.6$dB이다.

6.4.8 KED 계산

KED의 수학적 계산은 매우 복잡하므로 참고문헌 [1]에서는 단계적 근사법이 제안되었다. 첫 번째로 중간값 ν를 다음 수식으로부터 계산해야 한다.

$$
\nu = H \sqrt{\frac{2(d_1 + d_2)}{\lambda d_1 d_2}}
$$

여기서 d_1, d_2, H 값은 그림 6.14에 나온 것과 동일하고, λ는 전송파장이다.

그 후 표 6.3에서는 ν 변수의 함수로 KED 이득을 찾는다. 데시벨로 KED 손실은 음수인 이득이라는 것을 유의한다. 이러한 단계적 해법은 Excel이나 Mathcad 파일 또는 유사한 소프트웨어로 만들 수 있다. 그러나 손으로 계산할 경우 그림 6.15에 보인 노모그래프가 추천된다.

표 6.3 ν 대비 KED 이득

ν	G(dB)
$\nu < 10$	ν
$0 < \nu < 1$	$20\log_{10}(0.5 + 0.62\,\nu)$
$-1 < \nu < 0$	$20\log_{10}(0.5\exp([0.4-0.95\nu]))$
$-2.4 < \nu < -1$	$20\log_{10}\left(0.4 - \sqrt{0.1184 - (0.1\nu + 0.38)^2}\right)$
$\nu < -2.4$	$20\log_{10}(0.225/\nu)$

6.5 적 통신 신호의 감청

6.5.1 지향성 송신 신호의 감청

그림 6.17은 적 수신기에 의해 데이터 링크가 감청되는 상황을 보인다. 송신기는 원하는 수신기를 향하는 지향성 안테나를 가지고 있고, 적 수신기는 송신 안테나 패턴의 주엽 외부에 있다. 송신기와 수신기는 모두 높은 지형에 있어서 수신기 안테나는 근처 지형에서 반사되어 오는 전자파에 영향받지 않는다. 이것은 전파 손실이 6.4.1절에 나온 LOS 모델에 의해 결정된다는 의미이다.

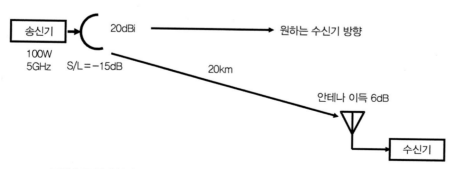

그림 6.17 적 송신기로부터 감청 수신기까지의 감청 링크 분석은 감청의 질을 결정한다.

감청기에 수신된 전력은 송신 전력에 탐지 수신기 방향으로의 송신 이득만큼 증가하고, 전파 손실만큼 감소하고, 송신기 방향으로의 수신 안테나 이득만큼 증가한다. 그러므로 수신 전력은 다음 수식에 의해 계산된다.

$$P_R = P_T + G_T - [32.44 + 20\log(d) + 20\log(f)] + G_R$$

여기서 P_R은 수신 전력, G_T는 송신 안테나 이득(수신기 방향), d는 링크 거리(km), f는 송신 주파수(MHz), G_R은 (송신기 방향) 수신 안테나 이득이다.

링크 송신기는 5GHz에서 안테나로 100W(즉, 50dBm) 출력을 내보낸다. 송신 안테나는 20dBi의 조준선 이득을 가지고 있고, 수신기는 $-$15dB 측엽(즉, 주빔의 피크보다 15dB 낮은 이득)에 20km 떨어진 위치에 있으므로 감청 링크에서 송신 안테나의 이득은 5dB이다. 수신 안테나는 송신기 방향으로 향해 있으며 6dBi 이득을 가지고 있다. 링크 송신기는 5GHz에서 100W의 출력을 가지고 있다. 감청기에서 수신 전력은 다음과 같이 계산된다.

$$P_R = +50\text{dBm} + 5\text{dBi} - [32.44 + 26 + 74\text{dB}] + 6\text{dBi} = -71.4\text{dBm}$$

6.5.2 무지향성 전송의 감청

그림 6.18에 보인 감청 상황에서는 송신기와 수신기 모두 지면에 가깝고 안테나들은 넓은 각도를 커버한다. 그러므로 이 둘은 LOS나 2선 전파에 영향을 받는다. 적절한 전파 모드의 선택은 다음 수식(6.4.5절에서 가져옴)을 이용한 프레넬 영역 거리 계산에 달려 있다.

$$FZ = (h_T \times h_R \times f) / 24{,}000$$

여기서 FZ는 프레넬 영역 거리(km), h_T는 송신 안테나 높이(m), h_R은 수신 안테나 높이(m), f는 송신 주파수이다.

송수신 경로길이가 프레넬 영역 거리보다 짧다면 LOS 전파 모델이 적용된다. 경로가 프레넬 영역 거리보다 길다면 2선 전파 모델이 적용된다.

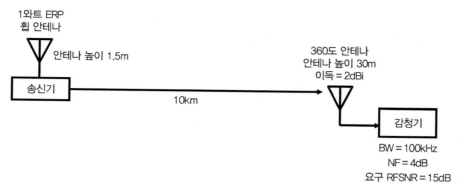

그림 6.18 지상 송신기로부터 지상 기반 감청 시스템으로의 신호는 링크 구조에 따라 가시선 또는 2선 전파 손실을 갖게 된다.

표적 에미터는 휩 안테나를 가진 휴대용 푸시 투 토크_{push-to-talk} 시스템이며, 지상 1.5m 높이에 있다. 휩 안테나의 유효 높이는 휩의 밑바닥에 있다는 것에 유의하라. 수신 안테나 는 2dBi 이득을 가지고 있다. 표적 에미터로부터 송신된 전력은 100MHz에서 1W(30dBm) 유효 복사 전력을 가지고 있다. 프레넬 영역 거리는 다음과 같다.

$$(1.5 \times 30 \times 100)/24,000 = 188\text{m}$$

프레넬 영역 거리는 10km 경로 거리에 비해 매우 작으므로 2선 전파 모델이 적용된다. 6.4.2절에 나온 수식으로부터 전파 손실은 다음과 같이 계산된다.

$$120 + 40\log(d) - 20\log h_T - 20\log h_R$$

그러므로 탐지 수신기에서 수신된 전력은 다음과 같이 계산된다.

$$P_R = ERP - [120 + 40\log(d) - 20\log(h_T) - 20\log(h_R)] + G_R$$

그림 6.18에 나온 수치들을 대입하면 다음과 같다.

$$P_R = 30\text{dBm} - [120 + 40 - 3.5 - 29.5] + 2\text{dB} = -95\text{dBm}$$

이 감청 문제는 또다른 복잡성이 있는데, 감청기가 상대적으로 넓은 대역폭을 가지고 있다는 점이다. 송신기가 일반적인 25kHz 대역폭을 가지고 있다면, 더 빠른 주파수 탐색을 위해 수신기 대역폭은 4배 넓다.

신호가 성공적으로 감청되는지의 여부를 결정하기 위해서는 다음 수식을 이용하여 수신기의 민감도를 계산하여야 한다.

$$Sens = kTB + NF + Rqd\,RFSNR$$

여기서 $Sens$는 dBm 단위의 수신기 민감도, NF는 데시벨 단위의 수신기의 잡음지수, $Rqd\,RFSNR$은 필요한 전단검출기 신호 대 잡음비이다.

민감도는 수신기가 수신하여 주어진 기능을 할 수 있는 최소 신호 강도이다.

$$kTB = -114\text{dBm} + 10\ \log(\text{bandwidth} / 1\text{MHz}) = -124\text{dBm}$$

수신기 시스템의 잡음지수는 4dB이고 필요한 RFSNR은 15dB로 주어졌다.

$$Sens = -124 + 4 + 15 = -105\text{dBm}$$

수신기 시스템의 민감도 레벨보다 10dB 높은 레벨로 신호가 수신되므로, 감청기는 10dB 성능 마진을 확보한다.

6.5.3 항공용 감청 시스템

그림 6.19는 헬리콥터에 실린 감청 시스템이 적 송신기로부터 50km 거리, 주변 지형으로부터 1,000m 고도에 있는 것을 보인다.

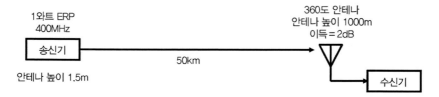

그림 6.19 항공용 탐지 시스템은 수신기 고도가 전파 손실에 미치는 영향으로 인해 높은 성능을 갖을 수 있다.

첫째로 위에 주어진 수식을 이용하여 탐지 링크의 프레넬 영역 거리를 계산해야 한다.

$$FZ = (h_R \times h_R \times f) / 24,000$$

$$= (1.5 \times 1,000 \times 400) / 24,000 = 25km$$

송신 경로가 프레넬 영역 거리보다 길기 때문에 2선 전파가 일어난다. 따라서

$$P_R = ERP - [120 + 40\log(d) - 20\log(h_T) - 20\log(h_R)] + G_R$$

이고, 수신된 탐지신호의 강도는 다음과 같다.

$$P_R = 30dBm - [120 + 68 - 3.5 - 60]dB + 2dBi = -92.5dBm$$

6.5.4 비가시선 감청

그림 6.20은 에미터로부터 11km 거리에 위치한 능선을 가로질러 전술 통신 에미터를 탐지하는 상황을 보인다. 이 문제에서 송신기에서 감청기까지의 직선거리는 31km이고, 송신 안테나 높이는 1.5m, 수신 안테나 높이는 30m이다. 송신 신호는 150MHz에서 1W ERP를 가지고 수신 안테나는 12dBi 이득(G_R)을 가진다.

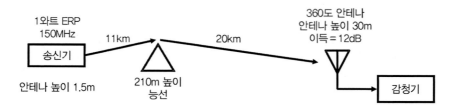

그림 6.20 감청 시스템이 표적 에미터로부터 능선을 넘어오는 경로에 있지만, 표적 송신기로부터 능선까지의 거리보다 능선으로부터 감청 시스템까지의 거리가 더 멀면 전파 손실은 가시선 손실에 나이프 에지 회절 인자를 더한 것이다.

6.5.7절에 논한 바와 같이 링크 손실은 LOS 손실에 (지형 간섭을 무시하고) KED 손실 인자를 더한 값이다. 능선이 (평면 지구를 가정하고) 부근 지면보다 210m 높다면, 두 안테나 사이의 LOS보다 200m 위이다.

6.4.1절에 나온 수식을 이용하면 LOS 손실은 다음과 같다.

$$32.4 + 20\log D + 20\log f$$

여기서는 KED 손실을 결정할 때 사용하는 소문자 d와 혼동되는 것을 피하기 위하여 총 링크 거리는 대문자 D를 사용하였다.

$$LOS\ loss = 32.4 + 20\log(31) + 20\log(150) = 32.4 + 29.8 + 43.5 = 105.7\text{dB}$$

반올림하면 106dB이 된다.

KED 손실을 찾기 위해 먼저 다음 수식으로부터 d를 계산한다.

$$d = \left[\ \sqrt{2}/(1 + d_1/d_2)\right]d_1$$

여기서 d는 KED 손실 노모그래프에 들어가는 거리항이고, d_1은 송신기로부터 능선까지의 거리, d_2는 능선−수신기 거리이다. 이 문제에서 $d = \left[\ \sqrt{(2)}\ /1.55\right]1.1 = 10$이다. 그러나 다소 덜 정확한 KED 계산이 허용된다면 단지 $d = d_1$으로 놓을 수도 있다.

그림 6.21은 KED 계산을 위해 6.4.7절에서 가져온 노모그래프에 본 문제의 수치들을 그린 것이다. 본 문제의 수치들($d = 10\text{km}$, $H = 200\text{m}$, $f = 150\text{MHz}$)을 집어넣으면 20dB KED 손실이 난다는 것을 보인다. 그러므로 총 링크 손실은 다음과 같다.

$$LOS\ loss + KED\ loss = 106\text{dB} + 20\text{dB} = 126\text{dB}$$

탐지 수신기에 수신된 전력은 다음과 같다.

$$P_R = ERP - Loss + G_R = 30\text{dBm} - 126\text{dB} + 12\text{dB} = -84\text{dBm}$$

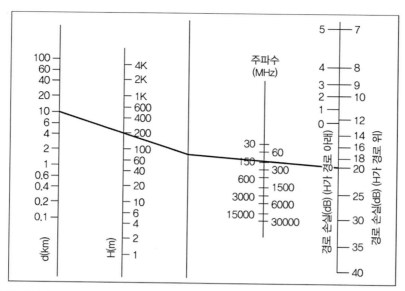

그림 6.21 유도된 d 값이 10km라면 능선은 직선 신호경로보다 200m 위에 있게 되고 신호 주파수가 150MHz라면 나이프 에지 회절 손실은 20dB이다.

6.5.5 강한 신호 환경에서 약한 신호의 감청

그림 6.22는 감청기의 계통도를 보인다. 시스템 유효 대역폭은 25kHz, 수신기는 3dB 잡음지수를 가지고 있다. 안테나와 전단 증폭기 사이에 2dB 손실이 있고, 전단 증폭기와 수신기 사이에 10dB 회로 손실이 있다.

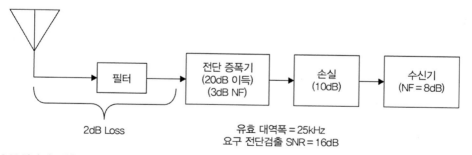

그림 6.22 탐지 시스템은 2차 불요 반응을 막기 위해 전단 필터를 가지고 있다. 전단 증폭기 뒤에는 다수의 수신기에 급전하기 위한 신호 분배 네트워크가 있다. 이 다이어그램은 다수의 수신기 중 한 경로만을 보이고 있다.

시스템은 대역 내에 존재할 수도 있는 다수의 강한 신호가 있을 때 약한 신호를 수신(전단 검출 신호 대 잡음비 16dB로 제공)할 수 있어야 한다.

먼저 6.5.2절에 논술된 기법들을 이용하여 시스템 민감도를 찾아야 한다. 민감도는

kTB, 시스템 잡음지수, 필요한 전단 검출 SNR의 합이다.

$$kTB = -114\text{dBm} + 10\log(\text{effective bandwidth} / 1\text{MHz}) = -130\text{dBm}$$

시스템 잡음지수는 그림 6.23의 도표로부터 알아낼 수 있다. 가로축에 수신기 잡음지수 (8dB)로부터 수직선을 그리고, 세로축에 전단 증폭기 잡음지수＋전단 증폭기 이득－수신기 이전 손실을 계산한 값(13dB)으로부터 수평선을 그린다. 두 선은 감쇠요인에서 교차하는데, 여기서는 1dB이다. 시스템 잡음지수는 전단 증폭기 이전 손실＋전단 증폭기 잡음지수＋감쇠요인의 합이므로 시스템 잡음지수는 2dB＋3dB＋1dB＝6dB이다.

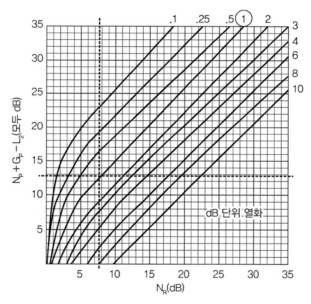

그림 6.23 이 도표는 전단 증폭기 잡음지수의 감쇠요인이 1dB이라는 것을 보인다.

시스템 민감도는

$$-130\text{dBm} + 6\text{dB} + 16\text{dB} = -108\text{dBm}$$

이 된다. 수신 안테나로부터 시스템으로 들어간 －108dBm 신호는 전단 증폭기 출력단에서 －90dBm이 된다(전단 증폭기 전에 2dB 손실＋전단 증폭기 이득 20dB). 시스템은 2차 불요 반응이 필터로 제거되도록 설계되므로 전단 증폭기의 3차 반응이 동적 영역을 결정한다. 선택된 전단 증폭기의 3차 인터셉트 점은 +20dBm이다.

그림 6.24는 수신기 시스템의 동적 영역을 결정하는 다이어그램이다. 기초 전단 증폭기의 출력선이 +20dBm이 되는 점을 통과하도록 3 : 1 기울기를 가지는 선을 긋는다. 또 도표의 −90dBm(−10dBm−전단 증폭기 이전 2dB 손실+전단 증폭기 이득 20dB)을 가로지르는 수평선을 긋는다. 이것은 안테나로부터 민감도 레벨 신호가 입력되었을 때 전단증폭기의 출력 레벨이다. 3차 불요선과 민감도 선이 교차하는 점에서부터 기초 출력 레벨 선까지의 수직 거리는 70dB이다. 수신기의 동적 영역은 70dB이다.

이것은 −38dBm 신호들이 존재할 때 −108dBm 신호를 감청할 수 있다는 것을 의미한다.

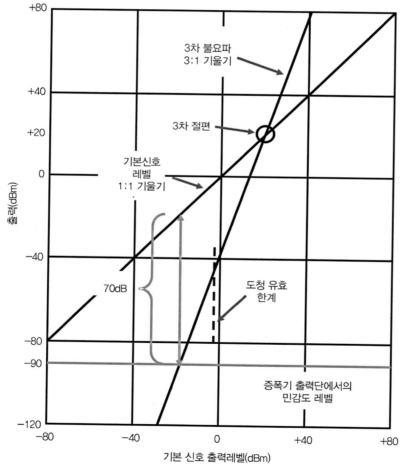

그림 6.24 2007년 3월에 출간된 EW101에 나온 그림은 시스템 동적 영역이 70dB임을 보인다.

6.5.6 통신 에미터 탐색

군 기관들은 자기들의 운용 주파수를 공개적으로 발표하고 나서 해당 주파수가 적들에게 알려지는 것을 막기 위한 엄청난 수고를 하는 식의 일들은 하지 않는다. 그러나 일반적으로 여러 가지 EW 작전을 수행하기 위해서는 적이 동작하는 주파수를 알 필요가 있다. 그러므로 주파수 탐색은 중요한 EW 기능이다. 이 절에서는 주파수 탐색의 기초이론들에 대해 토의하고 반드시 필요한 트레이드오프를 강조한다. 광대역 수신기를 사용하더라도 전체 관심 대역을 한 번에 커버하는 것이 아니라면 동일한 트레이드오프가 필요하다.

6.5.7 전장 통신환경

현대전은 거의 모든 자산들에 상당한 정도의 이동성을 요구하므로, 전파 통신에 매우 의존적이다. 이것은 수많은 음성과 데이터 링크를 포함한다. 전술 통신환경은 10% 채널 점유율을 갖는 것으로 자주 기술되곤 한다. 이것은 어떤 마이크로초 동안 모든 가용한 RF 채널들 중 10%가 가동 중일 확률을 의미하므로 다소 오해의 소지가 있다. 만약 각 채널에 수 초 동안 머문다면 점유율은 매우 높아서 100%에 근접한다. 이것은 비표적 에미터의 밀림에서 특정 에미터를 찾아야 한다는 것을 의미한다.

6.5.8 유용한 탐색도구

그림 6.25는 주파수 탐색법의 개발이나 평가를 돕기 위해 일반적으로 사용되는 도구를 보인다. 표적 신호의 특성이 나타나는 시간 대비 주파수 그래프이며, 시간 대비 하나 또는 그 이상의 수신기의 주파수 커버리지도 그려질 수 있다. 주파수 스케일은 전체 관심 영역(또는 그 영역의 일부)을 커버해야 하며, 시간 스케일은 탐색 전략을 보일 수 있을 정도로 길어야 한다. 신호 그림은 기대되는 신호의 길이 동안 각 신호의 주파수 대역을 보인다. 신호가 주기적이거나 예측 가능한 방식으로 주파수 가변일 경우 이러한 특성이 그래프에 나타날 수 있다. 수신기는 특정 주파수와 대역폭에 동조되었음과 특정 주파수 증가를 커버하는 시간을 보인다.

그림 6.26에 전형적인 소인 수신 전략 sweeping receiver strategy 이 나타나 있다. 평행사변형들은 소인 수신기의 주파수 대비 시간 커버리지를 보인다. 수신기 대역은 한 주파수에서의 평행사변형의 높이이며, 기울기는 수신기의 동조율이다. 신호 A는 최적으로 수신된다(전체 기간 동안 전체 대역). 신호 B는 전체 대역을 볼 필요가 없을 경우 수신되고, 신호 C는 전

체 기간 동안 볼 필요가 없을 경우 수신된다. 신호의 특성과 탐색 목적에 맞는 규칙을 세울 수 있을 것이다.

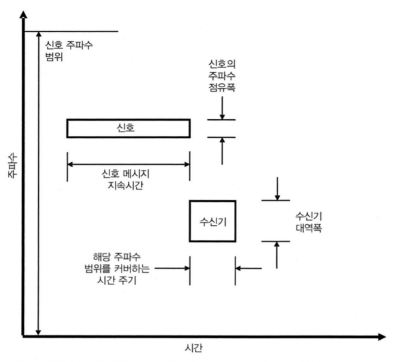

그림 6.25 수신기와 표적 신호를 모두 보이는 시간 대 주파수 그래프는 유용한 탐색 분석도구이다.

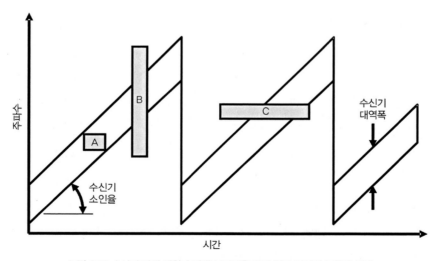

그림 6.26 수신기 탐색 계획과 관심 표적들은 탐지 확률 분석에 도움이 된다.

6.5.9 기술 이슈

수년 전 군용 감청기들은 기계적으로 동조되었으므로 수동으로 동조시키거나 한 번에 전체 대역을 다소 선형적으로 소인하는 방식의 자동 동조방식으로 탐색하는 것이 필요했다. 이러한 접근법은 쓰레기 수거법garbage collection 이라고도 불렸는데, 해당 환경에서 모든 신호를 찾은 후 관심 없는 수많은 신호 속에서 관심 있는 소수의 신호를 골라내야 했기 때문이다. 관심 신호를 찾아내는 것은 훈련된 운용자에 의한 복잡한 분석이 필요했다. 50년 전의 컴퓨터들은 수많은 강제 공냉장치를 필요로 하는 진공관으로 가득찬 방들이었으며 그들의 능력은 현대 컴퓨터들에 비하면 매우 하찮았다.

디지털 동조 수신기가 사용 가능해지고 엄청난 메모리와 빠른 스피드를 가지면서도 하나의 섀시에 들어가는(그리고 궁극적으로는 하나의 칩에 들어가는) 컴퓨터들이 사용 가능해지면서 모두 문명화된 탐색접근법이 실용화되었다. 이제는 관심 신호의 주파수를 저장할 수 있고, 새로운 관심 신호를 찾기 전에 자동으로 기존 것들을 조사해볼 수 있게 되었다. 잠재적 관심 신호에 대해 고속 푸리에 변환FFT 을 수행할 수 있어 컴퓨터화된 스펙트럼 분석도 가능하다. 스펙트럼 분석의 결과로부터 관심/비관심 결정을 할 수 있고, (시스템이 방향탐지나 에미터 위치확인 기능이 있다면) 모든 에미터 위치에 대한 빠른 탐색으로 보강될 수 있을 것이다.

6.5.10 디지털 동조 수신기

그림 6.27은 디지털 동조 수퍼헤테로다인 수신기 superheterodyne receiver 의 다이어그램이다. 디지털 동조 수신기는 로컬 오실레이터 합성기와 전자적으로 동조된 전단 선택기로 동조

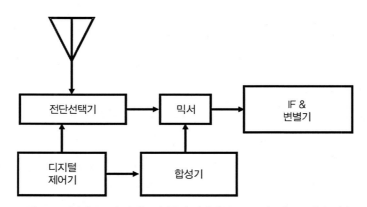

그림 6.27 디지털 동조 수신기는 언제든지 어떤 대역으로도 빠르게 동조될 수 있다.

영역 내의 어떤 신호 주파수에 대해서도 매우 빠른 선택한다. 동조는 운용자나 컴퓨터 제어로 수행될 수 있다.

그림 6.28은 위상 고정 루프 phase-lock-loop, PLL 합성기의 계통도를 보인다. 전압 동조 수신기는 정밀하고 안정된 발진기 주파수의 배수에 위상 고정된다. 즉, 디지털 동조 수신기의 동조는 정확하고 반복 가능하여 위에서 설명한 탐색 방법을 실용적이게 만든다. 합성기에서 피드백 루프의 대역폭은 저잡음 신호 출력(좁은 루프 대역폭)과 높은 동조 속도(넓은 루프 대역폭) 사이에서 최적의 절충안으로 설정된다. 탐색 모드에서는 선택된 순시 수신기 대역폭 내에서 어떤 신호를 분석하기 전에 합성기가 안정화되기 위한 시간을 줘야 한다.

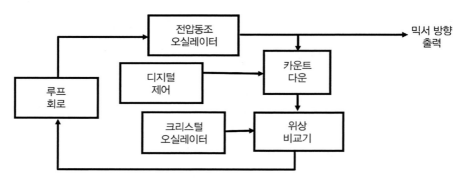

그림 6.28 위상 고정 루프 합성기는 전압 제어 발진기를 주파수에 동조시켜 카운트다운 신호가 수정 발진기와 위상이 일치하도록 한다. 카운트다운 비율은 디지털로 선택되어 합성기 출력 주파수를 결정한다.

디지털 동조 수신기가 탐색 모드에 사용될 때, 수신기는 그림 6.29에 보이는 것처럼 개별 주파수에 할당된다. 탐색은 전체 관심 대역에 대해 선형적으로 수행할 필요는 없고, 특정 주파수들이나 관심 주파수 하부 대역에 대해 원하는 순서대로 수행할 수 있다. 수신기 동조 단계에 50% 중첩을 제공하는 것이 바람직한 경우가 있는데, 대역 가장자리에 있는 관심 신호 감청을 가능하게 한다. 그러나 50% 중첩은 관심 신호 대역을 커버하는 데 두 배의 시간을 필요로 한다. 필요한 중첩 정도는 특정 상황에서 탐색을 최적화하기 위해 절충되어야 한다.

그림 6.30에 보이는 바와 같이 탐지 시스템은 종종 특별한 탐색 수신기에 의해 제어되는 다수의 감시 수신기를 이용한다. 탐색 수신기가 어떤 신호와 조우하면 해당 신호를 빠르게 분석하여 관심 신호인지 여부와 감시 수신기를 할당할 만큼 우선순위가 높은 신호인지 여부를 판단한다. 해당될 경우 감시 수신기는 해당 신호의 주파수로 동조되고 적절한 동작

파라미터(예 : 복조 모드)로 세팅된다. 각 감시 수신기의 출력은 운용자에게 전달되거나 자동으로 기록되거나 내용 분석 단계로 넘어가게 된다.

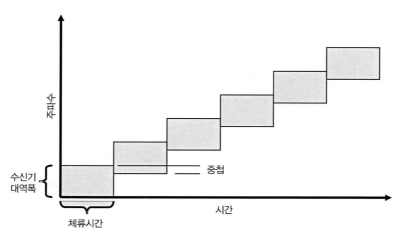

그림 6.29 디지털 동조 수신기는 할당된 개별 주파수로 이동한다.

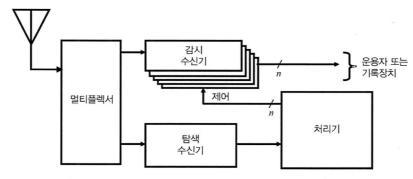

그림 6.30 탐색 수신기는 관심 신호의 주파수를 결정하여 감시 수신기가 최우선 순위의 신호에 빠르게 동조되도록 할 수 있다. 탐색 수신기는 광대역 수신기 타입이거나 최적 소인 기능을 가진 협대역 수신기일 수도 있다.

6.5.11 탐색에 영향을 미치는 실용적 고려사항

이론적으로 수신기는 신호가 수신기 대역폭 내에 대역폭의 역수만큼의 시간 동안 머무르는 동안 소인해야 한다(1MHz 대역을 $1\mu s$ 동안). 그러나 시스템 소프트웨어는 신호가 존재하는 지를 확인하는 데 시간이 필요한데, 100에서 $200\mu s$가 필요로 할 수 있고 1/대역폭에 해당되는 시간보다 훨씬 길 수 있다. 존재하는 각 신호(예 : 변조 분석 또는 에미터 위치)에 대한 처리를 수행하면 신호를 관심 신호로 식별하는 데 시간이 더 오래 걸린다. 이 정도 수준의 처리를 하면 발견된 각 신호에 대해 최대 1밀리초(msec)가 걸릴 수 있다. 가용 채널의 10%에 신호가 있을 수 있다. 예를 들어 30~88MHz 대역에는 2,320개의 25kHz 채널이 있으므로, 전 대역을 검색하면 232개의 점유 채널이 있을 수 있다.

6.5.12 협대역 탐색 예

다음은 협대역 탐색 예제이다. 30~88MHz 사이에서 25kHz 폭의 통신 신호를 찾고자 한다. 신호 0.5초 동안 켜진다고 가정한다. 이렇게 짧은 신호는 아마도 키 클릭 정도일 것인데, 예전에는 감청 시스템이 잡아야 할 가장 짧은 신호였다. 이 예에서 시간은 밀리초(msec) 단위로 반올림할 것이다.

본 예제에서 수신 안테나는 360° 방위각을 커버하고, 탐색 수신기의 대역폭은 25kHz이다. 각 동조 단계마다 수신기는 대역폭의 역수에 해당하는 시간 동안 머물러야 한다. 대역 가장자리에서의 제삼자 수신을 피하기 위해 동조 단계는 50% 중첩할 것이다.

$$체류시간 = 1/대역폭 = 1/25kHz = 40\mu s$$

그림 6.31은 5.5.8절에서 논의된 탐색문제를 다이어그램 형태로 보인다. 수신기 커버리지가 중첩되어 동조 스텝마다 단지 12.5kHz 주파수만 변경된다.

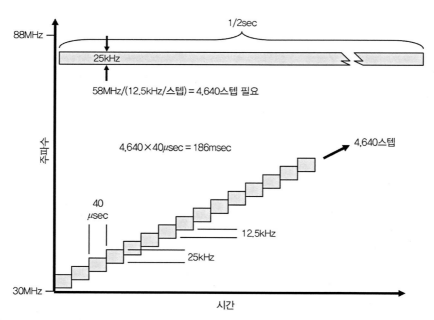

그림 6.31 50% 중첩으로 25kHz 탐색 대역폭, 체류시간이 스텝당 40μsec일 경우 186msec 동안 58MHz를 커버한다.

100% 확률로 관심 신호를 찾기 위해서는 수신기가 전체 58MHz 대역을 0.5초 안에 커버해야 한다. 신호 범위를 커버하기 위해 필요한 대역의 수는

$$58MHz/25kHz = 2,320$$

50% 중첩을 하면 58MHz 주파수 범위는 4,640 동조 스텝을 필요로 한다. 스텝당 $40\mu s$ 체류를 하면, 4,640스텝은 186ms를 필요로 한다. 이것은 수신기가 가정된 최소 신호 지속 시간의 반보다 짧은 시간에 관심 신호를 찾을 수 있다는 것을 의미하므로, 100% 확률로 감청하는 것은 쉽게 달성 가능하다.

그러나 이를 위해서는 최적의 검색과 신호가 관심 신호로 즉시 인식된다는 가정이 필요하다. 문제를 더 흥미롭게 만들기 위해 신호의 변조를 $200\mu s$ 내에 인식할 수 있는 프로세서가 있다고 가정해보자. 즉 해당 체류시간 동안 각 주파수를 유지해야 하므로 58MHz 탐색 범위를 처리하는 데 928ms가 걸린다.

$$200\mu s \times 4,640 = 928ms$$

이 탐색은 그림 6.32에 보인 바와 같이, 지정된 0.5초 내에 신호를 찾지 못한다.

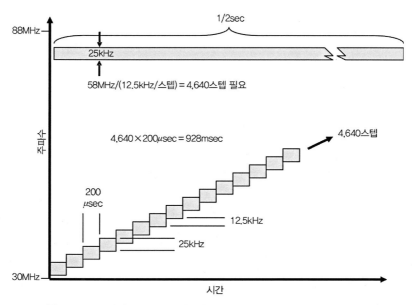

그림 6.32 50% 중첩으로 25kHz 탐색 대역폭, 체류시간이 스텝당 $200\mu sec$일 경우 928msec 동안 58MHz를 커버한다.

6.5.13 수신기 대역폭의 증대

탐색 수신기 대역폭이 150kHz로 증대되고 (6개의 대상 신호 채널 커버) $200\mu s$ 처리 시간이면 대역폭 내에서 신호 주파수를 결정할 수 있다고 가정하면 탐색 성능이 향상된다(그림 6.33 참조). 이제 관심 주파수 범위는 773스텝만에 커버된다.

$$4,640/6 = 773$$

수신기 튜닝 스텝당 $200\mu s$가 소요될 경우 2,320채널(50% 중첩)을 처리하는 데 단지 155ms가 걸린다(그림 6.33 참조).

$$773 \times 200\mu s = 155ms$$

대역폭 증가는 수신기 감도를 거의 8dB 줄인다. 수신기 대역폭이 이보다 훨씬 넓어지면 대역폭 내에 다수의 신호가 발생할 확률이 높아지는 것이 문제가 된다.

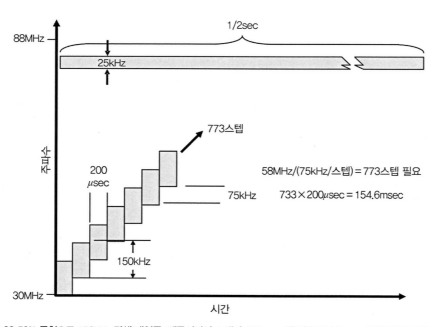

그림 6.33 50% 중첩으로 150kHz 탐색 대역폭, 체류시간이 스텝당 200μsec일 경우 154.6msec 동안 58MHz를 커버한다.

6.5.14 방향탐지기 추가

문제를 더욱 흥미롭게 하기 위해 수신기가 방향탐지 시스템의 일부이고 관심 신호의 도래각^{DOA}을 결정해야 한다고 가정하자. 방향탐지기는 DOA를 결정하는 데 1ms가 필요하다. 다른 신호가 없는 경우 검색 시간에 단지 1ms가 추가된다.

전술 통신 환경의 밀도에 대해 논의했으며 전술 시스템의 평가에 자주 사용되는 숫자로 10%의 채널 점유를 고려했다. 이는 58MHz 관심 범위가 다음을 포함할 것으로 예상됨을 의미한다.

$$2{,}320 \times 0.1 = 232 \text{ 신호}$$

150kHz의 탐색 대역폭과 50%의 중첩으로 수신기는 139ms 내에 2,088개의 빈 채널을 커버할 수 있다.

$$(2{,}088/6) \times 2 \times 200\mu s = 139\text{ms}$$

그러나 232개의 점유 채널은 232ms를 추가로 필요로 한다. 탐색에 371ms(139+232)가 필요하므로 본 탐색 방식은 대상 신호를 찾고 DOA를 결정할 확률이 100%이다. 7장에서 주파수 호핑 신호 탐색을 고려할 때 이 문제를 재론한다.

6.5.15 디지털 탐색기를 이용한 탐색

여기서는 FFT 채널라이저를 사용하여 관심 있는 신호(30~88MHz 내에서)를 찾는 것만 고려한다. 수신기가 표준 VME^{vitrual machine environment} 버스 형식을 사용한다는 제한을 고려하면, 데이터 속도가 40MBps로 제한된다. 나이퀴스트^{nyquist} 샘플링 속도를 제공하기 위해 입력 주파수 대역을 20MHz로 제한한다. 그림 6.34는 디지털 수신기의 블록 다이어그램을 보인다. FFT를 사용하여 그림 6.35와 같이 전체 주파수 탐색 범위를 3스텝으로 커버한다.

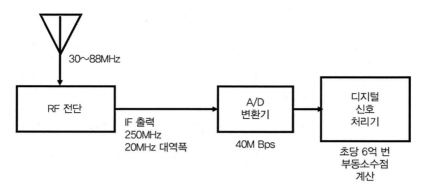

그림 6.34 디지털 동조 수신기는 어떤 순간에도 어떤 대역으로 빠르게 동조된다.

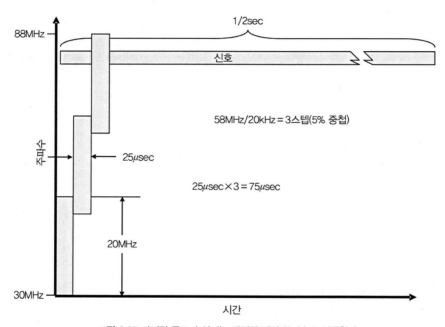

그림 6.35 디지털 동조 수신기는 배정된 개별 주파수로 이동한다.

6.6 통신 에미터의 위치 파악

EW 시스템에서 요구되는 가장 중요한 요구사항 중 하나는 위협 에미터의 위치 파악이다. 통신 에미터는 주파수가 상대적으로 낮기 때문에 도전적이다. 더 낮은 주파수는 더 긴 파장을 의미하므로 더 큰 안테나 개구면을 필요로 한다. 일반적으로 통신 전자 지원 ES 시스템은 즉각적인 360° 각도 범위와 원거리 에미터를 찾기 위한 적절한 감도를 가져야 한다. 이들은 일반적으로 저피탐[LPI] 통신과 관련된 것을 포함하여 모든 통신 변조를 수용할 수 있어야 한다(7장에서 논의할 것임). 통신 ES 시스템은 모두 비협조적인 (즉 적대적인) 에미터를 다루므로, 협력 시스템의 위치 파악에 이용 가능한 기술은 용어에서 보이는 바와 같이 이용 불가하다.

이 절에서는 일반적인 접근 방식과 가장 중요한 기술에 대해 설명한다. 먼저 (LPI가 아닌) 일반 에미터의 위치 파악에 대해 논의한 다음, 7장에서 LPI 에미터의 위치 파악에 대해 다룰 것이다. 시스템 애플리케이션에 대한 모든 논의에서 현대의 군사 환경에서 예상되는 높은 신호 밀도가 중요한 고려사항이다.

6.6.1 삼각측량법

삼각측량법은 비협조적인 통신 에미터의 위치 파악에 대한 가장 일반적인 접근 방식이다. 그림 6.36에서 볼 수 있듯이 다른 위치에 있는 둘 이상의 수신 시스템이 이용된다. 각 시스템은 표적 신호의 DOA를 결정할 수 있어야 한다. 또한 각도 기준, 일반적으로는 진북 true north 을 설정하는 방법이 있어야 한다. 아래 논의에서는 편의상 방향탐지[DF] 시스템이라 부른다.

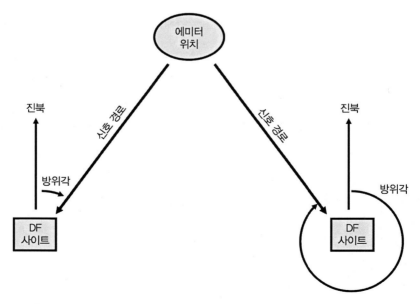

그림 6.36 삼각측량법은 다수의 알려진 사이트 위치에서 신호의 도래각을 결정하여 에미터의 위치를 결정하는 것이다.

지형에 의해 방해받거나 또는 다른 조건으로 인해 두 개의 DF 시스템이 다른 신호를 볼 수 있기 때문에 (일반적인 조밀한 신호 환경에서) 세 개 이상의 DF 시스템으로 삼각측량법을 수행하는 것이 일반적이다. 그림 6.37에서 볼 수 있듯이 세 DF 시스템의 DOA 벡터는 삼각형을 형성한다. 이상적으로 3개 모두 에미터 위치에서 교차하고 삼각형이 충분히 작으면 3개의 선 교차점을 평균하여 보고된 에미터 위치를 계산할 수 있다.

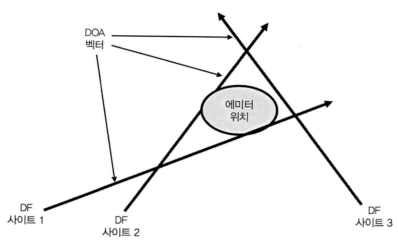

그림 6.37 삼각측량은 일반적으로 3개의 사이트에서 이루어지므로 3개의 도래각 벡터가 삼각형을 형성한다. 삼각형이 작을수록 에미터 위치 파악의 품질이 높다.

이러한 DF 사이트는 일반적으로 서로 멀리 떨어져 있으므로 에미터 위치를 계산하려면 DOA 정보를 하나의 분석 장소로 전달해야 한다. 이는 또한 각 DF 사이트의 위치를 알고 있다는 것을 의미한다.

각각의 DF 사이트는 표적 신호를 수신할 수 있어야 한다. DF 시스템이 비행 플랫폼에 장착된 경우 일반적으로 표적 에미터가 LOS상에 있을 것으로 기대된다. 지형이 LOS를 허용하는 경우 지상 기반 시스템은 더 정확한 위치 파악이 가능할 것으로 예상되지만 초지평선상 over-the-horizon 의 에미터 위치도 수용 가능한 정확도로 결정할 수 있어야 한다. 삼각측량을 위한 최적의 구조는 에미터 위치에서 볼 때 두 DF 사이가 90° 각도일 경우이다.

삼각측량법은 그림 6.38과 같이 하나의 이동형 DF 시스템에서 수행할 수도 있다. 이것은 일반적으로 항공 플랫폼에만 적용되는데, 방향선은 여전히 대상에서 90°로 교차해야 한다. 따라서 DF 시스템이 장착된 플랫폼의 속도, 비행경로 그리고 대상 사이의 거리에 따라 정확한 에미터 위치에 필요한 시간이 결정된다.

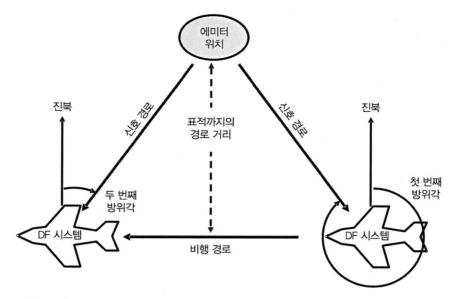

그림 6.38 이동 DF 시스템은 비행경로를 따라 다른 시간에 찍은 방위각으로 삼각측량을 수행할 수 있다.

예를 들어, DF 플랫폼이 100노트로 비행하고 표적 에미터에서 약 30km의 거리를 지나가면 최적의 위치 파악 구조를 형성하는 데 거의 10분이 걸린다. 이는 고정 에미터에는 매우 실용적이지만 움직이는 에미터를 추적하기에는 너무 느릴 수 있다. 이 접근 방식으로 허용 가능한 정확도를 얻으려면 데이터가 수집되는 시간 동안 표적 에미터의 이동이 필요한 위치 정확도보다 커서는 안 된다. 최적보다 열화된 구조(따라서 위치 정확도)를 이용하는 것이 운용적인 측면에서는 최선일 수 있다.

6.6.2 단일 사이트 위치

단일 에미터 사이트까지의 거리와 방위각으로부터 적 송신기의 위치 파악을 할 수 있는 두 가지 경우가 있다. 하나는 약 30MHz 이하의 신호를 처리하는 지상 기반 시스템에 적용되고 다른 하나는 항공 시스템에 적용된다.

약 30MHz 미만의 신호는 그림 6.39에 나타낸 것처럼 단일 사이트 로케이터 single site locator, SSL로 찾을 수 있다. 이 신호는 전리층에 의해 굴절되는데, 그림 6.40에서 보듯이 왕복각으로 되돌아오기 때문에 전리층에 의해 반사된다고 말한다. 에미터 위치 파악 사이트에 도달하는 신호의 방위각과 고각이 모두 측정되면 송신기를 찾을 수 있다. 전리층으로부터의 반사각이 입사각과 동일하기 때문에 거리는 고각과 반사점에서의 전리층 높이로부터 계산될 수 있다. 이 과정에서 가장 어려운 부분은 반사 지점에서의 전리층의 정확한 특성이다. 일반적으로 거리 계산은 방위각 측정보다 정확도가 떨어지므로 동일 위치 확률을 나타내는 영역은 길쭉한 모양이다.

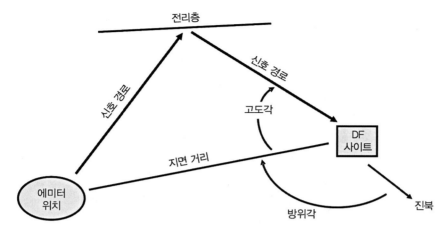

그림 6.39 30MHz 미만의 에미터 위치는 단일 DF 사이트에서의 방위각과 고각을 측정하여 결정할 수 있다.

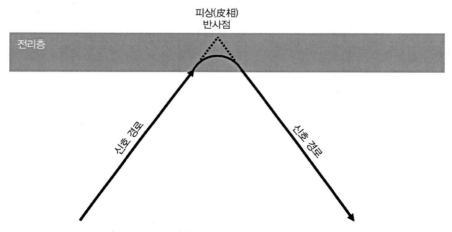

그림 6.40 30MHz 미만의 신호들은 전리층에서 반사되어 보인다.

공중 에미터 위치 파악 시스템이 지상의 비협조 에미터에 대한 방위각과 고도를 측정하는 경우, 에미터 위치는 그림 6.41에 표시된 것처럼 계산될 수 있다. 거리 결정을 위해서는 기체에 대한 지상 위치와 고도를 알아야 한다. 또한 지역 지형의 디지털 지도가 있어야 한다. 에미터까지의 지표면상 거리는 시스템의 지표면 투영 지점에서 신호 경로 벡터와 지면의 교차점까지의 거리이다.

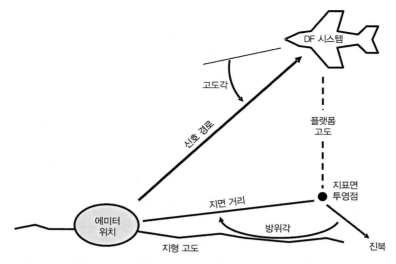

그림 6.41 지표면의 에미터는 방위각과 고도를 측정하여 공중 DF 시스템에서 찾을 수 있다.

6.6.3 다른 위치 파악 방법

정밀 에미터 위치 파악 방법은 나중에 논의되겠지만, 그림 6.42에 도시된 바와 같이 2개의 떨어진 사이트에서 수신된 표적 신호의 파라미터를 비교하여 에미터의 가능한 궤적을 수학적으로 계산한다. 이 기법은 에미터를 궤적에 가깝게 계산할 수 있지만, 일반적으로 궤적은 수 킬로미터 길이이다. 세 번째 사이트를 추가하면 두 번째 및 세 번째 궤적 곡선이 계산될 수 있다. 이 3개의 궤적 곡선은 에미터 위치에서 교차한다.

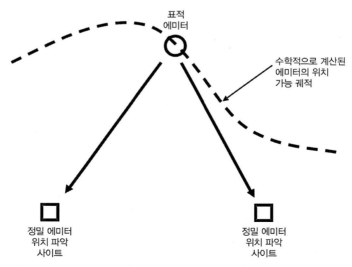

그림 6.42 동일한 신호가 서로 떨어진 두 개의 에미터 위치 파악 사이트에서 수신된 동일한 신호를 분석하여 수학적으로 가능한 에미터의 위치를 결정한다.

6.6.4 RMS 오차

DOA 측정 시스템의 정확도는 일반적으로 RMS root mean square 오차로 기술되는데, DF 시스템의 유효정확도로 간주된다. 이것은 존재할 수 있는 최대 오차를 정의하는 것이 아니다. 매우 큰 피크 오차가 존재하더라도 자주 있지 않다면, 시스템은 비교적 작은 RMS 오차를 가질 수 있다. DF 시스템의 RMS 오차를 정의할 때는 노이즈와 같이 랜덤하게 변화하는 조건으로 인해 오차가 발생하는 것으로 가정한다. 예전에는 시스템 구현 방식으로 인해 시스템적으로 큰 오차가 발생하는 시스템이 있었다. 이러한 몇 가지 큰 오차가 낮은 오차와 함께 평균화되면 허용 가능한 RMS 오차가 발생했다. 그러나 RMS 오차 값을 여러 배 초과하는 예상 가능한 조건이 있었으므로, 에미터 위치 파악의 운용 신뢰성이 떨어졌다. 이러한 종류의 알려진 피크 오차가 처리 과정에서 수정되면 적절한 RMS 오차 사양이 달성된다.

RMS 오차를 결정하기 위해 상당히 균등하게 분포된 주파수와 도래각에서 다수의 DF 측정이 수행된다. 각 데이터 수집 지점에 대해 실제 도래각을 알아야 한다. 지상 시스템에서는 DF 시스템이 장착된 교정된 턴테이블을 사용하거나 DF 시스템에 지정된 것보다 훨씬 높은 정확도로 시험 송신기의 실제 각도를 측정하는 독립적인 추적기를 사용한다(이상적으로 전체 크기의 순서). 공중 DF 시스템에서 실제 도래각은 시험 송신기의 알려진 위치와 관성 항법 시스템 INS 으로부터 결정된 공중 플랫폼의 위치 및 방향으로 계산된다.

DF 시스템으로 DOA를 측정할 때마다 실제 도래각에서 DOA를 뺀 후 제곱한다. 그런 다음 평균화하고 제곱근을 취하면 시스템의 RMS 오차가 된다. RMS 오차는 다음과 같이 두 가지 구성 요소로 나눌 수 있다.

$$(\text{RMS 오차})^2 = (\text{표준 편차})^2 + (\text{평균 오차})^2$$

따라서 평균 오차가 수학적으로 제거되면 RMS 오차는 실제 도래각의 표준 편차와 같다. 오차의 원인을 정규 분포로 간주 할 수 있는 경우 표준 편차는 34%이다. 따라서 그림 6.43에서 볼 수 있듯이 RMS 오차선은 측정된 도래각을 포함할 확률이 68%인 실제 방향선 주변 영역을 나타낸다. 이것을 달리 말하면 시스템이 특정 각도를 측정하면 실제 에미터 위치가 표시된 쐐기 모양 영역 내에 있을 확률이 68%라는 것을 의미한다. 여기서는 데이터 처리 중에 측정된 평균 오차는 제거되었다고 가정한다.

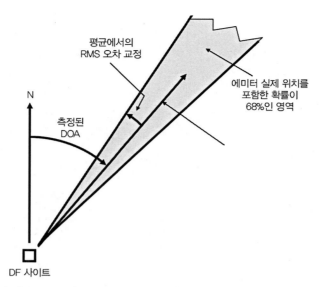

평균에서의
RMS 오차 교정

에미터 실제 위치를
포함한 확률이
68%인 영역

N

측정된
DOA

DF 사이트

그림 6.43 ±RMS 오차 사이의 쐐기 모양 영역－측정된 DOA의 평균 오차는 실제 에미터 위치를 포함할 확률이 68%이다.

6.6.5 교정

교정은 위에서 설명한 대로 오차 데이터 수집부터 시작한다. 그러나 여기서 오차 데이터는 교정 테이블을 생성하는 데 이용된다. 이 테이블은 컴퓨터 메모리에 실려서 측정된 DOA 및 주파수의 많은 값에 대한 각도 보정치를 가진다. 도래각이 특정 주파수에서 측정되면 계산된 각도 오차에 의해 조정되고 정정된 도래각이 보고된다. 측정된 DOA가 두 개의 교정 포인트 (각도 또는 주파수) 사이에 있으면, 저장된 교정 포인트 중 가장 가까운 두 포인트 사이를 보간하여 보정 계수가 결정된다. 일부 특정 DF 기술에는 약간 다른 교정 방식이 사용되어 더 나은 결과를 제공한다. 이러한 기술과 교정방식들이 논의된다.

6.6.6 CEP

원형공산오차circular error probable, CEP는 폭탄을 떨어뜨리거나 발사된 포탄의 절반이 낙하하는 조준점 주변 원의 반지름을 나타내는 폭격 및 포병 용어이다. 이 용어를 에미터 위치 파악 시스템 평가에 사용하면 그림 6.44에 표시된 것처럼 실제 에미터 위치를 포함할 확률이 50%인 원의 반경을 나타낸다. CEP가 작을수록 시스템이 더 정확하다. 90% CEP라는 용어는 실제 에미터 위치를 포함할 확률이 90%인 원을 설명하는 데에도 사용된다. 그림 6.45는 에미터의 위치가 측정된 두 개의 DF 시스템에 대한 CEP 및 RMS 오차를 보인다. 이 두 시스템은 대상에 이상적인 형상(즉 대상에서 볼 때 90°)을 갖는다.

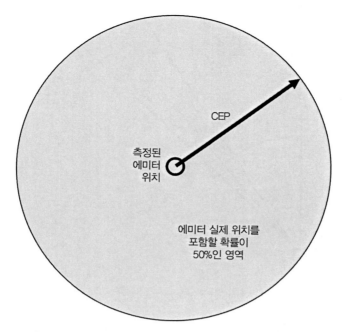

그림 6.44 CEP는 실제 에미터 위치를 포함할 확률이 50%인 에미터 측정 위치 주위의 원 반경이다.

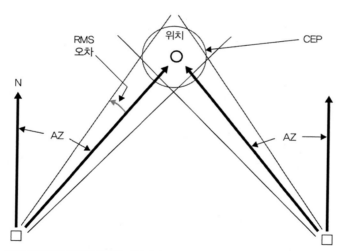

그림 6.45 CEP는 표적 에미터의 측정된 위치를 계산하기 위해 삼각측량하는 두 DF 사이트의 RMS 오류와 관련이 있다.

6.6.7 EEP

타원공산오차elliptical error probable, EEP 는 표적에 대한 이상적인 구조가 아닌 두 사이트에서 위치를 측정한 경우 실제 에미터를 포함할 확률이 50%인 타원이다. 90% EEP도 종종 고려된다. EEP는 그림 6.46과 같이 지도에 그려져 에미터의 측정된 위치뿐만 아니라 지휘관이 위치 측정에 가질 수 있는 신뢰도를 나타낸다.

CEP는 EEP로부터 다음 공식에 의해 결정될 수도 있다.

$$CEP = 0.75 \times SQRT(a^2 + b^2)$$

여기서 a와 b는 EEP 타원의 반장축 및 반단축이다. CEP 및 EEP는 정밀한 에미터 위치 파악 기술에 대해서도 정의되는데, 이후 논의하겠다.

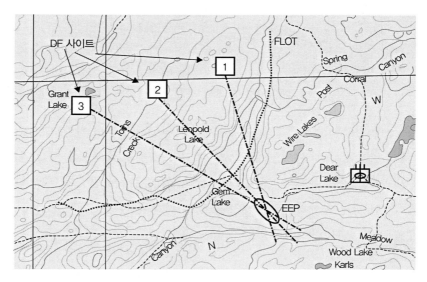

그림 6.46 측정된 에미터 위치에 대한 EEP를 전술지도에 겹쳐서 지휘관에게 측정된 에미터의 위치 정확도에 대한 적절한 신뢰 수준을 제공할 수 있다.

6.6.8 사이트 위치 및 진북(true north) 레퍼런스

삼각측량법 또는 단일 사이트 에미터 위치 파악을 수행하려면 각 DF 사이트의 위치를 알고 프로세스에 입력해야 한다. 도래각AOA 시스템의 경우 기준 방향(일반적으로 진북)이 있어야 한다. 앞에서 언급한 정밀 에미터 위치 파악 기술을 위해서는 사이트 위치가 필요하다. 그림 6.47에 표시된 것처럼, 사이트 위치 및 기준 방향의 오차는 표적 에미터에 대해 산출된 AOA의 오차를 유발한다. 그림은 오차의 영향을 의도적으로 과장해서 보여주고 있다. 일반적으로 현장 위치 및 기준 방향 오차는 측정 정확도 오차의 크기 정도이다. 나중 예제에서 보이는 바와 같이 이러한 오류는 일반적으로 몇 도에 불과하다.

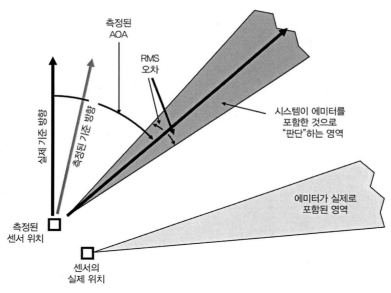

그림 6.47 AOA 시스템에서 센서 위치 오차 및 기준 방향 오차는 보고된 에미터 위치에 부정확성을 유발한다.

그림 6.48은 (여기서도 의도적으로 과장됨) 측정, 사이트 위치 및 기준 방향 오차로 인한 위치 오차를 보여준다. 오차 기여분이 고정되어 있으면, 위치 정확도에 직접 더해야 한다. 사이트 위치 오차는 일반적으로 수정된 것으로 간주된다. 그러나 오차의 원인이 임의적이고 서로 독립적인 경우 함께 'RMS'로 계산된다. 즉 결과 RMS 오차는 다양한 오류 기여도의 제곱 평균의 제곱근이다.

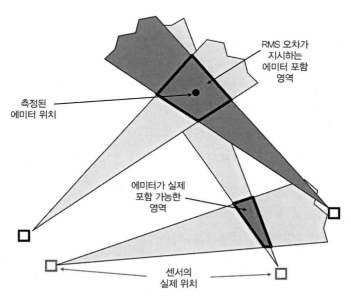

그림 6.48 AOA 시스템에 의한 적 에미터 위치의 정확도는 측정 오차와 센서 위치 및 기준 방향 오차의 함수이다.

1980년대 중반 이전에는 DF 사이트의 위치 파악이 상당히 어려웠다. 지상 기반 DF 시스템은 DF 사이트 위치가 측량 기술에 의해 결정되고 시스템에 수동으로 입력되어야 했다. 진북 레퍼런스는 DF 안테나 배열의 방향을 지정된 방향으로 고정시키거나 안테나 배열 방향을 자동으로 측정하고 입력해야 했다. 자동 진북감지는 이동형 사이트에서 특히 중요했다.

자력계는 현지 자기장을 감지하고 전자적인 출력을 제공하는 기기이다. 기능적으로는 디지털 자기 나침반이다. 자력계가 지상 시스템의 안테나 배열에 통합되면 삼각측량을 수행한 컴퓨터에 자북 magnetic north 레퍼런스가 자동으로 입력될 수 있다. 각 위치에서 방위각 기준을 계산하기 위해 국부적 편차(즉, 진북에 대한 자북의 편차)를 시스템에 수동으로 입력해야 했다. 자력계 정확도는 일반적으로 약 1.5°였다. 그림 6.49에서 볼 수 있듯이 자력계는 종종 AOA 시스템의 DF 배열에 통합되었다. 이를 통해 안테나 배열을 자북으로 향하게 하는 어려운 과정을 피할 수 있어 시스템 구축 시간이 크게 단축되었다.

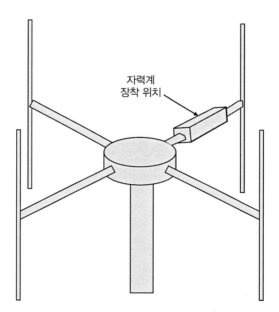

그림 6.49 방향 감지 배열에 장착된 자력계는 자북을 기준으로 배열의 방향을 측정한다.

대형 플랫폼의 함정용 DF 시스템은 수년간 상당히 정확한 함정의 내비게이션 시스템에서 위치 및 기준 방향을 얻을 수 있다. 고도로 훈련된 항해사가 함정의 관성 항법 시스템 intertial navigation system, INS 을 수동으로 보정하여 장기적인 위치와 방향 정확도를 제공할 수 있다.

항공용 DF 시스템은 또한 각 DF 시스템의 위치와 방향을 파악하여 삼각측량 계산에 입력해야 했다. 이것은 항공기의 INS에서 제공되었으며 각 항공기 임무 전에 광범위한 초기화 절차가 필요했다. INS는 그림 6.50과 같이 기계적으로 회전하는 두 개의 자이로스코프(90° 간격)에서 북향 레퍼런스와 3개의 직교 방향 가속도계에서 횡적 위치 레퍼런스를 도출했다. 각 자이로스코프는 회전축에 수직인 각운동만 측정할 수 있으므로 두 개의 자이로스코프가 3차원 방향을 제공해야 한다. 각 가속도계 출력은 횡적 이동속도를 제공하기 위해 한 번 적분되고 위치 변경(각각 1차원)을 계산하기 위해 두 번째로 적분된다. 자이로스코프 및 가속도계는 INS 내에서 기계적으로 제어되는 플랫폼에 장착되었으며, 항공기 조종 시 안정된 방향으로 유지되었다. 항공기가 비행장에서 나침반을 떠난 후 또는 항공모함에서 항공기가 발사된 후 자이로스코프의 드리프트 및 가속도계의 누적오차로 인해 시간과 함께 위치 및 방향 정확도가 선형으로 감소했다. 따라서 항공 플랫폼의 에미터 위치 정확도는 임무기간의 함수였다. 또한 효과적인 항공 DF 시스템은 INS 설치를 지원하기에 충분히 큰 플랫폼(약 2입방 피트)에만 배치될 수 있었다.

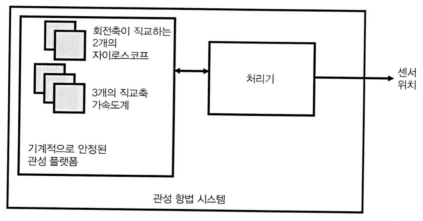

그림 6.50 구식 관성 항법 시스템은 기계적으로 안정화된 관성 플랫폼이 필요했다. 이 관성 플랫폼은 90° 틀어진 2개의 자이로스코프와 3개의 직교 가속도계로 횡적 이동을 측정했다. 위치 및 방향 정확도는 시스템 교정 이후 시간에 따라 선형으로 저하된다.

1980년대 후반에 GPS global positioning system 위성이 궤도에 배치되면서 작고 저렴하면서도 견고한 GPS 수신기가 출시되었다. GPS는 이동형 자산을 찾는 방식에 큰 영향을 미쳤다. 이제는 소형 항공기, 지상 차량 및 심지어 개인의 위치까지도 에미터 위치 파악을 위한 정확도로 전자적으로 자동으로 측정할 수 있다. 이를 통해 많은 저비용 DF 시스템이 훨씬 더 나은 위치 정확도를 제공할 수 있게 되었다.

GPS는 또한 INS 장치의 작동 방식에 큰 영향을 미쳤다. 절대 위치는 언제든지 직접 측정할 수 있으므로 INS 위치 정확도는 더 이상 임무 지속 시간의 함수가 아니다. 그림 6.51과 같이 관성 플랫폼의 입력은 GPS 수신기의 데이터로 업데이트된다. 위치는 GPS를 통해 직접 측정되며 각도 업데이트는 여러 위치 측정으로부터 계산될 수 있다.

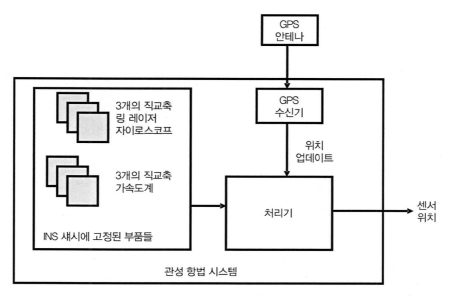

그림 6.51 GPS 보강 관성 항법 시스템은 GPS 수신기의 위치 입력을 사용하여 장기 위치 정확도를 제공한다.

새로운 유형의 가속도계 및 자이로스코프의 개발과 전자기기 소형화로 인해 INS 시스템은 크기와 무게를 크게 줄이고 움직이는 부품 없이 구현할 수 있다. 링 레이저 자이로스코프는 닫힌 경로를 따라 레이저 펄스를 반사한다(세 개의 정밀 거울). 원형 경로를 돌아가는 시간을 측정하여 각속도를 결정한다. 속도는 방향을 결정하기 위해 적분된다. 3축 방향을 결정하려면 3개의 링 레이저 자이로스코프가 필요하다. 압전 가속도계는 이제 스프링에 장착된 구형 중량을 대체하였다. 각속도를 측정하는 초소형 압전 자이로스코프도 있다.

GPS의 추가 가치는 고정 또는 이동형 에미터 위치결정 사이트에서 매우 정확한 시계를 제공하는 것이다. 이 시계 기능은 우리가 논의할 정밀 위치 파악 기술에 필요하다. GPS 수신기/프로세서는 GPS 위성의 원자시계와 동기화된다. 이것은 하나의 인쇄 회로 기판과 안테나에 가상 원자시계를 만드는 효과가 있다. (실제 원자시계는 케이크 상자보다 크다.) 따라서 GPS는 작은 플랫폼에서 정밀한 에미터 위치 파악 기술을 사용할 수 있게 했다.

6.6.9 적정 정확도의 기술

적정 정확도 시스템은 방향탐지기이므로 정확도는 RMS 각도 정확도 측면에서 가장 편리하게 정의된다. 적정한 정확도를 위해 상당히 좋은 숫자는 2.5° RMS이다. 이는 교정 없이 대부분의 DF 접근 방식에서 달성할 수 있는 정확도이다. 나중에 교정에 대해 더 이야기할 것이지만 여기에서의 교정은 전송 신호의 AOA 측정에서 오차를 체계적으로 측정하고 수정하는 것을 의미한다.

많은 적정 정확도 시스템이 사용 중이며 전장정보의 전자적 요구시스템 개발에 적합한 것으로 고려된다. 즉 존재하는 군사 조직의 유형, 물리적 근접성 및 움직임을 분석할 수 있을 만큼 정밀하게 적 송신기의 위치를 파악할 수 있다. 이 정보는 전문분석가가 적의 전투 순서를 결정하고 적의 전술적 의도를 예측하는 데 사용된다.

이들 시스템은 또한 비교적 작고 가벼우며 저렴하다. 일반적으로 시스템 정확도가 높을수록 더 정확한 사이트 위치와 기준이 필요하다. 이는 소규모 (저비용) 시스템에서 중요한 문제였다. 그러나 소형 저비용 관성 측정 장치 inertial measurement units, IMU 의 가용성이 높아짐에 따라 훨씬 쉬워졌다. GPS 위치기준과 결합하여 IMU는 적당한 정확도의 DF 시스템을 위한 적절한 위치 및 각도 기준을 제공할 수 있다.

통신 에미터 위치에 사용되는 두 가지 적정 정확도 기술은 왓슨 와트 방향탐지법과 도플러 방향탐지법이다.

6.6.10 왓슨 와트 방향탐지법

그림 6.52에 보이는 것처럼 왓슨 와트 Watson-Watt DF 시스템에는 짝수(4개 이상)의 안테나와 배열 중앙에 기준 안테나가 있는, 원형으로 배치된 안테나 배열에 연결된 3개의 수신기가 있다. 원형 배열은 약 1/4 파장의 직경을 갖는다.

외부 안테나 중 2개(배열에서 서로 반대)는 2개의 스위치로 연결되어 두 개의 수신기로 입력되고 중앙 기준 안테나는 3차 수신기에 연결된다. 프로세싱에서 2개의 외부 안테나에서의 신호 사이의 진폭 차이는 중심 기준 안테나에서의 신호의 진폭을 참조(즉 나눈 값)한다. 이 신호 조합은 그림 6.53에 표시된 것처럼 세 개의 안테나 주위에 카디오이드 이득 패턴(이득 대 도착 방향)을 생성한다. 다른 쌍의 반대방향 안테나를 수신기 2 및 3으로 스위칭함으로써 제 2 카디오이드 패턴이 형성된다. 따라서 스위칭 시점에 카디오이드에는 두 점을 갖는다. 모든 반대 쌍을 순차적으로 몇 차례 전환한 후 신호의 DOA를 계산할 수 있다.

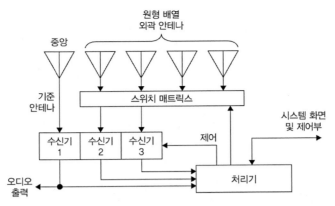

그림 6.52 왓슨 와트 DF 시스템은 여러 개의 외부 안테나와 중앙 기준 안테나가 있는 배열을 사용한다. 외부 안테나의 반대쪽은 수신기 2와 3으로 스위칭된다.

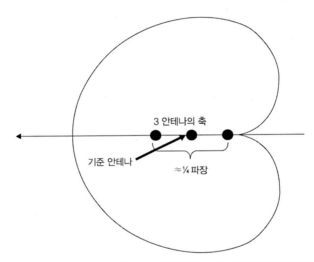

그림 6.53 두 개의 반대쪽 외부 안테나 사이의 차이가 왓슨 와트 배열의 중앙 기준 안테나에 정규화되고 도래각에 따른 카디오이드 안테나 배열 이득 패턴이 결과로 나온다.

왓슨 와트 방식은 모든 유형의 신호 변조에 대해 작동하며 교정 없이 약 2.5° RMS 오차를 얻을 수 있다.

6.6.11 도플러 방향탐지법

그림 6.54와 같이 하나의 안테나가 다른 안테나를 중심으로 회전하면, 이동 안테나 (A)는 고정 안테나 (B)에서 수신된 것과 다른 주파수에서 전송 신호를 수신하게 된다. 이동 안테나가 송신기 쪽으로 이동함에 따라 수신 주파수는 도플러 편이에 의해 증가하고, 멀어질수록 주파수가 감소한다. 이러한 주파수 변화는 정현파이며 전송된 신호의 DOA를 결정하

는 데 사용될 수 있다. 에미터는 그림에서 사인파가 음수로 가면서 0을 지나는 방향에 있다.

실제로는 원형으로 배치된 다수의 안테나가 하나의 수신기 (A)로 순차적으로 스위칭되고, 다른 수신기 (B)는 그림 6.55에 도시된 바와 같이 배열의 중앙 안테나에 연결된다. 시스템이 외부 안테나 중 하나를 수신기 A로 스위칭할 때마다 수신 신호의 위상 변화가 측정된다. 몇 번의 회전 후 시스템은 위상 변화 데이터로부터 주파수의 사인파 변화(안테나 A 대 안테나 B에서)를 구성하여 전송된 신호의 AOA를 결정할 수 있다.

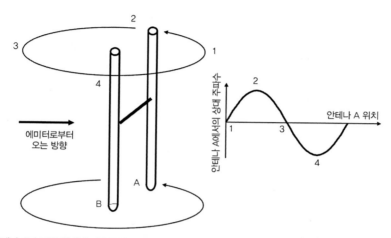

그림 6.54 안테나 A가 고정 안테나 B를 중심으로 회전하는 경우 수신된 방송 신호의 주파수는 에미터 방향에 대한 회전 각도에 따라 정현파 형태로 변한다.

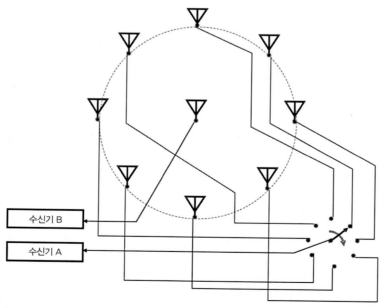

그림 6.55 도플러 DF 시스템에서 외부 안테나는 한 수신기 (A)로 순차적으로 스위칭되고 중앙 안테나는 다른 수신기 (B)에 연결된다.

도플러 기법은 상용으로 널리 사용되며 외부 안테나를 적게는 3개부터 사용하고, 추가로 1개의 중앙 기준 안테나를 가진다. 일반적으로 약 2.5° RMS 정확도를 달성한다. 그러나 이 기술은 외부 안테나의 순차적 스위칭을 통해 변조가 도플러 편이로부터 명확하게 분리될 수 없다면 주파수 변조 신호에 대해 사용하는 데 어려움이 있다.

6.6.12 위치 정확도

그림 6.56에서 보이는 바와 같이 적 에미터 위치의 선형 오차(Δ)는 각도 오차와 에미터까지의 거리의 함수이다. 공식은 다음과 같다.

선형 오차＝tan(각도 오차)×거리

20km 거리라면, 표시된 방향선에서 2.5°의 각도 오차는 873m의 선형 오차(Δ)를 유발한다.

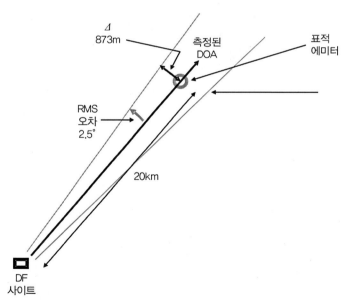

그림 6.56 20km 거리에서 2.5° 각도 오차로 인한 선형 오차는 873m이다.

에미터 위치 파악 시스템의 전술적 유용성을 결정하기 위해 해당 시스템이 달성할 수 있는 CEP를 이용한다. 적정 정확도의 DF 시스템의 유효 위치 정확도를 평가하기 위해 표적 에미터에서 각각 20km 떨어진 두 개의 2.5° DF 시스템에서 제공하는 CEP를 계산한다.

이상적인 전술 구조, 즉 에미터 위치에서 볼 때 두 사이트가 90° 떨어져 있는 경우를 고려한다.

이 상황에 대한 CEP를 계산하기 위해 먼저 그림 6.57과 같이 두 DF 사이트에서 RMS 오차 한계 각도 내에 포함된 영역을 결정한다. 엄격한 수학자를 제외하고 모든 사람들은 이 면적을 측면이 2Δ인 정사각형으로 근사한 것을 양해할 것이다. 6.6.4절에서 논한 바와 같이 DF 시스템의 평균 오차가 RMS 오차에서 제거되면 나머지는 표준 편차 (σ)라는 것을 기억할 것이다. 여기서는 이 문제가 끝났다고 가정한다. 표시된 도착 방향과 1 표준 편차 (1σ) 선 사이의 각도 쐐기 영역은 실제 AOA를 포함할 확률이 34.13%이다.

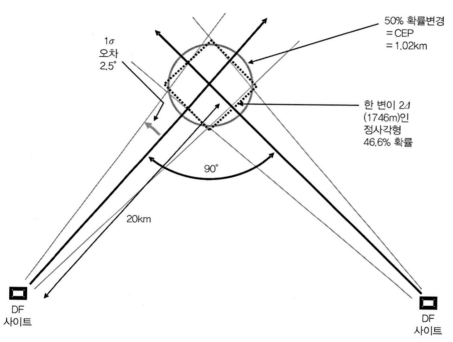

그림 6.57 두 개의 이상적으로 배치된 DF 사이트에서 ± 1σ 선으로 둘러싸인 영역은 실제 에미터 위치를 포함할 확률이 46.6%이다.

두 1σ 선 사이의 정사각형 영역의 가장자리는 2Δ이다. 위에 제시된 수식에 따르면, 사각형에 실제 에미터 위치가 포함될 확률은 46.6%이다. 적 에미터 위치의 CEP는 적 에미터를 포함할 확률이 50%인 원의 반경이다. 다음 공식으로 계산할 수 있다.

$$CEP = sqrt[4\Delta^2 \times 1.074 / \pi]$$

242

1.073항은 에미터를 포함할 가능성이 46.6%인 정사각형을 가능성이 50%로 증가된 원의 반경으로 변경시키는 과정에서 포함된다. 이제 선형 오차 값을 공식에 대입하면 CEP가 1.02km로 결정된다.

6.6.13 고정확도 기법

고정확도 에미터 위치 파악 기법에 대해 이야기할 때는 일반적으로 간섭계 방향탐지기를 의미한다. 간섭계는 일반적으로 1° 정도의 RMS 오차를 제공하도록 교정될 수 있다. 일부 구조는 그보다 나은 성능을 제공하고 일부 구조는 정확도가 떨어진다. 간섭계는 방향탐지기로서 신호의 AOA만 결정한다. 에미터의 위치는 앞에서 논의한 삼각측량법 중 하나로 결정된다.

다음 절에서는 단일 베이스라인 간섭계에 대해 논의한 다음 코릴레이션 및 다중 베이스라인 간섭계에 대해 다룰 것이다.

6.6.14 단일 베이스라인 간섭계

사실상 모든 간섭계 시스템은 다중 베이스라인을 사용하지만 단일 베이스라인 간섭계는 한 번에 하나의 베이스라인을 사용한다. 다중 베이스라인이 있으면 모호성을 해결할 수 있다. 또한 다중 경로 및 기타 장비 기반 오차 요인의 영향을 줄이기 위해 여러 개의 독립적인 측정을 평균할 수 있다.

그림 6.58은 간섭계 DF 시스템의 기본 블록 다이어그램이다. 2개의 안테나로부터 온 신호의 위상이 비교되고 신호의 DOA는 측정된 위상의 차로부터 결정된다. 전송된 신호를 빛의 속도로 이동하는 사인파로 생각한다. 진행 사인파의 한 사이클(360° 위상)을 파장이라고 한다. 전송된 신호의 주파수와 해당 파장 간의 관계는 다음 공식으로 정의된다.

$$c = \lambda f$$

여기서 c는 빛의 속도(3×10^8 m/s), λ는 파장(미터), f는 초당 사이클 단위의 주파수(단위는 1/초)이다.

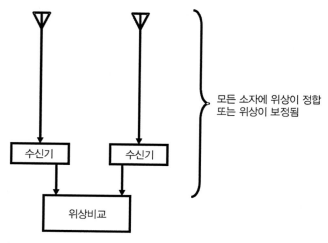

그림 6.58 간섭계는 두 안테나에서 신호의 위상을 비교하고 위상차를 사용하여 도달 각도를 계산한다.

간섭계의 원리는 그림 6.59와 같이 간섭계 삼각형을 고려하여 가장 잘 설명된다. 그림 6.58의 두 안테나는 베이스라인을 형성한다. 두 안테나 사이의 거리와 정확한 위치는 정확하게 알려져 있다고 가정한다. 파면은 신호가 방향탐지 스테이션에 도달하는 방향에 수직인 선이다. 이것은 도착 신호에 대한 동일 위상의 선이다. 신호는 송신 안테나에서 구형으로 퍼져 나가므로 파면은 실제로 원의 일부이다. 그러나 베이스라인은 송신기와의 거리보다 훨씬 짧다고 가정할 수 있으므로 파면을 직선으로 그리는 것은 합리적이다. 스테이션의 정확한 위치는 베이스라인의 중심이 된다. 신호는 파면을 따라 동일한 위상을 가지므로 지점 A와 지점 B의 위상은 동일하다. 따라서 두 안테나에서의 신호들(즉 포인트 A 및 C) 사이의 위상차는 포인트 B 및 C에서의 신호 사이의 위상차와 동일하다.

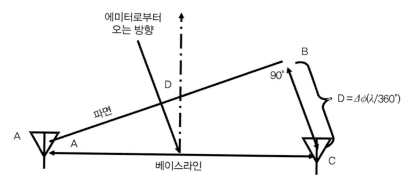

그림 6.59 간섭계의 작동은 간섭계 삼각형을 고려하면 잘 이해할 수 있다.

BC 선의 길이는 다음 공식으로부터 계산할 수 있다.

$$BC = \Delta\Phi(\lambda\,/\,360°)$$

여기서 $\Delta\Phi$는 위상차이고 λ는 신호 파장이다. 다이어그램에서 B 지점의 각도는 정의에 따라 90°이므로 A 지점의 각도(각도 A라고 함)는 다음과 같이 정의된다.

$$A = \arcsin(BC\,/\,AC)$$

여기서 AC는 베이스라인의 길이이다.

간섭계가 해당 각도에서 최대 정확도를 제공하기 때문에 신호의 AOA는 중심점에서 베이스라인에 대한 수직선에 대해 보고된다. 여기서 위상각 대 각도의 비율은 최대이다. 추론해보면 각도 D가 각도 A와 같다는 것을 알 수 있다.

간섭계는 거의 모든 유형의 안테나를 사용할 수 있다. 그림 6.60은 항공기 표면이나 선박 선체와 같은 금속 표면에 장착될 수 있는 전형적인 간섭계 배열을 보여준다. 그림과 같이 수평 배열은 방위 도래각을 측정하고 수직 배열은 고도 AOA를 측정한다. 이 안테나는 캐비티형 스파이럴 cavity-backed spirals 로, 전후방 이득비율이 크므로 180°의 각도 커버리지만 제공한다. 이 배열에서 안테나의 간격은 정확성과 모호성을 결정한다. 끝 쪽 안테나는 간격이 매우 크기 때문에 뛰어난 정확도를 제공한다. 그러나 위상 응답은 그림 6.61에 그려져 있다. 동일한 위상차(두 안테나의 신호 간)는 몇 가지 다른 도래각을 나타낼 수 있다. 이 모호성은 반파장 이하 간격으로 이격되어 모호성이 없는 두 개의 왼쪽 안테나에 의해 해결된다.

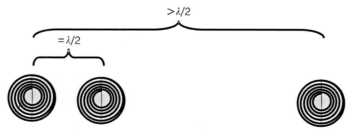

그림 6.60 3개의 캐비티형 스파이럴 안테나는 항공기 또는 선박의 간섭계 방향탐지에 종종 사용된다.

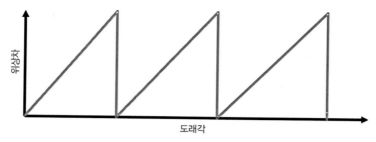

그림 6.61 반파장보다 훨씬 더 떨어진 두 안테나의 위상차 대 도래각은 매우 모호하다.

지상 기반 시스템은 종종 그림 6.62에 표시된 것처럼 수직 다이폴 배열을 사용한다. 그림 6.61에 표시된 모호성을 피하기 위해 안테나 이격 거리는 반파장보다 작아야 한다. 그러나 안테나 이격 거리가 파장의 10분의 1 미만이면 간섭계는 부정확한 것으로 간주된다. 따라서 단일 배열은 5대 1 주파수 범위에서만 방향탐지를 할 수 있다. 일부 시스템에는 여러 개의 다이폴 배열이 수직으로 쌓여 있다. 각 배열에는 서로 다른 길이와 간격을 가진 다이폴을 가지고 있다(작고 가까운 다이폴은 높은 주파수 범위에서 사용됨). 그림 6.63과 같이 4개의 안테나가 6개의 베이스라인을 만든다. 이 다이폴 배열은 360° 방위각을 커버하기 때문에 간섭계는 그림 6.64와 같이 앞뒤 모호성을 갖는다. 표시된 두 각도 중 하나에서 도달하는 신호는 동일한 위상차를 생성하기 때문이다. 이 문제는 다른 안테나 쌍으로 두 번째 측정을 수행하여 그림 6.65와 같이 해결된다. 실제 AOA는 두 측정에서 상관관계가 있지만 모호성으로 생겨난 AOA는 상관관계가 없다.

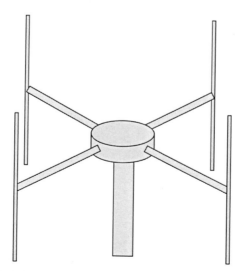

그림 6.62 지상 기반 간섭계는 종종 수직 다이폴 안테나 배열을 사용하여 360° 커버리지를 제공한다.

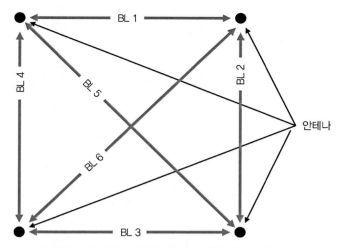

그림 6.63 4개의 안테나 배열에는 6개의 간섭계 베이스라인이 있다.

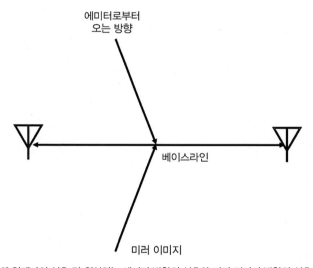

그림 6.64 두 360° 안테나의 신호 간 위상차는 에미터 방향의 신호와 미러 이미지 방향의 신호에 대해 동일하다.

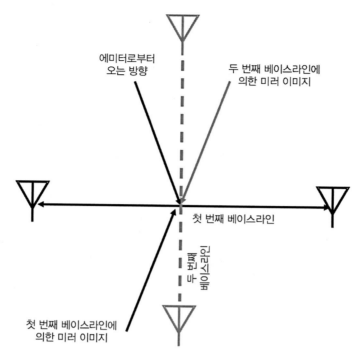

에미터로부터
오는 방향

두 번째 베이스라인에
의한 미러 이미지

첫 번째 베이스라인

두 번째 베이스라인

첫 번째 베이스라인에
의한 미러 이미지

그림 6.65 두 번째 베이스라인은 첫 번째 베이스라인과 다른 도래각에서 앞뒤 모호성을 갖는다.

그림 6.66은 일반적인 간섭계 DF 시스템을 보여준다. 안테나들은 한 번에 두 개씩 위상이 비교되도록 스위칭되고 DOA가 측정된다. 안테나가 4개인 경우 6개의 베이스라인이 순차적으로 사용된다. 신호 경로 길이의 작은 차이를 맞추기 위해 두 개의 안테나 입력을 뒤바꾸어 각 베이스라인을 두 번 측정하는 경우가 종종 있다. 12개의 AOA 결과가 평균화되고 DOA가 보고된다.

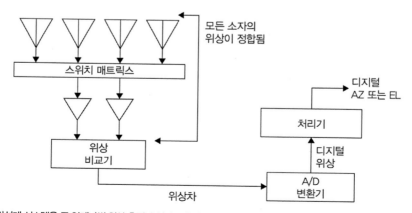

모든 소자의
위상이 정합됨

스위치 매트릭스

디지털
AZ 또는 EL

처리기

위상
비교기

디지털
위상

A/D
변환기

위상차

그림 6.66 간섭계 시스템은 두 안테나씩 위상 측정 수신기로 순차적으로 스위칭하여 각 베이스라인에 대해 도래각을 차례로 계산한다.

6.6.15 다중 베이스라인 정밀 간섭계

일반적으로 다중 베이스라인 간섭계는 마이크로파 주파수에만 적용되지만, 안테나 배열의 길이를 수용할 수 있는 한 모든 주파수 범위에서 사용할 수 있다. 그림 6.67에는 반파장보다 큰 베이스라인이 여러 개 있다. 그림에서 베이스라인은 반파장의 5, 14 및 15배이다.

세 베이스라인을 이용한 위상 측정은 모듈로 산술을 사용하여 단일 계산에 사용되어 AOA를 결정하고 모든 모호성을 해결한다. 이 유형의 간섭계의 장점은 단일 베이스라인 간섭계보다 최대 10배 높은 정확도를 생성할 수 있다는 것이다. 낮은 주파수에서의 단점은 배열이 매우 길어진다는 것이다.

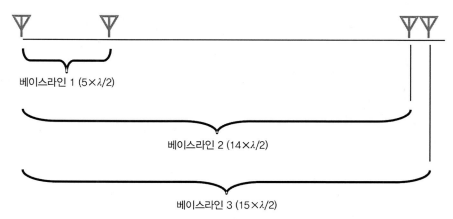

그림 6.67 다중 베이스라인 정밀 간섭계는 여러 개의 매우 긴 베이스라인의 위상차로부터 도래각을 높은 정밀도로 계산한다.

6.6.16 코릴레이션 간섭계

코릴레이션 간섭계 시스템은 일반적으로 5~9개의 많은 안테나를 사용한다. 각 안테나 쌍마다 베이스라인을 생성하므로 많은 베이스라인이 있다. 안테나는 반파장 이상, 일반적으로 그림 6.68에 표시된 것처럼 1에서 2개의 파장으로 이격되어 있다. 모든 베이스라인에서 계산에 모호성이 있다. 그러나 많은 DOA 측정으로 상관 데이터의 강인한 수학적 분석이 가능하다. 올바른 AOA는 더 큰 코릴레이션 값을 가지는 것으로 보고된다.

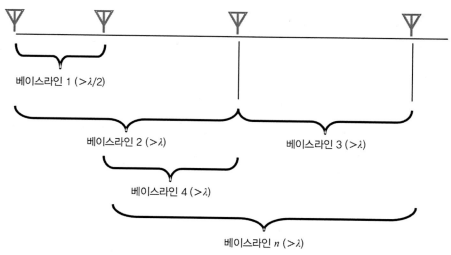

그림 6.68 코릴레이션 간섭계는 많은 베이스라인을 사용하며 모두 반파장보다 크다.

6.6.17 고정밀 에미터 위치 파악 기법들

일반적으로 이러한 기술은 표적 위치 파악을 지원하기에 충분한 정확도로 에미터 위치를 제공한다. 즉, 위치 정확도는 무기의 폭발반경(수십 미터)과 같아야 한다. 그러나 매우 정확한 위치 파악에서 이익을 얻을 수 있는 다른 애플리케이션이 있다(예 : 두 개의 에미터가 같은 위치에 있는지 확인).

다음 절에서 TDOA time difference of arrival 와 FDOA frequency diference of arrival 의 두 가지 정밀 기술과 두 기술의 조합에 대해 설명한다. TDOA와 FDOA는 각 수신기 사이트에 매우 정확한 기준 발진기가 있어야 한다. 이전에는 각 위치에서 원자시계가 필요했지만 이제 GPS는 훨씬 작고 가벼우면서도 동일한 기능을 제공한다.

6.6.18 TDOA

TDOA는 신호가 빛의 속도로 이동한다는 사실에 기반을 둔다. 따라서 단일 신호는 그림 6.69와 같이 거리 차이에 비례하는 시간 차이로 두 수신 사이트에 도착한다. 신호가 송신기를 떠난 정확한 시간과 각 수신기에 도달한 시간을 알면 각 수신기 사이트에서 송신기까지의 거리를 계산할 수 있으므로 정확한 에미터 위치를 알 수 있다. 이것은 GPS와 같이 전송된 신호가 전송된 시각 정보를 가지고 있는 협력적인 시스템에 적용된다.

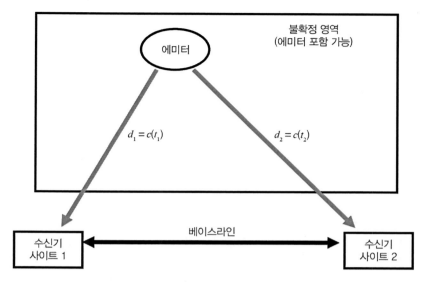

그림 6.69 신호가 빛의 속도로 이동하기 때문에 도달 시간 차이는 두 수신 사이트까지의 거리 차이에 비례한다.

그러나 적 신호를 처리할 때 신호가 송신기를 떠나는 시간을 알 수 있는 방법이 없다. 따라서 우리는 두 신호가 도착한 시간의 차이만 결정할 수 있다. 통신 신호가 연속적이기 때문에 이 도달 시간 차이를 결정하는 유일한 방법은 에미터에 가장 가까운 수신기의 수신 신호를 두 신호의 변조가 코릴레이션될 때까지 지연시키는 것이다(그림 6.70 참조). 이를 위해서는 각 수신기에 가변 지연 기능이 있어야 한다(두 수신기 중 어떤 것이 에미터에 가까울지 모름). 상대적 지연을 시키는 범위만큼 가능한 에미터 위치 영역을 탐색하는 것이 된다.

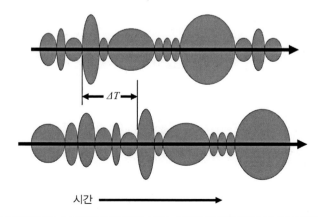

그림 6.70 두 개의 거리 스테이션에서 수신된 단일 아날로그 신호는 동일한 변조를 갖지만 거리의 차이에 의해 시간적으로 오프셋 된다.

실제로는 수신된 변조는 상대 지연이 변경될 때마다 각각의 수신기에서 디지털화되고 마지막 단계에서는 디지털 신호가 한 곳으로 모여 코릴레이션된다. 높은 코릴레이션 정확도(수십 나노초)를 위해서는 수신된 신호가 매우 빠른 속도로 샘플링되고 디지털화되어야 한다. 이를 위해서는 두 수신 사이트와 코릴레이션이 수행되는 위치 사이에 상당한 링크 대역폭이 필요하다. 그림 6.71에서 볼 수 있듯이 이 두 디지털 신호의 코릴레이션은 지연이 두 수신기에서 신호 도착 시간의 차이와 같을 때 부드러운 코릴레이션 피크를 형성한다.

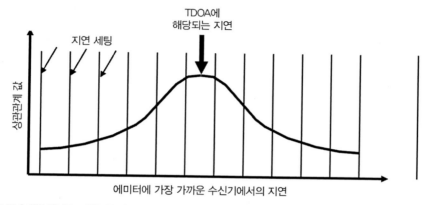

그림 6.71 두 수신된 아날로그 신호 중 하나를 지연시키면 지연이 도달 시간차와 같을 때 부드러운 코릴레이션 피크를 생성한다.

표적 에미터가 디지털 신호를 전송하고 두 수신 사이트에서 수신된 신호를 복조하여 디지털 데이터를 복구할 수 있는 경우, 두 수신기는 동일한 디지털 신호(상대 전파 지연에 의해 시간상 오프셋)를 출력하므로 코릴레이션이 더 정밀해질 수 있다. 디지털 신호의 자기 코릴레이션은 상대 지연이 변함에 따라 소위 압정 모양의 코릴레이션을 형성한다. 두 디지털 신호가 동기화되지 않은 경우 코릴레이션은 약 50%이다. 가장 가까운 수신기의 신호가 도착 시간의 차이(1비트 이내)만큼 지연되면 상관관계가 50% 이상으로 상승한다. 두 신호의 데이터를 동기화하는 데 지연이 적절할 경우 코릴레이션이 약 100%로 증가한다. 이것을 압정형 코릴레이션이라고 하며 그림 6.72에 나와 있다. 이것은 전송된 비트주기보다 작은 지연 증분을 요구하기 때문에 실용적이지 않을 수 있다는 점에 유의해야 한다. 불확실성 영역(그림 6.69에서와 같이)이 크면 코릴레이션 처리 시간이 매우 길어지거나 링크 대역폭이 비실용적이 될 수 있다.

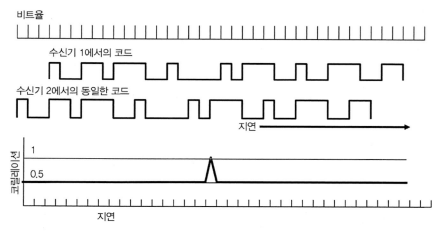

그림 6.72 두 개의 디지털 신호가 동일하면 한 신호를 시간 영역에서 움직일 때 동기화되는 지점에서 뾰족한 코릴레이션 피크를 생성한다.

6.6.19 등시선

시차를 알면 거리의 차이를 알 수 있다. 거리 차가 고정된 경우 공간에서 쌍곡면을 정의한다. 이 표면은 쌍곡선 위치 등고선에서 지구를 가로지르며(평평한 지구라고 가정함) 등시선 isochrones 이라고 한다. 에미터는 이제 이 쌍곡선을 따라 있는 것을 알 수 있다. 시차가 매우 정확하게 측정되면 에미터는 이 선(수십 미터)에 매우 가깝지만 선의 길이는 무한하다. 그림 6.73은 각각 다른 TDOA를 위한 등시선 그룹을 보여준다.

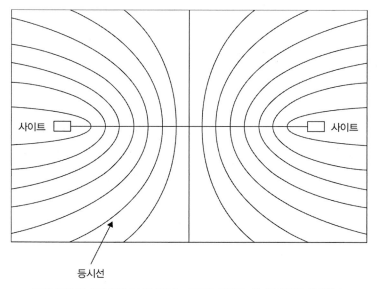

그림 6.73 각 시차 값은 등시선이라는 쌍곡선 궤적의 가능한 위치를 생성한다.

신호의 실제 위치는 그림 6.74와 같이 세 번째 수신 사이트를 이용하여 결정된다. 각 수신 사이트 쌍은 베이스라인을 형성한다. 각 베이스라인은 등시선을 정의한다. 그림에 표시된 두 베이스라인의 등시선은 에미터 위치에서 교차한다. 실제로 방출기 위치에서 다른 2개를 가로 지르는 세 번째 등시선을 정의할 세 번째 기준선(수신기 1과 3으로 구성됨)이 존재한다.

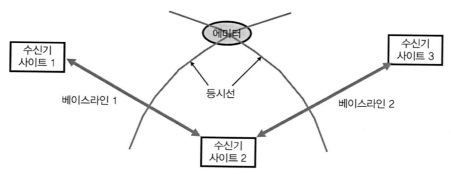

그림 6.74 표적 에미터는 두 베이스라인의 등시선 교차점에 있다.

6.6.20 FDOA

이 기술은 움직이는 플랫폼을 필요로 하며 주로 지표면의 고정 에미터에 유용하다. 송신기 또는 수신기가 움직이고 있을 때 수신된 신호는 전송된 주파수와 다른 주파수에서 수신된다. 고정 송신기와 이동 수신기가 있다고 하면, 도플러 편이로 인한 주파수 차이는 다음 공식에 의해 결정된다.

$$\Delta F = F \times V \times \cos(\theta)/c$$

여기서 ΔF는 전송 주파수에서 도플러 편이를 뺀 수신 신호의 변화이며 F는 전송 주파수, V는 이동 수신기의 속도, θ는 수신기의 속도 벡터와 신호의 DOA 사이의 실제 각도 그리고 c는 빛의 속도이다.

그림 6.75는 각각 동일한 신호를 수신하는 두 개의 이동 수신기를 보여준다. 각 수신기는 속도 벡터와 표적 신호의 도래각에 의해 결정된 주파수에서 신호를 수신한다. 두 개의 이동 수신기는 베이스라인을 형성한다. 각 수신기에서 수신된 주파수는 전송된 주파수와 도플러 편이 $(F + \Delta F)$이다. FDOA는 수신된 두 주파수의 차이이다.

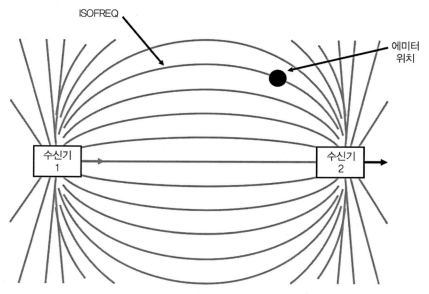

ISOFREQ

에미터
위치

수신기
1

수신기
2

그림 6.75 각 도착 주파수 차이는 에미터의 위치를 포함하는 등고선을 정의한다.

어떤 도달 주파수 차이에 대해서도 측정된 주파수 차이를 생성하는 모든 에미터 위치의 궤적인 복잡한 곡면이 존재한다. 표적 에미터가 지표면상에 있는 경우 곡선 궤적 표면은 에미터 위치의 가능한 궤적인 지표면 곡선을 정의한다.

2개의 수신기는 임의의 속도 벡터(즉 임의의 방향을 향한 임의의 속도)를 가질 수 있기 때문에, 이 곡선의 형상은 매우 다양할 수 있다. 사람의 눈으로 쉽게 볼 수 있도록 그림 6.75는 꼬리 추적에서 반드시 필요한 것은 아니지만 두 수신기가 동일한 속도로 같은 방향으로 이동하는 특수한 경우를 위해 그려졌다. 이 그림은 동일주파수 isofreq 라는 주파수 차이값 곡선 군을 보여준다. 또한 때때로 동일 도플러 isoDopps 라고도 한다. 각 isofreq는 특정 FDOA에 대한 가능한 에미터 위치이다. 에미터가 이 그림에 표시된 것과 같으면 시스템은 수신기 1과 2에 의해 형성된 베이스라인 위의 FDOA에서 표시된 isofreq 라인을 따른다는 것을 알 수 있다.

실제 에미터 위치를 결정하려면 그림 6.77과 같이 세 번째 이동 수신기를 추가해야 한다. 이제 두 번째 베이스라인은 수신기 2 및 3에 의해 형성되고, 두 번째 isofreq이 계산될 수 있다. 이 두 번째 isofreq은 에미터 위치에서 처음 교차한다. TDOA 기법과 마찬가지로 실제로 수신기 1과 3에 의해 형성된 세 번째 베이스라인이 있으며, 에미터 위치를 통과하는 세 번째 isofreq을 만든다.

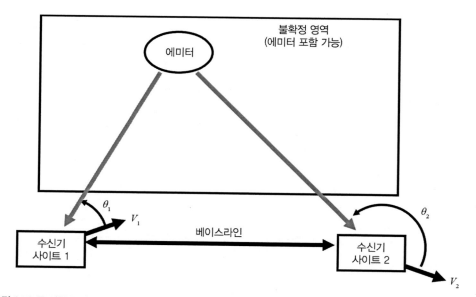

그림 6.76 두 이동 플랫폼의 수신기는 플랫폼의 속도 벡터에 따라 한 에미터로부터 서로 다른 주파수의 신호를 수신한다.

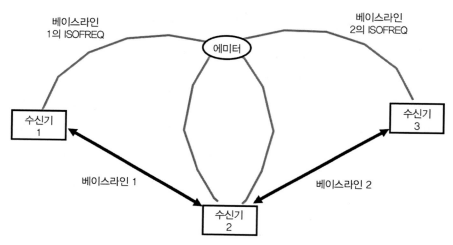

그림 6.77 에미터 위치는 두 기준선의 ISOFREQ 교차점으로 결정된다.

6.6.21 주파수 차이 측정

　FDOA 시스템은 각 수신기 위치에서 수신된 신호의 주파수만 측정한다. 과거에는 세슘 빔 시계를 사용하는 매우 정확한 주파수 레퍼런스가 필요했지만 이제는 GPS 수신기에서 출력되는 주파수 레퍼런스를 사용할 수 있다. TDOA와는 달리 시간이 많이 걸리는 코릴레이션 절차를 수행할 필요는 없다. 주파수는 단순히 각 위치에서 측정되며 값들은 차감된다. 이는 3개의 수신기 플랫폼을 FDOA 계산을 수행하는 곳까지 연결하는 협대역 데이터 링크로 달성할 수 있다.

그러나 에미터가 움직이면 그 움직임으로 인해 3개의 수신기의 움직임으로 인한 것과 비슷한 크기의 도플러 편이가 발생한다. 따라서 적절한 isofreq 등고선을 결정하기가 어렵다. 많은 이동 수신기(각 수신 주파수 측정)와 매우 강력한 처리 기능이 없으면 이동 표적 에미터에 대해 FDOA를 수행하는 것이 실용적이지 않을 수 있다.

6.6.22 TDOA와 FDOA

TDOA 수신기와 같은 FDOA 수신기의 중요한 요소는 매우 정확한 시간/주파수 레퍼런스가 존재해야 한다는 것이다. GPS의 광범위한 가용성으로 작은 이동 플랫폼에서 구현할 수 있다. 이것은 수신기가 헬리콥터 또는 고정익 항공기에 장착될 때 TDOA 및 FDOA가 모두 수행됨을 의미한다. 그림 6.78에서 볼 수 있듯이 각 베이스라인을 통해 등시선 및 isofreq 형상을 모두 계산할 수 있다. 이것은 각 베이스라인이 등시선과 isofreq의 교차점에서 에미터 위치를 결정할 수 있음을 의미한다.

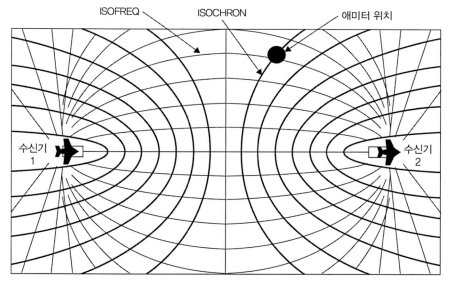

그림 6.78 두 이동 플랫폼에 대해 도착 시간과 주파수 차이가 모두 결정되면 등시선과 ISOFREQ가 모두 정의된다.

보통 3개의 수신기 플랫폼이 있기 때문에, 에미터 위치를 통해 3개의 베이스라인과 6개의 등고선을 정의할 수 있다(3개의 등시선 및 3개의 isofreq). 측정 파라미터를 추가할 경우 TDOA 또는 FDOA 처리만으로 제공되는 것보다 더 나은 위치 정확도를 허용한다.

6.6.23 TDOA와 FDOA 에미터 위치 파악 시스템을 위한 CEP 산출

정밀 에미터 위치 파악 시스템에 대한 EEPelliptical error probable는 계산된 에미터 위치를 중심으로 맵에 표시된다. 계산된 에미터 위치뿐만 아니라 위치의 정확성에 대한 신뢰도를 설명한다. 모든 에미터 위치 파악 방식에서와 같이 EEP는 실제 에미터 위치를 포함할 확률이 50%인 타원이다. 90% EEP의 확률은 90%이다. 그러나 다른 에미터 위치 파악 방식과 비교할 때 중요한 파라미터는 CEP 또는 90% CEP이다. 앞에서 언급했듯이 CEP는 다음 공식으로 EEP와 관련이 있다.

$$CEP = 0.75 \times SQRT(a^2 + b^2)$$

여기서 a와 b는 EEP 타원의 반장축 및 반단축이다.

6.6.24 TDOA와 FDOA에 대한 닫힌 수식을 제공하는 참고문헌

참고문헌 [2]는 TDOA 에미터 위치 파악 시스템에 의해 생성된 등시선의 1 표준 편차 (1σ) 폭과 다양한 오차 요인에 의한 FDOA 에미터 위치 파악 시스템 isofreq에 대한 닫힌 수식을 제공한다.

그림 6.79에 표시된 ±1σ 선은 등시선 또는 isofreq의 폭, 즉 선의 실제 경로에 대한 불확실성을 정의한다. 정규 분포 함수(즉 오차의 양)에서 1σ는 답이 정확한 값에 가까울 확률이

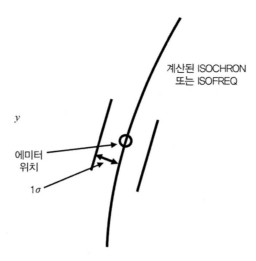

그림 6.79 등시선 또는 ISOFREQ의 '폭'은 종종 계산된 곡선에서 ±1σ 등고선의 간격으로 정의된다.

34.13%인 지점이다. 따라서 실제 에미터 위치가 ±1σ 라인 사이에 있을 확률은 68.26%이다. 그림 6.80에서 두 기준선의 등시선 또는 isofreq은 계산된 에미터 위치에서 교차한다. 두 베이스라인의 ±1σ 라인은 실제 에미터 위치를 포함할 확률이 46.59%인 평행사변형을 형성한다(오류 함수가 가우시안이라고 가정).

평행사변형과 같은 방향으로 타원을 그리면서 그림 6.81과 같이 실제 에미터 위치를 포함할 확률이 50%인 영역을 정의하면 EEP가 된다. 기하학적 오차 요인만을 사용하는 CEP 공식은 [3]에서도 논의되며, 탐지구조에서 평행사변형을 정의하는 방법도 제공한다. EEP 타원의 수치와 CEP의 관계는 [4]를 참조하였다.

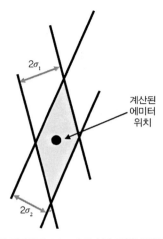

그림 6.80 두 기준선의 ±1σ 오류 선은 평행사변형을 형성한다.

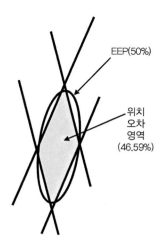

그림 6.81 평행사변형의 면적이 1.073배이고 방향이 일치하는 타원이 EEP이다.

6.6.25 분산형 플롯

TDOA 또는 FDOA 에미터 위치 파악 시스템에 대한 EEP 및 CEP를 결정하는 것보다 정확한 방법은 하나의 탐색구조에 대해 컴퓨터에서 여러 번 위치 계산을 수행하는 것이다 (1,000회 정도). 각 계산 중에 각 변수의 값은 확률 분포(예: 표준 편차가 명시된 가우시안) 에 따라 임의로 선택된다. 각 계산에 대해 올바른 에미터 위치를 기준으로 계산된 위치를 플롯한다. 그런 다음 실제 에미터 위치를 중심으로 타원을 그리고 플롯된 에미터 위치의 50%(또는 90%)를 포함하도록 크기를 조정한다. 그림 6.82는 이러한 EEP를 보여준다.

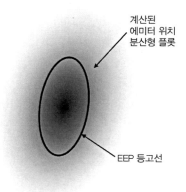

계산된
에미터 위치
분산형 플롯

EEP 등고선

그림 6.82 정규 분포된 오차 값을 포함하여 시뮬레이션으로 수행된 TDOA 또는 FDOA 측정치로 플롯된 위치들은 타원형 패턴을 형성한다. 이 점들의 50%를 포함하는 타원이 EEP이다.

6.6.26 저피탐 에미터의 정밀 위치 파악

저피탐low probability of intercept, LPI 에미터의 정확한 위치 파악과 관련된 중요한 문제들이 있다. 이에 대해서는 7장에서 다룰 것이다.

6.7 통신 재밍

통신의 목적은 정보를 한 장소에서 다른 장소로 가져가는 것이다. 그렇다면 통신 재밍의 목적은 적의 정보가 의도한 위치에 도달하지 못하도록 하는 것이다. 그림 6.83은 통신 재밍 상황을 보여준다. 송신기에서 수신기로의 원하는 신호 링크 및 재머에서 수신기로의 재밍 링크가 있다. 원하는 신호 송신기 전력(P_S)은 수신기 방향으로 원하는 신호 안테나 이득(G_S)과 결합하여 원하는 신호 유효 방사 전력(ERP_S)을 형성한다. 원하는 신호 송신기로부터 수신기까지의 거리(d_S)는 전파 손실의 계산에 사용된다. P_J, G_J, ERP_J 및 d_J는 재밍 링크에 사용하는 등가값들이다. 다른 재밍과 마찬가지로 통신 재밍은 원하지 않는 신호가 원하는 신호를 제대로 수신할 수 없는 방식으로 수신기에 의해 수신되게 하는 것과 관련된다. 그림의 각 링크는 앞에서 설명한 통신 링크이다. 원하는 신호 링크에서 수신된 전력을 S라고 하며 다음 공식에서 결정된다.

$$S = ERP_S - L_S + G_R$$

여기서 S는 수신기에서 원하는 신호 수신 전력(dBm 단위), ERP_S는 수신기 방향으로의 원하는 신호 송신기의 유효 복사 전력(dBm 단위), L_S는 원하는 신호 송신기와 수신기 사이의 링크 손실(데시벨 단위)이고 G_R은 원하는 신호 송신기 방향의 수신 안테나 이득(데시벨 단위)이다.

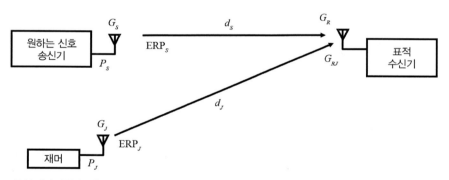

그림 6.83 통신 재밍 상황에는 원하는 신호 송신기에서 수신기로 이어지는 원하는 신호 링크와 재머에서 수신기로 이어지는 재밍 링크를 포함한다.

재머로부터 수신된 전력을 J라고 하며 다음 공식에 의해 결정된다.

$$J = ERP_J - L_J + G_{RJ}$$

여기서 J는 수신기에서의 재밍 신호 수신 전력(dBm 단위)이고, ERP_J는 수신기 방향으로의 원하는 신호 송신기의 유효 방사 전력(dBm 단위)이며, L_J는 재머와 수신기 간의 링크 손실(dB 단위), G_{RJ}는 재머 방향으로의 수신 안테나 이득(데시벨 단위)이다.

이러한 각 링크의 손실에는 6.4절 및 5장에서 논의된 모든 요소가 포함된다.

- LOS 또는 2선 전파 손실
- 대기 손실
- 비손실
- KED

이러한 손실은 각 링크에 적절하게 적용된다. 두 링크는 동일한 전파 모델을 가질 필요는 없다.

6.7.1 수신기 재밍

송신기가 아니라 항상 수신기를 재밍해야 한다. 이것은 분명해 보이지만 복잡한 상황에서는 혼동되기 쉽다. 이 문제에서 특정한 혼란의 원인은 레이다 재밍에서 비롯된다. 레이다는 일반적으로 송신기와 수신기가 동일한 위치에 있고(일반적으로 동일한 안테나를 사용함) 레이다를 후방으로 재밍하는 것, 즉 전송된 신호가 발생하는 위치로 전파방해 신호를 전송하는 것이 바람직하다. 통신 신호는 서로 다른 위치에 송신기와 수신기가 있어야 하므로 송신기가 아닌 수신기를 재밍해야 한다는 것을 기억해야 한다. 예를 들어, 그림 6.84와 같이 UAV 데이터 링크를 재밍하는 경우 데이터 링크가 정보를 UAV에서 지상국으로 전달하기 때문에 방해 신호를 지상국으로 보내야 한다. UAV로 향하는 재밍은 UAV에서 지상국으로 정보를 전달하기 때문에 데이터 링크에 영향을 미치지 않는다.

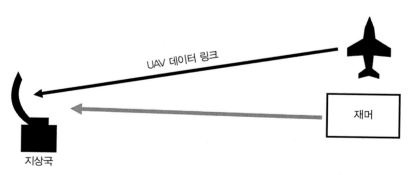

그림 6.84 UAV 데이터 링크는 UAV에서 지상국으로 정보를 전달하므로 재머는 이 링크를 방해하기 위해 지상국으로 브로드캐스트해야 한다.

6.7.2 네트워크 재밍

그림 6.85에 표시된 것처럼 적의 통신망을 재밍하는 경우 모든 적의 통신 스테이션은 대부분 송수신 기능이 있는 송수신기일 가능성이 높다. PTT push-to-talk 네트워크에서는 운영자가 전송 스위치를 눌렀기 때문에 한 스테이션이 전송하고 네트워크의 다른 스테이션이 수신한다. 재밍 신호가 네트워크 영역으로 전송되면 수신 모드에 있는 모든 스테이션에서 재밍 신호를 수신한다. 재머에서 각 수신기로의 신호 흐름은 단방향 링크이다. 개별 링크도 정의될 수는 있다. 그러나 일반적으로 네트워크의 모든 수신기에 대한 평균 재밍 링크를 정의하는 것이 실용적이다. 특정 기법에 대해 논의할 때는 하나의 송신기, 하나의 재머 및 하나의 수신기를 보여주는 도면을 사용하지만 실제로는 해당 수신기가 수신 모드에 있는 적 네트워크 구성원 중 하나일 수 있다. 따라서 대표적인 수신기를 재밍한다는 것은 전체 네트워크를 재밍한다는 것을 의미한다. 그러나 그림 6.86에 표시된 것처럼 재머에서 네트워크의 수신 스테이션까지의 거리에는 상당한 차이가 있을 수 있다. 네트워크에 대한 적절한 통신 재밍 파라미터를 계산할 때 이 점을 고려해야 한다.

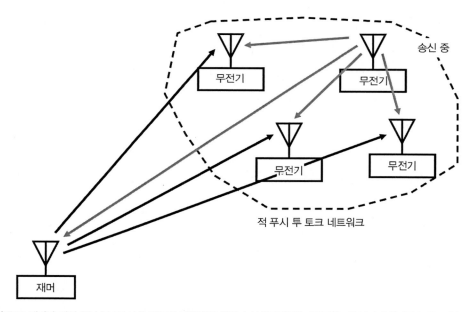

그림 6.85 재머가 적의 푸시 투 토크 네트워크를 재밍하면 현재 수신 모드에 있는 네트워크의 각 송수신기로 브로드캐스트한다. 재머 위치에 있는 수신기 또한 송신국 신호를 수신할 수 있을 것이다.

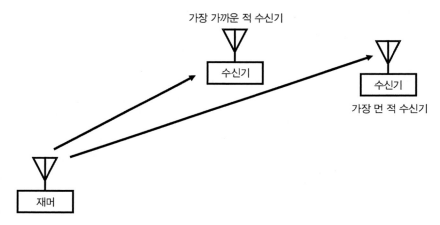

그림 6.86 적의 네트워크를 재밍할 때 가장 먼 네트워크 수신기까지의 링크 거리를 고려해야 한다.

이 다이어그램에서 지적해야 할 또 다른 포인트는 이 송신국 또한 재머와 관련된 수신기로부터 수신될 수 있다는 것이다. 이것은 인터셉트 링크이며 7장에서 나중에 설명할 복잡한 재밍 기법의 중요한 고려사항이 될 것이다.

6.7.3 재밍 대 신호비

수신된 재밍 신호 전력 대 수신기에서의 수신된 원하는 신호 전력의 비를 재밍 대 신호비(J/S)라고 하며, 일반적으로 데시벨로 표시한다. 수신된 전력 값이 모두 dBm(즉, 로그)이므로 J에서 S를 빼서 J/S를 찾을 수 있다. J 및 S는 위의 공식에 의해 정의된 바와 같으므로 J/S는 공식에 다음과 같이도 정의될 수 있다.

$$J/S = J - S = ERP_J - ERP_S - L_J + L_S + G_{RJ} - G_R$$

기호는 위에 정의된 것을 따른다.

통신 송수신기에는 종종 휩 안테나가 장착되어 있기 때문에 360° 정도의 방위각으로 송수신할 수 있다. 수신 안테나가 원하는 신호 방향과 재밍 송신기의 방향에 대해 이득이 같다는 것을 의미한다. 두 안테나 이득이 같으면 J/S 공식이 다음과 같이 단순화된다.

$$J/S = ERP_J - ERP_S - L_J + L_S$$

6.7.4 전파 모델

6.4절에서 우리는 전술 통신 링크 성능을 가장 일반적으로 특징짓는 3가지 전파 모델에 대해 논의했다. 6.7.3절에서 전술적 통신 링크인 원하는 신호, 인터셉트 및 재밍 링크에 대해 설명했다. 각각이 어떤 전파 모델을 가질 수 있다는 것을 인식하는 것이 중요하다. 그렇기 때문에 일반적인 용어를 제거하기 위해 방정식을 단순화하기보다는 J/S 방정식의 손실항을 손실로 남겨둔 것이다. 모든 링크에는 손실 모델이 있을 수 있으므로 통신 재밍 문제에 접근할 때는 먼저 관련된 각 링크에 대한 적절한 손실 모델을 결정해야 한다. 여기에는 구조와 각 링크의 프레넬 영역 거리 계산이 포함된다. 원하는 신호 송신기, 수신기 및 재머가 모두 지상에서 멀리 떨어진 공대공 상황의 경우, 원하는 신호와 재밍 링크 모두 LOS 전파 상황이다. 이는 전파 통신이 마이크로파 주파수에서 발생하고 좁은 지향성 안테나가 사용되는 경우에도 일반적으로 적용된다. 그러나 문제가 VHF 및 UHF에서 지상 간 또는 공대지 재밍과 관련된 경우 필요한 전파 모델을 결정하는 유일한 방법은 각 링크의 프레넬 영역 거리를 계산하는 것이다.

6.7.5 지상 기반 통신 재밍

복잡한 상황으로 바로 넘어가자. 대상 통신 링크와 재머는 모두 그림 6.87에 표시된 대로 모두 지상 기반이다. 이 문제에서 대상 링크는 1W 송신기로 5km에 걸쳐 250MHz에서 작동한다. 송수신 안테나는 모두 지상 2m 위에 장착된 2dBi 휩 안테나이다. 재머는 500W 송신기와 30m 마스트에 12dBi 로그 주기 안테나가 장착되어 있다. 표적 수신기에서 50km 떨어져 있다. 세 스테이션 모두 서로 LOS 내에 있다. 달성된 J/S를 결정하자.

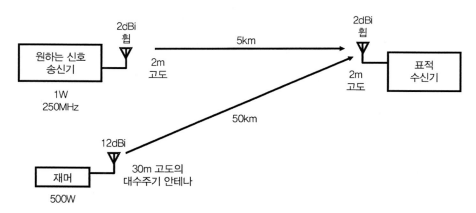

그림 6.87 지상 기반 재머에서 달성된 J/S는 재밍 구조에 따라 다르다.

문제를 해결하기 위해 첫 번째 단계는 원하는 링크와 재밍 링크의 프레넬 영역 거리를 계산하는 것이다. 프레넬 영역 거리 공식(6.4.5절)은 다음과 같다.

$$FZ(\mathrm{km}) = \left[h_T(\mathrm{m}) \times h_R(\mathrm{m}) \times F(\mathrm{MHz}) \right] / 24{,}000$$

원하는 신호 링크의 경우 FZ는 다음과 같다.

$$[2 \times 2 \times 250]/24{,}000 = 0.0417\mathrm{km} = 41.7\mathrm{m}$$

재밍 링크의 경우 FZ는 다음과 같다.

$$[30 \times 2 \times 250]/24{,}000 = 0.625\mathrm{km} = 625\mathrm{m}$$

각각의 경우 링크 거리는 프레넬 영역 거리보다 훨씬 크다. 따라서 그림 6.88과 같이 2선 전파가 적용된다.

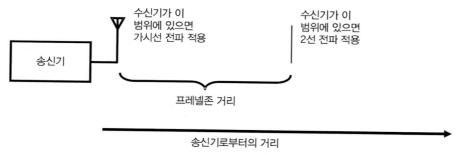

그림 6.88 적용 가능한 전파 모델은 링크 거리와 프레넬 영역 거리 사이의 관계에 따라 달라진다.

수신 안테나는 휩 형태이기 때문에 재머 및 원하는 신호 송신기에 대해 동일한 이득을 가지므로 J/S 공식은 다음과 같다.

$$J/S(\mathrm{dB}) = ERP_J(\mathrm{dBm}) - ERP_S(\mathrm{dBm}) - Loss_J(\mathrm{dB}) + Loss_S(\mathrm{dB})$$

방해 전파의 ERP는 다음과 같다.

$$ERP(\text{dBm}) = P_T(\text{dBm}) + G_T(\text{dB})$$

$$= 10\log(500{,}000\text{mW}) + 12(\text{dB}) = 57 + 12 = 69\text{dBm}$$

원하는 신호 송신기의 ERP는 다음과 같다.

$$ERP(\text{dBm}) = 10\log(1{,}000\text{mW}) + 2\text{dB} = 32\text{dBm}$$

두 링크 중 하나에 대한 2선 손실은 다음과 같다(6.4.2절).

$$Loss(\text{dB}) = 120 + 40\log d(\text{km}) - 20\log h_T(\text{m}) - 20\log h_R(\text{m})$$

재밍 링크의 경우 손실은 다음과 같다.

$$[120 + 68 - 29.5 - 6] = 152.5\text{dB}$$

원하는 신호 링크의 손실은 다음과 같다.

$$[120 + 28 - 6 - 6] = 136\text{dB}$$

따라서 J/S는 다음과 같다.

$$J/S(\text{dB}) = 69\text{dBm} - 32\text{dBm} - 152.5\text{dB} + 136\text{dB} = 20.5\text{dB}$$

6.7.6 수식 단순화

원하는 링크와 재밍 링크가 둘 다 2선 전파라는 것을 알고 있는 일련의 문제를 해결하려는 경우 J/S에 대해 단순화된 공식을 사용할 수 있다.

$$J/S(\text{dB}) = ERP_J(\text{dBm}) - ERP_S(\text{dBm}) - Loss_J(\text{dB}) + Loss_S(\text{dB})$$

$$= ERP_J(\text{dBm}) - ERP_S(\text{dBm}) - (120 + 40\log d_J - 20\log h_J - 20\log h_R) + 120 +$$

$$40\log d_S - 20\log h_T - 20\log h_R$$

여기서 d_J는 재머에서 타깃 수신기까지의 거리(km), d_S는 원하는 신호 송신기에서 타깃 수신기까지의 거리(km), h_J는 재머 안테나의 높이(미터), h_S는 원하는 신호 송신 안테나의 높이(미터), h_R은 대상 수신기 안테나의 높이(미터)이다.

수신 안테나는 두 링크 모두 동일하기 때문에 이 공식은 다음과 같이 단순화된다.

$$J/S = ERP_J - ERP_S - 40\log d_J + 20\log h_J + 40\log d_S - 20\log h_T$$

6.7.7 공중 통신 재밍

이번에는 그림 6.89에 나와 있는 경우를 고려하자. 우리는 동일한 통신망을 재밍하고 있지만 이제 재머는 500m에 상공에서 호버링하는 헬리콥터에 장착된다. 재머는 여전히 대상 수신기에서 50km 떨어져 있다. 재밍 송신기는 200W를 출력하고 재밍 안테나는 이제 헬리콥터의 아래쪽에 있는 2dB 폴디드다이폴 안테나이다. J/S는 얼마인가?

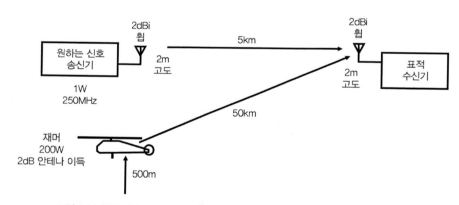

그림 6.89 항공 재머에서 달성된 J/S는 재머의 고도로 인해 일반적으로 크게 증가한다.

먼저 재밍 링크의 프레넬 영역 거리를 결정해야 한다.

$$FZ(\text{km}) = [h_T \times h_R \times F] / 24{,}000 = [500 \times 2 \times 250] / 24{,}000 = 10.4\text{km}$$

재머가 수신기에서 20.8km 이상 떨어져 있기 때문에 재밍 링크의 전파 모델은 2선이다.

재밍 링크 손실은 다음과 같다.

$$Loss_J = 120 + 40\log d - 20\log h_T - 20\log h_R = 120 + 58 - 54 - 6 = 128\text{dB}$$

재밍 ERP는 다음과 같다.

$$ERP_J = 10\log(200{,}000\text{mW}) + 2\text{dBi} = 53\text{dBm} + 2\text{dB} = 55\text{dBm}$$

J/S는 다음과 같다.

$$J/S(\text{dB}) = ERP_J - ERP_S - Loss_J + Loss_S$$
$$= 55\text{dBm} - 32\text{dBm} - 128\text{dB} + 136\text{dB} = 31\text{dB}$$

재머가 높기 때문에 재머 ERP가 14dB 감소했음에도 불구하고 J/S가 거의 10dB 더 높아졌다.

6.7.8 고고도 통신 재머

그림 6.90에 나타난 재밍 상황을 살펴보자. 3,000m 고도로 비행하는 고정익 항공기는 5km 떨어진 스테이션으로 250MHz 통신망을 재밍한다. 표적 네트워크의 모든 스테이션은

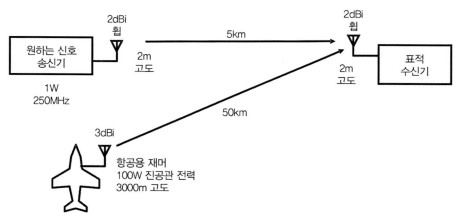

그림 6.90 고도가 높은 공중 재머 전파로 상당한 J/S를 달성할 수 있다.

2m 높이의 휩 안테나(2dB 이득)를 가진 송수신기이다. 각 송수신기의 출력 전력은 1W이다. 재밍 항공기는 표적 네트워크가 운영되는 지역에서 50km 떨어져 있다. 재머 항공기는 100W를 3dBi 안테나로 출력한다. J/S는 얼마나 얻을 수 있나?

먼저 각 링크에 적합한 전파 모델을 결정해야 한다. 표적 링크 프레넬 영역 거리는 다음과 같다.

$$FZ = (2 \times 2 \times 250)/24{,}000 = 0.0417\text{km} = 41.7\text{m}$$

이 경로는 5km 전송 경로보다 훨씬 작으므로 표적 링크에 2선 전파 모델이 적합하다. 대상 링크 손실은 다음과 같다.

$$Loss_S = 120 + 40\log(\text{dist}) - 20\log(h_T) - 20\log(h_R)$$
$$= 120 + 40\log(5) - 20\log(2) - 20\log(2) = 120 + 28 - 6 - 6 = 136\text{dB}$$

재밍 링크 프레넬 영역 거리는 다음과 같다.

$$FZ = (3{,}000 \times 2 \times 240)/24{,}000 = 62.5\text{km}$$

프레넬 영역 거리가 재밍 링크 전송 거리보다 크기 때문에 LOS 전파 모델이 적용된다. 재밍 링크의 손실은 다음과 같다.

$$Loss_J = 32.4 + 20\log(\text{dist}) + 20\log(\text{frequency})$$
$$= 32.4 + 20\log(50) + 20\log(250)$$
$$= 32.4 + 34 + 48 = 114.4\text{dB}$$

표적 링크 송신기의 ERP는 30dBm(즉 1W) + 2dBi = 32dBm이다.
재밍 전파가 50dBm(즉, 100W) + 3dBi = 53dBm인 경우 ERP J/S는 다음과 같다.

$$J/S(\text{dB}) = ERP_J - ERP_S - Loss_J + Loss_S$$

$$=53-32-114.4+136=42.6\text{dB}$$

공중 재머 링크에는 LOS 손실이 있고 표적 네트워크에는 2선 손실이 있으므로 매우 높은 J/S를 가질 수 있다.

6.7.9 근접(stand-in) 재밍

이제 위의 문제에서 설명한 것과 동일한 표적 네트워크에 대해 작동하는 근접 재머를 고려한다. 이것은 수신기에 매우 가까운 저전력 재머이다. 이 경우 표적 네트워크가 작동하는 영역에 여러 저전력 재머가 배치될 수 있다. 각 재머는 0.5m 높이의 휩 안테나에 5W ERP를 가진다. 그림 6.91은 수신기에서 500m 떨어진 재머를 보여준다. 이를 일반적인 재밍 사례로 간주한다(즉, 대상 네트워크의 각 송수신기에서 약 500m의 근접 재머가 있다고 가정). 달성된 J/S는 얼마인가?

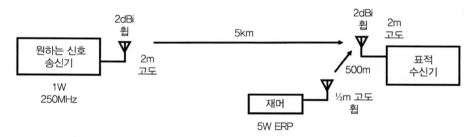

그림 6.91 근접 재밍은 낮은 재밍 전력으로 높은 J/S를 제공할 수 있다.

앞에서 논의한 바와 같은 원하는 신호 링크는 2선 전파로 동작한다. ERP는 32dBm이고 링크 손실은 136dB이다. 이제 재밍 링크의 FZ를 계산한다.

$$FZ=(h_T \times h_R \times \text{freq})\,/\,24{,}000=(0.5 \times 2 \times 250)\,/\,24{,}000=0.01\text{km}=10\text{m}$$

이 거리는 500m 재밍 링크 거리보다 짧으므로 2선 전파가 적용된다. 재머 ERP는 37dBm (5W)이다.

재밍 링크 손실은 다음과 같다.

$$Loss_J = 120 + 40\log(\text{dist}) - 20\log(h_T) - 20\log(h_R)$$

$$= 120 + 40\log(0.5) - 20\log(0.5) - 20\log(2) = 120 - 12 + 6 - 6 = 108\text{dB}$$

J/S는 다음과 같다.

$$J/S = ERP_J - ERP_S - Loss_J + Loss_S = 37 - 32 - 108 + 136 = 33\text{dB}$$

재머가 대상 수신기에 매우 가깝기 때문에 저전력 재머로 높은 J/S가 달성된다.

6.7.10 초고주파 UAV 링크 재밍

다음으로 지상에서 UAV 링크를 재밍하는 것을 고려한다. UAV에는 제어 스테이션의 명령 링크(상향 링크)와 제어 스테이션으로의 데이터 링크(다운 링크)가 있어야 한다. 각 링크의 재밍을 다룰 것이다. 두 링크 모두 약 5GHz에서 작동한다.

그림 6.92는 UAV 명령 링크를 보인다. 제어 스테이션에는 20dBi 이득과 15dB 측엽 레벨을 가진 20dBi 접시형 안테나가 있다. 즉, 평균 측엽은 주 빔 방향 이득(UAV에 대한 이득)보다 15dB 낮다. 상향 링크 송신기에는 1W 송신기 전력이 있다. UAV는 지상국에서 20km 떨어져 있으며 3dBi 휩 안테나를 갖추고 있다. UAV의 다운 링크 송신기는 1W를 안테나로 출력한다. 재머는 10dBi 로그 주기 안테나가 있으며 안테나에 100W 재밍 전력이 있다. 두 링크 모두 마이크로파 주파수에서 작동하기 때문에 LOS 전파가 적용된다.

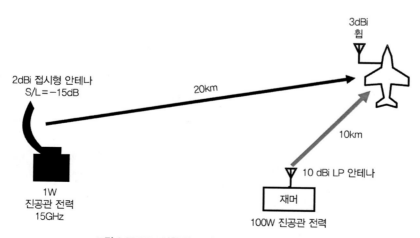

그림 6.92 UAV 상향 링크 재밍은 UAV로 전송해야 한다.

6.7.10.1 명령 링크

먼저 그림 6.92와 같이 재머 안테나가 UAV를 향하도록 하여 명령 링크 재밍을 고려하자. 달성된 J/S는 얼마인가?

원하는 신호 ERP는 30dBm(1W)＋20dB＝50dBm이다. 재머 ERP는 50dBm(100W)＋10dB＝60dBm이다.

명령 스테이션은 UAV에서 20km이므로 명령 링크 손실은 다음과 같다.

$$Loss_S = 32.4 + 20\log(\text{dist}) + 20\log(\text{frequency})$$
$$= 32.4 + 20\log(20) + 20\log(5,000)$$
$$= 32.4 + 26 + 74 = 132.4\text{dB}$$

재머는 UAV에서 10km 떨어져 있으므로 재밍 링크 손실은 다음과 같다.

$$Loss_J = 32.4 + 20\log(\text{dist}) + 20\log(\text{frequency})$$
$$= 32.4 + 20\log(10) + 20\log(5,000)$$
$$= 32.4 + 20 + 74 = 126.4\text{dB}$$

UAV의 수신 안테나가 휩 형태이기 때문에 UAV의 수신 안테나는 지상국과 재머에 대해 동일한 이득을 갖는다. 따라서 J/S는 다음과 같다.

$$J/S = ERP_J - ERP_S - Loss_J + Loss_S = 60 - 50 - 126.4 + 132.4 = 16\text{dB}$$

6.7.10.2 데이터 링크

그림 6.93과 같은 데이터 링크의 재밍을 고려하자. 재머는 제어 스테이션에서 20km 떨어져 있으며 안테나는 제어 스테이션 안테나의 측엽 방향을 향한다. 달성된 J/S는 얼마인가?

데이터 링크 송신기는 1W 송신기 전력과 3dBi 안테나를 갖는다. 원하는 신호 링크 ERP는 30dBm(1W)＋3dBi＝33dBm이다. 원하는 신호 링크 손실은 명령 링크에 대해 계산된 132.4dB와 동일하다.

위에서 계산된 재머 ERP는 60dBm이다. 재머는 제어 스테이션에서 20km 떨어져 있기 때문에 재밍 링크 손실은 원하는 신호 손실(132.4dB)과 동일하다. 제어 스테이션 안테나는 지향성이다. UAV(G_R)에 대한 이득은 20dBi이지만 재머 방향(G_{RJ})(사이드 로브에 있음)의 이득은 15dB 또는 5dBi이다. 따라서 J/S는 다음과 같이 계산된다.

$$J/S = ERP_J - ERP_S - Loss_J + Loss_S + G_{RJ} - G_R$$
$$= 60 - 33 - 132.4 + 132.4 + 5 - 20 = 12\text{dB}$$

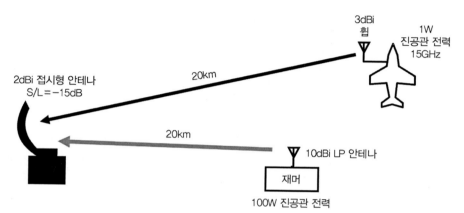

그림 6.93 UAV 다운 링크 재밍은 지상국 위치로 전송해야 한다.

참고문헌

[1] Gibson, J. D., (ed.), *Communications Handbook*, Ch. 84: Boca Raton, FL: CRC Press, 1997.

[2] Chestnut, P., "Emitter Location Accuracy Using TDOA and Differential Doppler," *IEEE Transactions on Aerospace and Electronic Systems*, Vol. 18, March 1982.

[3] Adamy, D., *EW 102: A Second Course in Electronic Warfare*, Norwood, MA: Artech House, 2004.

[4] Wegner, L. H., "On the Accuracy Analysis of Airborne Techniques for Passively Locating Electromagnetic Emitters," RAND Report, R-722-PR, June 1971.

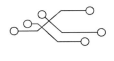

7장

현대 통신 위협

7장
현대 통신 위협

7.1 개 요

통신 위협은 중대하고 도전적인 방식으로 변화하고 있다. 저피탐 확률low probability of intercept, LPI 통신 사용의 증가는 전자전electronic warfare, EW 통신 링크에 대하여 커다란 도전이 되고 있으며 방공 미사일과 관련 레이다 등은 상호 연결된 데이터 링크를 중요하게 활용하고 있다. 무인정찰기unmanned aerial vehicle, UAV 가 널리 보급되고 있으며 정찰, 전자전 그리고 무기 조달 등에서 사용이 증가하고 있다. 이러한 것들은 명령 및 데이터 링크를 통한 지상국과의 상호 연결에 매우 의존하고 있다. 마지막으로 휴대전화는 비대칭전 상황에서의 명령 및 제어 기능뿐만 아니라 사제 폭발물improvised explosive device, IED 을 작동하기 위해 널리 사용된다.

현대 레이다 위협을 다루었던 4장에서와 같이 본장에서는 이러한 현대 통신 위협을 개괄적으로 살펴보며 이를 통해 기밀 정보를 다루지 않으면서 전자전 기술들을 설명하고자 한다. 추후 전자전을 실제 상황에 적용할 때 기밀 자료에서 얻은 요소들을 연계시킬 수 있을 것이다.

7.2 LPI 통신 신호

LPI 통신에 관련된 신호는 일반적인 형태의 수신기로는 그 신호를 검출하기 어렵게 설계된 특별한 변조를 사용한다. 이상적으로는 적군 수신기가 이러한 신호가 존재하는지조차 판단할 수 없을 것이다. 이는 LPI 신호가 전파되는 주파수 범위를 확산시킴으로써 이루어지며, 따라서 이러한 신호를 확산 스펙트럼 신호라고도 부른다. 그림 7.1에 나타낸 것처럼 스펙트럼을 확산시키기 위해 이러한 형태의 신호에 특별한 두 번째 변조를 적용하는데 다음과 같은 세 가지 형태의 확산 변조가 사용된다.

- **주파수 도약**: 송신기는 의사 랜덤하게 선택된 주파수로 주기적으로 도약한다. 도약 범위는 통신 중인 정보를 전달하는 신호의 대역폭(즉 정보 대역폭)보다 훨씬 크다.
- **처프**: 송신기는 정보 대역폭보다 훨씬 넓은 주파수 범위에 걸쳐 빠르게 주파수를 조정한다.
- **직접 시퀀스 확산 스펙트럼**: 정보 전달에 필요한 속도보다 훨씬 빠른 속도로 신호를 디지털화하여 신호의 에너지를 넓은 대역에 걸쳐 확산시킨다.

위의 확산 기법들을 조합하여 사용하는 LPI 신호도 있다.

그림 7.1에 나타낸 (수신기에서의) 확산 복조기는 확산 변조를 역으로 수행하기 위해서 (송신기에서의) 확산 변조기와 동기화되어야 한다(그림 7.2 참조). 이를 통해 확산하기 전과 동일한 대역폭으로 신호를 되돌리게 되는데, 이를 정보 대역폭이라 한다. 디지털 코드 시퀀스 기반의 동일한 의사 랜덤 함수에 의해 변조기와 복조기가 같이 제어되도록 동기화가 필요하다. 또한 수신기 코드는 송신기 코드와 위상이 맞아야 한다. 이를 위해서 어떤 시간에 걸쳐 송신기나 수신기가 통신이 되지 않을 때나 시스템을 시작할 때에 동기화 과정이 필요하다. 동기화 조건을 제외한 확산/역확산 과정은 송신 위치에서 수신 위치로 정보를 전송하는 사람이나 컴퓨터가 알고 있게 된다. 어떤 상황에서는 전송을 시작하기 전에 동기화 과정에서 시간 지연이 있게 된다.

앞으로 각 절에서 각각의 주파수 확산 기술들뿐만 아니라 그것을 의도적으로 방해하는 기술들에 대해 다룰 것이다. 2장의 어느 한 절에서 코드의 생성과 사용에 대해 다루고 있음에 주목하기 바란다.

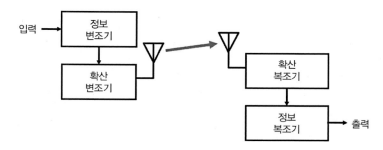

그림 7.1 LPI 통신 시스템은 전송 보안을 위해 특별한 주파수 확산 변조가 추가된다.

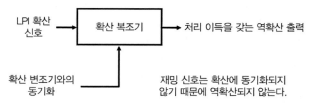

그림 7.2 확산 변조기와의 동기화는 재밍 신호가 아닌 수신하고자 하는 신호에서 확산 변조를 제거할 수 있도록 해준다.

7.2.1 처리 이득

처리 이득은 LPI 신호로부터 확산 변조를 제거하는 것을 통해 얻게 된다. 이는 일반적인 수신기로 확산 신호를 수신하면 신호 대 잡음비 signal-to-noise ratio, SNR 가 매우 낮아진다는 것을 의미한다. 역확산 후 수신 신호의 SNR은 매우 커지게 된다. 그러나 정확하게 올바른 확산 변조가 되지 않은 신호는 역확산되지 않게 되고 따라서 처리 이득도 존재하지 않게 된다. 그뿐 아니라 확산 복조기는 협대역 신호를 확산시켜 그림 7.3과 같이 출력 채널에서 신호 세기가 감소하게 된다.

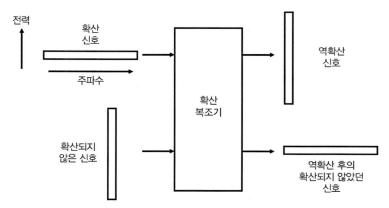

그림 7.3 확산 복조기는 일치하는 LPI 신호를 원래의 정보 대역폭으로 역확산시킨다. 한편, 협대역 신호는 확산시킨다.

7.2.2 항재밍 이득

그림 7.4에는 LPI 통신 시스템에 대한 항재밍 이득을 나타내었다. 항재밍 이득은 전체 재밍 신호 전력이 비확산 시스템 수신기의 대역폭 내에 있을 때 얻을 수 있는 재밍 대 신호 비(J/S)와 동일한 J/S를 제공할 수 있도록 LPI 시스템 수신기 위치에서 수신해야 하는 신호 전력량을 의미한다. 이것은 LPI 신호 전송 대역폭 대 정보 대역폭의 비이다. 이때 재밍 신호는 LPI 신호의 전체 확산 스펙트럼 주파수 범위에 걸쳐 확산된다고 가정한다. 앞으로 알게 되겠지만 어떤 경우에는 이러한 이득을 부분적으로 극복하는 정교한 재밍 기술들이 존재한다.

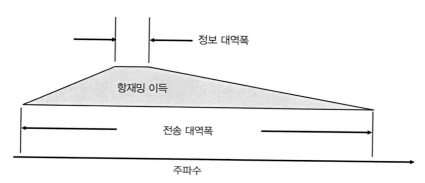

그림 7.4 LPI 통신의 항재밍 이득은 전송 대역폭 대 정보 대역폭의 비이다.

7.2.3 LPI 신호는 디지털이어야 함

이 장에서 알게 되겠지만 각각의 스펙트럼 확산 기법은 입력 신호가 디지털 형태이어야 한다. 디지털화는 신호를 시간 압축time-compressed 하고 확산 기법에서 필요로 하는 전송 간격 간에 전달할 수 있게 한다. 또한, 변조 기법 특성에 따른 디지털화가 요구된다. 이러한 요구조건은 사용되는 확산 기법에 따라 달라지므로 이 문제는 이후 절에서 살펴볼 것이다. 디지털 통신을 이 장에서 다루는 것보다 5장에서 더 자세히 다루고 있다는 점을 주목하기 바란다.

성공적인 확산 스펙트럼 신호 재밍에는 단지 0dB J/S가 필요하고, 듀티 사이클은 100% 보다 훨씬 작을 수 있다는 것이 함축되어 있다. 디지털 신호 재밍은 비트 오류를 유발하는 데 효과적이다. 비트 오류율은 잘못 수신된 비트 수를 총 수신 비트 수로 나눈 값이다. 그림 7.5와 같이 비트 오류율은 J/S에 관계없이 절대 50%를 초과할 수 없는데, 0dB J/S에서 비트 오류율은 거의 50%이다. 재밍 전력을 이 이상으로 증가시켜도 추가적인 오류는 거의 발생하지 않는다. 널리 알려진 경험에 근거한 가정은 수 ms 동안 비트 오류율이 적어도 33%를 초과할 때는 재밍 신호로부터 어떠한 정보도 복구할 수 없다는 것이다(이것을 20% 정도로 보는 연구자들도 있다).

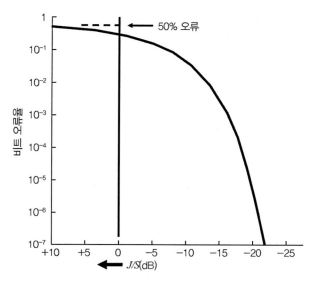

그림 7.5 디지털 신호 수신기에서 비트 오류율은 50%를 초과할 수 없다. 0dB J/S에서 약 50%의 비트 오류율이 발생한다.

다음 절에서 알게 되겠지만 LPI 신호의 디지털 특성이 몇몇 기발한 재밍 기술을 가능하게 한다.

7.3 주파수 도약 신호

주파수 도약기는 매우 넓은 주파수 확산을 제공할 수 있고 널리 사용되고 있기 때문에, 가장 중요한 LPI 신호임이 거의 틀림없다.

그림 7.6은 주파수 도약 신호의 시간에 따른 주파수를 보여주고 있다. 이 신호는 짧은 주기 시간 동안 한 주파수에 머물고 있다가, 랜덤하게 선택된 또 다른 주파수로 이동한다. 하나의 주파수에 머물러 있는 시간을 도약 지속 시간이라고 한다. 도약률은 초당 도약 횟수이며, 도약 범위는 선택될 수 있는 전송 주파수의 범위이다. 신호 대역폭 전체가 매 도약마다 할당된

주파수로 이동한다. 대표적인 예로, 재규어 VHF 주파수 도약 라디오가 있다. 이 라디오 신호의 대역폭은 25kHz이며 주파수 도약 범위는 30MHz부터 88MHz까지, 즉 58MHz이다.

그림 7.7에는 주파수 도약 송신기 계통도를 나타내었다. 의사 랜덤하게 선택된 주파수를 발생시키는 주파수 합성기가 디지털 변조된 신호의 도약 주파수를 변화시킨다. 송신기에서 사용된 합성기와 같은 주파수를 발생시키는 합성기가 주파수 도약 수신기의 프런트 엔드front end에 위치하며, 송신기와 수신기에는 동일한 동기화가 필요하다. 수신기가 처음 켜질 때 긴 동기화 과정이 필요하다. 새로운 신호가 수신될 때마다 수신기는 제한된 재동기화 과정을 거쳐야 한다. 이러한 동기화 과정이 가능하도록 음성 전송의 시작을 지연시키기 위해 송신키가 눌러져 있을 때, 짧은 신호음이 주파수 도약 송수신기의 수화기에 삽입될 수 있다. 디지털 데이터가 전송될 때 이러한 지연은 자동으로 이루어질 수 있다.

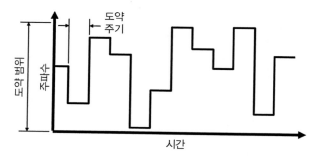

그림 7.6 주파수 도약 신호는 하나의 메시지 동안 여러 번 전송 주파수를 바꾼다.

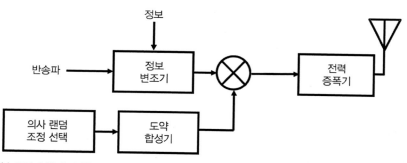

그림 7.7 주파수 도약 송신기는 넓은 주파수 범위에 걸쳐 빠르게 송신 신호를 도약시키기 위해 의사 랜덤하게 조정되는 합성기를 포함한다.

7.3.1 저속 및 고속 도약기

주파수 도약 시스템은 저속 도약기 또는 고속 도약기로 이루어진다. 앞에서 언급한 재규어 같은 저속 도약기는 하나의 도약 주파수에 여러 비트를 전송하며, 고속 도약기는 데이터 한 비트를 여러 도약 주파수로 전송한다. 그림 7.8에는 이 두 가지 경우의 파형을 나타냈다.

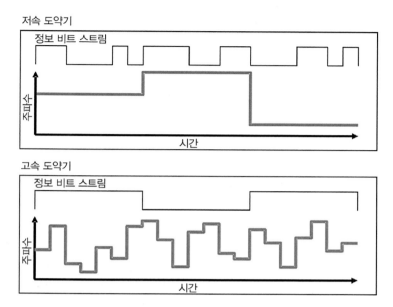

그림 7.8 저속 도약기는 하나의 도약 주파수당 여러 비트를 전송하며 고속 도약기는 한 비트당 여러 도약 주파수를 갖는다.

7.3.2 저속 도약기

그림 7.9와 같이 저속 도약기는 위상 고정 루프phase-lock-loop, PLL 합성기를 사용한다. 이러한 합성기는 매우 넓은 주파수 범위에서 많은 도약 주파수를 지원하도록 설계할 수 있다. 예를 들어, 재규어는 25kHz 대역폭 간격으로 58MHz에 걸쳐 도약할 수 있다. 이 경우 최대 2,320개의 도약 주파수가 제공된다. 이 시스템은 (주파수 점유 범위를 크게 하지 않기 위해 58MHz 내에서 256번 또는 512번의 도약을 선택할 수 있는) 더 작은 도약 범위도 제공함을 주지하기 바란다.

여러 비트가 전송되는 충분히 긴 시간 동안 모든 신호 전력이 단일 주파수에 존재하기 때문에 수신기에서 저속 도약기는 상대적으로 검출이 수월하다. 그러나 지속적으로 변화하며 예측할 수 없는 주파수는 에미터 위치 파악과 재밍과 같은 중요한 전자전 기능을 수행하기 어렵게 만든다.

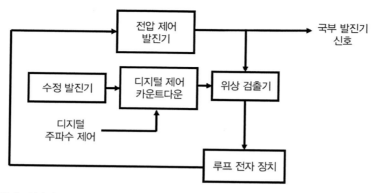

그림 7.9 저속 도약기는 일반적으로 신호 품질 대비 정착 시간에 최적화된 루프 대역폭을 갖는 위상 고정 루프 합성기를 사용한다.

위상 고정 루프 합성기의 피드백 루프 대역폭은 성능이 최적화되도록 설계된다. 이 대역폭이 넓을수록 합성기는 더 빠르게 새로운 주파수를 발생할 수 있으며 이 대역폭이 좁을수록 신호 품질이 높아진다. 주파수 도약 시스템에서 사용되는 전형적인 합성기는 도약 주기의 약 15%의 시간 내에 최종 도약 주파수에 충분히 근접하게 된다. 따라서 초당 100번 도약한다면, 합성기가 각 도약 시점에 정착할 때까지 시스템은 1.5ms를 대기하게 된다. 그림 7.10과 같이 이러한 정착 시간 후에 시스템은 정보를 전송한다. 데이터(또는 음성)를 보내지 않는 이 15%의 시간 동안에는 시스템이 사용되지 않게 된다.

음성 신호를 듣고 이해하기 위해서는 연속 신호가 필요하다. 따라서 송신기에 입력되는 신호를 디지털화한 후, FIFO first-in-first-out 장치를 통해 먼저 입력된 신호가 먼저 출력되게

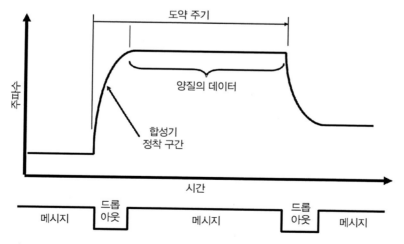

그림 7.10 합성기가 각각의 새로운 도약 주파수로 정착할 때까지 저속 도약기는 전송을 지연시킨다.

해야 한다. 예를 들어 16kbps 신호라고 하면, 이 신호는 합성기 출력이 안정화되는 하나의 정착 시간과 그다음 정착 시간 사이의 시간 동안 대략 20kbps로 FIFO 장치에서 출력될 것이다. 수신기에서는 이 과정이 반대로 이루어진다. 20kbps 데이터가 FIFO 장치에 입력되고 16kbps의 연속 신호로 출력된다.

송수신기 도약 시간과 도약 주파수가 동기화되고 데이터(또는 음성)를 보내지 않는 정착 시간이 제외된다면 주파수 도약 과정은 사용자에게 근본적으로 명료해진다. 비록 앞에서는 음성 신호를 고려하였지만 디지털 데이터 전송에도 동일한 고려사항이 적용된다.

7.3.3 고속 도약기

고속 도약 신호는 주파수가 매우 빠르게 바뀌기 때문에 적군 수신기에게는 훨씬 더 어려운 도전이 된다. 수신기 대역폭 내에 있는 신호의 지속 시간과 수신기 대역폭은 서로 역수의 관계가 있다. 어림잡아 지속 시간을 대역폭의 역수로 종종 설정한다(즉, $1\mu s$의 지속 시간은 1MHz의 대역폭을 필요로 한다). 이 시스템에 의해 전송되는 정보의 대역폭은 이것보다 훨씬 좁기 때문에 수신기 감도는 매우 저하된다.

동기화된 수신기는 도약을 제거할 것이고, 따라서 나머지 수신 부분은 전송된 정보 신호의 대역폭에서 동작할 수 있게 된다. 적군 수신기는 도약을 제거할 수 없기 때문에 더 넓은 대역폭에서 동작하게 되며, 따라서 신호의 존재를 탐지하기 어렵게 되고 통신 보안성은 높아지게 된다.

고속 도약기의 문제점 중 하나는 더 복잡한 합성기가 필요하다는 것이다. 그림 7.11에는 직접 합성기의 계통도를 나타내었다. 합성기에는 여러 개의 발진기가 있고, 단일 출력 주

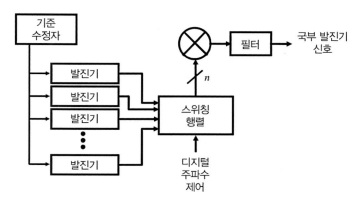

그림 7.11 고속 도약기에는 직접 합성기가 사용될 수 있다. 복잡도의 증가는 도약 주파수 개수를 제한하게 될 수 있다.

파수를 만들기 위해 하나 또는 여러 개의 발진기 출력을 결합/필터링 네트워크로 빠르게 스위칭한다. 이 과정이 위상 고정 루프 동조보다 훨씬 빠르기 때문에 직접 합성기는 하나의 데이터 비트 동안에 여러 번 주파수를 바꿀 수 있다. 직접 합성기의 복잡도는 출력할 수 있는 신호 개수에 비례하기 때문에, 고속 도약 시스템은 저속 도약, 즉 위상 고정 루프 시스템에 비해 더 작은 개수의 도약 주파수를 갖게 될 수도 있다.

7.3.4 항재밍 이득

저속 또는 고속 도약 주파수 도약 시스템의 항재밍 이득은 도약 범위 대 수신기 대역폭의 비이다. 고정된 주파수를 사용하는 시스템에서 얻게 되는 J/S와 같은 값의 J/S를 얻기 위해서는 도약 범위에 걸쳐 확산된 수신 재밍 신호의 총 전력이 항재밍 이득만큼 증가되어야 한다. VHF 재규어의 경우 58MHz/25kHz＝2,320, 즉 33.7dB이다.

주파수 도약기를 효과적으로 재밍하는 데 있어서 주된 문제는 재밍되는 시스템은 한 번에 단 하나의(랜덤하게 선택된) 채널을 사용하는 반면 재머는 표적 송신기가 선택할 수 있는 모든 채널을 대상으로 해야 한다는 점이다.

주파수 도약기를 재밍하기 위한 일반적인 세 가지 방법으로는 광대역 재밍, 부분 대역 재밍 그리고 추적 재밍이 있다.

7.3.5 광대역 재밍

광대역 재머는 그림 7.12와 같이 표적 시스템이 도약하는 전체 주파수 범위를 대상으로 한다. 따라서 표적 송신기/수신기에서 선택되는 채널은 재밍이 될 것이다. 광대역 재밍은 재머가 도약 신호를 수신할 필요가 없다는 큰 장점을 가지므로, 따라서 대역을 살펴볼 look-through 필요가 없다. 멀리 떨어져 있는 원격 재머에서는 대역을 살펴보기 어렵기 때문에 광대역 재밍이 이상적인 방법이 될 수 있다.

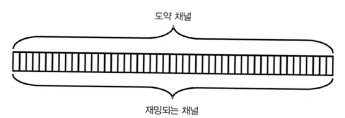

그림 7.12 광대역 재머는 모든 도약 채널에 전력을 분산시킨다.

광대역 재밍에는 두 가지 큰 단점이 있다. 하나는 아군의 피해이다. 광대역 재밍은 같은 지역에서 운용되는 고정 주파수 또는 도약 주파수를 사용하는 아군의 통신까지도 재밍할 수 있다. 두 번째 단점으로는 광대역 재밍은 매우 비효율적이라는 것이다. 광대역 재밍은 모든 채널을 재밍해야 하기 때문에 채널당 전력이 다음과 같은 식을 따르게 된다.

전력/채널＝전체 재머 전력/가능한 도약 채널 수

적군 수신기 근처에 재머를 배치하면 이 두 가지 문제를 해결할 수 있다. J/S는 표적 수신기에서 수신되는 재밍 신호 세기에 대한 원하는 신호 세기의 비임을 기억하기 바란다. 신호 세기는 주파수 및 지리적 환경에 따라(6장 참조) 송신기에서 수신기까지 거리의 제곱 또는 4제곱으로 감소한다. 그러므로 표적 수신기까지의 거리가 감소하면 J/S는 증가한다. 만약, 표적 수신기까지의 거리가 아군 수신기까지의 거리보다 매우 짧다면 아군 피해는 크게 줄어들 것이다.

만약 적군 수신기 위치를 안다면 이 문제는 간단해진다. 일반적인 전술 상황에서는 수신기가 어디에 위치하는지 에미터 위치 시스템으로부터 알 수 없을 것이다. 그러나 다른 조건으로부터 수신기 위치를 알아낼 수 있을 것이다. 예를 들어 첫째, 적군 네트워크가 송수신기 transceiver 를 사용한다면, 수신기는 송신기와 같이 있게 될 것이다. 두 번째로 매우 중요한 예는, 아마도 의도하고 있는 표적 근처에 있을 폭발장치에 수신기가 위치하는 무선 주파수 사제 폭발물 radio frequency improvised explosive device, RFIED 이다. 세 번째 예는 휴대전화 기지국에 대한 상향 링크 재밍으로 수신기는 기지국에 위치한다. 현실적인 측면에서는 J/S 를 최대화하고 아군 통신에 대한 피해를 최소화하도록 광대역 재머를 적군 근처에 배치시키는 것이 훨씬 좋을 것이며, 또한 이러한 개념은 부분 대역 재밍에도 적용된다.

그림 7.13에 예를 나타내었는데, 1W의 유효 방사 출력 effective radiated power, ERP 을 갖는 초단파 very high frequency, VHF 송신기가 표적 수신기로부터 10km 떨어진 곳에 위치하고 있다. 송신기와 수신기는 각각 지상 2m 높이에 휩 whip 안테나를 갖추고 있으며, 1,000개의 채널에 걸쳐 신호가 도약한다. 1W의 유효 방사 출력을 갖는 광대역 재머는 표적 수신기로부터 1km 떨어진 곳, 지상 2m 높이에 위치한다. 양쪽 링크의 전파 propagation 모드는 2선 two-ray 전파 모델이다. 6.4.2절의 식을 이용하면, 재머 총 전력 대비 한 번에 한 채널만 점유하는 원하는 수신 신호 전력의 비는 40dB가 된다. 재머 전력을 1,000개의 도약 채널로 나누면 채널

당 전력은 1,000배, 즉 30dB이 줄어든다. 따라서 표적 수신기에서의 유효 J/S는 10dB이 된다(7.2.3절에서 효과적인 재밍을 위해서는 0dB만 있어도 됨을 상기하기 바란다). 만약 아군 수신기가 재머로부터 25km 떨어져 있다면 −16dB의 J/S로 재밍될 것이다. 만약 1,000개의 채널에 걸쳐 도약한다면, 유효 J/S는 −46dB로 줄어들 것이다.

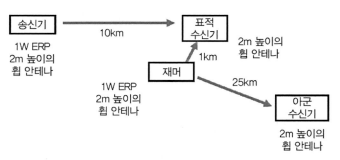

그림 7.13 표적 수신기에서 1km, 아군 수신기에서 25km 떨어진 광대역 재머는 아군 피해를 방지하면서 우수한 J/S를 제공한다.

7.3.6 부분 대역 재밍

부분 대역 재밍은 그림 7.14와 같이 도약 범위의 일부만을 대상으로 한다. 부분 대역 재머가 대상으로 하는 주파수 범위는 다음과 같은 절차로 구한다.

1. 총 수신 재밍 전력을 원하는 수신 신호 전력으로 나누어 전체 J/S(데시벨 단위)를 구한다.
2. J/S(데시벨 단위)를 선형 형태로 변환한다. 예를 들어 30dB은 1,000배이다.
3. 재밍 주파수를 다음과 같이 구한 대역에 걸쳐 확산시킨다.

데시벨 단위가 아닌 J/S 비×도약 채널 대역폭

위의 예시에서 신호를 1,000개의 채널로 나누면 J/S가 30dB 감소하여, 재밍되고 있는 각 도약 채널의 J/S는 0dB이 된다.

표적 신호가 전체 도약 범위에 걸쳐 랜덤하게 도약하므로 재밍 듀티 사이클^{duty cycle}은 재밍 채널수를 도약 범위에 있는 전체 채널수로 나누어 구할 수 있다.

몇몇 전자전 관련자들이 많은 상황에서 20% 또는 훨씬 더 낮은 비율이 효과적일 수 있다고 주장하기도 하지만, 디지털화된 음성에 대해 요구되는 듀티 사이클은 일반적으로 33%이다.

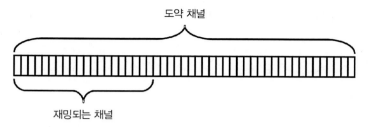

재밍되는 채널

그림 7.14 부분 대역 재밍은 채널당 J/S가 0dB이 되도록 재밍을 채널 수만큼 분산시킨다.

부분 대역 재밍의 예는 다음과 같다. 25kHz 채널 대역폭의 주파수 도약기가 58MHz에 걸쳐 도약한다고 가정하자. 재머가 총 29dB의 J/S를 제공할 수 있다면, 채널당 0dB로 794개 채널(19.9MHz)에 재밍을 할 수 있을 것이다. 총 도약 채널수는 다음과 같으며

$$58MHz/25kHz = 2,320$$

재밍 듀티 사이클은 다음과 같다.

$$794/2,320 = 34.2\%$$

부분 대역 재밍에 대한 몇 가지 중요한 사항 :

- 33% 듀티 사이클로 0dB 재밍을 하는 것이 효과적인 재밍이기 때문에, 이렇게 하면 가장 효율적으로 재머를 사용하게 된다(즉 사용 가능한 재머 유효 방사 출력에 대한 최대 재밍 효과를 얻게 된다).
- 요구되는 재밍 듀티 사이클이 전송 매 순간마다 존재해야 한다. 그렇지 않으면 적에게 유용한 정보가 전달될 것이다.
- 재밍 대역은 도약 영역 이곳저곳으로 이동되어야 한다. 그렇지 않으면 표적 시스템은 재밍되는 채널을 피하기 위해 도약 범위를 줄일 수 있다.
- 표적 시스템이 오류 정정 코드를 사용할 경우, 효과적인 재밍을 위해서는 재밍 듀티 사이클을 증가시켜야 한다.

7.3.7 소인 점 재밍(swept spot jamming)

소인 점 재머는 도약 영역의 일부분을 재밍하지만, 그림 7.15와 같이 재밍 부분을 전체 영역에 걸쳐 훑고 지나간다. 이것은 부분 대역 재밍의 특별한 경우이며, 원격 재머에 매우 효과적일 수 있다.

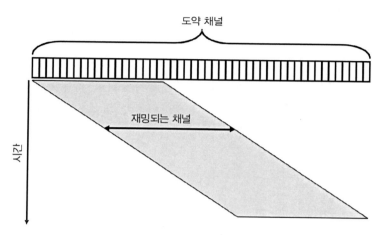

그림 7.15 소인 점 재밍은 듀티 사이클이 100%보다 작으며 모든 도약 채널을 재밍한다.

7.3.8 추적 재머

추적 재머는 도약 주기에서 짧은 시간 내에 주파수 도약기가 동조할 주파수를 결정한 후, 결정한 주파수로 나머지 도약 시간 동안 재밍한다. 신호 주파수를 빠르게 결정하기 위해 광대역 디지털 수신기는 고속 푸리에 변환fast fourier transform, FFT 처리를 사용할 수 있다. 그러나 신호 밀도가 매우 높은 전장 환경에서는 추가적인 조건이 필요하다. 그림 7.16에는 밀도가 매우 낮은 환경에서 에미터 위치에 따른 주파수를 나타내었다. 그림에서 각 점은 송신을 위한 에미터 위치와 신호 주파수를 나타낸다. 주파수 도약기는 한 위치에서 많은 주파수를 갖는다. 실제 환경에서는 사용 가능한 채널의 10%까지 한 번에 점유할 수 있다. 이는 신호당 25kHz 채널을 가정하였을 때 30MHz부터 88MHz까지의 초단파 대역에 대하여 약 232개의 신호가 있을 수 있다는 것을 의미한다. 추적 재머는 이러한 232개 신호 각각의 위치와 주파수를 알아내고 표적 위치에서 방출되는 주파수를 알아낸 후 해당 주파수를 추적 재머의 주파수로 설정한다.

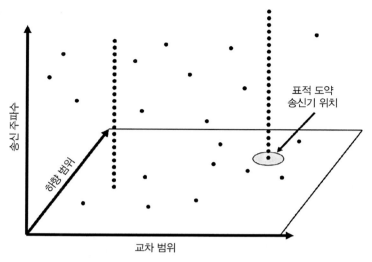

그림 7.16 추적 재머는 표적 위치의 에미터 주파수에 재밍을 해야 한다.

주요 참고사항 : 지금까지 송신기가 아닌 수신기 재밍을 다루었다. 그러나 적군 네트워크에서 송신기의 주파수를 알 수 있다면 이 네트워크에 있는 수신기가 동조할 주파수도 알게 된다. 송신 주파수로 재밍하는 것은 네트워크의 모든 적군 수신기를 재밍하는 것이 될 것이다.

추적 재밍은 재밍되는 도약 시스템이 사용하는 채널에 모든 재밍 전력을 배치할 수 있다는 큰 강점을 갖는다. 또한 그 시점에 적군이 사용하는 주파수에만 재밍을 한다는 장점이 있다. 그때 아군의 도약 시스템이 해당 주파수를 사용할 확률은 매우 낮기 때문에 아군 피해가 최소화된다.

그림 7.17에는 추적 재머에서의 타이밍 timing 을 나타내었다. 도약 주기의 첫 부분 동안에 도약기는 새로운 주파수로 정착한다. 재머는 존재하는 모든 신호의 주파수와 위치를 찾아 재밍할 주파수, 즉 표적 신호 위치에서 방출되는 주파수를 선택한다. 이후 전파 지연이 있게 된다. 이 모든 과정이 지난 후, 도약 주기의 나머지 시간 동안 재밍이 이루어진다. 만약 재밍 지속 시간이 도약 주기의 3분의 1 이상이라면 재밍은 효과적일 것이다.

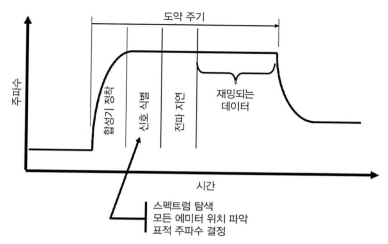

그림 7.17 추적 재밍은 정착 시간, 전파 지연 그리고 적절한 재밍 듀티 사이클을 정하기 위해 충분히 빠른 분석을 필요로 한다.

7.3.9 FFT 타이밍

추적 재머가 적절한 재밍 주파수를 결정하는 데 필요한 속도는 수신기의 구성과 프로세서의 속도에 의해 결정된다. 한 예로 그림 7.18의 시스템 구성을 고려해보자. 재머에는 수신 신호 각각의 도착 방향을 결정하기 위한 위상 정합 2채널 간섭계interferometer 가 있다. RF 프런트 엔드는 관심 주파수 범위의 일부를 대상으로 동작하며 중간 주파수intermediate frequency, IF 신호를 디지타이저로 출력한다. I&Q 디지타이저는 매우 빠른 샘플링 속도로 IF 신호의 진폭과 위상을 획득한다. 디지털 신호 처리기digital signal processor, DSP 는 결정된 신호 채널에 존재하는 신호의 위상을 구하기 위해 FFT를 수행한다. FFT는 처리된 샘플 수의 반에 해당

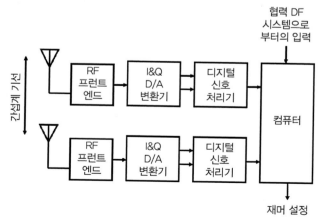

그림 7.18 추적 재머는 주어진 환경에 존재하는 모든 신호의 주파수와 위치를 알아내야 한다.

하는 개수의 채널로 디지털화된 IF 데이터를 채널화한다. 예를 들어 FFT 처리의 입력 샘플 수가 2,000개라면 신호는 1,000개의 채널로 처리될 것이다. I&Q 샘플은 사실상 서로 독립이며, 따라서 1,000개의 I&Q 샘플은 1,000개의 채널로 분석될 수 있다.

두 번째 디지털 간섭계 시스템이 존재하는 모든 신호에 대한 동시 도착 방향 정보를 입력하면, 재머를 제어하는 컴퓨터는 각 수신 신호의 위치를 알게 될 것이고, 표적 위치 신호의 순간 주파수, 즉 표적 신호 도약 주파수로 재머를 설정할 수 있다.

대표적인 디지털 간섭 방향탐지기는 [1]에 설명되어 있다. [1]의 칼럼에 정의된 시스템 제한 조건을 적용하면, 30MHz에서 88MHz 범위에 존재한다고 가정한 232개 모든 신호의 도착 방향과 주파수가 1.464ms 내에 구해진다. 이 시간 내에 232개 모든 신호의 에미터 위치를 이 두 시스템이 함께 결정할 것이다.

7.3.10 추적 재밍에서의 전파 지연

무선 신호는 빛의 속도로 전파된다. 송신기에서 나오는 신호는 재머 위치에 도달해야 한다. 분석 및 주파수 설정을 마친 후, 재머 신호는 수신기 위치에 도달해야 한다. 이해를 돕기 위해 그림 7.19에는 재밍의 기하학적 배치 구조를 나타내었다. 표적 시스템 송신기와 수신기가 5km 떨어져 있기 때문에 이 시스템에는 $16.7\mu s$의 전파 지연이 허용되어야 한다. 만약 재머를 50km 떨어진 곳에 두면, 양방향 모두 $167\mu s$의 전파 지연이 존재하게 된다. 이것은 송신기가 새로운 도약에 정착한 이후, $334\mu s$ 동안 분석이나 재밍이 이루어질 수 없음을 의미한다.

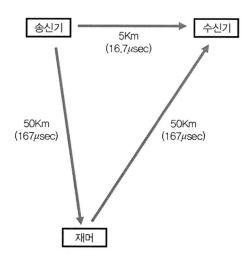

그림 7.19 추적 재머 효과는 전파 지연에 의해 심각한 영향을 받을 수 있다.

7.3.11 재밍 가능 시간

위에서 기술한 시스템 및 재밍 배치 구조에서 위치 분석과 전파 지연 시간을 같이 고려해보면, 1.798ms(1.464ms+334μs) 동안 재밍이 불가능하다. 만약 주파수 도약기가 초당 100번 도약한다면, 도약당 재밍이 가능한 시간은 다음과 같다.

$$10ms-15\% \text{ 정착 시간}-1.798ms=10ms-1.5ms-1.798ms=6.702ms$$

표적 송신기가 데이터를 전송할 수 있는 시간과 비교해보면(10ms-1.5ms-16.7μs=8.483ms) 전송 비트의 80%를 재밍하게 된다. 따라서 재밍은 효과적으로 이루어질 것이다.

반면 표적 신호가 초당 500번 도약한다면 도약당 지속 시간은 2ms이며, 15%의 정착 시간을 고려하면 1.7ms 동안 데이터가 전송된다. 분석 및 전파 지연 시간 1.798ms는 1.7ms보다 길기 때문에, 이러한 배치 구조의 재밍 시스템은 신호를 효과적으로 재밍하지 못하게 될 것이다.

재밍에 대항하기 위한 부가적인 보호 방법으로 그림 7.20과 같이 도약 주기의 앞부분에 신호 데이터 비트를 배치하기도 한다. 이를 통해 적군 수신기가 표적 에미터의 도약 주파수를 알아내는 데 이용할 수 있는 시간이 줄어들게 된다.

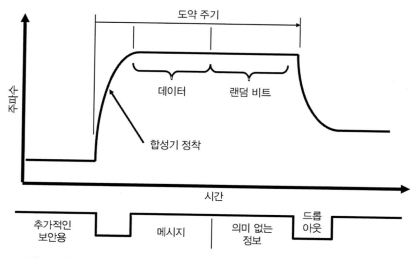

그림 7.20 부가적인 항재밍 기능을 위해 도약 주기의 앞부분에 신호 데이터를 배치할 수 있다.

앞에서 설명한 것의 요점은 추적 재머의 유효성을 예측하기 위해서는 디지털화 특성 및 배치를 고려하는 것이 필요하다는 것이다. 초당 500번 도약하는 예에서는 더 빠른 디지타이저와 더 짧은 재밍 거리가 요구된다.

7.3.12 저속 도약 대 고속 도약

위에서 설명한 모든 기술은 저속 도약기에 적합하다. 그러나 비트당 여러 번 도약하는 고속 도약기는 추적 재밍에 취약하지 않다. 어떤 작전 상황에서는 전파 지연으로 인해 분석과 설정이 불가능할 수 있다. 따라서 고속 도약은 광대역 재밍이나 추후 설명할 직접 시퀀스 확산 스펙트럼 direct sequence spread spectrum, DSSS 신호 기술을 사용하여 재밍을 해야 한다.

7.4 처프 신호

처프는 주로 레이다에서 거리 분해능을 높이는 데 사용되지만, 한편 통신에서 항재밍 보호에도 사용된다. 이 경우 처프라고 불리는 주파수 변조를 통해 신호의 감지 또는 재밍을 더 어렵게 만드는 처리 이득을 얻을 수 있다.

처프는 두 가지 방법으로 구현할 수 있다. 첫 번째는 디지털 신호를 정보 대역폭보다 훨씬 넓은 주파수 범위에서 선형 소인하는 것이다. 두 번째는 디지털 신호의 매 비트마다 처프를 적용하는 것이다. 두 가지 방법 모두 신호의 정보 대역폭 대비 소인 범위만큼의 처리 이득을 얻을 수 있다. 일반적으로 처리 이득만큼 유효 재밍 대 신호비(J/S)가 감소한다. 아래에서 처프 신호에 대해 유효 J/S를 증가시키는 방법들을 설명한다.

7.4.1 넓은 선형 소인

그림 7.21에 나타낸 방법을 이용하여 디지털 변조된 IF 신호는 신호의 정보 대역폭보다 훨씬 넓은 주파수 범위에 걸쳐 소인된다. 이를 통해 그림 7.22에 나타낸 것과 같은 전송 파형이 생성된다. 소인 시작 시간은 적군 수신기가 시작 시간에 동기화하지 못하게 랜덤하게 변화하는 점에 주목하기 바란다. 재밍하고자 하는 수신기는 송신기에 동기화되어 있는 소인 발진기를 갖춘 유사한 회로로 구성된다. 앞서 주파수 도약기에서 언급하였듯이, 선형

소인 부분 동안 더 빠른 비트율로 전송되고 수신기에서는 다시 일정한 비트율로 복원되도록 정보는 디지털 형태로 전송되어야 한다. 그렇지 않으면 통신에 간섭이 되는 심각한 신호 소실 drop-out 이 발생할 것이다.

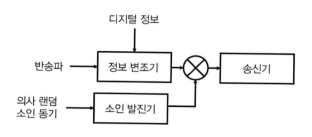

그림 7.21 처프는 항탐지와 항재밍 보호를 위해 디지털 데이터 스트림에 적용될 수 있다.

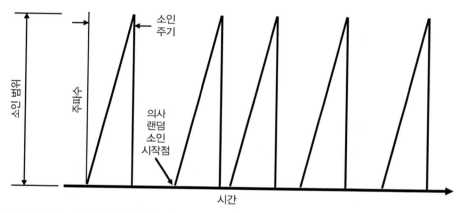

그림 7.22 처프 신호는 소인 주기 시작 시점을 랜덤하게 선택하면서 넓은 주파수 범위에 걸쳐 소인된다. 이것은 적군 수신기가 처프 소인에 동기화하지 못하게 한다.

데이터가 디지털이므로 최적 재밍은 수신 신호에서 약 33%의 비트 오류를 발생시킬 것이며, 따라서 정교하지 않은 재머에서는 부분 대역 재밍이 가장 유용한 재밍 성능을 보일 것이다. 만약 처프 송신기가 고정된 소인 동기 패턴을 갖고 있거나 재밍 신호가 (DRFM을 사용하여) 지연될 수 있다면, 처프 패턴을 분석하고 패턴을 추적 재머에 일치시키는 것이 보다 실용적일 수 있을 것이다. 이는 재밍하고자 하는 수신기의 처리 이득 이점을 무력화하여 훨씬 더 나은 J/S를 제공하게 될 것이다. 처프 신호는 일정한 소인율을 갖지 않을 수도 있지만, 시간 패턴에 대하여 원하는 주파수를 추적할 수 있음을 주지하기 바란다.

7.4.2 비트 단위 처프 신호

처프 통신 기술은 전송되는 각 비트마다 처프 변조를 수행하고 그림 7.23과 같이 수신기에서 디지털 데이터를 복원한다고 대부분의 문헌에 기술되어 있다. 소인 발진기나 표면탄성파surface acoustic wave, SAW 처프 발생기가 처프에 사용될 수 있다. 수신기의 역처프 필터는 주파수 특성에 대하여 선형적인 지연을 갖기 때문에, 특정 처프 특성을 가진 신호를 임펄스로 변환한다. 실제로 신호는 출력 임펄스를 생성하기 위하여 처프 주기의 끝까지 지연된다. 이 그림에서 업처프가 적용되면, 역처프 필터는 주파수가 증가함에 따라 지연을 감소시켜야 한다. 이러한 처프 기술은 병렬 이진 채널 또는 펄스 위치 다이버시티가 있는 단일 채널의 두 가지 방법으로 디지털 데이터를 전송할 수 있게 한다.

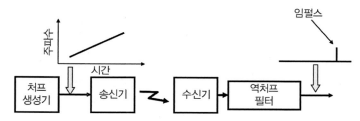

그림 7.23 디지털 신호 비트마다 소인 FM 되었을 때, 역처프 정합 필터 과정을 거쳐 임펄스가 생성된다.

7.4.3 병렬 이진 채널

어떤 시스템에서 논리 1을 하나의 처프 방향(예를 들어 주파수를 증가시키는 방향)으로 처리한다면 논리 0은 반대의 처프 방향(이 경우 주파수를 감소시키는 방향)으로 처리한다. 이러한 형태의 시스템을 그림 7.24에 나타내었다. 처프 주파수 기울기는 일반적으로 선형이다. 수신기에서 수신된 각 비트들은 해당하는 역처프 필터에서 임펄스로 출력된다. 그림에서 입력 데이터 스트림이 1, 0, 1, 1, 0이므로 업처프 필터는 첫 번째, 세 번째 및 네 번째 비트에 대하여 임펄스를 출력하고, 다운처프 필터는 두 번째와 다섯 번째 비트에 대하여 임펄스를 출력한다. 송신기에서의 디지털 입력으로 복원되기 위해 임펄스들은 논리 비트들로 변환된다.

처리 이득은 처프 주파수 편차와 비트 지속 시간의 곱이며, 이것은 또한 처프 편차 대데이터 비트 전송률의 비이다. 평균 스펙트럼 분석기로 분석하면 전송된 파형은 그림 7.25와 같이 된다. 파형을 통해 처프 변조가 끝나는 지점을 구할 수 있다. 이 주파수 범위에 걸쳐 잡음 재밍을 하면 처리 이득만큼 J/S가 감소한다. 그러나 전송 신호가 디지털이므로 (비트 오류가 발생하도록 재밍 펄스를 높여가며) 펄스 재밍을 통해 재밍 효과를 향상시킬 수 있다.

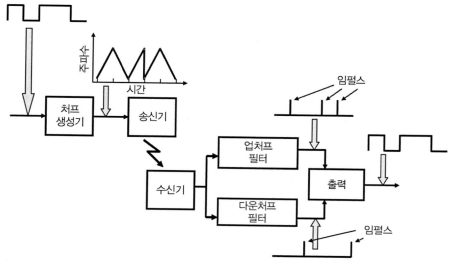

그림 7.24 1과 0에 대한 소인 방향을 서로 반대로 하여 디지털 신호의 각 비트마다 처프가 이루어지면, 업처프와 다운처프에 정합된 두 개의 역처프 필터는 1 또는 0에 대해 각각 임펄스를 생성한다. 이러한 임펄스는 전송된 디지털 데이터 복원을 가능하게 한다.

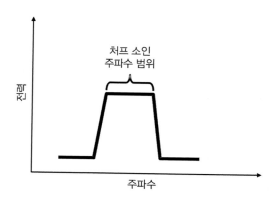

그림 7.25 평균 스펙트럼 분석기는 신호에 대해 처프가 이루어지는 주파수 범위를 보여준다.

스펙트럼 분석기로 처프 기울기와 끝나는 지점이 결정되면, 선형 처프된 신호는 재밍 파형으로 사용될 수 있다. 재밍 처프는 랜덤하게 양수 또는 음수가 될 수 있다. 데이터 신호는 대략 1과 0의 비율이 같을 것이므로, 비트의 절반은 최대 J/S로 재밍될 것이다. 50%의 비트 오류율은 재밍된 채널을 통한 정보 전송을 중단시키기에 충분하다.

7.4.4 펄스 위치 다이버시티가 있는 단일 채널

그림 7.26에 나타낸 것과 같이 수신기에서 역처프 필터 출력의 임펄스 타이밍은 송신기에서의 처프 발생기 시작 주파수의 함수가 된다. 따라서 논리 1이 한 주파수에서 시작되고 논리 0이 다른 주파수에서 시작된다면, 역처프 필터 출력의 임펄스 타이밍은 1과 0을 시간으로 구분할 수 있게 한다. 이 예에서는 업처프가 사용되고 있으며 0에 대한 처프는 1에 대한 처프보다 높은 주파수에서 시작되고 끝난다. 이것은 0에 대한 임펄스를 1에 대한 임펄스보다 더 작은 지연을 갖도록 출력하게 할 것이다. 입력 데이터가 논리 0인 경우 역처프 필터의 출력은 시간 슬롯의 왼쪽 부분에 임펄스가 있게 되며, 입력 데이터가 논리 1인 경우 시간 슬롯의 오른쪽 부분에 임펄스가 있게 됨을 주목하기 바란다. 이 그림에서 입력 데이터 스트림이 1, 0, 1, 1, 0이므로, 첫 번째, 세 번째 및 네 번째 비트에 대한 임펄스는 늦게 나타나고, 두 번째와 다섯 번째 비트에 대한 임펄스는 일찍 나타난다.

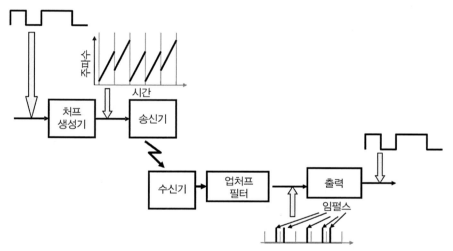

그림 7.26 논리 1과 0에 대한 처프 시작 주파수가 다를 경우 역처프 정합 필터의 임펄스 출력은 원본 데이터 스트림을 복원할 수 있도록 서로 다른 지연을 갖는다.

위와 같이 1과 0에 대해 시간 구분을 이용하는 처프 통신 시스템 특허가 있지만 보안을 위해 의사 랜덤 시작 주파수 선택 기능을 갖는다. 이로 인해 역처프 필터의 출력 임펄스가 의사 랜덤 시간 패턴을 갖게 된다. 목표로 하는 수신기는 이러한 시간 랜덤성을 해결하기 위해 송신기와 동기화된다.

처프 범위에 걸친 잡음 재밍은 처리 이득만큼 J/S가 감소할 것이다. 여기서도 펄스 재밍은 재머의 효과를 증가시킬 것이며 (랜덤한 1과 0으로) 전송된 신호에 정합되는 처프 파형을 사용하면 J/S가 크게 향상될 것이다.

7.5 직접 시퀀스 확산 스펙트럼 신호

직접 시퀀스 확산 스펙트럼direct sequence spread spectrum, DSSS 신호는 2차 디지털 변조의 적용으로 주파수가 확산된 디지털 신호이다. 디지털 신호는 그림 7.27과 같이 변조 비트율 두 배에 해당하는 영점 대 영점 대역폭의 스펙트럼 특성을 갖는다. 그림 7.28(a)에는 정보에 대한 변조만 존재할 때 신호의 스펙트럼을 나타내었으며, 그림 7.28(b)에는 더 높은 비트율 확산 변조가 적용되었을 때 스펙트럼을 나타내었다. 확산 변조에서의 비트를 칩이라고 한다. 이 그림은 비현실적으로 확산 변조 칩률을 정보 변조율의 5배로 나타내었는데, 실제로는 충분한 처리 이득을 제공하기 위해 정보 변조율의 100에서 1,000배 정도로 확산 변조가 이루어진다.

그림 7.29와 같이 확산 변조를 제거하기 위해 수신 신호에 역확산 변조를 적용하면, 신호가 역확산되고 주파수상에서 확산율만큼 신호 세기가 증가한다. 예를 들어 확산 변조 칩률이 정보 비트율의 1,000배인 경우 30dB 증가한다. 이것은 수신기가 수신하도록 설계된 신호에만 적용되는 처리 이득이다.

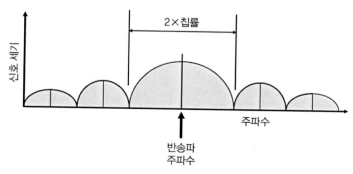

그림 7.27 모든 디지털 신호와 마찬가지로 DSSS 신호는 비트율에 따른 주파수 대역에 걸쳐 에너지를 분산시킨다.

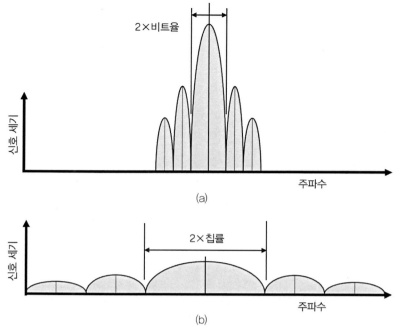

그림 7.28 디지털 신호에 대해 2차 디지털 변조를 적용하면 스펙트럼은 확산되고 신호 세기 밀도는 감소한다.

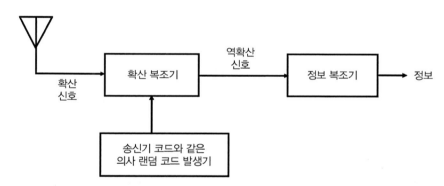

그림 7.29 DSSS 수신기는 신호를 확산하는 데 사용한 코드와 같은 코드를 적용하여, 확산 변조를 제거한다.

확산 변조에는 의사 랜덤 코드가 사용된다. 그림 7.30에 나타낸 역확산기는 그림 7.29의 계통도에 있는 확산 복조기로, 송신기에서 신호에 사용하였던 것과 동일한 변조를 적용한다. 이를 통해 수신 신호로부터 확산 변조를 제거하여 원래의 정보 신호로 복원하는 효과를 가지게 된다. 만약 수신기에서 사용되는 코드가 송신기에서 사용된 코드와 다르면 수신 신호는 역확산되지 않고, 따라서 확산된 상태의 낮은 신호 세기로 남아 있게 된다. 역확산 과정은 확산 과정과 동일하기 때문에 수신기로 입력되는 비확산 신호는 확산될 것이고 따라서 확산율만큼 감쇠될 것이다. 이를 통해 저피탐 DSSS 방식은 항재밍 성능을 얻게 된다.

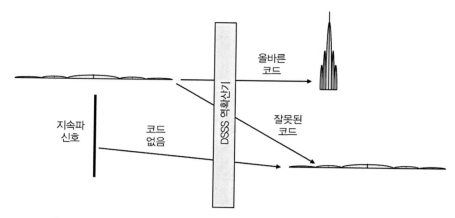

그림 7.30 역확산 과정은 또한 일치하는 코드로 변조되지 않은 신호를 확산시키고 감쇠시킨다.

7.5.1 DSSS 수신기 재밍

상업용 시스템처럼 확산 코드가 알려져 있는 경우, 재밍 신호는 확산 코드로 적절하게 변조되고 수신기에서 처리 이득만큼의 이득을 갖게 될 것이다. 그러나 군용에서는 확산 코드를 모르기 때문에 J/S가 확산율만큼 감소될 수 있다.

7.3절에서 언급했듯이 디지털 신호에 대한 가장 좋은 재밍은 비트 오류를 발생시키는 것이며, 0dB의 J/S에서 50%에 가까운 비트 오류(최대 비트 오류율)가 발생한다. 그 이상의 재밍 전력은 수신기에 더 이상의 영향을 미치지 않는다. DSSS 신호는 디지털이므로 (수신 과정 후) 0dB J/S면 충분하다. 원하는 신호에 대해서는 처리 이득이 존재함을 기억해야 한다.

수신된 재밍 신호 세기는 처리 이득만큼 감소될 것이기 때문에, DSSS 송신기의 중심 주파수에 걸쳐 단순한 지속파^{continuous wave, CW} 신호를 사용하는 것이 합리적일 것이다.

7.5.2 광대역 재밍

광대역 재밍은 DSSS 신호에 대해 사용될 수 있지만 J/S가 수신기의 처리 이득만큼 감소될 것이며 CW 신호가 더 생성하기 쉽고 효과적이라는 것을 기억하기 바란다.

광대역 재머는 중심 주파수를 살펴볼 필요가 없기 때문에 운용이 간단하다는 장점이 있다. 따라서 이런 형태의 재밍은 수동식 또는 미사일 발사기로 발사된 UAV상의 재머 같은 간단한 원격 재머에 잘 맞는다.

7.5.3 펄스 재밍

33%(또는 어떤 상황에서는 더 적은) 비트 오류율은 디지털 DSSS 신호를 복원하지 못하도록 만들기 때문에 재밍은 100%보다 훨씬 작은 듀티 사이클을 가질 수 있다. 일반적으로 펄스 재머는 연속 재머보다 훨씬 큰 최대 출력을 전송할 수 있다.

만약 표적 통신 시스템이 인터리빙과 오류 정정 부호를 사용한다면, 펄스 재밍을 사용하는 것은 실용적이지 못할 수 있음을 주지해야 한다.

7.5.4 근거리 재밍

6장에서의 기본적인 J/S 공식들을 돌이켜보면, J/S는 재머와 표적 수신기 사이의 거리에 큰 영향을 받는다는 것을 알 수 있다. 가시선 전파(propagation) 상황에서는 수신기로 인입되는 재머 전력(즉 J/S)은 재머에서 수신기까지의 거리의 제곱에 비례하여 감소한다. 따라서 거리가 줄어들면 감소한 거리의 제곱에 비례하여 J/S가 증가할 것이다. 한편, 2선 전파 상황에서는 감소한 거리의 4제곱에 비례하여 J/S가 증가할 것이다

근거리 재밍에서는 명령이나 자동 타이밍에 의해 작동되는 원격 재머를 사용하여 표적 수신기 근처에 재머를 배치한다. 원격 재머는 광대역 재머를 사용할 수도 있고 또는 몇몇 다른 광대역 재밍 파형을 사용할 수도 있다. 이상적으로 근거리 재머는 아군 피해를 방지하기 위해 아군 통신으로부터 충분히 멀리 떨어져 있어야 한다.

7.6 DSSS와 주파수 도약

그림 7.31에는 도약 DSSS 송신기의 계통도를 나타내었다. 정보 신호는 디지털이고, 직접 시퀀스 변조기에서 높은 비트율의 디지털 신호가 정보 신호에 부가된다. 그 결과 높은 비트율의 디지털 신호가 된다.

그림 7.32에는 도약 DSSS 신호의 스펙트럼을 나타내었는데, 이 그림의 스펙트럼에서 각각의 봉우리처럼 솟아오른 부분들은 그림 7.27에 나타내었던 전형적인 디지털 스펙트럼의 중심 주엽 main lobe 이다. 일반적으로 도약 주파수는 디지털 스펙트럼의 주엽들이 겹치도록 선택된다. 예를 들어, 확산 칩률이 5Mbps라면 디지털 스펙트럼의 영점 대 영점 대역폭은 10MHz가 될 것이다. 도약 주파수는 대략 6MHz 간격으로 선택될 수 있다.

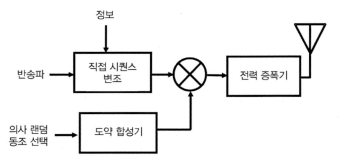

그림 7.31 도약 DSSS 송신기는 디지털 확산 신호에 주파수 도약 변조를 적용한다.

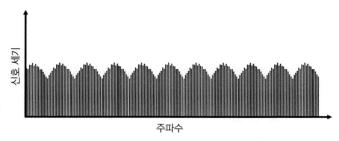

그림 7.32 DSSS와 주파수 도약이 같이 된 신호는 도약 주파수를 중심으로 겹쳐지는 디지털 스펙트럼을 갖는다.

이런 형태의 신호를 재밍하려면 재밍 신호를 도약 주파수 부근에 맞추어야 한다. 예를 들어, 펄스 재밍을 사용한다면 재머가 주파수를 탐지한 후 각각의 도약 주파수에 적용하거나 또는 능동형 도약을 적용해야 한다.

7.7 아군 피해

통신 재밍을 사용하는 상황에서는 의도치 않게 아군 통신을 재밍하게 되는 아군 피해가 발생할 수 있다. 특히 광대역 재밍이 사용될 때 아군 명령 및 제어 통신, 데이터 링크 그리고 명령 링크가 심각하게 손상될 수 있다.

재머의 유효 범위가 특정 거리로 제한되기 때문에 그 범위 밖에서는 통신에 영향이 없을 것이라고 믿는 사람들도 있다. 그림 7.33은 이러한 오해의 위험성을 극단적으로 보여주기 위한 것이다. 재머의 유효 범위와 총기의 유효 거리를 비교하는 것은 적절하다. 총기의 유효 거리는 적절하게 훈련된 사람이 총기를 사용하였을 때 목표물에 대한 타격과 충분한 피해가 예상되는 거리이며, 총알은 유효 사거리보다 훨씬 멀리 날아갈 것이다. 재머의 유효 범위는 적군 수신기에서의 원활한 통신을 방해하기 위해 (여유 한도를 가지면서) 충분한 J/S를 유발할 수 있는 거리이다. 일반적으로 아군 링크에서 최대 성능을 가지려면 아군 수신기에서의 J/S는 훨씬 낮아야 한다.

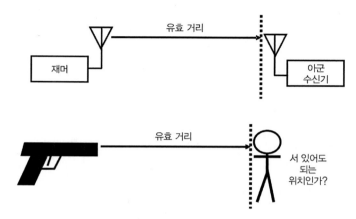

그림 7.33 재머를 사용하는 데 있어서 아군 피해는 중요한 고려사항이다.

7.7.1 아군 링크 피해

이 분석에서는 그림 7.34에 나타낸 바와 같은 4가지 링크를 고려한다. 원하는 재밍을 하게 되면 표적 수신기에서의 J/S는 다음 방정식과 같이 정의된다.

$$J/S = ERP_J - ERP_{ES} - LOSS_{JE} + LOSS_{ES}$$

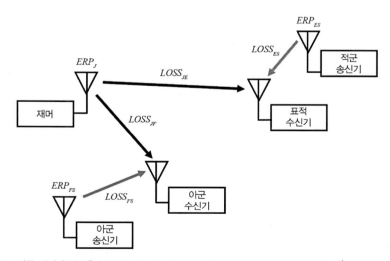

그림 7.34 아군 피해 취약성을 분석하려면 적군 통신 링크와 아군 통신 링크 모두에 대해 J/S를 계산해야 한다.

여기서 ERP_J는 재머 ERP, ERP_{ES}는 적군 송신기 ERP, $LOSS_{JE}$는 재머와 표적 수신기 사이의 링크 손실, $LOSS_{ES}$는 적군 송신기와 표적 수신기 사이의 링크 손실이다.

이제 아군 링크 피해를 살펴보자. 의도하지 않은 아군 수신기의 J/S에 대한 방정식은 표적 수신기에서의 J/S에 대한 방정식과 마찬가지로 다음과 같이 간단히 나타낼 수 있다.

$$J/S(Fratricide) = ERP_J - ERP_{FS} - LOSS_{JF} + LOSS_{FS}$$

여기서 ERP_J는 재머 ERP, ERP_{FS}는 아군 송신기 ERP, $LOSS_{JF}$는 재머와 아군 송신기 사이의 링크 손실, $LOSS_{FS}$는 아군 송신기와 아군 수신기 사이의 링크 손실이다.

불행하게도 아군 피해를 계산하는 데 있어서 특별한 경험적인 방법은 없다. 만약 아군 통신에 사용되는 주파수에 재밍이 있게 되면, 적절한 링크 손실 모델(즉 가시선, 2선 전파 또는 나이프 에지 회절), ERP, 링크 거리 그리고 안테나 높이 또는 주파수(적절한 경우)를 이용하여 두 방정식을 활용하는 것이 필요하다. 유효 J/S(아군피해)는 일반적으로 0dB보다 훨씬 낮아야 한다(−15dB 정도가 적절한 목푯값이다).

7.7.2 아군 피해 최소화

그림 7.35에는 아군 피해를 최소화하는 방법들을 요약하였다. 각각의 방법들은 유효 J/S를 줄이기 위해 원하는 신호를 증대시키거나 아군 수신기에 수신되는 재밍 전력을 감소시킨다.

재머에서 표적 수신기까지 거리를 최소화하고 재머에서 아군 수신기까지 거리를 최대로 해야 한다. 근거리 재밍은 실행 가능할 만큼의 적군에 가까운 위치에서 재머를 원격 조작한다. 이것은 UAV에 장착되는 재머, 대포로 발사되어 설치되는 재머 그리고 수동식 재머를 포함한다. 원격 재머는 명령에 의해 활성화되거나 어떤 최적 패턴에서 켜지도록 시간 설정될 수 있다. 원격 재머는 일반적으로 광대역 재머나 소인점 재머일 것이며 따라서 운용자의 직접적인 개입 없이도 적의 운용 주파수를 재밍 범위에 두게 된다. 그림 7.36과 같이 항아군피해anti-fratricide 이득은 링크 거리 비에 관계되는데, 가시선 전파에서는 거리비의 제곱, 2선 전파에서는 거리비의 4제곱이 된다.

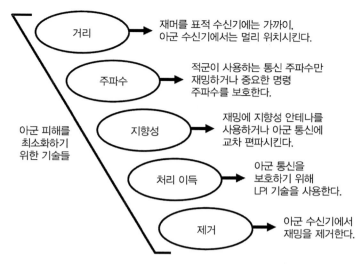

그림 7.35 아군 피해를 최소화하기 위해 몇 가지 기술들이 사용될 수 있다.

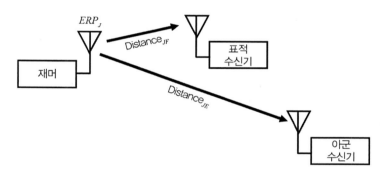

그림 7.36 표적 수신기와 아군 수신기의 상대적 거리는 아군 피해에 강하게 영향을 미친다.

주파수 다이버시티를 사용하라. 실제 상황에서는 적군이 사용하는 주파수만 재밍하는 것이 가장 좋은 방법이다. 이것은 재밍 효과를 극대화할 뿐만 아니라, 아군 피해의 가능성을 감소시킨다. 아군의 명령 및 제어 주파수는 재밍에 사용되지 않는 주파수로 선택된다고 가정한다. 또한 아군 주파수를 보호하기 위해 광대역 재밍을 필터링하는 것도 현실적일 수 있다.

적군 주파수 도약기를 추적 재머로 재밍하는 경우, 아군 주파수는 거의 재밍되지 않기 때문에 아군 통신은 최소한으로 저하될 것이라는 것을 주지하기 바란다.

실제에서는 그림 7.37과 같이 재밍에 지향성 안테나를 사용하라. 재밍 안테나가 적군 위치로 지향되어 있으면 아군 수신기는 낮은 이득을 갖는 재밍 안테나의 측엽에 있게 될 것이다. 이 경우 아군 수신기 방향의 재머 유효 ERP는 측엽분리비_{side-lobe isolation ratio} 만큼 감소
될 것이다.

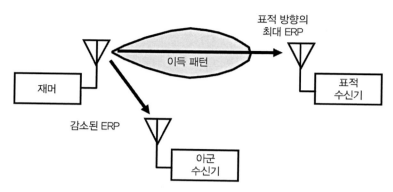

그림 7.37 지향성 재밍 안테나는 아군 수신기 방향의 ERP를 감소시킨다.

또 다른 안테나 고려사항은 편파이다. 실제 상황에서는 재밍 안테나의 편파를 적군 안
테나의 편파와 일치시키고 아군 통신에는 교차 편파 안테나를 사용한다. 모든 사람이 휩
안테나로 통신하는 경우에는 아군과 적군 안테나 모두 수직편파만 사용하므로 이 기술은
적용할 수 없음을 주지하기 바란다.

아군 통신을 위해 LPI 변조를 사용하라. 이것은 아군 수신기에서 원하는 신호에 대하여
처리 이득을 제공하므로 적군 또는 아군 재머로부터 유효 J/S를 감소시킨다.

재밍 신호의 영향을 줄이기 위해 신호 제거 기법이 적용될 수 있다. 그림 7.38에 나타낸
것과 같이 보조 안테나가 재밍 신호를 수신하여 180° 위상 편이기를 통과시킨다. 이렇게

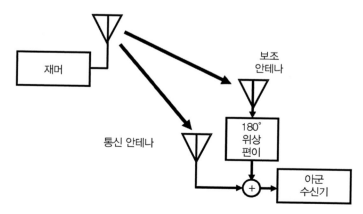

그림 7.38 180° 위상 편이된 재밍 신호를 부가하면 재밍 신호가 상당히 줄어든다.

위상 편이된 신호가 통상적인 통신 안테나로 수신된 신호에 더해지면 재밍 신호는(몇 dB 정도) 제거될 것이다. 일반적으로 보조 안테나는 재머 방향으로 이득이 있어야 함을(어느 경우 10dB) 주지하기 바란다. 위상 편이된 신호를 재머 출력에 바로 연결할 수도 있지만 이렇게 하면 원래의 재밍용 신호 자체를 제거하게 된다.

거의 모든 상황에서 통신 안테나가 실제로 수신하는 신호는 다중경로 신호가 더해져서 구성된다. 보조 안테나는 제거 성능을 향상시키기 위해 이러한 다중경로 신호 중 적어도 일부를 수집하여야 한다.

7.8 LPI 송신기의 정밀 에미터 위치 추정

만약 타이밍 문제가 적절히 처리된다면, 일반적으로 6장에서 설명하였던 모든 에미터 위치 추정 기법들이 LPI 송신기에도 적용될 수 있으나, LPI 에미터의 정밀 위치 추정과 관련하여 중요한 사항들이 있다.

먼저 주파수 도약을 고려해보자. 도래 시간 차time difference of arrival, TDOA 에미터 위치 추정은 최대 상관값을 결정하기 위해 변화하는 상대적 지연 값을 갖는 많은 샘플을 필요로 한다. 최대 상관값을 가지는 지연 값이 도래 시간 차가 된다. 일반적으로 이 과정은 1초 정도 소요되기 때문에 도약기가 한 주파수에 머무르는 짧은 시간(즉, 도약 지속 시간)은 TDOA를 구하는 데 충분한 시간을 제공하지 못한다. 도래 주파수 차frequency difference of arrival, FDOA는 각 수신기에서 주파수 측정만 필요로 하기 때문에 만약 에미터가 고정된 위치에 있고 수신기가 공중에서 이동하는 상태이며 충분한 신호 대 잡음비 상황이라면, FDOA가 실용적일 수 있다.

다음으로 처프 스펙트럼 확산 신호를 고려해보자. 급격히 변화하는 주파수는 TDOA에 대하여 최대 상관값을 구하는 데 있어서 커다란 도전이 될 것이고 정확한 주파수 값을 필요로 하는 FDOA 또한 마찬가지로 실용적이지 않게 된다.

마지막으로 DSSS 신호를 고려해보자. 만약 의사 랜덤 확산 코드를 알고 있다면(예를 들어, 상용 통신 시스템) TDOA나 FDOA 에미터 위치 추정 모두 실용적일 수 있다. 그러나 만약 코드를 모른다면, 이 신호들의 위치 추정에는 에너지 탐지 접근법이 필요한데 에너지 탐지 접근법은 TDOA나 FDOA를 실행하기에는 충분한 신호 대 잡음비를 제공하지 못한다.

이 결론에 대하여 매우 짧은 코드를 사용하는 매우 강한 DSSS 신호에 대해서는 예외가 된다. 이러한 조건에서는 단일 스펙트럼선을 분리하여 TDOA 또는 FDOA 분석을 수행하는 것이 실용적일 수 있다.

7.9 휴대전화 재밍

이번 절에서는 휴대전화 링크 재밍에 대해 살펴본다. 먼저 다양한 형태의 휴대전화 시스템 운용에 대하여 살펴본 후 몇몇 재밍 상황에 대해 고찰한다.

7.9.1 휴대전화 시스템

그림 7.39에는 일반적인 휴대전화 시스템을 나타냈다. 전체 과정을 제어하는 이동전화 교환국mobile switching center, MSC 에 일단의 기지국들이 연결된다. 한편 휴대전화가 일반 유선 전화와도 연결될 수 있도록 MSC는 공중전화 교환망에 연결된다.

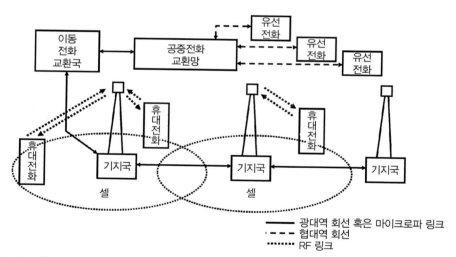

그림 7.39 휴대전화 시스템은 이동전화 교환국에 연결된 몇몇 기지국으로 구성되는데, 이동전화 교환국은 공중전화 교환망과 연결된다.

휴대전화 시스템은 아날로그일 수도 있고 디지털일 수도 있다. 이것은 기지국과 휴대전화 간에 통신 신호가 전달되는 방식이다. 아날로그 시스템에서 통신 채널(주파수 변조된)

은 아날로그지만 디지털 방식의 제어 채널도 존재한다. 디지털 시스템에서는 통신과 제어 채널 모두 디지털 방식이다. 디지털 셀룰러 시스템에서 각각의 주파수는 다중 통신 채널을 갖는다. 대표적인 두 가지 중요한 디지털 시스템(GSM과 CDMA)을 살펴볼 것이다.

7.9.2 아날로그 시스템

아날로그 휴대전화 시스템에서는 기지국에서 휴대전화로의 채널(하향 링크)과 휴대전화에서 기지국으로의 채널(상향 링크)로 구성되는 두 개의 RF 채널을 각 휴대전화에 할당하는 이중 통신 운용 duplex operation 이 제공된다. 한 명의 사용자는 통화하는 동안 두 개의 RF 채널을 계속 점유한다. 각 채널은 대부분의 시간 동안 전송 신호를 전달하지만 디지털 제어 데이터를 송신하기 위해 짧은 시간 동안 전송 신호를 단절하기도 한다. 몇몇 시스템에서는 제어 데이터를 음성 신호상에 변조하기 때문에 전송 신호 단절이 발생하지 않는다. 그림 7.40에는 전형적인 아날로그 휴대전화 채널에서 신호가 전달되는 방식을 나타내었다. 몇몇 RF 채널은 접속과 제어 기능을 위한 디지털 신호를 전달하는 데 그러한 채널들을 제어 채널이라 한다.

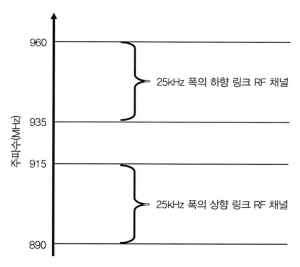

그림 7.40 아날로그 휴대전화 시스템은 RF 채널당 하나의 통화를 전달한다. 하나의 휴대전화에 할당되는 상향 링크와 하향 링크 채널은 45MHz만큼 떨어져 있다.

휴대전화가 활성화되면 휴대전화는 가장 강한 기지국 신호(즉 가장 가까운 기지국)를 찾기 위해 제어 채널을 탐색한다. 휴대전화가 셀룰러 시스템에서 인증된 사용자로 확인되면, 휴대전화는 착신 호출을 위하여 제어 채널을 모니터링하는 유휴 모드로 진입한다. 휴대전화에 전화가 오면, 기지국은 한 쌍의 RF 채널을 할당하는 제어 메시지를 송신한다. 휴대전화가 전화를 걸면, 기지국은 이 RF 채널들을 할당하기 위해 제어 메시지를 송신한다. 할당 가능한 채널이 없다면, 이 시스템은 임의의 시간이 지난 후 할당을 재시도한다. 휴대전화의 배터리 수명을 늘리기 위하여 사용자가 말하고 있지 않을 때는 휴대전화 송신기를 끈다. 음성 채널에서 디지털 제어 신호를 통해 이 시스템은 RF 채널 할당을 바꾸거나 휴대전화의 송신 전력을 (배터리 수명을 더 늘리고 간섭을 피하기 위해) 최소 허용 가능한 수준까지 낮춘다.

아날로그 셀룰러 시스템은 일반적으로 대략 900MHz에서 운용되고, 셀 기지국에서 각 RF 채널은 50W까지의 전송 전력을 가질 수 있다. 휴대전화는 0.6W에서 15W까지의 최대 송신 전력을 갖지만, 기지국의 명령이 있으면 최소 송신 전력으로 낮추게 된다. 휴대전화의 최소 송신 전력은 대개 6mW이다.

7.9.3 GSM 시스템

GSM은 같은 RF 대역을 8명의 사용자가 공유하도록, 200kHz RF 대역당 8개의 타임 슬롯을 갖는다. 이 시스템은 많은 RF 대역을 갖게 된다. 그림 7.41과 같이 각 사용자의 디지털화된 음성 데이터는 프레임당 하나의 디지털 데이터 블록으로 전달된다. RF 채널당 전체 비트율이 270kbps가 되도록 프레임은 초당 33,750프레임으로 반복된다. 어떤 시스템은 16명의 사용자가 각 주파수 대역을 공유하도록 1/2 속도 모드half-rate mode 로 운용되는데, 여기서 각 사용자는 매 두 프레임 마다 할당되는 슬롯을 점유한다. 하나의 타임 슬롯에 있는 비트들은 디지털-아날로그 변환기digital-to-analog converter, DAC 를 통과 한 후 송신기에서 디지털화되었던 신호로 수신기에서 복원된다.

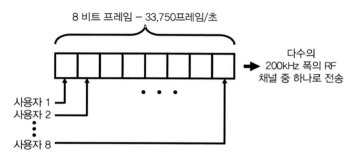

그림 7.41 GSM 휴대전화는 상향 링크 RF 채널과 하향 링크 RF 채널로 디지털 사용자 데이터를 전달한다.

RF 채널 및 타임 슬롯 할당과 페이징을 위해 셀룰러 시스템에서 몇몇 사용자의 타임 슬롯은 제어 채널로 점유된다.

동작 방식은 아날로그 셀룰러 시스템과 매우 유사하다. 휴대전화가 활성화되면 가장 강한 기지국 신호를 찾기 위해 제어 채널을 탐색한다. 인증이 이루어지면 휴대전화는 착신 호출을 위하여 제어 채널을 모니터링하는 유휴 모드로 진입한다. 휴대전화에 전화가 오거나 전화를 걸면 기지국은 (상향 링크 및 하향 링크에 대하여) 한 쌍의 RF 채널을 할당하는 제어 메시지를 전송한다. 그러나 GSM 시스템에서는 할당된 각 RF 채널에 타임 슬롯도 할당한다.

사용 가능한 채널/타임 슬롯이 없을 때 할당을 재시도하기 전 임의의 지연을 두는 것과 배터리 수명을 최대로 하기 위해 휴대전화 송신기 전력을 제어하는 것은 앞에서의 아날로그 시스템에서 설명한 것과 같다.

GSM 시스템은 900, 1,800, 1,900MHz에서 운영되고, 전 이중 통신full duplex을 위해 각 휴대전화의 상향 링크와 하향 링크에 대하여 분리된 RF 채널을 사용한다. 하나의 휴대전화가 동시에 송신하거나 수신하지 않기 위해 상향 링크와 하향 링크에 대해 서로 다른 타임 슬롯을 사용함을 주지하기 바란다. 휴대전화와 기지국의 송신 전력은 아날로그 시스템과 유사하다.

7.9.4 CDMA 시스템

부호 분할 다중 접속code division multiple access, CDMA 휴대전화 시스템은 앞 장에서 설명하였던 DSSS 변조를 사용한다. 각 사용자의 음성 입력 신호는 디지털화된다. 송신기에서 의사 랜덤 코드가 수반된 고속의 디지털 변조가 디지털화된 각 사용자 음성 신호에 적용된다. 이를 통해 신호 전력이 넓은 주파수 대역에 걸쳐 확산되며 전력 밀도가 낮아진다. 수신기에서 같은 의사 랜덤 코드가 수신 신호에 적용되면 신호는 원래의 형태로 복원된다. DAC를 통과하면 신호는 의도했던 사용자에게 들리게 된다. 만약 수신 신호에 올바른 의사 랜덤 코드가 적용되지 않으면, 수신 신호는 희미하게 남아 있게 되고 수신자에게 탐지조차 되지 않는다. 그림 7.42와 같이 서로 다른 64명의 사용자 음성 신호는 최적의 신호 분리를 위해 선택된 64개의 코드를 이용하여 같은 1.23MHz 폭의 RF 채널로 전송될 수 있다. CDMA 시스템은 다수의 RF 채널을 갖는다. 이 시스템에서 몇몇 접속 채널(코드와 RF 채널)은 제어 기능을 위해 사용된다.

동작 방식은 앞에서 설명한 GSM 셀룰러 시스템과 매우 유사하다. 그러나 휴대전화에 대한 제어 신호는 타임 슬롯이 아닌 확산 코드가 할당된다. 미국의 경우 IS-95 CDMA 시스템은 앞에서 설명한 아날로그 휴대전화 시스템에서와 같은 기지국과 휴대전화 송신 전력을 사용하여 1,900MHz에서 운용된다.

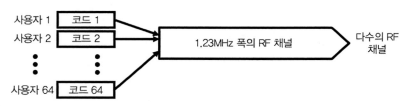

그림 7.42 CDMA 휴대전화는 각 RF 채널상에서 서로 다른 확산 코드를 사용하는 64명까지의 디지털 사용자 신호를 보낼 수 있다.

7.9.5 휴대전화 재밍

6장에서 다루었던 전파propagation 및 재밍 공식들을 이용하여 지금부터 몇몇 휴대전화 재밍 상황을 살펴본다.

특정 전파 손실 모델이 특정 링크에 적절할 수 있으므로, 통신 재밍 문제를 다룰 때 먼저 관련된 각 링크에 대하여 적절한 손실 모델을 결정하는 것이 필요하다. 휴대전화와 기지국은 지상 부근에 있기 때문에 (휴대전화에서 기지국으로의) 상향 링크와 (기지국에서 휴대전화로의) 하향 링크는 거리, 주파수, 안테나 높이에 따라 가시선 또는 2선 전파가 될 것이다. 이것은 (재머 위치에 관계없이) 재머에서 휴대전화 또는 재머에서 기지국으로의 링크에도 적용된다. 따라서 휴대전화 재밍 분석의 첫 단계는 휴대전화 링크와 재밍 링크에 대한 프레넬Fresnel 영역 거리를 구하는 것이다. 그러면 J/S를 계산할 수 있다.

지상 및 공중으로부터의 상향 링크 및 하향 링크 재밍, 네 가지 경우를 고려할 것이다. 각각의 경우에, 셀룰러 시스템은 800MHz에서 운용되고 전체 RF 채널을 재밍한다. 만약 셀룰러 시스템이 아날로그라면 하나의 신호를 재밍하게 되고, 만약 셀룰러 시스템이 디지털이라면 그 RF 채널을 사용하는 모든 사용자 채널을 재밍하게 될 것이다. 디지털 시스템에서 한 명의 사용자 채널만 재밍하기 위해서는 (GSM 시스템에 대해서는) 재밍을 특정 타임 슬롯에 국한시키거나 (CDMA 시스템에 대해서는) 한 명의 사용자에 대한 코드에 적용해야 한다.

7.9.6 지상에서의 상향 링크 재밍

그림 7.43과 같이 30m 높이의 기지국으로부터 2km 떨어진 지상 1m 높이에 휴대전화가 있으며 휴대전화의 최대 ERP는 1W이다. 재머는 기지국으로부터 4km 떨어진 지상 3m 높이에 있으며 100W의 ERP를 발생시킨다.

상향 링크는 휴대전화에서 기지국으로 신호가 전달되기 때문에 기지국에 있는 상향 링크 수신기를 재밍해야 한다. 기지국 수신기에서 필요로 하는 충분한 SNR이 제공된다면 휴대전화 송신 전력은 6mW까지 낮아질 수 있다. 그러나 재밍은 재밍된 링크의 SNR을 매우 낮게 만들 것이므로 재밍이 이루어지는 동안 휴대전화는 최대 전력을 유지할 것이다.

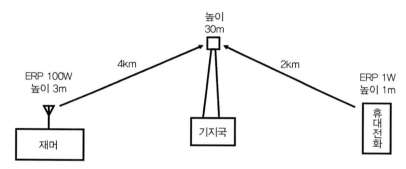

그림 7.43 휴대전화 상향 링크 재밍에는 기지국으로의 전파 발사가 요구된다.

먼저 다음 식을 이용하여 휴대전화와 재밍 링크의 프레넬 영역 거리를 계산한다.

$$FZ = (h_T \times h_R \times F) / 24,000$$

여기서 FZ는 프레넬 영역 거리(km), h_T는 송신기 높이(m), h_R은 수신기 높이(m), F는 링크 주파수(MHz)이다.

휴대전화에서 기지국 링크의 프레넬 영역 거리는 다음과 같다.

$$FZ = (1 \times 30 \times 800) / 24,000 = 1km$$

휴대전화는 기지국으로부터 2km 떨어져 있는데, 이는 프레넬 영역 거리보다 크기 때문에 휴대전화 링크에 2선 전파를 적용한다.

재밍 링크에 대한 프레넬 영역 거리는 다음과 같다.

$$FZ = (3 \times 30 \times 800) / 24,000 = 3\text{km}$$

링크 거리가 프레넬 영역 거리보다 멀기 때문에 2선 전파를 적용한다.

모든 통신 재밍에서와 같이 수신 안테나가 모든 방향에서 대략 같은 이득을 가질 때 J/S는 다음과 같이 계산된다.

$$J/S = ERP_J - ERP_S - LOSS_J + LOSS_S$$

여기서 ERP_J는 재머의 ERP(dBm), ERP_S는 원하는 신호 송신기의 ERP(dBm), $LOSS_J$는 재머에서 수신기까지의 손실(dB), $LOSS_S$는 원하는 신호 송신기에서 수신기까지의 손실(dB)이다.

두 개의 ERP 값을 dBm으로 변환하면 100W=50dBm이고 1W=30dBm이다. 재머로부터의 손실(2선 전파 모델)은 다음과 같다.

$$LOSS_J = 120 + 40\log(4) - 20\log(3) - 20\log(30)$$
$$= 120 + 24 - 9.5 - 29.5 = 105\text{dB}$$

휴대전화에서 기지국까지의 손실(2선 전파 모델)은 다음과 같다.

$$LOSS_S = 120 + 40\log(2) - 20\log(1) - 20\log(30)$$
$$= 120 + 12 - 0 - 29.5 = 102.5\text{dB}$$

그러므로 J/S는 다음과 같이 된다.

$$J/S = 50\text{dBm} - 30\text{dBm} - 105\text{dB} + 102.5\text{dB} = 17.5\text{dB}$$

7.9.7 공중에서의 상향 링크 재밍

그림 7.44와 같이 휴대전화 링크는 앞에서의 경우와 동일하지만, 100W 재머는 기지국으로부터 15km 떨어져 고도 2,000m로 날아가는 항공기에 존재한다.

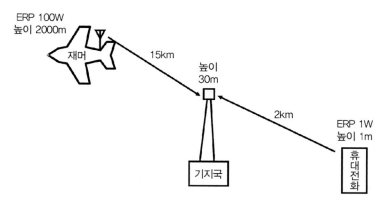

그림 7.44 항공용 상향 링크 재머는 높은 고도로 인해 먼 거리에서도 좋은 J/S를 얻게 된다.

휴대전화에서 기지국까지의 링크는 동일하지만 재머에서 기지국까지의 링크에 대한 프레넬 영역 거리를 계산해야 한다.

$$FZ = (2,000 \times 30 \times 800) / 24,000 = 2,000 \text{km}$$

재머에서 기지국까지의 링크는 FZ보다 매우 짧기 때문에 가시선 전파를 사용해야 한다. 따라서 재밍 링크 손실은 다음과 같이 된다.

$$LOSS_J = 32.4 + 20\log(d) + 20\log(F)$$

여기서 d는 링크 거리(km)이고, F는 운용 주파수(MHz)이다.

$$LOSS_J = 32.4 + 23.5 + 58.1 = 114 \text{dB}$$

다른 링크 값들(ERP_S, ERP_J, $LOSS_S$)은 동일하기 때문에, J/S는 다음과 같이 계산된다.

$$J/S = 50\text{dBm} - 30\text{dBm} - 114\text{dB} + 102.5\text{dB} = 8.5\text{dB}$$

만약 재머가 지상 2,000m가 아닌 3m에 있었다면 J/S는 14dB 감소할 것이라는 점은 흥미롭다.

7.9.8 지상에서의 하향 링크 재밍

재머가 유발하는 J/S가 기지국 송신기의 큰 유효 방사 전력에 의해 감소한다 하더라도 하향 링크 재밍이 운용상 이점을 갖는다는 것은 주목할 만한 흥미로운 점이다. 그 이점은 상향 링크에서 기지국이 선택되는 방법과 관련된다. 만약 상향 링크를 재밍한다면(즉, 기지국 수신기를 재밍한다면) 수신 신호 품질이 저하될 것이고, 이것으로 인해 시스템은 다른 기지국을 선택하게 될 것이다.

그림 7.45에는 하향 링크 재밍 문제를 나타내었다. 30m 높이의 기지국 ERP는 10W이고 1m 높이에 있는 휴대전화는 기지국으로부터 2km 떨어져 있으며 3m 높이에 있고 ERP 100W의 재머가 휴대전화로부터 1km 떨어져 있다.

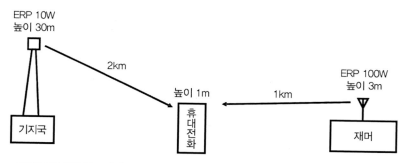

그림 7.45 하향 링크 재머는 기지국 송신기의 고출력을 무력화시키면서 휴대전화를 재밍한다.

하향 링크를 재밍하고 있으므로 재머에서 휴대전화 방향이 재밍 링크가 된다. 하향 링크에 대한 FZ 계산은 앞에서의 상향 링크 경우와 동일하기 때문에 하향 링크도 2선 전파를 사용한다. 재머의 FZ는 다음과 같다.

$$FZ = (3 \times 1 \times 800) / 24,000 = 100\text{m}$$

휴대전화 링크가 FZ보다 길기 때문에 2선 전파를 사용한다. 재밍 링크 손실은 다음과 같다.

$$LOSS_J = 120 + 40\log(1) - 20\log(3) - 20\log(1) = 120 + 0 - 9.5 - 0 = 110.5\text{dB}$$

기지국으로부터의 10W ERP는 40dBm이다. 다른 변수들(ERP_J와 $LOSS_S$)은 지상에서의 상향 링크 재밍 상황과 같기 때문에, J/S는 다음과 같다.

$$J/S = 50\text{dBm} - 40\text{dBm} - 110.5\text{dB} + 102.5\text{dB} = 2\text{dB}$$

7.9.9 공중에서의 하향 링크 재밍

수신기로부터 15km 떨어진 2,000m 높이에 재머가 있다. 재밍 링크의 FZ는 다음과 같다.

$$FZ = (2{,}000 \times 1 \times 800) / 24{,}000 = 66\text{km}$$

이것은 재밍 링크 거리보다 크기 때문에, 재밍 링크는 가시선이며 공중에서의 상향 링크 재밍 상황과 같은 손실을 가진다.

휴대전화 하향 링크 ERP는 10W(40dBm)이지만, 다른 변수들(ERP_J와 $LOSS_S$)은 공중에서의 상향 링크 재밍 상황일 때와 동일하다. 그러므로 J/S는 다음과 같다.

$$J/S = 50\text{dBm} - 40\text{dBm} - 114\text{dB} + 102.5\text{dB} = -1.5\text{dB}$$

만약 재머가 2,000m가 아닌 3m 높이에 있었다면 J/S는 43.5dB 감소할 것이다.

참고문헌

[1] **Journal of Electronic Defense**, EW 101 Column, December 2006.

8장

디지털 RF 기억장치

8장
디지털 RF 기억장치

디지털 RF 기억장치 DRFM 는 전자전 대응책 electronic countermeasures 을 지원하는 매우 중요한 개발품이다. 디지털 RF 기억장치를 이용하면 복잡한 수신파형을 빠르게 분석하여 대응 파형을 빠르게 생성할 수 있으며 복잡한 수신파형에 대응하는 재밍 시스템의 효과도를 크게 증가시킨다.

8.1 디지털 RF 기억장치 계통도

그림 8.1은 디지털 RF 기억장치의 구조를 보여준다. 먼저 수신된 신호를 디지털화하기 위해 적절한 중간 주파수로 하향 변환한 후 IF 신호 대역을 디지털화한다. 디지털화된 신호를 컴퓨터로 전송하기 위해 메모리에 저장한다. 컴퓨터는 적용된 재밍 기법을 지원하기 위해 저장된 신호를 적절히 분석하고 수정한다. 그 후 수정된 디지털 신호는 다시 아날로그 RF 신호로 변환된다. 이 신호는 하향 변환 시 사용된 로컬 발진기와 같은 발진기를 사용하여 다시 본래 수신한 대역의 주파수로 변환된다. 단일 발진기를 사용함으로써 하향 변환과 상향 변환 처리를 거친 신호의 위상을 동기화할 수 있게 된다.

DRFM에서 가장 중요한 부품은 아날로그-디지털 변환기이다. 이것은 디지털화되는 대역 내에서 헤르츠당 약 2.5개의 샘플에 해당하는 디지털화율을 지원해야 하며, I&Q (동위

상과 직교 위상) 디지털 신호를 출력해야 한다. 그림 8.2에서 보인 바와 같이, I&Q 디지털
화는 90° 위상차를 가지는 디지털화된 RF 신호 샘플을 헤르츠당 2개 이상 갖게 되며, 이를
통해 디지털화된 신호의 위상을 파악할 수 있다. 헤르츠당 2.5개 샘플은 디지털 수신기에
서 요구되는 헤르츠당 2개 샘플의 나이키스트율보다 더 큰 값인데, 신호를 다시 복원해야
하기 때문에 이러한 오버샘플링이 요구된다. 비록 1-비트 디지털화 혹은 위상 한정 디지
털화가 사용되는 경우가 있긴 하지만, 일반적으로 디지털 신호는 샘플당 수 비트를 가져야
신호를 제대로 표현할 수 있다.

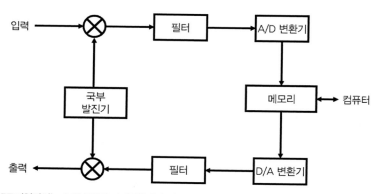

그림 8.1 디지털 RF 기억장치는 수신 신호를 디지털화하여 컴퓨터로 전달하며, 컴퓨터에서 수정된 신호를 받아 위상동기된 재송신 신호를 생성한다.

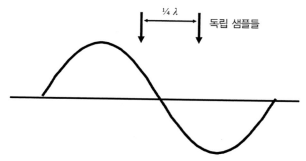

그림 8.2 I&Q 디지털화기는 신호의 주파수와 위상을 수집하기 위해 1/4 파장만큼 떨어진 두 지점에서 신호를 디지털화한다.

컴퓨터는 수신 신호를 분석하여 수신 신호의 변조 특성, 매개 변수 등을 판단하는 작업
을 수행한다. 컴퓨터는 일반적으로 시스템에 의해 수신된 첫 번째 펄스를 분석하며 그 펄
스와 같거나 체계적으로 변화된 변조 매개 변수를 갖는 다음 펄스들을 생성한다.

일반적으로 RF 출력 신호를 생성하는 디지털-아날로그 변환기는 RF 신호의 복원 과정
에서 신호 품질이 저하되지 않도록 ADC보다 더 높은 비트 수를 갖는다.

8.2 광대역 DRFM

광대역 DRFM은 여러 개의 신호가 포함되어 있을 수 있는 넓은 IF 대역폭을 디지털화한다. 재머 시스템은 재밍해야 할 위협 신호의 주파수 범위에 동조하여 디지털 RF 기억장치 DRFM가 처리할 수 있는 대역폭의 IF 신호를 출력한다. 그림 8.3에서 알 수 있듯이 수신 주파수 변환과 이후 수신 주파수로의 재변환은 위상동기를 보존하기 위해 단일 시스템 로컬 발진기에 의해 수행된다. 디지털 RF 기억장치 대역폭은 사용된 ADC의 디지털화율에 의해 제한된다. 대역폭 내에는 다수의 신호들이 존재할 수 있기 때문에 매우 큰 다이내믹 레인지가 요구되며 따라서 ADC는 최대의 디지털화 비트 수를 필요로 한다.

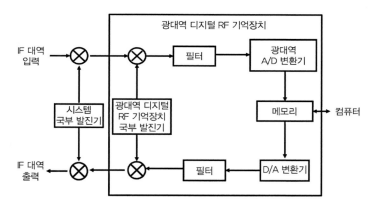

그림 8.3 광대역 DRFM은 다중 신호를 포함하는 주파수 범위를 처리한다.

다이내믹 레인지에 대해서는 6장에서 자세히 논의한다. 디지털 회로의 다이내믹 레인지는 $20\log_{10}(2^n)$이며, 여기서 n은 디지털화 비트 수이다. ADC 이전의 아날로그 회로는 디지털 회로 이상의 다이내믹 레인지를 가져야 한다. 아날로그 다이내믹 레인지 또한 6장에서 자세히 논의된다.

광대역 DRFM은 광대역 주파수 변조 신호와 주파수 가변 위협 신호들을 처리할 수 있기 때문에 매우 유용하다. 주파수 가변 위협에 대해서는 이번 장의 후반부에서 자세히 설명할 것이다.

간단히 말해서 디지털화 기기의 최신 성능이 개선될수록 광대역 DRFM의 대역이 더 넓어질 것이다. 디지털화를 위한 샘플링 속도와 지원하는 비트 수 간에는 반비례 관계가 있으나 미래의 디지털 RF 기억장치에서는 더 많은 초당 샘플 수와 더 높은 샘플당 비트 수가 요구된다.

단일 ADC로부터 얻을 수 있는 것보다 더 높은 비트 수를 가지면서도 더 빠른 샘플링을 하기 위한 많은 방법이 있으며, 그중 대표적인 두 가지는 아래와 같다.

- 다수의 단일-비트 디지털화 기기를 서로 다른 전압 레벨에서 사용하는 방법이다. 이 기법은 컴퓨터를 사용하지 않기 때문에 매우 빠르고 개별 출력 신호들을 결합하여 초고속 다중-비트 디지털 워드를 생성한다.
- 신호가 지나가는 지연선로 중간중간에 신호를 따서 수신할 수 있는 탭에 몇 개의 다중비트 디지털화 기기를 연결 배치하는 것이다. 탭 사이의 시간 지연은 느린 디지털화 기기가 디지털화되는 신호의 각 사이클 동안에 탭 사이의 지연 시간 간격으로 샘플링하는 것이 가능하도록 한다. 느린 디지털화 기기의 출력 신호들은 고속 다중-비트 디지털 출력 신호들을 생성하기 위해 결합된다.

8.3 협대역 DRFM

협대역 DRFM은 재머가 처리해야 할 대역의 신호를 잡을 수 있을 만큼의 대역폭을 가지면 된다. 따라서 협대역 DRFM은 보통 성능의 ADC로 동작할 수 있다. 그림 8.4에서 알 수

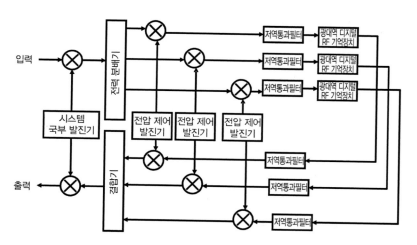

그림 8.4 하나의 협대역 DRFM은 오직 하나의 신호를 처리한다. 다중 신호 환경에서는 다수의 협대역 DRFM들이 필요하다.

있듯이, 재머 시스템은 관심 있는 주파수 대역을 다수의 협대역 DRFM들에 의해 처리되는 대역으로 변환한다. 즉 디지털 RF 기억장치의 입력 신호는 각각의 협대역 디지털 RF 기억장치로 분배된다. 각 디지털 RF 기억장치는 각각의 신호에 동조되어 재밍 운용/작전/동작을 지원하는 기능을 수행한다. 그 후 디지털 RF 기억장치에서 만들어진 아날로그 RF 출력 신호들이 결합되고, 위상동기되어 원래의 주파수 대역으로 변환된다.

협대역 DRFM에서는 각각이 단 하나의 신호만을 포함하기 때문에 스퓨리어스 응답은 큰 문제가 되지 않는다.

8.4 디지털 RF 기억장치 기능들

디지털 RF 기억장치는 펄스 압축 레이다를 상대하는 데 특히 유용한데, 펄스 압축을 통해 거리 분행능을 증가시키는 펄스 압축 레이다에 대해서는 4장에서 배운다. 이번 장은 펄스 압축에 대해 친숙하지 않은 사람들의 이해를 돕기 위해 펄스 압축의 두 가지 기법인 처프와 바커 코드에 대하여 논의한다.

처프는 각각의 송신 펄스에 선형 주파수 변조를 적용한다. 이때 레이다 수신기에서 압축 필터를 사용하면, 레이다의 위상동기 대역폭 대비 FM 스윕 범위 비율만큼 유효 펄스폭을 줄일 수 있다. 만약 재머가 이러한 주파수 변조를 가진 신호를 생성하지 못한다면, 유효 재밍 대 신호비(J/S)는 압축률만큼 줄어든다. 디지털 RF 기억장치는 처프 재밍 펄스들을 생성함으로써 최대 J/S를 유지한다.

바커 코드 펄스 압축은 코드를 이용하여 각 펄스에 이진 위상 편이 변조를 적용한다. 레이다 수신기에는 코드의 비트 수만큼 탭이 있는 지연선로가 존재한다. 레이다 출력 신호 중 몇몇 출력 신호들은 180° 위상 편이된 출력 신호들을 가지며 그렇기 때문에 펄스가 시프트 레지스터를 정확히 채울 때, 모든 비트는 신호가 커지는 방향으로 더해진다. 펄스가 시프트 레지스터에 정확히 정렬되지 않는 경우에는 출력 신호가 거의 0이 된다. 이것은 사실상 수신 펄스가 코드의 1비트 시간 동안만 존재하는 것으로 단축시킴으로써 거리해상도를 각 펄스의 비트 수들의 비율만큼 압축시킨다. 바커 코드를 적용하지 않은 재밍 펄스는 압축되지 않기 때문에 유효 J/S는 코드의 비트 수만큼 감소한다. 디지털 RF 기억장치는 올바른 바커 코드를 가지는 재밍 펄스들을 생성할 수 있으므로 최대 J/S를 유지한다.

8.5 위상동기 재밍

디지털 RF 기억장치의 장점 중 하나는 위상동기 재밍 신호를 생성할 수 있다는 것이다. 이것은 펄스 도플러(PD) 레이다를 재밍할 때 특히 중요하다. 그림 8.5는 PD 레이다 수신 신호 처리 과정에서 나오는 거리 대 속도 매트릭스를 보여준다. 이 매트릭스의 속도 차원은 보통 소프트웨어로 구현되는 협대역 필터 뱅크에 의해 생성된다. 송신된 신호는 위상동기되어 있기 때문에, 실제 표적으로부터의 반사 신호는 많은 필터 중 하나에 존재하게 되며, 각각의 필터들은 매우 협대역이다. 그러나 대역 잡음이나 점잡음 재밍과 같은 위상동기되지 않은 재밍 신호는 여러 개의 필터들에 존재할 것이다. 이를 이용하면 레이다가 자기 자신의 위상동기된 반사 신호는 수신하고 재밍 신호는 제거할 수 있게 된다.

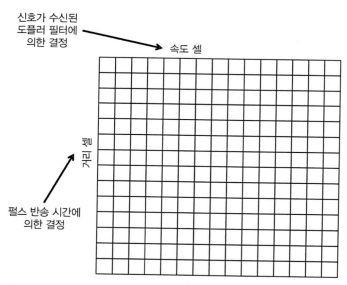

그림 8.5 PD 레이다의 신호 처리 하드웨어와 소프트웨어는 각 수신 펄스에 대해 거리(시간) 대 시선 속도 매트릭스를 구한다.

8.5.1 증가된 유효 J/S

PD 레이다에 대한 잡음 재밍의 유효 J/S는 레이다의 신호 처리 이득에 의해 크게 감소할 수 있다. 스캔 빔이 표적을 비추는 시간과 위상동기 처리 시간(CPI)이 같은 획득 레이다의 경우를 생각해보자. 레이다는 5초 주기로 원형 스캔을 하며, 빔폭은 5° 그리고 펄스 반복 주파수는 초당 10,000개 펄스이다. 빔은 표적을 (CPI와 같은 시간만큼인) 69.4밀리초 동안 투사하며, 그 시간은 아래의 공식에 의해 계산된다(그림 8.6 참조).

$$투사\ 시간 = 스캔\ 주기(빔폭/360°)$$
$$= 5초(5°/360°) = 69.4밀리초$$

PD 레이다의 처리 이득은 CPI와 PRF의 곱과 같으며, 따라서 처리 이득은:

$$처리\ 이득 = 0.0694 \times 10,000/초 = 694$$

이것은 28.4데시벨에 해당한다.

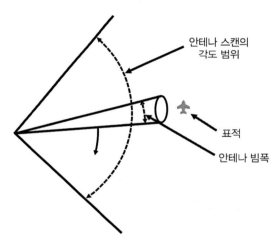

안테나 스캔의
각도 범위

표적

안테나 빔폭

그림 8.6 스캐닝 레이다가 표적을 비추는 시간은 빔폭, 스캔 속도(scan rate) 및 스캔 각도 범위에 따라 정해진다.

도플러 필터 셀의 대역폭은 CPI의 역수인 14.4Hz이며, 돌아오는 레이다 자체 신호가 돌아와 처리될 때는 28.4dB 강화되지만 위상동기가 안된 재밍 신호는 강화되지 않는 것을 의미한다. 따라서 14.4-Hz 필터 셀로 들어가는 위상동기 재밍 신호(디지털 RF 기억장치에 의해 생성)는 동일한 재머 유효 복사 전력을 갖는 위상비동기 잡음 재밍 신호보다 28.4dB 큰 재밍을 제공한다.

8.5.2 채프

채프 chaff 로부터 반사된 레이다 신호는 그림 8.7에서 보여주는 것처럼 많은 채프의 움직임에 의해 주파수가 확산된다. 적절한 분석을 통해, PD 레이다는 채프로부터 돌아오는 신호를 구별할 수 있으므로 레이다가 실제 표적을 놓치게 하는 채프의 기능을 못 하게 할 뿐만 아니라, 레이다가 채프가 있는 상황에서도 유효한 표적만 선택적으로 처리할 수 있게 한다. 이것은 PD 레이다에 대한 레이다 대응책으로서 채프의 효과를 감소시키거나 제거한다. 그러나 (디지털 RF 기억장치로부터) 위상동기 재밍 신호가 채프를 비춘다면, 이는 레이다가 표적을 잡아놓지 못하게 하는 데 효과적일 수 있다.

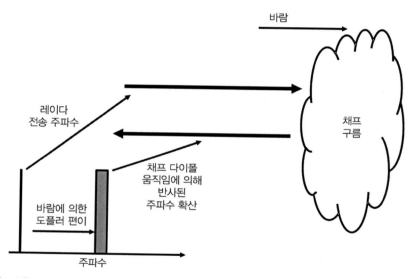

그림 8.7 채프 구름 안에 있는 다이폴들이 무작위로 움직이면, 채프 구름에서 반사되는 레이다 신호 주파수가 확산된다. 바람에 의한 구름의 움직임은 주파수 편이를 일으킨다.

8.5.3 펄스지연/펄스당김(RGPO/RGPI) 재밍

도플러 필터 뱅크를 이용하면 표적까지의 거리 변화율을 결정할 수 있다. 그림 8.8에서 볼 수 있듯이, PD 레이다는 분리된 개별 표적의 도플러 편이가 다름을 이용하여 분리된 표적을 구별할 수 있다. 레이다 신호 처리기는 수신 신호의 거리−시간 히스토리를 관측하여, 각각 분리된 표적의 시선 속도를 계산한다. 실제 표적물에서의 반사라면, 거리 변화율은 도플러로부터 유도된 속도와 같을 것이다. RGPO/RGPI 재밍 기술이 사용되는 경우, 재머는 전송 주파수의 펄스를 오직 지연시키거나 앞당겨 보내기 때문에 도플러 편이는 거리 변화율과 일치하지 않을 것이다. 따라서 레이다가 재밍 펄스는 제거하고 실제 표적을 계속 추적할 수 있게 된다. 디지털 RF 기억장치는 레이다 펄스의 시간과 주파수를 모두 변경한 신호를 위상동기시켜 재전송할 수 있으며, 재밍 신호가 실제 표적의 반사 신호로 보이게 함으로써 레이다가 표적을 잡아놓지 못하게 할 수 있다.

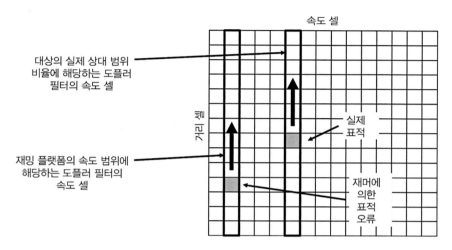

그림 8.8 PD 레이다는 시간/속도 매트릭스를 이용하여 서로 다른 도플러 편이를 갖는 목표 펄스들을 구별한다.

8.5.4 레이다 통합(intergration) 시간

레이다 수신기는 레이다 자체 신호에 최적화되어 있다. 따라서 레이다 자체 신호와 같은 길이를 갖는 재밍 펄스는 레이다 자체 신호와 동일한 통합 특성을 가지므로 다른 펄스 폭을 가진 재밍 펄스와 비교하여 재밍 신호의 처리 이득을 향상시킨다. 디지털 RF 기억장치는 정확히 같은 지속 시간을 가진 재밍 펄스를 생성할 수 있어 최대 J/S를 얻을 수 있다.

8.5.5 지속파 신호

디지털 RF 기억장치는 지속파 신호를 연속적으로 기록하여 순차 디지털 데이터로 변환한 다음 디지털 메모리에 저장한다. 지속파 신호가 존재하는 한 이 저장된 데이터는 다시 재생되고, 얼마간의 지연 후 아날로그 신호로 다시 변환된다. CW 레이다는 표적까지의 거리를 결정하기 위해 그림 8.9와 같이 신호에 주파수 변조를 하는데, 많은 FM 파형이 사용될 수 있다. 예시된 FM 변조 파형에서 파형의 첫 번째 부분은 시선 속도를 결정할 수 있도록 일정한 주파수를 유지한다. 두 번째 부분은 송신 신호 주파수와 수신 신호 주파수(도플러 편이가 제거된)를 비교하여 거리를 결정한다. 디지털 RF 기억장치가 지속파 신호를 기록할 때, 주파수 변조도 기록되고 이어서 재생된다. 그리고 추가적인 주파수 변조를 혼입함으로써 디지털 RF 기억장치는 표적의 원하는 속도(즉 도플러 편이)를 모사할 수 있다.

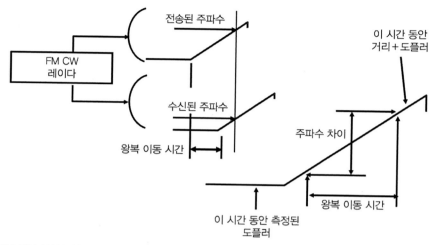

그림 8.9 CW 레이다의 주파수 변조는 송신 신호와 수신 신호의 주파수를 비교함으로써 표적까지의 거리를 결정할 수 있게 한다.

8.6 위협 신호 분석

디지털 RF 기억장치 및 관련 프로세서가 전자전 운용에 제공하는 중요한 이점 중 하나는 수신된 위협 신호를 신속하게 분석할 수 있는 점이다. 위협신호 분석에서 중요한 문제 중 하나는 위협 레이다의 주파수를 알아내는 것인데, 특히 최근의 위협 레이다는 주파수 다이버시티를 사용하므로 송신 주파수를 측정하고 복제해내는 것이 중요하다.

8.6.1 주파수 다이버시티

레이다가 사용할 수 있는 전자 보호 수단 중 하나는 주파수 다이버시티이다. 레이다는 송신 주파수를 운영자가 선택하거나 복잡한 방식을 통해 주기적으로 변경할 수 있다. 이 두 경우에 대해 디지털 RF 기억장치는 첫 펄스를 분석하고, 후속 펄스를 동일한 주파수로 위상동기시켜 전송할 수 있다. 이를 위해서는 펄스 간 시간(수 마이크로초에서 밀리초 정도) 동안 수신, 분석, 재밍 매개 변수 설정 및 재전송을 수행할 수 있을 만큼 디지털 RF 기억장치 시스템의 입-출력 대기 시간이 짧아야 하는데, 이는 최신의 광대역 및 협대역 디지털 RF 기억장치 기술로 가능하다.

8.6.2 펄스-펄스 주파수 도약

좀 더 어려운 상황은 그림 8.10과 같이 펄스 간 주파수 도약이 있는 레이다이다. 이 레이다는 의사 랜덤하게 선택되는 송신 주파수 표를 가지고 있다. 전체 도약 주파수 범위는 일반적으로 송신 주파수의 약 10%까지 될 수 있는데, 이는 더 넓은 주파수 범위에서 작동할 때 안테나 및 송신기의 효율감소를 피하기 위한 것이다. 주파수 도약 레이다는 각 펄스마다 도약 범위 내에서 임의의 주파수를 선택할 뿐만 아니라 재밍으로 인해 반사 신호의 품질이 떨어지는 주파수는 건너뛸 수 있는 재밍 최소화 기능을 가지고 있다. 모든 주파수 펄스가 전송되지만 그림 8.11에서 보여주는 것처럼 재밍된 주파수는 선택되지 않는다.

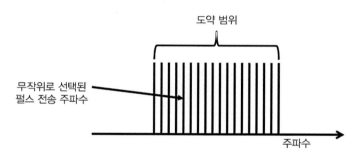

그림 8.10 펄스 간 주파수 도약 레이다는 각 펄스의 전송 주파수로 여러 주파수 중 하나를 무작위로 선택한다.

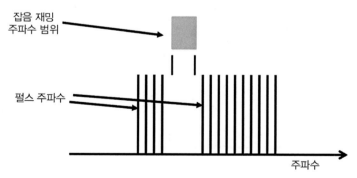

그림 8.11 피재밍 주파수 최소화 기능은 주파수 도약 레이다가 재밍이 존재하는 주파수를 건너뛰어 사용하지 않도록 한다.

8.7 위상비동기 재밍 접근

펄스 간 주파수 도약은 위상비동기 재머에 모든 펄스를 방해하기 위한 두 가지 옵션을 제공한다. 그림 8.12와 같이 관찰된 주파수들 사이에서 재밍 전력을 나누거나 그림 8.13과 같이 전체 도약 범위에 걸쳐 재밍을 확산시킨다. 4GHz에서 동작하는 레이다가 도약하는 데 사용되는 25개의 주파수가 있다고 가정하면 400MHz에 걸쳐 확산될 가능성이 크다. 이것은 레이다 RF 주파수의 10%이다(레이다의 안테나 및 증폭기 성능은 동작 주파수 범위가 10% 미만일 때 최적). 재밍 신호를 25개로 분리하여 전송할 수 있다면 모든 펄스를 막을 수 있다. 그러나 이 방법은 각 주파수에서의 유효 전파방해를 25분의 1로 감소시켜 J/S를 14dB 줄인다. $10\log_{10}(25)$은 14dB.

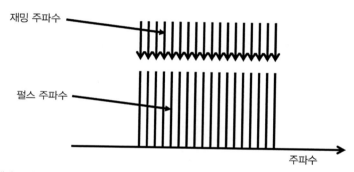

그림 8.12 레이다에서 보내는 펄스의 모든 주파수 성분을 갖는 재밍 신호를 전송하도록 재머가 구성된다면, 개별 주파수에서의 재밍 전력은 주파수의 수만큼 감소된다.

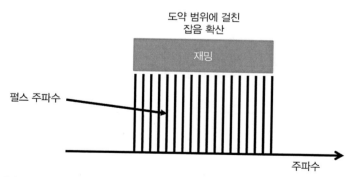

그림 8.13 재머가 전체 도약 범위에 걸쳐 전력을 분산시키면, 각 도약 주파수에서의 재밍 전파 전력은 레이다 수신기 위상동기 대역폭에 대한 재밍 범위의 비율로 감소된다.

재밍 신호를 전체 도약 범위에 걸쳐 확산시키는 경우의 재밍 효과를 고려하기 위해, 먼저 레이다 수신기의 위상동기 대역폭을 결정할 필요가 있다. 위상동기 대역폭은 펄스폭의 역수가 된다. 즉, 펄스폭이 $1\mu s$라면 위상동기 대역폭은 1MHz이다. 이 경우 레이다 수신기 대역폭 내에 스팟 재밍을 배치하는 것이 최적이다. 그러나 위상비동기 재밍의 경우 재밍 대역폭은 일반적으로 5MHz보다 약간 더 넓다. 따라서 전체 도약 범위(즉 400MHz)에 걸쳐 전파를 확산할 경우 각각 도약 주파수에서 재밍 전파 전력을 80배 감소시킨다는 것을 의미한다. 이렇게 하면 J/S가 19dB 감소한다. 즉, $10\log_{10}(80)$은 19dB이다.

일부 주파수만 더 높은 재밍 레벨로 전송할 수 있지만, 피재밍 최소화 기법을 사용하는 레이다는 재밍당하는 주파수를 전송하지 않으므로 이러한 전략은 효과가 없다. 모든 레이다 펄스는 전송 주파수와 무관하게 레이다로 돌아오는 표적 반사 에너지는 동일하게 유지될 것이므로 일부 주파수 재밍 레벨만 더 높일 경우, 레이다는 재밍 신호를 완전히 무력화시킬 수 있을 것이다.

8.8 추적 재밍

그러나 각 펄스의 주파수를 측정하여 그 주파수로 재밍할 수 있다면, 최대 J/S를 달성할 수 있다. (즉 우리가 논의한 두 가지 접근법에 의해 제공되는 것보다 14~19dB 이상의 J/S를 가진다.)

펄스 간 추적 재밍이 가능하기 위해서는 디지털 RF 기억장치(연관된 처리기 포함)가 펄스의 작은 부분 동안 전송 주파수를 결정하고 재밍을 해당 주파수로 설정해야 한다. $1\mu s$ 펄스폭을 사용하는 위협 레이다에 대해 생각해보자. 만약 신호 전파와 처리 시간을 포함한 디지털 RF 기억장치의 대기 시간이 100ns보다 짧다면 그림 8.14에 보이는 것처럼 재머는 나머지 90%의 펄스에 대해 방해를 할 수 있다. 이는 디지털 RF 기억장치의 대기 시간이 없는 경우보다 재밍 펄스 에너지의 11%를 줄인다. 11%는 0.5dB에 해당하기 때문에 100ns의 처리 지연 특성을 갖는 추적 재머는 유효 J/S에서 0.5dB의 손실만 발생한다. 이것은 위상비동기 잡음 재밍에 기반한 것이며 정확도에 한계가 있음을 주의해야 한다. 또한 레이다에 리딩 에지 추적 기능이 있는 경우 새로운 주파수에서의 재밍이 시작되기 전에 레이다는 표적을 추적할 수 있다.

만약 펄스가 길어서 디지털 RF 기억장치가 더 오랫동안 신호를 처리할 수 있다면, 훨씬 더 정확하게 주파수를 파악할 수 있다. 만약 레이다의 도약 주파수를 알고 있다면 재밍은 도약 주파수로 정확하게 설정될 수 있다.

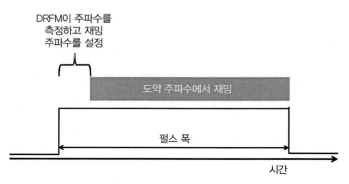

그림 8.14 디지털 RF 기억장치는 위협 펄스폭보다 훨씬 짧은 처리지연 시간으로 각 펄스의 주파수를 측정하고 해당 주파수로 재밍을 설정할 수 있다. 펄스의 나머지 부분은 재밍되어 레이다의 유용한 표적 반사 에너지를 줄여준다.

디지털 RF 기억장치를 디지털 신호 처리기와 함께 사용하면 세밀한 레이다 파형 특징을 가진 재밍 신호를 생성할 수 있으며 이러한 세밀한 파형 특징을 갖지 못한 재밍 신호의 경우 J/S는 크게 줄어들 수 있다. 우리가 첫 번째로 논의할 레이다 기능은 펄스 압축이다.

8.9 레이다 분해능 셀

레이다 분해능 셀은 그 안에 존재하는 여러 표적을 구별할 수 없는 물리적인 부피이다. 이는 그림 8.15에 나와 있다. 이 분해능 셀의 단면 방향 거리는 레이다가 각도상 분리된 다중 표적을 구분할 수 없을 때의 거리이다. 그것은 아래의 식으로 결정된다.

$$거리 \times 2\sin(BW/2)$$

이때, 거리는 레이다와 표적 사이의 거리이고 BW은 레이다 안테나의 3-dB 빔폭이다. 예를 들어, 거리가 10km이고 빔폭이 5°이면 분해능 셀의 수직 거리는:

$$(10{,}000\text{m})(2)(0.0436) = 873\text{m}$$

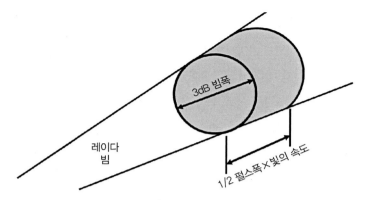

레이다
빔

3dB 빔폭

1/2 펄스폭×빛의 속도

그림 8.15 레이다 분해능 셀은 레이다가 그 안에 있는 다중 표적을 구별할 수 없을 때의 부피이다. 이것은 3dB 빔이 (펄스 지속 기간의 절반)×(빛의 속도) 길이만큼 존재하는 부분이다.

이 분해능 셀의 깊이는 레이다가 거리상 분리된 여러 표적을 구분할 수 없는 최소 거리 차이이다. 셀의 깊이는 아래의 식으로 결정된다.

$$(PD/2) \times c$$

여기서 PD는 펄스의 지속 시간이고 c는 빛의 속도다.

예를 들어, 펄스의 지속 시간이 $1\mu s$이면, 분해능 셀의 깊이는:

$$(10^{-6}\text{s})(0.5)(3{\times}10^{8}\text{m/s}) = 150\text{m}$$

분해능 셀 내의 다중 표적은 다음 중 하나를 포함할 수 있다.

- 유효한 다중 표적
- 유효한 표적과 디코이
- 유효한 표적과 재머에 의해 생성된 허위 표적

이러한 상황은 레이다가 유효한 표적을 추적하는 것(그리하여 공격 또는 떼어내는 것)을 어렵거나 불가능하게 만든다. 각 펄스의 에너지를 크게 하기 위하여 일반적으로 각 펄스의 지속 시간을 길게 하는 장거리 획득 레이다의 경우 특히 문제가 된다. (레이다의 유효 탐지 거리는 유효 방사 출력과 신호가 표적을 비추는 시간의 함수이다.)

8.9.1 펄스 압축 레이다

앞서 논의한 바와 같이 펄스 압축은 레이다 펄스에 변조를 부가하는 것을 포함한다. 변조 신호는 레이다 수신기에서 처리되어 레이다 분해능 셀의 깊이를 줄인다. 이 변조는 처프라고 불리는 선형 주파수 변조 펄스 또는 바커 코드로 불리는 펄스상의 이진 위상 변조 방식일 수 있다. 두 경우 모두 펄스에 적용되는 특정 변조에 따라 분해능 셀의 깊이를 줄일 수 있다. 두 기법 모두 얻을 수 있는 압축비는 최대 수천에 이를 수 있다.

8.9.2 처프 변조

그림 8.16에 보이는 것과 같이, 처프 변조는 펄스 지속 시간 동안의 주파수 변조이다. 처프 파형은 단조 함수이지만 비선형이 될 수 있다. 달성되는 압축량은 아래의 식으로 결정된다.

FM 대역폭/위상동기 레이다 대역폭

이때 FM 대역폭은 펄스 지속 시간 동안 변화하는 주파수의 범위이고, 위상동기 레이다 대역폭은 펄스 지속 시간의 역수이다.

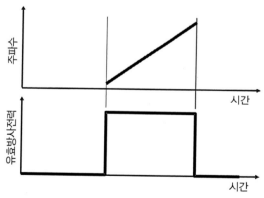

그림 8.16 처프된 펄스는 펄스 지속 기간 동안 선형 (혹은 단조) 주파수 변조된다.

예를 들어 주파수 변조의 폭이 5MHz이고 펄스의 지속 시간이 $10\mu s$라면 압축 비율은:

5MHz/100kHz or 50

펄스 압축된 분해능 셀은 그림 8.17처럼 수정된다. 이 그림은 명확한 이해를 위해 이차원 거리 압축을 보여주고 있지만, 축소된 분해능 셀은 사실상 그림 8.15에서 보이는 볼륨과 동일하다.

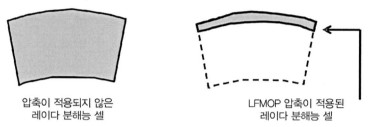

압축이 적용되지 않은
레이다 분해능 셀

LFMOP 압축이 적용된
레이다 분해능 셀

그림 8.17 처프 펄스 압축을 사용하면, 거리 해상도 셀의 크기가 압축 비율만큼 감소한다.

그림 8.18에서는 펄스 압축이 재밍에 미치는 효과를 보여주고 있다. (FM 변조가 없는) 재밍 펄스는 압축되지 않는 반면에 FM 변조된 표적 반사 펄스는 압축된다. 레이다는 두 신호를 압축된 펄스의 지속 기간 동안 처리하므로 재머 신호의 에너지는 압축인자만큼 줄어들고, 유효 J/S도 압축 정도에 따라 감소한다. 위의 예제에서 J/S의 감소량은 50 혹은 17dB이다.

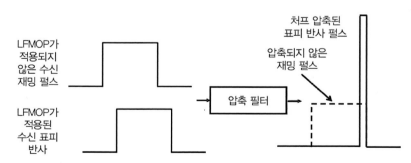

그림 8.18 레이다 수신기의 처리 과정을 거치며 표적 반사 펄스는 압축 수신기에 의해 압축되지만, 재밍 펄스는 LFMOP 변조를 거치지 않았기 때문에 압축되지 않는다.

8.9.3 DRFM의 역할

그림 8.19는 재밍 펄스의 펄스 압축 특성을 표적 반사 펄스에 맞추는 과정의 플로우 차트이다.

- 수신된 레이다 신호는 디지털 RF 기억장치의 동작 주파수로 변환된다.
- 디지털 RF 기억장치는 처음 수신한 위협 펄스를 디지털화한다.
- 디지털화된 펄스를 DSP로 보내 해당 펄스의 주파수 이력을 결정한다.

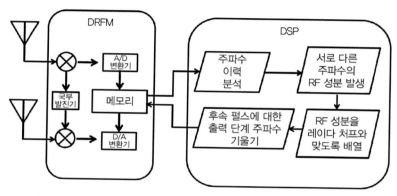

그림 8.19 디지털 RF 기억장치는 수신 신호를 디지털 RF 기억장치의 동작 주파수로 변환하고, 디지털화를 한 후 DSP보낸다. DSP는 처음 수신한 펄스 신호의 주파수 이력을 결정하고, 후속 펄스의 계단 주파수 기울기를 정한다. 디지털 RF 기억장치는 정해진 계단 주파수 기울기를 가진 후속 재밍 펄스를 생성한다.

- 서로 다른 RF 주파수를 갖는 일련의 신호들이 후속 펄스를 만들기 위해 디지털 RF 기억장치로 전달된다.
- 디지털 RF 기억장치는 레이다 첩의 계단 근사된 재밍 펄스를 생성한다.
- 디지털 RF 기억장치 출력은 수신된 레이다 펄스의 주파수로 위상동기되어 변환되고 적절히 처프된 재밍 신호로 송출된다.

레이다 펄스가 선형 주파수 변조되었다면, 디지털 RF 기억장치 없이도 이 과정이 수행될 수 있다. 순시 주파수 측정 수신기는 주파수 변조를 결정하고 서로다인serrodyne 회로는 똑같은 주파수 변조 특성을 갖는 재밍 신호를 생성할 수 있다. 그러나 디지털 RF 기억장치는 정확성을 더 높일 수 있고, 필요시 비선형 주파수 변조된 재밍 신호도 생성할 수 있다.

8.9.4 바커 코드 변조

앞서 논의했듯이 펄스 압축의 다른 기법은 BPSK 디지털 변조를 각 펄스에 추가하는 것이다. 각 펄스 시간 동안 이 코드에는 고정된 수의 비트가 있으며 표적 반사된 펄스가 레이다에 의해 수신되면 그림 8.21과 같이 탭된 지연선로 조립품에 전달된다.

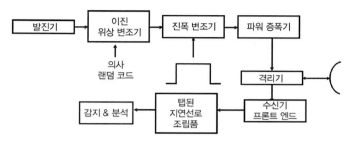

그림 8.20 바커 코드를 사용하는 레이다는 BPSK 변조를 각 송신 펄스에 얹고 표적 반사된 수신 펄스를 탭된 지연선로를 통과시켜 압축한다.

바커 코드나 다른 몇몇의 코드는 최대 길이 코드(maximal length code)이다. 이는 그것이 의사 랜덤 코드임을 의미하며, 1의 개수에서 0의 개수만큼 뺀다면, 그 결과는 0이나 (−1)이 된다. 그림 8.21의 윗부분에 나온 펄스의 코드는 7비트 바커 코드로, '+'는 1을, '−'는 0을 의미한다. 이것은 짧은 코드이나 일반적으로 펄스 압축에 사용되는 코드는 훨씬 길다 (1,000비트 정도까지).

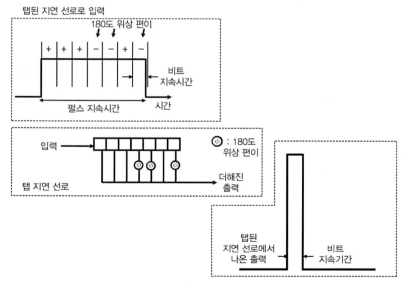

그림 8.21 모든 비트가 탭에 정렬이 되어 있을 때만 코드화된 펄스가 지연선로로부터 큰 출력을 생성한다. 이는 후처리 펄스 너비를 코드의 1비트 지속 시간으로 줄인다.

일부 탭에는 180° 위상 변화가 있다. 그것들은 펄스가 지연선로를 정확히 채웠을 때, 각각의 0비트가 위상 편이기와 함께 있는 탭에 있도록 설계되었다. 그러므로 펄스가 지연선로를 채우고 탭들이 더해질 때 펄스는 최대 진폭을 갖는다. 다른 어느 때라도 더해진 출력은 상당히 작다. 7-비트 코드에서는 펄스가 지연선로와 정렬되지 않으면 더해진 출력이 0 또는 −1로 된다. 더 긴 코드의 경우 합계가 조금 더 큰 값을 갖는 시간이 존재하지만 여전히 전체 펄스 진폭보다 훨씬 작다. 펄스가 지연선로와 더해지는 과정을 지날 때, 펄스 지속 시간은 실질적으로 1비트이다. (즉 실질적인 후처리 펄스 지속 시간은 펄스가 정확히 탭된 지연선로를 채우고 있는 시간이다.)

그림 8.22는 펄스폭 감소가 레이다 해상도 셀에 미치는 효과를 보여주고 있다. 해상도 셀의 단면 방향 거리는 여전히 레이다 안테나의 3dB 대역폭이다. 하지만 셀의 깊이는 코드 비트 지속 시간과 빛의 속도를 곱한 값의 절반이 된다. 따라서 거리 해상도는 각각 펄스마다 송신되는 비트의 수에 비례하여 좋아진다.

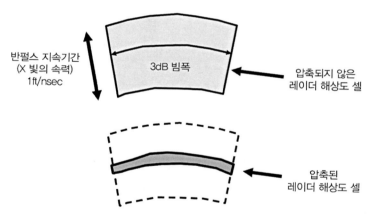

그림 8.22 바커 코드 압축으로 인하여 해상도 셀의 깊이 분해능은 코드 비트 지속 시간과 빛의 속도를 곱한 값의 절반으로 줄어든다.

8.9.5 바커 코드 레이다 재밍

이제 바커 코드 펄스를 사용하는 레이다에 대한 위상비동기 재머의 동작을 고려해보자 (그림 8.23 참조). 표적 반사 펄스는 탭된 지연선로 구조와 맞도록 코딩이 되어 있다. 이것은 후처리된 펄스 너비가 효과적으로는 비트 지속 시간으로 감소된다는 의미이다. 예를 들어 바커 코드에 13비트가 있는 경우, 펄스폭은 13배만큼 감소할 것이다. 그러나 바커 변조를 갖고 있지 않은 재밍 신호는 짧아질 수 없다. 레이다 처리 과정은 비교적 짧게 압축된 표적 반사 펄스에 최적화되어 있으므로 재밍 펄스를 1/13의 시간 동안만 처리한다. 따라서 신호 처리 과정 중 이 부분에서만 유효 재밍 파워를 표적 반사 파워에 비해 11dB 낮춘다. 그래서 J/S는 11dB만큼 감소한다. (파워 13배는 11dB로 표현된다.) 코드에 1,000비트가 있다면 J/S는 30dB만큼 감소된다.

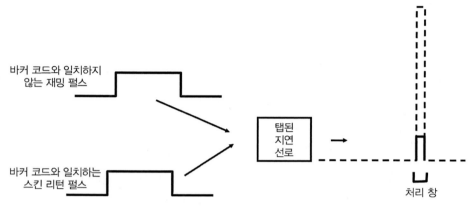

그림 8.23 재밍이 올바른 BPSK 변조를 갖지 않는다면 유효 J/S는 압축인자만큼 줄어든다.

이 문제의 해결방안은 재밍 펄스에 바커 코드를 추가하는 것이다. 이 방법을 달성하기 위한 실질적인 유일한 방법은 재머에서 디지털 RF 기억장치를 이용하는 것이다. 그림 8.24에서 볼 수 있듯이 레이다에서 온 펄스가 디지털 RF 기억장치의 입력이다. 디지

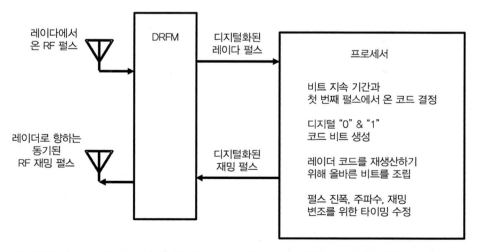

그림 8.24 디지털 RF 기억장치가 있는 재머는 표적 반사 펄스와 같은 바커 코드를 갖는 재밍 펄스를 생성할 수 있으므로 재밍된 레이다에서 온전한 J/S를 가질 수 있다.

털 RF 메모리는 첫 번째로 수신한 펄스를 디지털화하고 프로세서로 전달한다. 프로세서는 코드 비트 지속 시간과 코드의 1과 0의 순서를 결정하고, 1와 0을 디지털로 표현한다. 프로세서는 바커 코드된 레이다 펄스를 디지털로 표현하기 위하여 올바른 순서의 코드 블록을 디지털 RF 기억장치로 출력한다. 이 출력은 원하는 재밍 기능을 수행하는 데 필요한 만큼 지연되거나 주파수 이동될 수 있다.

디지털 RF 기억장치는 RF 재밍 펄스를 생성하고, 그것을 재밍된 레이다의 동작 주파수로 위상동기시켜 변환시켜준다. 수신된 레이다 펄스로부터 재밍 펄스를 만들 때 진폭, 도플러 편이 주파수, 타이밍 등을 수정함으로써 원하는 재밍 기법을 구현할 수 있다.

8.9.6 재밍 효과도의 영향

BPSK 코드화된 재밍 펄스가 재밍된 레이다에 수신되었을 때 레이다의 처리 회로는 표적 반사 펄스에 하는 것과 같이 BPSK 코드 재밍 펄스를 압축시킨다. 이는 J/S가 압축인자만큼 감소되지 않으며, 재밍 효과(위상비동기 재밍과 비교하여)를 크게 증가시킬 수 있다는 의미이다.

디지털 RF 기억장치를 사용하는 재밍의 또 다른 장점은 만들어진 재밍 펄스가 정확한 펄스 지속 시간을 갖는다는 점이다. 레이다 수신기의 처리 회로는 특정한 펄스 지속 시간을 갖는 펄스에 최적화되어 있고, 재밍 펄스는 표적 반사 펄스와 같은 특징을 갖고 있으므로 처리 과정에서 이득을 본다.

8.10 복합 허위 표적

현대의 레이다, 특히 합성 개구 레이다와 능동 전자 주사 배열 레이다와 같은 레이다는 표적의 여러 부분 모양에 의해 야기된 많은 산란점을 포함하는 레이다 단면적으로 복합 표적을 특화할 수 있다. 각각의 산란점들은 고유의 위상, 진폭, 도플러 편이, 편파 특성들을 갖는 반사파를 만든다. 이러한 여러 개의 반사파가 결합되어 복합 표적 반사를 형성하며, 이를 현대 레이다가 분석하여 정확하게 표적을 식별하게 된다. 위상비동기 재머에 의한 간단한 허위 표적은 진짜 표적 반사파형과는 상당히 다른 파형을 갖게 된다.

이것을 이용하면 최신 처리 기술을 갖춘 레이다는 허위 레이다 단면적 특징을 갖고 있는 허위 표적을 제거할 수 있다. 따라서 현대 레이다를 효과적으로 재밍하기 위하여 펄스지연(RGPO), 펄스당김(RGPI)과 같은 몇몇 기술을 적용하여 만들어내는 허위 표적은 진짜 같은 복합 파형을 가져야 한다.

8.10.1 레이다 반사 단면적

그림 8.25은 복합 레이다 반사 단면적에 기여하는 비행체 포인트들을 예시하고 있다. 추가적으로 엔진주입구, 출구 그리고 (몇몇 비행체에서는) 엔진 내부의 움직이는 부분에 의해서도 영향을 받는다. 이 모든 요인들이 합쳐져 표적이 기동할 때 레이다 반사 단면적은 바라보는 각도에 따라 매우 복잡하게 바뀌게 된다.

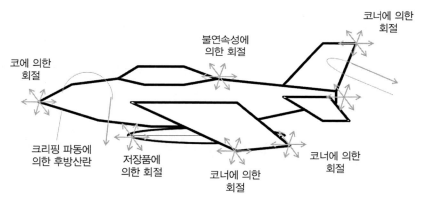

그림 8.25 비행체의 레이다 반사 단면적에 기여하는 많은 요인들이 있다. 그 요인들은 레이다 반사 단면적이 복잡한 진폭 및 위상 성분들을 갖도록 한다.

또한 제트 엔진 변조와 로터 블레이드 모듈레이션과 같은 표적 특징들이 있다. 제트 엔진 변조는 비행체 앞에서 복잡한 압축 패턴을 만들고, 이는 레이다 반사파에 강한 스펙트럼 성분을 야기한다.

헬리콥터 표적에서의 반사파는 날개 개수와 회전률과 연관된 스펙트럼 특성들을 갖는다.

레이다 반사 단면적은 표적이 기동함에 따라 시변 특성들을 갖는다. 현대 레이다들은 이러한 시변 특성을 분석하여 허위 표적을 찾아내고 제거할 수 있다.

8.10.2 레이다 반사 단면적 데이터 생성

어떤 표적의 상세한 레이다 반사 단면적은 RCS 챔버에서 측정하거나 컴퓨터 분석을 통하여 결정될 수 있다. 그림 8.26에서 RCS 챔버는 무반향 챔버이며 챔버 내에서 낮은 파워로 동작하는 레이다를 이용하여 실물 또는 실물 크기에 비례하여 만든 모델의 RCS를 측정하는 시설이다. 챔버의 표면은 반사를 없애기 위하여 전자파 흡수 물질로 덮여 있다. 챔버표면 대부분에서 전자파 흡수 물질은 인접한 스파이크 사이에 가파른 내각을 갖는 피라미드 형태로 형성되어 모델에서 반사된 신호가 그 물질 내부로 향하게 되어 있다. 챔버 표면에서의 반사를 제거함으로써 RCS 챔버 내의 레이다는 마치 모델이 자유공간 환경에 있을 때처럼 깔끔한 레이다 표적 반사를 받을 수 있게 된다. 표적이 작다면 실물이 챔버 내에서 이용될 수 있다. 표적이 가용한 챔버에 맞지 않을 정도로 크다면 (예를 들어 큰 비행체) 스케일 모델이 이용된다. 레이다의 동작 주파수는 모델의 크기 감소와 같은 비례 인자만큼 증가한다. 예를 들어 1/5 비례 스케일 모델은 5배의 주파수에서 테스트되어야 한다. 이렇게 해야 표적 크기와 레이다 반사 신호의 파장 길이의 비율이 맞게 된다. 레이다 반사 단면적 데이터는 미세한 스케일로 측정되기 때문에 올바른 레이다 반사 단면적 결과를 얻기 위하여 모델의 중요한 표면 특징들은 매우 정확해야 한다.

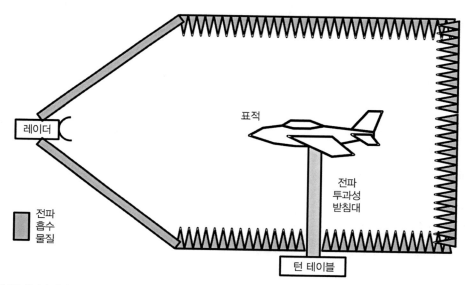

그림 8.26 레이다 반사 단면적 챔버는 챔버 가운데에 있는 모델을 조준하고 있는 낮은 파워 레이다가 있는 무반향 챔버이다. 모델이 회전함으로써 레이다는 레이다 반사 단면적이 정해지는 표적 반사 신호를 측정할 수 있다.

표적은 챔버의 중앙에 위치하고 모든 중요한 각도에서 레이다 반사 단면적 데이터를 생성하기 위하여 회전한다. 이 데이터는 레이다의 표적 식별표를 만들기 위하여 분석되고 특성화된다.

8.10.3 산출된 RCS 데이터

레이다 반사 단면적 표를 만들어내는 다른 방법은 컴퓨터 분석이다. 표적(예를 들어 비행체)은 평면이나 곡면의 집합으로 특성화되며 그림 8.27은 비행체를 구성하고 있는 몇 가지 다양한 특징적인 모양을 보여준다. 컴퓨터 분석에 사용되는 실제 모델은 더 복잡할 것이다. 각각 표면의 종류에 따라 레이다 반사 단면적 공식이 있으므로 비행체 RCS의 합성 모델은 컴퓨터로 생성될 수 있다. 각 표면 구성 요소의 공식은 해당 구성 요소의 크기 및 레이다와의 상대적인 방향의 함수로써 RCS의 진폭 및 위상을 특성화해준다. 각 구성 요소의 물질들(금속, 유리, 플라스틱의 종류 등등)과 표면의 성질 또한 고려된다.

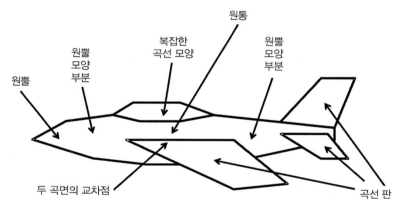

그림 8.27 항공기는 매우 많은 수의 개별 모양으로 특징지을 수 있다. 각 형상 성분의 RCS에 대한 공식은 바라보는 각도, 재료, 표면 및 주파수의 함수로 유도할 수 있다. 이러한 공식의 조합으로부터 항공기의 레이다 반사 단면적이 계산된다.

표적의 컴퓨터 모델은 다른 요소와의 상대적인 위치를 고려하여 모든 표면에 대한 공식을 결합할 것이다.

이 섹션은 참고문헌 [1]의 정보를 포함하고 있고, 이 주제에 대하여 자세한 내용을 얻고자 한다면 [1]을 읽어볼 것을 권장한다.

디지털 RF 기억장치 성능에 있어서 가장 큰 제약은 항상 아날로그-디지털 변환기이었다. 디지털 RF 기억장치가 동작할 수 있는 대역은 디지털화 속도에 의해 제한되고, 신호가 재생될 수 있는 정밀도는 비트 수의 함수이다. 또한 샘플당 비트 수는 출력 신호에 존재할 스퓨리어스 레벨을 결정한다.

이 글이 쓰인 시기에 최첨단 기술은 12비트로 2GHz 표본화율 이상이다. 현재도 많은 노력이 이루어지고 있기 때문에 최첨단 기술 성능은 계속 향상될 것이고, 아날로그 디지털 변환기의 성능은 상당히 빠른 속도로 좋아지고 있다.

또 다른 중요한 기술은 필드 프로그래머블 게이트 어레이FPGA이며, 하나의 디지털 RF 기억장치 보드에서 훨씬 더 많은 연산이 가능하게 되었다. 그 결과 디지털 RF 기억장치에서 원하는 기능을 프로그래밍할 수 있게 되었으며, 그 수행 속도도 크게 증가하였다.

8.11.1 복합 표적 포착

교전 시 레이다 표적까지의 거리와 각도는 끊임없이 변화한다. 이는 표적에 여러 개의 산란점이 존재한다는 사실을 고려할 때, 레이다가 끊임없이 변화하는 매우 복잡한 표적 반사파를 수신한다는 것을 의미한다. 현대 레이다는 재머에 의해 생성된 허위 표적 반사가 수신되던 진짜 표적 반사와 다르다는 것을 알 수 있으므로 이러한 레이다를 성공적으로 방해하기 위해서는 허위 표적 반사가 유효한 표적 반사와 충분히 비슷하게 만들 수 있어야 한다.

앞서 기술한 것처럼 정확한 레이다 단면적 데이터는 레이다 단면적 챔버에서의 측정이나 컴퓨터 시뮬레이션을 통해 얻을 수 있다. 또한 이러한 데이터를 운용 환경에서 측정할 수 있다. 하지만 야외에서 데이터를 수집하는 것이 늘 그렇듯 환경 조건과 분리된 데이터를 얻는 것은 어려운 일이다.

그림 8.28에서 나타내는 바와 같이 수집된 데이터를 특별한 소프트웨어로 처리하면 지배적인 산란점을 찾을 수 있다. 이들 각 산란점에서의 반사는 바라보는 각도의 함수로 표현되는 위상, 진폭, 도플러 편이 그리고 위치로 특성화될 수 있다. 이 데이터는 데이터베이스에 저장되며, 이로부터 디지털 RF 기억장치 채널이 구동되어 정확하고 동적인 표적 반사파를 생성하게 된다.

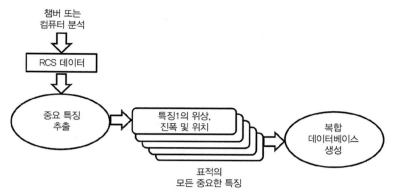

그림 8.28 표적의 컴퓨터 모델은 중요한 특징을 추출되기 위해 분석된다. 각각의 위상, 진폭, 위치 그리고 도플러 편이는 복합 데이터베이스에 포함된다.

8.11.2 디지털 RF 기억장치 구성

그림 8.29는 복합 허위 표적을 생성하는 예전의 디지털 RF 기억장치 시스템의 다이어그램이다. 여러 장의 디지털 RF 기억장치 카드가 존재하는데, 각각은 하나 또는 두 개의 반사파를 생성할 수 있다. 각각의 디지털 RF 기억장치는 수신기로부터 입력된 신호를 디지털화하고 변환하여, 표적 산란체에서의 반사파를 나타낼 수 있도록 한다. 출력은 할당된 산란점에 대한 적절한 진폭, 위상 및 도플러 편이를 갖는다(그림 8.30 참조). 이는 또한 현재 표적의 바라보는 각도에서 레이다 사이의 거리에 해당하는 적당한 시간 지연을 갖는다. 디지털 RF 기억장치의 RF 출력은 모두 결합되어 위상동기시켜 표적 레이다에 재전송된다.

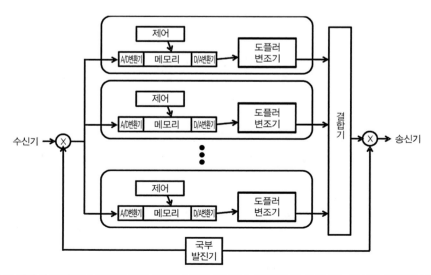

그림 8.29 예전 시스템은 다수의 DRFM으로 복잡한 표적을 생성하며, 각 DRFM은 한 개 또는 두 개의 산란체를 모사한다.

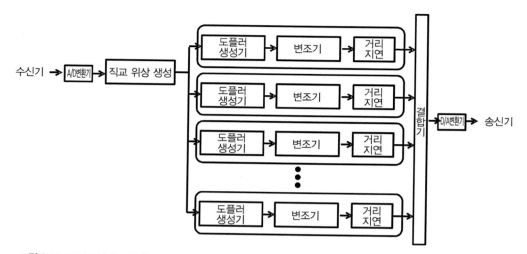

그림 8.30 FPGA 기술을 이용한 DRFM은 보드상에서 제어 및 도플러 편이 함수를 통해 12개의 산란체를 모사할 수 있다.

FPGA를 사용하면 하나의 디지털 RF 기억장치 보드로 12개의 산란 지점에 대한 반사파를 생성할 수 있다. 각 산란점에서의 신호는 표적의 현재 속도, 3차원 각속도, 방향과 상대적인 위치에 따른 도플러 편이 및 거리 지연으로 인해 고유한 변조 특성을 갖는다.

이러한 각 산란점 채널(DRFM)은 기만 재밍 기술을 수행하기 위해 필요한 변조를 적용하고, 이 변조는 레이다를 속이기 위해 각각의 산란 지점마다 달라야 한다.

8.12 재밍 및 레이다 시험

지금까지의 논의는 기만 재밍의 관점에서 제시되었지만 이 논의는 현대 레이다의 테스트에도 마찬가지로 중요할 수 있다.

신호 처리를 통해 복잡한 레이다 반사파를 감지할 수 있는 레이다를 테스트하기 위해서 여러 가지 표적이 있는 전형적 교전을 모사하는 정확한 동적 시나리오가 필요하다. 이러한 테스트 시나리오는 레이다의 하드웨어와 소프트웨어의 모든 기능을 테스트하기 위해 적절한 진폭, 위상, 위치 특성을 가진 현실적인 다중점 산란 반사파를 포함해야 한다.

8.13 디지털 RF 기억장치 대기 시간 이슈

8.9.2 및 8.9.5에서는 처프 및 바커 코드 펄스의 재생을 논의하였다. 두 경우 모두 디지털 RF 기억장치와 이와 관련된 디지털 신호 프로세서가 첫 번째로 수신된 펄스를 포착 및 분석하고, 첫 번째 펄스의 특성을 복사하여 이후의 펄스를 재전송한다. 이러한 과정은 수신된 레이다의 송신 펄스가 모두 동일할 것이라고 가정하고 있다. 재전송된 펄스는 수신된 펄스와 위상동기되어 있고 사용되는 재밍 기술을 지원하기 위해 다른 변조 요소들이 적용된다. 예를 들어 이후의 각 펄스들은 지연되거나 주파수 편이될 수 있다.

8.13.1 동일한 펄스

수신된 레이다 송신 펄스가 모두 동일하면, 디지털 RF 기억장치와 이와 연관된 프로세서는 첫 번째로 수신된 펄스를 분석하고, 이후에 송신되는 각각의 펄스를 방해하기 위해 적절히 변조된 재밍 펄스를 발생시킨다. 요구되는 연산 대기 시간이 충분히 짧아야 펄스 간 시간 동안 필요한 처리를 완료할 수 있으며, 수십 μs~수 ms 정도이다.

8.13.2 동일한 처프 펄스의 경우

그림 8.31에 나타내는 바와 같이, 선두 펄스의 분석은 펄스와 펄스 사이의 시간 동안 수행되어야 한다. $10\mu s$의 펄스폭과 10%의 듀티 사이클을 가진 추적 레이다를 고려해보자. 펄스 간의 간격은 후속 펄스들의 리딩 에지 사이의 시간임을 기억하자. 이는 디지털 RF 기억장치가 계산할 수 있는 펄스와 펄스 사이의 시간이 $90\mu s$라는 것을 의미한다. 프로세스 출력 대기 시간은 디지털 RF 기억장치 프로세서가 디지털 RF 기억장치에서 디지털화된 펄스 데이터를 받아서, 펄스 변조 변수를 결정하고, 원하는 재밍 펄스를 생성하고, 디지털 RF 기억장치로 변형된 신호(디지털 형태로)를 보내는 시간인데, $90\mu s$보다 작아야 한다.

처프 펄스의 경우에는 첫 수신 펄스가 디지털 RF 기억장치에서 디지털화되어 프로세서로 보내져야 한다. 그림 8.32에 나타내는 바와 같이 주파수 변조의 기울기를 측정해야 한다. 펄스의 주파수 변조는 선형 또는 비선형일 수 있다. 수신 신호 정보를 담은 코드 블록은 하나의 펄스폭 시간을 많은 시간 증분으로 나누고 각 증분에 맞추어 생성된다. 전체 펄스의 디지털 표현은 수신된 펄스에서 측정된 주파수와 원하는 도플러 편이 오프셋으로부터 결정된 주파수로 생성된다.

재송신을 위해 디지털 RF 기억장치로 돌아온 디지털 신호는 수신된 펄스의 주파수 변조가 계단 형식으로 표현된 것이며, 사용되는 재밍 기술이 정하는 양만큼 주파수 및 시간 오프셋을 갖게 될 것이다.

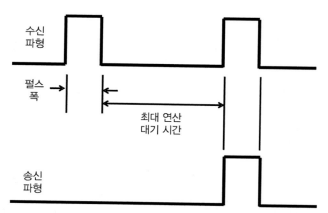

그림 8.31 첫 수신 펄스를 이후의 펄스에 복사하기 위하여 DRFM과 프로세서는 전체 처리 과정을 펄스 간 시간 간격 내에 끝내야 한다.

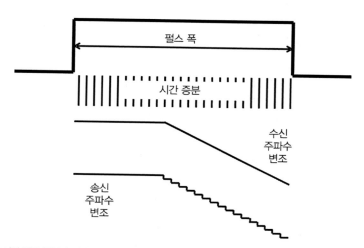

그림 8.32 펄스 간 시간 간격 동안 수신된 처프 신호가 짧은 해석 시간에 분석되어 주파수를 결정한 후, 디지털 반사파가 변조주파수의 계단형 근사로 만들어진다. 반사파는 선택된 재밍 기법에 따라 주파수와 시간상에서 오프셋 된다.

8.13.3 동일한 바커 코드 펄스의 경우

수신된 레이다 신호에 이진 위상 편이 변조가 있는 경우, 디지털 RF 기억장치는 첫 번째 수신 펄스를 디지털화한다. 그 이후에 프로세서는 다음의 사항을 결정한다.

- 코드(바커 코드 또는 더 긴 최대 길이 코드)의 클럭 속도

- 코드에서 1과 0의 순서

- 수신된 주파수

- 펄스의 도착 시간

그런 다음 프로세서는 각각 1과 0에 해당하는 디지털 신호를 만들어낸다. 마지막으로 그림 8.33에 나타내는 바와 같이 프로세서는 수신 신호의 후속 펄스에 대한 이진 위상 편이 변조 펄스의 디지털 도표를 출력한다. 생성된 신호는 수신 주파수와 선택된 재밍 기법에 적합한 도플러 편이로부터 올바른 주파수를 갖게 된다. 그 신호는 수신된 신호의 펄스 반복 간격과 선택된 재밍 기법에 필요한 시간 오프셋을 고려하여 차후 펄스가 존재할 적절한 시간에 펄스를 보내도록 시간 지연된다.

그런 다음 디지털 RF 기억장치는 첫 번째 펄스를 받은 후 위상동기시켜 각각의 펄스를 재전송한다.

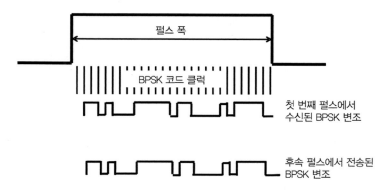

그림 8.33 첫 번째 BPSK 변조된 펄스를 수신한 후, 프로세서는 코드 클럭과 코드의 1과 0의 순서를 알아낸 후 1과 0의 디지털 모델을 만든다. 마지막으로 프로세서는 이후의 펄스에 사용할 올바른 코드를 갖는 디지털 신호를 DRFM으로 보내면, DRFM은 채택된 재밍 기법에 따라 적절히 시간과 주파수를 편이시킨 신호를 재전송한다.

8.13.4 고유 펄스의 경우

이번에는 펄스별로 변화하는 레이다 신호를 재생해야 하는 더 도전적인 경우를 고려해 보자. 기본 예제는 펄스별 주파수 도약 레이다이다. 레이다에 의해서 유사 랜덤하게 선택된 다수의 주파수들이 있을 것이다. 또한 그 레이다는 언제 자신이 재밍당하고 있는지 알아챌 수 있고 최소재밍 주파수모드를 가지고 있다고 가정하는 것은 합리적이다. 따라서 재밍 혹은 다른 간섭이 탐지되는 주파수는 도약 순서에서 빠질 것이다. 이것은 각각의 펄

스 주파수를 측정할 능력이 없는 재머는 모든 주파수 도약 범위를 커버하여야 하고 커버하는 영역 내의 한 부분에서 파워를 집중함으로써 (부분 대역 재밍 기술) 재머의 J/S를 최대화하는 것이 불가능하다는 의미이다.

만약 재밍 주파수 대역이 퍼져 있다면, 얻을 수 있는 J/S는 레이다 수신기 대역과 펄스 도약 범위의 비만큼 줄어들게 된다. 6GHz에서 동작하며 3-MHz의 수신기 대역을 갖는 레이다를 예로 들어 보자. 레이다의 도약 주파수 범위는 일반적으로 레이다의 동작 주파수의 10% 정도이다(즉 600MHz). 따라서 도약 범위와 수신기 대역의 비는 600MHz/3MHz=200. 이것은 유효 RCS를 23dB만큼 낮춘다.

이제 각각의 수신 펄스의 주파수를 측정할 수 있는 디지털 RF 기억장치를 갖는 재머를 생각해보자. 각 수신 펄스의 주파수를 앎으로써 올바른 주파수로 그 펄스를 재밍할 수 있어서 유효 J/S의 손실을 피할 수 있다.

각 펄스의 주파수는 재머가 수신하기 전까지는 알려지지 않은 값이므로 디지털 RF 기억장치와 그와 관련된 프로세서는 반드시 :

- 레이다 송신 주파수를 결정하여야 한다.
- 올바른 주파수와 타이밍을 갖는 펄스의 디지털 표현을 생성해야 한다(선택한 재밍 기법용 주파수와 타이밍 오프셋을 포함).
- 해당 주파수에서 위상동기시켜 재전송을 시작한다.

이 모든 동작은 그림 8.34에 보인 것과 같이, 레이다의 펄스폭의 작은 부분 동안 이루어져야 한다.

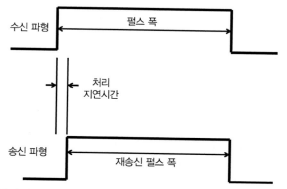

그림 8.34 각각의 펄스가 고유한 특성을 갖는다면 재전송 펄스폭은 처리 대기 시간만큼 줄어든다.

재밍 펄스의 에너지는 재밍 펄스의 지속 시간 비율로 줄어들게 된다(프로세싱 지연 시간을 뺀 레이다의 펄스폭 대 원래의 펄스폭). 예를 들어, 펄스폭이 10us이고 처리 지연 시간이 100ns일 때, 감소된 재밍 에너지 값은 9.9us/10us=0.99, 고작 0.04dB이다.

8.14 디지털 RF 기억장치 기반의 전자전 대책이 요구되는 레이다 기술에 대한 요약

기존의 재머들이 대응하기 어려운 몇몇 레이다 기술들은 다음과 같다.

- 위상동기 레이다
- 리딩 에지 추적
- 펄스별 주파수 도약
- 펄스 압축
- 거리 비율/도플러 편이 코릴레이션
- 표적의 레이다 단면적의 자세한 분석

8.14.1 위상동기 레이다

위상동기 레이다는 그림 8.35에 보이는 것과 같이 표적 반사 신호가 단일 주파수 셀 내에 존재하게 된다. 이것은 필터 뱅크를 가지고 신호 처리하는 펄스 도플러 레이다에 해당한다. 위상비동기 재머의 경우, 스팟 재밍 모드의 경우라고 할지라도 재머의 파워를 여러 필터에 걸쳐 분산시키기 때문에 레이다는 재밍을 탐지할 수 있고 홈 온 재밍 모드로 갈 수 있다. 그것은 또한 획득한 J/S를 위상동기 펄스 처리 이득만큼 감소시킬 것이다.

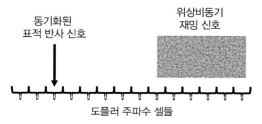

그림 8.35 위상동기 레이다는 하나의 신호 주파수 셀 내에 표적 반사 신호를 생성하는 반면 위상비동기 재밍 신호는 여러 개의 주파수 셀을 차지한다.

디지털 RF 기억장치가 장착된 재머들은 위상동기 재밍 신호를 발생시킬 수 있기 때문에, 펄스-도플러 레이다는 재밍 신호에 대해서도 같은 처리 이득을 제공하며 재밍의 존재 여부를 탐지할 수 없다. 이 두 가지는 J/S를 향상시키며 홈 온 재밍 모드의 활성화를 방지한다.

8.14.2 리딩 에지 추적

리딩 에지 추적은 재밍 펄스들이 레이다의 표적 반사 신호로부터 점차적으로 지연되기 때문에 펄스지연(RGPO) 재밍을 비효과적으로 만든다. 레이다는 오직 펄스의 리딩 에지를 이용해서 표적을 추적한다. 재밍 펄스의 리딩 에지는 표적 반사 신호의 리딩 에지보다 늦게 도달하기 때문에 그림 8.36에서 보는 바와 같이 레이다는 재밍 펄스를 무시하고 표적 반사 펄스를 계속 추적한다. 리딩 에지 추적은 레이다가 더 긴 전달경로로 인해 펄스가 지연되는 지형 반사 재밍을 무시하도록 할 수도 있다.

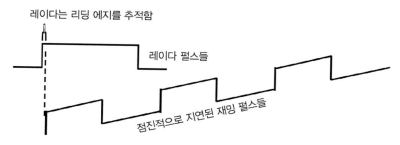

그림 8.36 레이다가 리딩 에지 트래킹을 사용한다면 디지털 RF 기억장치가 장착된 재머는 50nsec 내에 표적 반사 신호와 일치하는 리딩 에지를 갖는 재밍 펄스를 생성할 수 있다.

현대의 디지털 RF 기억장치들은 매우 짧은 지연 시간(50ns 수준)을 갖기 때문에 리딩 에지 추적기를 잡을 수 있을 만큼 빠르게 재밍 펄스를 형성할 수 있다. 이것은 레인지 게이트 풀 오프와 지형 반사 재밍 모두를 효과적으로 만든다.

8.14.3 주파수 도약

CPI coherent processing interval 간 혹은 펄스 간 주파수 도약은 전통적인 재머의 경우 레이다 도약 범위 전체를 커버하도록 요구하였다. (레이다는 한 번에 한 개의 주파수만을 사용하지만 재머는 어떤 주파수인지 알 수 없다.) 이것은 재머가 낼 수 있는 J/S 값을 줄인다.

그러나 각 펄스의 첫 50ns 동안의 레이다 주파수를 측정함으로써(그림 8.37과 같이), 디

지털 RF 기억장치가 장착된 재머는 주파수 도약을 따라가면서 표적 반사 펄스의 대부분을
커버하는 재밍 신호를 만들 수 있다.

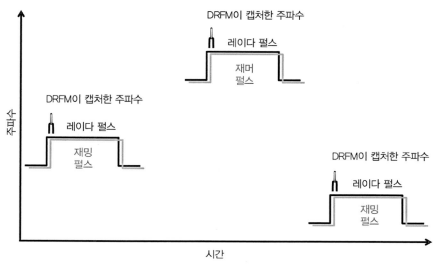

그림 8.37 디지털 RF 기억장치가 장착된 재머는 처음 50nsec 동안 주파수 도약 펄스의 주파수를 캡처하고 해당 재밍 펄스 내에서
주파수를 일치시킨다.

8.14.4 펄스 압축

레이다에서 펄스 압축은 거리 해상도를 향상시키는 것뿐만 아니라, 압축 비율과 같은
비율로 재머가 만들 수 있는 J/S 또한 줄인다. 이것은 재머 펄스가 적절한 펄스 압축 변조
를 갖고 있지 않다는 것을 가정한다.

펄스 압축은 펄스를 처핑하거나 (주파수 변조) 바커 코드를 적용함으로써 이룰 수 있다.
어떤 방법이건 재머가 만들 수 있는 J/S 값은 압축 비율과 같은 인자만큼 줄어들게 된다.
이것은 재밍의 유효성을 수십 혹은 수백 배 감소시킬 수 있다.

선형적으로 처핑된 재밍 펄스를 만드는 여러 가지 다른 방법들이 있지만, 디지털 RF 기
억장치가 장착된 재머는 레이다 펄스의 주파수 변조를 측정할 수 있다(선형 혹은 비선형
변조 모두). 그런 다음 DRFM은 표적 반사된 펄스와 아주 유사한 주파수 변조된 재밍 펄스
를 생성할 수 있다.

디지털 RF 기억장치가 장착된 재머는 첫 번째로 수신된 바커 코드 펄스의 비트율과 정
확한 디지털 코드를 결정할 수 있다. 그런 다음 그림 8.38에 보이는 것과 같이 적절한 바커
코드를 가진 이후의 모든 표적 반사 펄스에 대해 재밍 펄스를 만들 수 있다.

어떤 경우건 간에 디지털 RF 기억장치는 펄스 압축 레이다에 대하여 J/S를 수십 혹은 수천 배 향상시킬 수 있다.

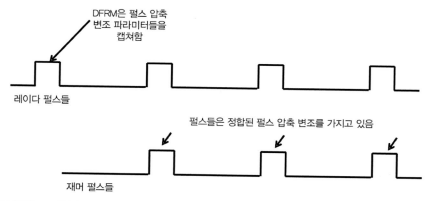

그림 8.38 디지털 RF 기억장치가 장착된 재머는 첫 번째 펄스에서 압축 변조를 포착하고 똑같이 변조된 후속 펄스를 생성한다.

8.14.5 거리 변화율/도플러 편이 코릴레이션

펄스 도플러 레이다는 분리된 표적들을 탐지할 수 있고 해당 표적들의 시간에 따른 거리 정보와 도플러 주파수 정보를 획득할 수 있다. 거리 변화율을 도플러 편이와 연관 지음으로써, 레이다는 허위 표적을 구별해내고 실제 표적 반사를 갖는 표적을 계속 추적할 수 있다(그림 8.39 참조).

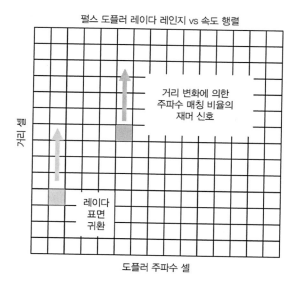

그림 8.39 디지털 RF 기억장치가 장착된 재머는 거리 변화율과 일치하는 도플러 천이를 모사하는 주파수로 허위 표적 펄스를 생성할 수 있다.

디지털 RF 기억장치가 장착된 재머는 실제 표적 반사 신호와 일치하는 재밍 펄스의 타이밍과 주파수를 설정할 수 있고, 따라서 펄스지연(RGPO)과 펄스당김(RGPI) 그리고 다른 허위 표적 재밍 기술들의 효과를 향상시킬 수 있다.

8.14.6 레이다 반사 단면적에 관한 자세한 분석

레이다는 레이다 반사 단면적에 관한 자세한 분석을 통하여 재머로부터 허위 표적 펄스가 만들어졌을 때, 레이다가 수신한 표적으로부터의 반사 신호의 변화를 탐지할 수 있다. 이러한 변화를 감지함으로써 레이다는 새로 들어온 재밍 신호는 버리고 실제 표적 반사 신호를 다시 획득할 수 있다.

최신의 디지털 RF 기억장치가 장착된 재머들은 다중 표적에서의 레이다 반사 단면적 패턴을 포함하는 아주 복잡한 펄스를 만들 수 있기 때문에 레이다가 허위라고 판별하기 아주 어려운 허위 표적을 만들 수 있다.

8.14.7 높은 듀티 사이클 펄스 레이다

디지털 RF 기억장치가 장착된 재머가 높은 펄스 반복 주파수 모드의 펄스 도플러 레이다와 같이 매우 높은 듀티 사이클을 갖는 레이다를 상대로 사용될 때 디지털 RF 기억장치는 앞쪽의 펄스를 재전송하기 전에 두 번째 펄스로부터 데이터를 수집할 수 있다(그림 8.40). 이러한 파이프라이닝 모드에서는 올바른 재밍 펄스 변수들을 찾을 수 있는 시간이 주어진다. 높은 펄스 반복 주파수를 사용하는 레이다는 일반적으로 수신 신호의 고속 푸리에 변환 처리 성능을 증가시키기 위해 단일 주파수로 동작한다. 따라서 하나의 펄스는 다른 펄스와 매우 흡사하며 파이프라이닝이 성공적으로 이용될 수 있다.

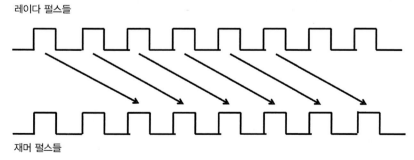

레이다 펄스들

재머 펄스들

그림 8.40 파이프 라이닝 모드에서 디지털 RF 기억장치는 일치하는 방해 전파를 생성하는 데 필요한 처리를 완료하기 위해 두 개 이상의 펄스 간격을 사용한다.

참고문헌

[1] Andrews, Oliver, and Smit, "New Modeling Techniques for Real Time RCS and Radar Target Generation," *Proceedings of the 2014 EWCI Conference*, Bangalore, India, February 17-20, 2014.

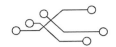

9장
적외선 위협 및 대응책

9장

적외선 위협 및 대응책

최근에 이르러 적외선을 활용한 무장 및 센서 그리고 이에 대한 대응책에서 많은 발전이 이루어지고 있다. 이 장에서는 적외선 체계 및 대응책에 대한 원리, 기술 및 최근 발전에 대해 다룰 것이다.

9.1 전자기 스펙트럼

전자전의 목적은 적군의 전자기 스펙트럼의 활용을 억지하고, 우군의 유용한 사용을 보장하는 것이다. 여기에서 전자기 스펙트럼은 DC에서부터 가시광선을 넘어서는 주파수 대역까지 일컫는다. 대부분의 전자전 관련 서적에서 전자전은 무선 주파수 대역에만 관련된 것으로 설명하고 있다. 이 장에서는 대부분의 독자들이 갖는 이러한 편견을 바로 잡고자 한다.

그림 9.1은 전체적인 전자기 스펙트럼 중에서 광학 및 적외선 대역을 더 자세히 보여주고 있으며, 수평축은 주파수 및 파장 모두 나타내고 있으며, 이들의 관계는 다음 식으로 정의된다.

$$\lambda F = c$$

여기에서 λ는 파장(단위는 meter)을 나타내고, F는 주파수(단위는 Hertz)를 나타내며, c는 광속(3×10^8m/s)을 나타낸다.

우리는 일반적으로 무선 주파수 대역에서는 편의상 주파수를 사용하지만 광학 및 적외선 대역에서는 주파수가 너무 커 사용하기 불편하기 때문에 주로 파장을 사용하여 이 대역 신호를 나타낸다. 단위는 마이크론(microns)이라고도 불리는 마이크로미터(μm)를 주로 사용한다. 전자전에서 주로 사용되는 적외선 대역은 파장에 따라 세 개의 세부 대역으로 나누어지며 각각은 근적외선($0.78 \sim 3\mu$m), 중적외선($3 \sim 50\mu$m), 원적외선($50 \sim 1,000\mu$m)이다.

문헌에 따라 적외선 세부 대역의 명칭 및 기준 파장이 조금씩 다르게 사용되기도 하지만 이 장에서는 위 명칭 및 파장을 사용한다.

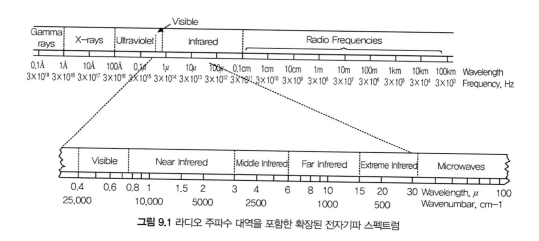

그림 9.1 라디오 주파수 대역을 포함한 확장된 전자기파 스펙트럼

일반적으로 근적외선 신호는 높은 온도와 관련되어 있고 중적외선 신호는 낮은 온도와 관련 있으며 원적외선은 사람이 생존할 수 있는 훨씬 더 낮은 온도에서 복사되는 신호이다. 이에 대한 구체적인 내용은 9.3절 흑체 이론 black-body theory 에서 더 상세하게 설명할 것이다.

9.2 적외선 전파

9.2.1 적외선 전파 손실

6장에서 우리는 무선 주파수 신호의 가시선 감쇠 line-of-sight attenuation 에 대해 다루었다. 이 감쇠를 나타내는 공식은 광학에서 유래되었으며 무선 주파수 대역에서는 사용 편의를 위해 다음 공식을 활용하여 단위를 변환하였다.

$$Loss = 32 + 20\log(F) + 20\log(d)$$

하지만 적외선 대역에서는 기본적인 광학 이론을 그대로 사용한다. 그림 9.2는 이 이론을 설명하고 있는데, 여기에서 복사체는 단위 구 unit sphere 의 중심에 놓여 있고 복사 개구면 transmitting aperture 은 복사체로부터 단위 구 표면상에 비춰진 면을 나타내며 수신 개구면 receiving aperture 은 수신기로부터 동일한 단위 구에 역으로 비춰진 면을 나타낸다. 여기에서 단위 구상의 수신 개구면과 복사 개구면의 비율을 전파 손실 인수라 한다. 더 먼 거리에 있는 수신기는 단위 구의 수신 개구면이 더 작아질 것이고 더 큰 전파 손실을 갖게 되는 것을 의미한다.

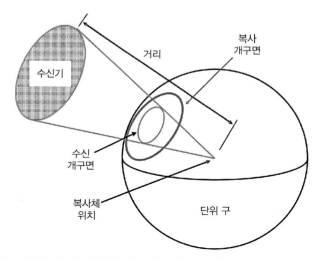

그림 9.2 적외선 전파 감쇠는 복사체와 수신기의 단위 구 표면에 투영된 면적비에 의해 계산된다.

9.2.2 대기 감쇠

6장에서 무선 주파수 대역에서 주파수에 따른 km당 대기 손실 그래프를 볼 수 있었다. 대체로 높은 주파수로 갈수록 감쇠는 증가하는데, 특정 대기 가스에 의해 두 주파수에서 감쇠 고점이 발생한다. 첫 번째는 22GHz 대역에서 수증기에 의해 발생하고 두 번째는 60GHz 대역에서 산소에 의해 발생한다. 반면 그림 9.3은 적외선 파장 대역에서 대기 투과율(감쇠율의 반대 개념)을 파장에 따라 보여주고 있다. 여기에서도 마찬가지로 특정 파장 대역에서는 몇몇 대기 가스에 의해 적외선 신호가 거의 투과되지 못하는 것을 알 수 있다. 이 그래프가 중요한 것은 적외선 신호가 잘 전달될 수 있는 대기 창(높은 투과율을 갖는 파장 대역)을 나타내고 있기 때문이다. 적외선을 활용하여 통신, 탐지, 추적, 유도 또는 영상을 획득하는 모든 시스템들은 일반적으로 그림에 나타난 세 개의 대기 창 중 하나의 파장 대역을 사용해야 한다. 예를 들어 $6\sim7\mu$m의 투과율이 낮은 파장 대역에서 이러한 시스템을 사용하면 수신 에너지가 매우 작게 된다.

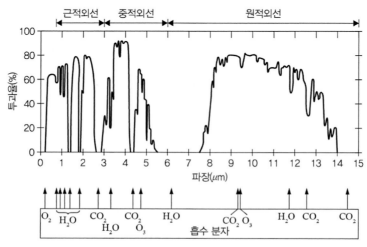

그림 9.3 적외선 대역의 대기 투과율은 투과 대역 및 저지 대역을 갖고 있다.

9.3 흑체 이론(black-body theory)

흑체는 어떤 에너지도 반사하지 않는 물체를 말한다. 실험실 환경에서 특정한 크기와 특성을 갖는 순수한 탄소 블록으로 유사 흑체를 구현할 수 있다. 흑체는 이론적으로 완벽한 흡수체이자 복사체이다. 그림 9.4는 특정한 온도를 갖는 흑체의 파장에 따른 복사 에너지를 보여주고 있다. 여기에서 온도는 절대온도인 Kelvin 온도이며, 각 그래프는 특정온도에서의 복사 에너지 분포를 보여주고 있다. 복사 에너지의 고점들을 유심히 살펴보면, 물체의 온도가 증가할수록 고점들은 왼쪽(낮은 파장)으로 이동하는 것을 알 수 있다. 또한 물체의 온도가 높을수록 복사하는 에너지의 양이 전 파장에 걸쳐 증가하는 것을 알 수 있다.

이러한 관점에서 태양은 표면온도가 5900K에 이르는 흑체이며 가시광선 파장 영역에서 가장 높은 에너지를 복사한다는 재미있는 사실을 알 수 있다.

그림 9.5는 비교적 낮은 온도 영역에서의 파장에 따른 복사 에너지를 자세히 보여주고 있다. 이 두 그림을 통해 얻을 수 있는 유용한 정보는 어떤 복사체로부터 수신되는 적외선 신호를 파장에 따라 측정하고 분석하면 그 복사체의 온도를 알 수 있게 된다. 이는 적외선 유도 미사일을 교란하는 데 매우 중요한 정보로 활용됨을 곧 알게 될 것이다.

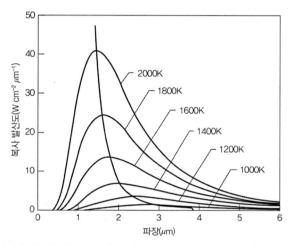

그림 9.4 고온 물체의 파장에 따른 흑체 복사 : 고온 물체일수록 복사 에너지의 최고점은 낮은 파장 방향으로 이동한다.

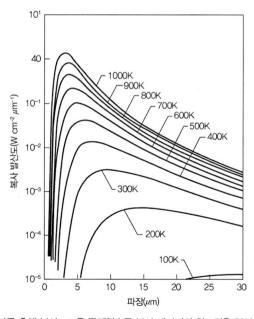

그림 9.5 저온 물체의 파장에 따른 흑체 복사 : 고온 물체일수록 복사 에너지의 최고점은 역시 낮은 파장 방향으로 이동한다.

9.4 적외선 유도 미사일

상대적으로 낮은 기온의 하늘에서 비행 중인 항공기는 기체 표면 및 엔진에서 열이 발생하기 때문에 적외선 유도 미사일에 매우 취약하다. 많은 수의 공대공 및 지대공 미사일, 휴대용 대공방어 시스템은 적외선 유도방식을 사용하고 있다. 격추되는 항공기의 90% 정도가 적외선 유도 미사일에 의한 것이라고 어떤 공개된 문헌은 주장하고 있다.

적외선 미사일은 표적으로부터 복사되는 적외선 에너지를 수동적으로 수신하여 표적을 추적한다. 9.3절에서 설명하였듯이 어떤 물체로부터 복사되는 에너지의 파장은 해당 표적의 온도에 의해 결정된다. 좀 더 뜨거운 물체는 적외선 에너지의 고점이 좀 더 낮은 파장에서 발생하기 때문에 적외선 미사일의 센서는 미사일이 추적하는 표적의 온도에 민감하게 반응하는 센서를 활용한다.

초기의 적외선 미사일은 매우 뜨거운 표적을 추적하기 위해 근적외선 센서를 사용하였다. 이 센서는 엔진 내부의 매우 뜨거운 부분을 추적하기 때문에 이 미사일은 제트 항공기의 후미에서만 공격할 수 있었다. 최근의 미사일은 좀 더 온도가 낮은 엔진 배기가스 및 공력 마찰에 의해 뜨거워진 날개 모서리 등을 추적할 수 있도록 비교적 낮은 온도 추적에 적합한 센서를 사용하고 있다. 따라서 어느 방향에서나 표적을 공격할 수 있게 되었다.

9.4.1 적외선 미사일 구성품

그림 9.6은 열 추적 미사일의 구조를 보여주고 있다. 미사일의 맨 앞에는 적외선 파장 대역에서 투명한 렌즈가 있다. 렌즈 뒤에는 적외선 탐색기가 있는데, 이 탐색기는 표적의 방향을 결정하기 위한 유도 제어부에 필요한 전기신호를 제공한다. 그다음에 있는 유도 제어부는 롤러론rolleron 과 같은 조종면을 제어하여 미사일의 비행경로를 조종한다. 그다음

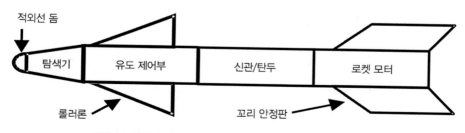

그림 9.6 열 추적 미사일은 적외선 센서의 입력 신호를 통해 유도된다.

에는 신관 및 탄두가 위치해 있다. 적외선 미사일은 표적을 직접 추적하여 타격하기 때문에 주로 접촉신관이 많이 사용된다. 마지막으로 후미에는 고체연료 로켓 모터와 꼬리 안정판으로 구성되어 있다.

9.4.2 적외선 탐색기

그림 9.7에 나타나 있듯이 적외선 탐색기는 표적으로부터 복사되는 적외선 에너지를 수신하는데, 수신되는 적외선 에너지는 렌즈를 통과한 후 여러 모양의 반사거울을 통해 적외선 센서 셀로 집중된다. 적외선 에너지는 필터 및 레티클reticle을 통과한 후 적외선 센서 셀로 수신되고 센서는 수신된 적외선 신호의 크기에 비례하여 전류를 생성한다. 여기에서 적외선 탐색기는 미사일 추진축으로부터 약간 벗어나 있는 광학축에 나란하게 정렬되어 있다. 그림 9.8에서 볼 수 있듯이 미사일은 비례 항법유도proportional guidance를 통해 완만한 각도로 표적에 접근하게 된다. 만일 미사일이 직접 표적을 겨냥하면 타격 직전에 급격한 고 가속도high-g 기동이 필요하기 때문이다.

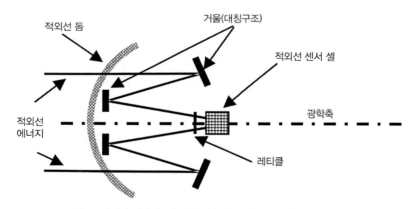

그림 9.7 적외선 탐색기는 수신된 적외선 에너지를 센서 셀에 집중시킨다.

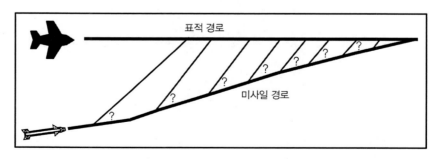

그림 9.8 적외선 미사일은 표적 인근에서 급격한 기동을 피하기 위해 비례항법유도를 사용한다.

9.4.3 레티클

다양한 종류의 레티클이 있는데, 그중 그림 9.9는 초기 적외선 미사일에 사용된 라이징 선 rising sun 레티클을 보여주고 있다. 이 레티클에서 아래 반원 부분은 적외선 대역에서 50%의 투명도를 가지며, 나머지 반원은 부채 모양으로 투명하고 불투명한 부분이 교차하는 영역으로 구성되어 있다. 그림 9.10은 표적으로부터 복사된 적외선 에너지가 이 레티클을 통과하여 센서 셀에 수신되는 에너지의 크기를 시간 축에 대해 보여주는데, 표적의 복사 에너지가 레티클의 교차영역에 진입할 때 펄스가 시작되고 이 에너지는 센서 셀에 전달되어 유도 및 제어부에 동일한 형태의 전류를 공급한다. 표적의 방향이 바뀌면 이 펄스가 시작되는 시간이 상응하여 변하므로, 이에 따라 유도 및 제어부는 적절한 조향 명령을 내려 표적이 탐색기의 광학축 중심에 위치하도록 제어한다. 한편, 표적의 방향이 레티클의 중심에 접근하면 적외선 에너지를 통과시키는 투명 영역의 폭이 좁아지면서 출력 에너지도 작아지는데, 그림 9.11은 표적에 대한 각도에 따라 출력 신호의 크기가 변하는 것을 보여주고 있다. 이 현상으로 발생하는 첫 번째 문제는 레티클 가장자리에 다른 적외선 에너지원이 있다면 레티클 중심에 놓여 있는 표적으로부터 수신되는 에너지보다 큰 에너지를 수신하게 된다. 다시 말해서 미사일이 레티클 중심 영역에서 표적을 추적하고 있을 때 표적에서 기만을 위해 발사한 플레어가 레티클 가장자리에 위치하면 플레어로부터의 수신 에너지가 더 크게 되어 미사일이 기만되고 표적 대신 플레어로 유도되기 쉬워진다. 두 번째 문제점은 최적의 조준점에서 표적으로부터의 수신 에너지가 최소가 된다는 것이다. 이러한 문제점을 해결하기 위한 다른 형태의 레티클에 대해서는 후반부에서 다시 다루기로 한다.

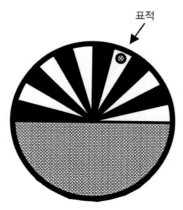

그림 9.9 회전형 라이징 선 레티클은 반원 영역에서 교차하는 투명/불투명 패턴을 갖고 있다.

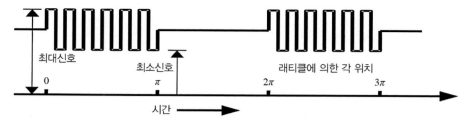

최대신호 0

최소신호 π

래티클에 의한 각 위치 2π 3π

시간

그림 9.10 센서 셀에 수신되는 적외선 에너지는 레티클의 교차하는 패턴에 따라 50% 듀티 사이클을 갖는 펄스 모양이다.

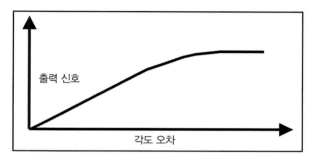

출력 신호

각도 오차

그림 9.11 센서 셀에 수신되는 에너지 크기는 표적과 탐색기 광학축 간 각도 오차에 따라 변한다.

9.4.4 적외선 센서

초기의 적외선 센서는 $2\sim2.5\mu$m의 파장에서 반응하는 황화납 PbS 으로 만들어졌다. 이 황화납 센서는 냉각기 없이 동작하여 간단하게 미사일에 적용할 수 있었다. 이후 미사일은 절대온도 77K까지 냉각되는 황화납 센서를 사용함으로써 센서 민감도를 높이고, 추적 가능한 표적 온도를 낮출 수 있었지만, 여전히 후미에서만 표적 공격이 가능하였다. 참고로 77K까지의 냉각은 가스를 팽창시킴으로써 달성할 수 있었다.

최근의 전방위 all-aspect 유도 미사일은 중적외선 파장 대역인 $3\sim4\mu$m 대역에서 동작하는 셀렌화 납 PbSe 과 10μm의 원적외선 영역에서 동작하는 텔루르화 수은 카드뮴 HgCdTe 등의 여러 다른 화합물을 사용하였다. 이 센서들은 반드시 77K까지 냉각되어야 한다. 그림 9.3의 대기 창 그래프에서 볼 수 있듯이, 각 센서들은 표적에서 복사하는 적외선 에너지를 효율적으로 수신할 수 있도록 대기 창 파장 대역에서 동작해야 한다.

9.5 추적 레티클

9.4.3절에서 열 추적 미사일의 구성품들을 살펴보았고, 특히 초기 추적 레티클의 간단한 원리에 대해 살펴보았다. 이 장에서는 좀 더 발전된 추적 레티클들에 대해 살펴보고자 한다. 이 장에서 모든 레티클을 다루지는 못하지만, 레티클의 다양한 특징들을 잘 묘사하기 위해 몇 가지 레티클을 소개한다. 여기에서 명심할 것은 레티클의 목적은 추적기의 시계 filed of view 내에서 표적의 각 위치를 결정함으로써 미사일의 추적기가 표적을 광학축에 정렬시키도록 미사일을 조향하게 하는 것이다.

9.5.1 웨건 휠 레티클

웨건 휠 레티클 wagon wheel reticle 은 레티클 자체가 회전하는 대신에 레이다의 원추형 스캔과 유사한 방식으로 레티클이 바라보는 면이 광학축에 약간 벗어난 스캔 축을 중심으로 원추형으로 스캔 conical scan 하며 표적을 추적한다. 이 방식은 표적이 추적 창 내에서 원형 패턴으로 움직이는 것과 같은 효과를 갖게 된다. 그림 9.12에 잘 묘사되어 있듯이 표적이 스캔 축에 벗어나 위치해 있으면, 센서 셀에 수신되는 에너지를 나타내는 펄스의 폭이 일정하지 않은 형태를 갖는 것을 알 수 있다. 표적을 추적기 회전축에 위치시키기 위해서는 추적기의 방향을 가장 좁은 펄스의 반대 방향으로 이동시키면 된다. 만약 표적이 추적기

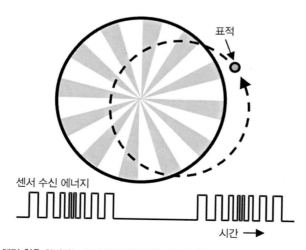

그림 9.12 웨건 휠은 회전하는 대신에 광학축에서 조금 벗어난 축 중심으로 원추 형태로 스캔한다.

스캔 축에 위치하게 되면 표적으로부터의 적외선 에너지는 레티클의 투명한 부분과 불투명한 부분에 일정한 폭으로 통과하여 그림 9.13에 나타나 있듯이 일정한 폭의 펄스를 수신하게 된다. 그림 9.9에서 보여준 라이징 선 레티클은 표적이 추적기의 광학축으로 이동할수록 센서 셀에 수신되는 에너지가 줄어드는 단점이 있는데, 심지어 표적이 정확히 추적기에 조준될 경우 수신 에너지가 0이 된다. 반면에 웨건 휠 레티클은 표적이 스캔 축 중심에 놓이게 될 때 강한 신호를 수신하는 장점을 갖고 있다.

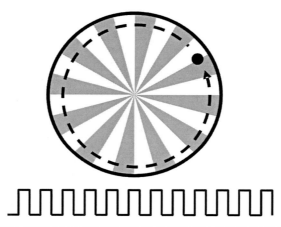

그림 9.13 표적이 추적기 중심에 위치하면 웨건 휠 레티클은 센서 셀에 일정한 펄스를 전달한다.

9.5.2 다중 주파수 레티클(multiple frequency reticle)

그림 9.14에 나타난 레티클은 라이징 선 레티클과 유사하게 반의 시간만 펄스 형태로 에너지를 센서에 전달한다. 하지만 회전당 센서에 전달하는 펄스의 수는 표적의 위치와 추적기 광학축의 각도 차이에 의해 결정된다. 적외선 추적기는 단일 표적만 추적하지만, 이 그림에서는 편의상 각각 다른 위치에 있는 표적에 의한 에너지 패턴을 비교하기 위해 두 개의 표적을 예로 들었다. 레티클 상단에 위치한 표적은 레티클 중심부 가까이에 위치한 표적보다 훨씬 더 추적기 광학축에 멀리 떨어져 있음을 알 수 있다. 따라서 상단의 표적은 레티클 1회전마다 9개 펄스 출력을 갖지만 중심부의 표적은 6개의 펄스 출력을 갖게 된다. 이러한 다중 주파수 레티클 특징을 이용하여 추적기에서 추적 각도 오차의 크기를 계산할 수 있고, 이에 따라 적절한 조향각 수정을 할 수 있다. 라이징 선 레티클과 유사하게 펄스가 시작하는 시간을 이용하여 표적이 추적기 축에 오도록 미사일의 방향을 조정할 수 있다.

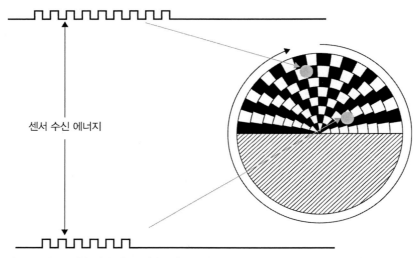

그림 9.14 다중 주파수 레티클은 표적이 중심에서 벗어난 정도에 따라 다른 수의 펄스를 출력으로 갖는다.

9.5.3 커브드 스포크 레티클(curved spoke reticle)

그림 9.15에 있는 레티클은 기능성을 갖는 큰 불투명 영역과 함께 휘어진 바퀴살 모양의 투명 영역을 갖고 있다. 이 레티클은 추적기의 광학축을 중심으로 자체 회전하며 수평선과 같은 직선 형태의 간섭을 분별하기 위해 설계되었다. 수평선이나 여러 물체로부터 반사되어 오는 직선 형태의 에너지는 추적 프로세싱에 간섭을 줄 수 있기 때문이다.

그림 9.15 커브드 스포크 레티클은 수평선과 같은 직선형 간섭을 구별하며, 출력 펄스 수는 표적의 중심으로부터의 각 오차에 따라 달라진다.

크고 독특한 형태를 갖는 불투명한 영역은 표적이 추적기의 광학축에서 얼마나 벗어나 있는지에 따라 출력으로 나오는 펄스의 수를 결정한다. 만일 표적이 레티클 가장자리에 위치하면 반의 시간 동안 7개의 펄스를 추적기에 전달한다. 그러나 표적이 광학축 중심으로 이동할수록 구형파의 수와 구형파가 존재하는 시간의 비율이 증가하는 것을 알 수 있다. 만일 표적이 광학축에 매우 가까이 위치하면, 거의 100%의 시간 동안 11개의 펄스를 센서에 전달할 것이다. 이 특징을 활용하면 다중 주파수 레티클과 같은 방법으로 비례항법 유도를 통해 표적을 추적기 중심으로 쉽게 조준할 수 있게 된다.

9.5.4 로젯 추적기

그림 9.16은 로젯 추적기 rosette tracker 에서 센서의 스캔 패턴을 보여주고 있다. 이 스캔 패턴은 두 개의 반대 방향으로 회전하는 광학소자에 의해 구현되고, 패턴에서의 꽃잎 수는 제한이 없다. 센서가 정해진 스캔 중 표적을 지나갈 때 표적으로부터의 적외선 에너지가 센서에 도달한다. 이 그림에서 표적은 두 개의 꽃잎 패턴에 걸쳐 있으므로 센서는 두 개의 펄스를 수신하게 되고 중심축에 대한 표적의 상대적인 위치는 이 펄스가 도달한 시간을 통해 계산할 수 있다.

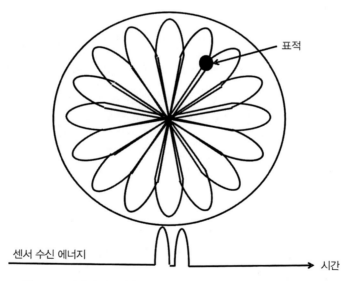

그림 9.16 표적의 위치는 센서에 도달하는 펄스의 수신 시간에 의해 결정된다.

9.5.5 십자형 배열 추적기

그림 9.17과 같이 십자형 배열 추적기 crossed linear array tracker 는 네 개의 선형 센서로 구성되어 있다. 이 추적기는 자체 회전하는 것이 아니라 원추형 스캔 방식으로 표적 주위를

스캔하고 표적이 각 네 개의 센서들을 통과할 때 센서에 에너지 펄스가 수신된다. 광학축에 대한 표적의 상대적인 위치는 각 센서에 수신된 펄스의 시간을 통해 계산할 수 있다.

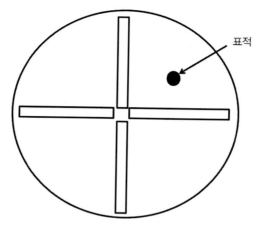

표적

그림 9.17 십자형 배열은 네 개의 선형 센서를 갖고 있다. 이 배열은 원추 형태로 스캔하면서 표적이 센서를 통과할 때 출력파형을 갖는다.

9.5.6 영상 추적기

영상 추적기 imaging tracker 는 표적의 광학 영상을 생성한다. 그림 9.18에 나타난 추적기는 2차원 배열의 센서들로 구성되거나, 상용 TV 카메라처럼 하나의 센서로 래스터 스캔 raster scan 을 통해 구현할 수 있다. 각 위치의 센서는 하나의 영상 픽셀을 생성하고 각 픽셀은 영상 프로세서에 의해 표적의 상대적인 위치나 크기, 모양 등을 나타내는 데 사용된다.

다른 광학장비들과 마찬가지로 영상의 해상도는 픽셀 수에 의해 결정된다. 일반적으로 영상 추적기는 상대적으로 적은 픽셀 수를 가지고 있어 종말단계의 유도장비로 사용된다. 따라서 추적하고 있는 표적을 낮은 해상도의 추적기로 식별하기 위해서는 미사일이 표적에 충분히 가깝게 있어야 한다. 몇몇 문헌에서 표적 획득 거리에서 충분한 표적 정보를 얻기 위해서는 약 20개 정도의 픽셀 수가 필요하다고 언급하고 있으며 더 자세한 설명은 이후에 더 다룰 것이다.

그림 9.18에서 표적에 놓여 있는 픽셀들은 회색으로 표현되었다. 이 경우 표적 항공기에 대한 명확한 영상을 보여주진 않지만 플레어와는 확연히 구분할 수 있게 된다. 따라서 하나의 픽셀에만 존재하는 플레어와 같은 디코이는 영상 프로세서를 통해 표적 항공기와 쉽게 구분할 수 있게 된다.

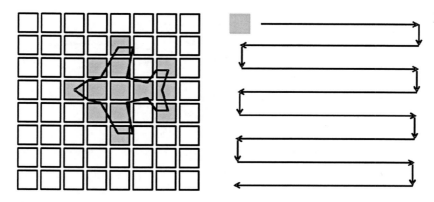

그림 9.18 영상 추적기는 2차원으로 여러 개의 센서를 갖거나 하나의 센서를 래스터 스캔하면서 표적의 영상을 획득한다.

9.6 적외선 센서

열 추적 미사일에 대해 다루고 있는데, 특별히 9.5절에서는 다양한 형태의 레티클에 중점을 두었다. 이 절 이후로는 실제 적용되는 적외선 센서 IR sensors 들에 대해 좀 더 자세히 알아보고자 한다. 센서는 표적으로부터 적외선 에너지를 수신하여 전기신호를 생성한다. 각각의 센서는 특정한 파장 대역에 잘 반응하므로, 표적의 온도에 따른 효율적인 탐지를 위해서는 이 특징들을 잘 이해해야 한다.

9.6.1 항공기 온도 특성

열 추적 미사일의 표적이 되는 제트 항공기의 부분별 온도 특성이 간략하게 그림 9.19에 나타나 있다.

엔진 내부에 있는 압축기 블레이드가 가장 뜨거운 부분이고, 엔진 외부의 배기관이 그 다음으로 뜨겁다. 두 부분 다 1000~2000K의 온도까지 뜨거워지며 이는 에너지 피크가 1~2.5μm의 파장 대역에 형성되는 온도이다. 엔진으로부터 나오는 배기가스 plume 는 700~1000K의 온도를 갖고 3~5μm의 파장 대역에 피크 에너지를 갖는다. 공력에 의해 항공기 표면은 가열되는데, 예를 들어 날개의 앞부분은 300~500K까지 가열되고 8~13μm의 파장에서 피크 에너지를 갖게 된다. 물체 온도에 따른 피크 에너지 파장에 대한 내용은 앞서 설명한 9.3절을 참고하기 바란다.

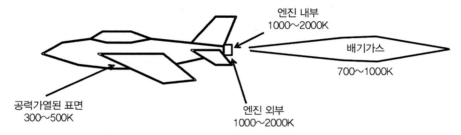

그림 9.19 제트 항공기를 공격하는 열 추적 미사일은 엔진 내부의 뜨거운 부분이나 배기구, 배기가스, 공력에 의해 가열된 부분 등을 추적한다.

9.7 대기 창(atmospheric windows)

9.2.2절에서 언급한 바 있는 또 다른 중요한 이슈는 대기에서의 적외선 에너지 전달이다. 그림 9.20은 적외선 에너지가 대기를 손실 없이 잘 투과하는 4개 주요 파장 대역을 보여주고 있다. 근적외선에 속하는 $1.5 \sim 1.8\mu m$와 $2 \sim 2.5\mu m$의 두 낮은 파장 대역에서 에너지가 잘 전달되고, 중적외선 대역에서 $3 \sim 5\mu m$의 대역과 원적외선에서는 $8 \sim 13\mu m$의 넓은 파장 대역에서 적외선 에너지가 잘 전달된다.

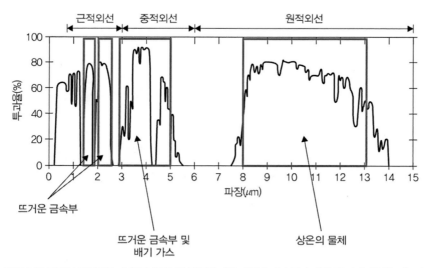

그림 9.20 적외선 대역에서 대기 투과율은 잘 정의된 파장 대역에 따라 투과 대역 및 저지 대역을 갖는다.

엔진 배기관과 엔진 내부와 같이 고온의 표적은 근적외선 대역 센서로 잘 추적할 수 있고, 배기가스는 중적외선 센서에 의해, 항공기의 가열된 표면은 원적외선 센서에 의해 잘 추적할 수 있다. 일반적으로 열 추적 미사일은 더 고온의 표적을 잘 추적한다.

9.8 센서 소재

표 9.1은 대표적인 적외선 센서 소재들과 각각의 반응 파장 대역 및 응용 분야에 대해 간략히 설명하고 있다. 황화납을 제외한 다른 소재들은 센서의 민감도 및 신호 대 잡음비를 증가시키고 태양열로부터 표적을 구별해내기 위해 대기 중에서 질소의 끓는점인 77K로 냉각되어야 한다. 황화납은 최초로 열 추적 미사일 센서로 사용되었고 항공기에서 가장 고온인 엔진 부분을 추적하는 데 사용되었다. 따라서 이 센서의 효율적인 운용을 위해서는 미사일이 항공기 후미에서 접근해야만 했다. 이 초기 센서는 냉각이 불필요했지만, 민감도에서는 한계를 갖고 있었다.

셀렌화 납이나 안티몬화 인듐InSb 센서를 이용함으로써 항공기의 배기가스를 추적할 수 있게 되었다. 배기가스는 항공기의 정면이나 측면에서도 볼 수 있으므로 미사일은 어느 접근각에서도 항공기를 추적할 수 있게 되었고 전all-aspect 방위 추적 미사일이 등장하게 되었다.

텔루르화 수은 카드뮴mercury cadmium telluride 센서 사용으로 미사일은 공력 마찰된 항공기의 표면을 추적할 수 있게 되었고, 역시 전 방위 추적 미사일이 가능하게 되었다. 이 센서는 또한 나중에 다루게 될 이미지 추적이 가능한 평면 배열 센서로도 사용된다.

표 9.1 센서 소재별 특성

기호	소재명	최대 반응파장(μm)		응용 분야
		300K	77K	
PbS	황화납	2.4	3.1	상온에서 고온 표적 추적
PbSe	셀렌화납	4.5	5	배기가스 추적
HgCdTe	텔루르화 수은 카드뮴		10	77 K까지 냉각되어야 함 미사일 추적기나 전방적외선 감시 장치에 사용 중적외선 및 원적외선 대역에서 사용
InSb	안티몬화 인듐	3.5	3	배기가스 추적

9.9 단색 및 2색 센서(one-color versus two-color sensors)

열 추적 미사일을 사용함에 있어 중요한 이슈 중 하나는 플레어, 태양, 고온의 기타 복사체로부터 표적을 구별해낼 수 있느냐 하는 것이다. 일반적으로 이와 같은 복사체는 표적 항공기보다 고온을 갖는데, 마그네슘 플레어는 2200~2400K, 태양은 5900K의 고온 적외선을 복사하며, 이는 표적보다 훨씬 더 큰 에너지를 복사하고 있음을 알 수 있다. 이미 9.3절에서 설명한 바와 같이 그림 9.21은 적외선 파장 대역에서 물체의 온도에 따른 복사 에너지를 보여주고 있는데, 온도가 올라갈수록 모든 파장 대역에서 더 큰 에너지를 복사하는 것을 알 수 있다. 따라서 고온의 마그네슘 플레어를 사용하면 열 추적 미사일을 기만하여 표적 추적을 방해할 수 있게 된다.

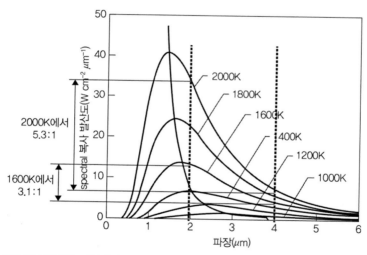

그림 9.21 물체의 흑체 복사 에너지는 파장에 따라 변화한다. 물체 온도가 증가할수록 피크 에너지 복사는 낮은 파장에서 발생한다. 다른 두 파장에서 측정된 복사 에너지의 비는 물체의 온도에 따라 다르다.

그러나 만일 미사일이 두 개의 파장 대역 센서(2색 센서)로 표적을 추적한다면 표적의 온도를 계산할 수 있고, 지정한 온도의 표적만을 추적하거나 실제 표적보다 더 뜨거운 허위 표적을 식별할 수 있게 된다. 예를 들어 다음 그림과 같이 2000K의 방해체와 1600K의 표적이 동시에 존재하고, 각각 2μm와 4μm 센서를 사용한다면 2000K의 플레어는 4μm 대역에서보다 2μm 대역에서 5.1배 더 높은 에너지를 복사하고 1600K의 표적은 3.1배의 더 높은 에너지를 2μm 대역에서 복사한다. 이를 이용하면 미사일 프로세서에서 두 다른 파장 대역에서 특정한 에너지비를 갖는 물체만 추적할 수 있게 할 수 있으므로, 결론적으로 고온의 플레어는 무시하고, 원하는 온도의 표적을 추적할 수 있게 할 수 있다.

여기에서 2색 센서의 파장 대역은 반드시 투과율이 좋은 대기 창 내에서 모두 선택되어야 하고, 각 대역에서 표적과 플레어 사이의 에너지비가 확연이 차이를 갖는 대역을 선택해야 한다.

9.10 플레어

열 추적 미사일로부터 항공기를 보호하는 가장 효과적인 방법은 플레어를 사용하는 것이다. 플레어는 유인 seduction, 방해 distraction, 희석 dilution 의 세 가지 전술로 사용된다.

9.10.1 유인

유인은 열 추적 미사일의 추적기가 반응하는 파장 대역의 플레어를 발사하여 미사일을 기만하는 전술이다. 이때 플레어는 반드시 추적당하고 있는 항공기보다 미사일 추적기에 더 강한 에너지를 제공해야 한다. 미사일 추적기가 플레어와 표적을 구분하는 방어성능이 없다면 미사일 추적기는 항공기에서 플레어로 표적을 변경할 것이고, 미사일을 항공기보다는 플레어 방향으로 이동하도록 조종할 것이다. 결국 플레어가 항공기로부터 멀어짐에 따라 미사일은 그림 9.22와 같이 플레어를 추적하게 된다.

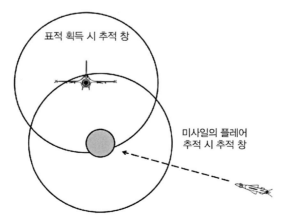

그림 9.22 유인 전술의 플레어는 미사일 추적기를 기만하여 표적에서 플레어로 추적을 이동시킨다.

9.10.2 방해

방해 전술로 사용하는 플레어는 열 추적 미사일이 항공기를 추적하기 전에 전개시킨다. 이에 따라 미사일 추적기는 표적을 발견하기 전에 플레어를 먼저 발견하게 된다. 이 용도에서는 플레어가 표적보다 더 큰 에너지를 복사할 필요는 없으며 다만 미사일 추적기가 플레어를 표적으로 혼동하게끔 항공기에 충분히 가까운 곳에 복사할 필요가 있다. 만일 방해가 성공한다면, 미사일은 그림 9.23과 같이 아예 원래 표적을 발견하지 못하고 플레어를 추적할 것이다. 이 전술은 항공기뿐 아니라 함정을 열 추적 대함미사일로부터 방어하는 데 사용된다. 이 경우에는 미사일 추적기가 함정을 발견하기 전에 플레어로 유도될 가능성을 높이기 위해 여러 발의 플레어를 사용해야 한다.

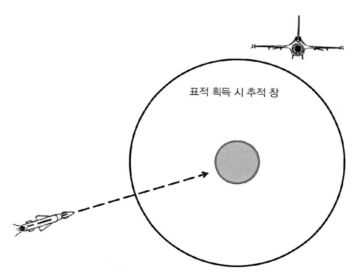

그림 9.23 방해 전술의 플레어는 미사일이 표적 획득 전에 플레어를 추적하게 한다.

9.10.3 희석

희석 전술은 미사일이 영상추적이나 탐색 중 추적track-while-scan 기능을 갖고 있을 때, 즉 다중 표적 추적 기능을 갖고 있을 때 사용한다. 이 방어 전술에서의 목적은 미사일이 그림 9.24와 같이 플레어로 인하여 다중 항공기 표적이 있는 것처럼 혼동하게 하는 것이다. 이 경우 플레어는 미사일이 표적과 혼동할 수 있도록 실제 표적과 유사한 모양의 에너지를 복사해야 한다.

이 임무의 성공 여부는 얼마나 미사일이 정교한 추적 기술을 보유하고 있느냐에 의해 결정된다. 이 방법이 성공하더라도 미사일이 허위 표적 가운데에서 표적인 항공기를 추적할 가능성이 있으므로 앞에서 설명한 유인 및 방해 전술보다는 권장되지 않는 전술이다. 만일 한 개의 표적 항공기가 n개의 플레어를 사용했다면 이때 생존확률은 n/(n+1)이 된다.

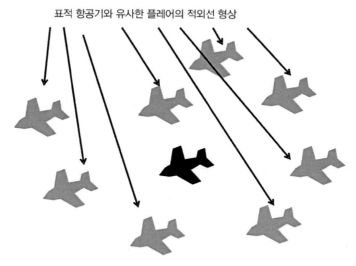

표적 항공기와 유사한 플레어의 적외선 형상

그림 9.24 희석 전술의 플레어는 미사일이 플레어에 의한 많은 가짜 표적 중 하나로 유도시킨다.

9.10.4 타이밍 고려사항

타이밍 고려사항에 대해서 유인 전술을 기초로 설명하지만 다른 전술에도 유사하게 적용할 수 있다.

플레어는 그림 9.25와 같이 공격 미사일의 추적 영역에 있을 때 충분한 에너지를 복사해야 한다. 항공기의 속도와 플레어의 디자인에 따라 다르지만 플레어의 전개 후 항공기에 대한 상대적인 감속은 약 300m/s^2이다. 플레어가 전개된 후 위협이 되는 직경은 200m 미만이므로, 미사일을 항공기에서 플레어로 유인하기 위해서는 약 0.5초 남짓 시간 동안 플레어는 항공기보다 더 큰 에너지를 복사해야 한다. 다시 말해서 플레어는 반드시 이 시간 동안에 가능한 위협 미사일의 전 파장에 걸쳐 더 큰 에너지를 복사해야 한다.

그림 9.26은 3km의 고도에서 항공기가 플레어를 발사했을 때, 항공기의 속도 및 경과시간에 따른 수직축과 수평축에서의 항공기와 플레어의 간격을 보여주고 있다.

플레어는 항공기가 미사일 추적 범위에서 벗어나 다시는 재추적당하지 않도록 충분한 시간 동안 강한 에너지를 복사해야 한다. 미사일이 항공기를 지나쳐 더 이상 표적 방향으로 기동할 수 없을 때까지의 시간 동안 강한 에너지를 복사하는 것이 가장 바람직하다.

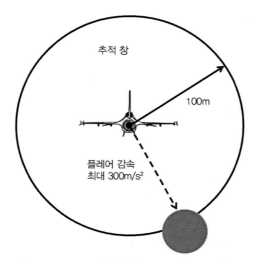

그림 9.25 플레어의 감속률은 300m/s²이고 미사일의 추적 창은 직경 200m이므로 플레어는 미사일을 기만하기 위해 발사 후 0.5 초 이내에 충분한 에너지를 복사해야 한다.

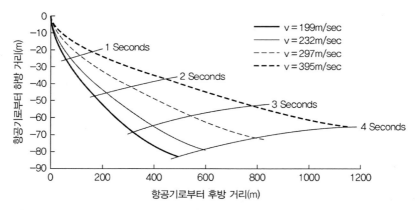

그림 9.26 항공기의 고도 및 속도에 따라 플레어는 전개 후 항공기 뒤와 아래로 그림과 같이 이동한다.

9.10.5 스펙트럼 및 온도 고려사항

플레어는 적 미사일 추적기 센서와 동일한 파장 대역의 에너지를 복사해야 효과적으로 사용된다. 9.3절과 9.7절에서 다루었던 흑체 복사와 대기 창에 대한 내용을 회상해보면 미사일 추적기는 반드시 투과율이 높은 대기 창 파장 중에서 동작해야 하고, 넓은 스펙트럼을 가질수록 좋다. 반면 플레어는 미사일 추적기가 사용하는 실제 파장 대역에서 적절한 에너지를 복사해야 효과적인 방어가 가능하다.

일반적으로 플레어에 사용되는 연료 및 재료는 흑체 복사 에너지 특성에 의해 에너지를 복사한다. 즉 플레어 온도가 복사하는 에너지의 스펙트럼 분포를 결정한다. 한편으로는 플레어 온도가 증가하면 모든 파장 대역에서 흑체에 의한 복사 에너지가 증가한다. 따라서 작은 크기의 플레어로 미사일 추적기를 기만할 수 있는 충분한 에너지를 발생시키기 위해서는 발화 촉진제 및 마그네슘 파우더와 같이 매우 강한 열을 발생시키는 물질을 사용하는 것이 필요하다. 만일 플레어가 표적보다 훨씬 높은 온도를 갖게 되면 미사일 추적기를 기만시킬 수 있는 충분히 큰 에너지를 생성할 것이다. 하지만 9.9절에서 설명하였듯이 2색 센서는 표적과 플레어의 다른 온도를 구별할 수 있고 이를 통해 미사일은 플레어의 기만책에 대응할 수 있게 된다.

플레어는 표적보다 더 큰 에너지를 미사일 추적기에 복사하므로 열 추적 미사일에 매우 효과적인 대응책이 된다. 즉 플레어는 추적기를 기만함으로써 미사일의 표적 추적을 방해한다. 반면 미사일 추적기가 표적과 플레어를 구별함으로써 미사일이 플레어를 무시하고 지속적으로 표적을 추적할 수 있게 하는 다양한 기술이 존재한다. 이러한 기술들은 플레어의 온도 특성이나 시간에 따른 복사 특성 또는 기동 특성을 활용하여 구현된다.

9.10.6 온도 탐지 추적기

2색 센서를 사용하면 실제 표적과 플레어의 온도를 측정할 수 있고, 이를 통해 추적기는 원하는 온도의 표적을 추적할 수 있게 된다. 이미 9.9절에서 설명하였듯이 추적기는 다른 두 파장에서 각각 에너지를 수신하고 그 에너지비가 적절한 물체를 유효 표적으로 간주하여 지속적으로 표적을 추적하게 한다. 플레어가 더 고온에서 에너지를 복사하더라도 추적기는 이를 무시하고 유효 표적을 추적할 수 있게 되는 것이다.

한편 플레어가 이 2색 센서에 효과적으로 대응하기 위해서는 플레어도 두 파장에서 적절한 비율로 에너지를 복사해야 한다. 이는 플레어가 표적과 유사한 온도나 조금 높은 온도에서 에너지를 복사하면서도 추적기가 탐지하는 두 파장 대역에서 표적과 유사한 에너지 비율로 복사하도록 해야 한다.

그림 9.27은 적절한 온도를 갖는 저온 플레어를 사용하되 그 부피가 표적보다 더 크게 함으로써 더 큰 에너지를 복사하여 미사일을 기만시킬 수 있음을 보여주고 있다. 이러한 플레어는 자연적으로 적절한 온도에서 발화할 수 있는 급속 산화 화합물로 코팅된 작은 조각들을 구름 형태로 발사함으로써 구현할 수 있다. 또한 가연성 증기 구름을 발화시키는 것도 동일한 효과를 거둘 수 있다. 이와 같은 저온 플레어는 시각적으로 잘 보이지 않고 플레어가 숲이나 도심에 떨어졌을 때 화재를 발생시키지 않는다는 장점을 갖고 있다.

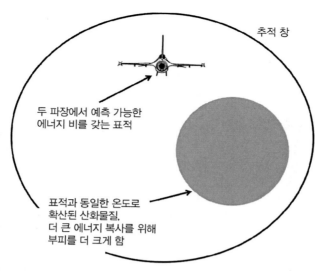

추적 창

두 파장에서 예측 가능한
에너지 비를 갖는 표적

표적과 동일한 온도로
확산된 산화물질,
더 큰 에너지 복사를 위해
부피를 더 크게 함

그림 9.27 저온 플레어는 불꽃 없이 연소하며 넓은 영역으로 퍼져 미사일을 원래 표적으로부터 유인해내기 위해 충분한 에너지를 미사일 센서에 전달한다.

    2색 센서에 대응하기 위한 두 번째 방법은 고온에서 발화하면서 각각의 파장 대역에서 적절한 비율의 에너지를 복사하는 두 화학물로 플레어를 만드는 것이다. 적절한 비율로 복사된 에너지는 추적기가 플레어를 표적으로 착각하게 만들고 고온에서 에너지를 복사하는 것은 미사일이 원래 표적 대신에 플레어를 추적하도록 유도한다. 그림 9.28에 이 원리가 간략히 설명되어 있다.

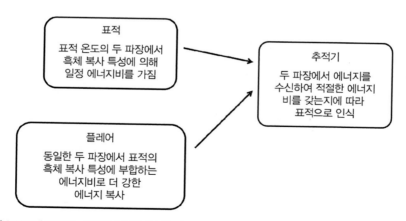

표적
표적 온도의 두 파장에서
흑체 복사 특성에 의해
일정 에너지비를 가짐

추적기
두 파장에서 에너지를
수신하여 적절한 에너지
비를 갖는지에 따라
표적으로 인식

플레어
동일한 두 파장에서 표적의
흑체 복사 특성에 부합하는
에너지비로 더 강한
에너지 복사

그림 9.28 2색 플레어는 표적과 유사한 특성을 갖도록 각각 파장에서 적절한 에너지비로 적외선을 방출한다.

9.10.7 플레어 복사 에너지 상승률을 이용한 방어

앞의 9.10.4절에서 다루었듯이 플레어는 발사 후 $300m/s^2$으로 감속하여 표적과 분리되고, 추적 창은 약 200m에 불과하다. 따라서 플레어는 반드시 약 0.5초 이내에 최대 에너지를 복사해야 한다. 이러한 이유로 플레어는 발사 후 급속히 에너지를 복사할 수 있는 화학물로 선택되었고, 표적인 제트 엔진의 재연소 장치로 복사되는 에너지보다 더 빠른 에너지 상승률을 갖기도 한다. 따라서 만일 추적 창 내 어떤 물체로부터 복사 에너지 상승률이 추적기에서 미리 설정한 시간 내 일정 기준 이상으로 커지면, 추적기는 해당 시간 동안 추적을 중지한다. 이후 플레어가 추적 창을 벗어나서 추적 창 내 수신 에너지가 이전 상태로 돌아오면 추적기는 다시 원래 표적을 추적할 수 있게 된다(그림 9.29 참조). 이와 같은 플레어 대응책은 이미 발사되어 추적 중인 미사일보다는 미사일 공격이 예측될 때 플레어를 사용함으로써 어느 정도 극복될 수 있다.

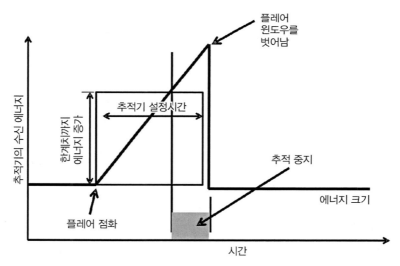

그림 9.29 플레어 복사 에너지가 추적기에서 정한 일정 시간 동안 일정 크기보다 더 커지면 추적기는 플레어가 추적 범위를 벗어날 때까지 추적을 중단한다.

9.10.8 항공기 및 플레어 기동 특성을 이용한 방어책

만일 미사일이 항공기 진행 축의 수직 방향에서 추적하고 있다면 플레어에 대한 접근각 변화율은 항공기에 대한 것보다 훨씬 더 클 것이다. 따라서 미사일 추적기가 표적에 대한 접근각 변화율을 측정할 수 있다면, 플레어 존재 여부를 확인할 수 있고 플레어가 추적 창을 벗어날 때까지 추적을 중단시킬 수 있게 된다. 여기에서 항공기와 플레어 간 접근각 변화율의 차이는 미사일이 항공기를 정면에서나 후미에서 추적할 경우 급격히 작아지고 따라서 제안된 방법은 이 경우에는 효과적이지 않음을 알 수 있다.

또한 수직 방향에서 미사일이 공격 시 미사일 추적기는 그림 9.30에 묘사된 것처럼 플레어가 항공기에서 발사 후 상대적으로 급격히 감속하므로 두 개의 표적을 탐지할 수 있게 된다. 이 경우 추적기가 앞서가는 표적에 집중한다면 플레어와 표적을 구분할 수 있게 될 것이다.

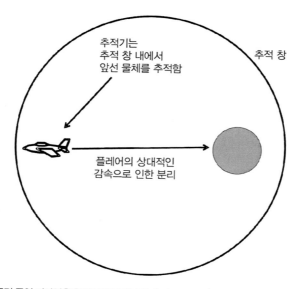

그림 9.30 수직 방향에서 공격 중인 미사일은 항공기가 플레어 발사 시 빨리 이동하여 앞서고 있는 표적을 플레어와 구분하여 추적할 수 있다.

또한 발사된 플레어는 그림 9.31과 같이 항공기 아래 방향으로 떨어지게 되고 추적기가 추적 창의 아래 부분이나 아래 후방의 4사분면에 필터를 적용시켜 플레어로부터의 수신 에너지를 감쇠시킨다면 추적기는 항공기를 유효 표적으로 인식하게 될 것이다.

플레어의 기동 특성을 활용한 방어책은 플레어가 앞으로 추진되거나 위로 올라가게 할 수 있다면 무용한 방어책이 될 것이다.

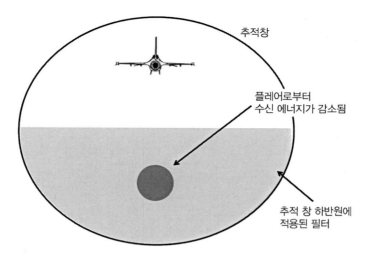

추적창

플레어로부터
수신 에너지가 감소됨

추적 창 하반원에
적용된 필터

그림 9.31 추적 창 하반원에 필터를 적용하면 아래로 강하하는 플레어 에너지는 차단하고 표적을 추적할 수 있다.

9.10.9 플레어 사용 시 안전 고려사항

적외선 플레어는 빠른 시간 내에 고온 및 고에너지를 방출함에 따라 사용 시 고려해야 할 몇 가지 중요한 안전 사항이 있다. 여기에서는 열 추적 미사일에 사용되는 다양한 형태의 플레어에 대해 알아보고 각각에 관련된 안전 사항들을 알아볼 것이다. 또한 각각에서 사용되는 안전 관련 특성과 필수 시험평가에 대해 설명할 것이다.

플레어는 항공기에 있는 알루미늄 소재의 발사 장치에 보관되어 있다. 그 안에는 섬유 유리로 된 탄창이 있어 이곳에 플레어가 보관된다. 미 해군은 동일한 크기(36mm 직경 및 148mm 길이)의 통일된 원통형 플레어를 사용하고 있고 미 공군 및 육군은 1×1인치 또는 1×2인치 단면에 8인치 길이의 플레어를 사용하고 공군은 또 NATO군의 표준 플레어인 2×2×8인치 플레어를 사용하기도 한다. 큰 항공기 엔진의 적외선 에너지를 무력화시키기 위해서는 큰 에너지를 복사하는 더 큰 플레어가 사용된다. 즉 각 국가 및 항공기에 따라 다양한 모양 및 크기의 플레어들이 사용되고 있다. 모든 형태의 플레어는 항공기에서 발사될 때 급속하게 고에너지를 복사하여 열 추적 미사일을 기만시키는 물질로 구성되어 있다. 플레어는 불꽃형과 자연발화형으로 구분된다.

9.10.9.1 불꽃형 플레어

불꽃형 플레어 pyrotechnic flares 는 항공기에서 전기적 사출 장치에 의해 발사된다. 그림 9.32 는 불꽃형 플레어의 구조를 보여주는데, 플레어 내부에 있는 펠릿은 발사 시 반드시 점화되어야 하며 이는 발사 시 충격 장약impulse charge 에 의해 직접적으로 점화되거나 충격 장약에 의해 2차적으로 점화된 점화약ignition charge 에 의해 점화된다. 초창기 플레어의 펠릿은 마그네슘－테플론magnesium-teflon을 주재료로 하여 물리적으로 단단하고 성능을 향상시키는 몇 가지의 결속물질로 구성되어 있었다. 이 마그네슘－테플론 플레어는 고온에서 연소됨으로써 열 추적 미사일을 충분히 기만시킬 수 있는 높은 에너지를 복사한다. 이 초창기 플레어도 여전히 사용되고 있지만, 앞서 언급한 마그네슘 열에 반응하지 않는 2색 센서에 효과적으로 대응할 수 있도록 복사 에너지 스펙트럼을 2색 센서에 맞춘 새로운 플레어가 최근에는 사용되고 있다.

이 플레어는 비록 실제 연소온도는 매우 높을지라도 2색 미사일 탐색기의 선택 기준에 부합하도록 근적외선 및 중적외선 대역에서 적절한 비율의 에너지를 만드는 점화물질을 연소시킨다. 일반적으로 플레어에 대한 안전 문제는 이렇게 새롭게 개발된 플레어와 관련되어 있다.

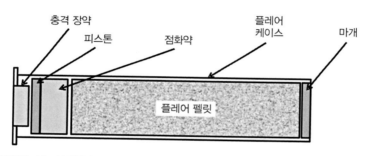

그림 9.32 불꽃형 플레어는 반드시 점화되어야 하는 물질로 구성되는데, 마그네슘－테플론 등이 이에 포함된다. 발사 시 충격 장약에 의해 직접 또는 간접적으로 점화된다.

9.10.9.2 자연발화형 디코이 장치

자연발화형 디코이 장치pyrophoric decoy devices 는 때때로 차가운 플레어로 불리기도 하지만 이 장치는 실제로 연소되지 않기 때문에 플레어라 불리는 것은 적절하지 않다. 이 디코이는 발사 후 급속히 산화되어 우리 눈에는 보이지 않지만 미사일 추적기에는 표적과 유사하게 보이게 하는 적외선 에너지를 복사한다. 그림 9.33은 자연발화형 디코이 장치의 구조를 보여주고 있다.

초기에는 액체형의 자연발화형 디코이를 사용하기도 했지만 이는 사용하기 힘들고 매우 위험하여 자연발화물질을 호일 형태로 탑재하여 사용하고 있다. 일반적인 구조는 공기

중에서 신속하게 산화될 수 있도록 다공성 표면을 갖는 얇은 금속 포일로 구성되어 있다. 이 디코이는 연소되지 않으며 다만 붉게 달아오르거나 그을리기만 한다. 따라서 항공기에서 발사될 때 보이는 반짝임 외에는 주간이나 야간에 시각적으로 보이지 않는다. 1~2mil 두께로 원형이나 정사각형으로 절단된 금속 호일은 항공기에서 발사되면서 구름과 같이 퍼지면서 넓은 단면을 생성하여 열 추적 미사일에 표적으로 보이게 한다. 만약 디코이가 적절한 온도를 갖게 되면 그림 9.4에 나타난 흑체 복사 특성에 부합하는 파장 및 복사 에너지를 갖게 된다. 따라서 이 디코이는 흑체 플레어라 불리기도 하지만 실제 흑체와 같은 완벽한 복사 특성을 갖고 있지 않기 때문에 좀 더 정확하게는 회색체 디코이라 불린다.

자연발화형 디코이도 불꽃형 플레어와 마찬가지로 0.5초 이내에 원하는 온도에 도달해야 한다.

그림 9.33 자연발화형 디코이는 많은 수의 얇은 코팅된 철 포일 조각들로 구성되며, 발사 시 신속히 산화되면서 열 추적 미사일에 허위 열 표적을 만든다.

9.10.9.3 안전 고려사항

탄환 발사 시 반동 충격이 있듯이, 전자기파 에너지 방사에 대해서도 유의할 사항들이 있다. 플레어 사용 시 우려되는 것은 레이다로부터 방사된 전자기파 에너지에 의해 플레어가 점화되는 것이다. 물론 레이다 방사 에너지가 직접적으로 플레어를 점화시킬 수는 없겠으나 이 에너지가 신관선에 유기되어 플레어를 점화시킬 가능성이 있기 때문이다. 이 문제는 공군 체계에서는 큰 문제가 되지 않지만, 항공기 인근에 매우 강한 레이다 신호를 발생시키는 항공모함의 경우에는 심각한 우려사항이 될 수 있다. 실제로 항공모함에 탑재된 항공기에서 레이다 신호에 의해 플레어가 오발된 사고사례가 있었다. 이런 종류의 위험을 전자기파의 전기폭발물에 대한 위험 hazard of electromagnetic radiation to ordnance, HERO 으로 분류하는데 아직까지는 공중에서 레이다에 의해 플레어가 오발된 사례는 없었다.

이러한 위험에 최소한의 안전조치로서 대부분 신관은 1A의 전류까지 견딜 수 있어야한다. 그 이유는 신관은 1ohm의 저항을 가지고 있어 1W의 전력이 1A의 전류를 생성하기때문이다. 보통 1A가 발사불가 기준이고, 4~5A가 발사 기준이다. 또 다른 방법 중 하나는레이다 신호와 같은 고주파 신호를 차단하는 저역통과필터를 신관에 설치하는 것이 있으나 이 방법은 보편적으로 사용하는 방법은 아니다.

9.10.9.4 제한 기능 시험

앞에서 설명한 플레어 오발과 발사 실패와 같은 위험을 예방하기 위해 기능 시험이 필요하다. 이 시험은 발사관을 막은 상태에서 플레어를 점화하여 완전히 연소시키는 과정을통해 이루어진다. 이때 통과기준은 각 기관마다 조금씩 차이가 있지만 일반적으로 플레어사출기 이후로 물리적 피해가 없어야 한다.

9.10.9.5 발사관 안전장치(bore safety)

불꽃형 플레어는 그림 9.34에 묘사된 것처럼 슬라이더라 불리는 기본 안전장치를 갖고있다. 이 장치는 플레어가 탄창으로부터 분리될 때까지 점화가 이루어지는 것을 예방하는장치이다. 이 장치는 탄창 안에서 플레어를 점화시킨 후 연소 가스에 의해 즉각적으로 플레어를 방출시키는 플레어 사출기 등에는 사용될 수 없다.

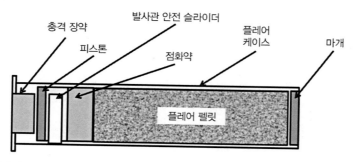

그림 9.34 불꽃형 플레어에는 플레어 펠릿이 케이스로부터 벗어나기 전에 발화되는 것을 막는 기본 안전장치를 갖고 있다.

9.10.10 플레어 칵테일(flare cocktails)

그림 9.35에 묘사되었듯이 플레어는 효과적인 미사일 공격 방어를 위해 두세 개 종류의플레어를 조합하여 발사한다. 플레어가 발사되는 순서와 조합은 예상 위협 미사일을 최적으로 방어할 수 있도록 선택한다.

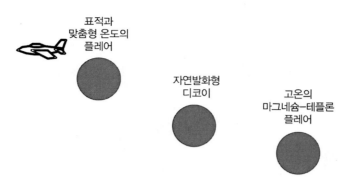

표적과
맞춤형 온도의
플레어

자연발화형
디코이

고온의
마그네슘-테플론
플레어

그림 9.35 다양한 형태의 적외선 추적기로부터 항공기를 방어하기 위해 여러 종류의 플레어를 함께 사용한다.

9.11 영상 추적기

대 항공기 미사일을 위한 적외선 영상 추적기는 초점면 배열 focal plane arrays 의 상업적 발전에 힘입어 작전상 중요한 시스템이 되었다. 영상 추적기는 항공기로 보이는 표적을 추적하여, 적외선 디코이들로부터 구별할 수 있는 능력을 갖게 되었다.

앞서 설명하였듯이 적외선 디코이는 표적 대비 더 큰 열 형상을 발생시켜 미사일 추적기를 기만할 수 있었고, 여러 종류의 미사일 추적기는 이 같은 디코이에 취약하게 되었다. 따라서 최근에는 추적기에 의해 탐지된 적외선 에너지의 형상을 바탕으로 디코이를 구별할 수 있는 새로운 추적기가 개발되고 있다. 초기의 영상 추적기는 추적기의 시계 내에서 스캔을 통한 선형 배열을 통해 영상을 획득하였다. 이 추적기는 크고 40파운드에 달하는 무게를 갖고 있었다. 군용 초점면 배열이 개발되면서 불과 약 8파운드의 무게(오랫동안 연속 작동에 필요한 순환 냉각기를 포함하여)에 불과한 추적기에서 256×256픽셀을 갖는 어레이 구현이 가능하게 되었다.

그림 9.36에는 표적 항공기의 거리에 따라 표적 항공기를 탐지하는 픽셀 수를 보여주고 있는데, 전형적인 표적 획득거리인 10km에서는 한두 개의 픽셀, 5km에서는 4×4픽셀, 1km에서는 20×20픽셀, 500m에서는 40×40픽셀, 250m에서는 80×80픽셀이 항공기를 탐지하는 것을 알 수 있다. 영상 추적기는 보통 항공기 배기가스가 최고의 복사 에너지를 갖는 $3\mu m$의 대기 창에서 동작하며, 77K까지 냉각된 안티몬화 인듐 센서를 사용한다.

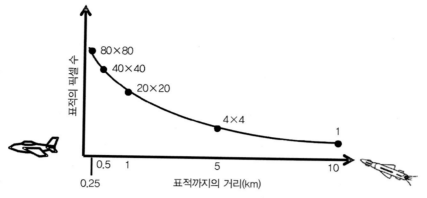

그림 9.36 미사일이 표적에 접근할수록 영상 해상도는 급격하게 증가한다.

9.11.1 영상 추적기를 활용한 교전 단계

그림 9.37에 설명되어 있듯이 영상 추적기를 갖는 미사일의 교전 단계는 표적 획득, 중간 유도, 격추의 3단계로 구성되며, 각 단계별로 다음과 같은 기술적 어려움을 갖고 있다.

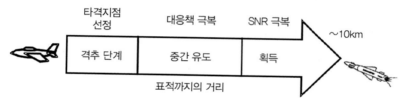

그림 9.37 미사일의 교전 단계는 표적 획득, 중간 유도, 격추의 뚜렷한 세 단계로 구성된다.

9.11.2 획득

획득 단계에서 표적은 마치 회색 바탕에 흰 점과 같이 보인다. 여기에서 가장 큰 어려움은 열에너지의 신호 대 잡음비이다. 추적기 돔의 공력 마찰은 상당히 큰 열 잡음원이 되고, 이를 줄이기 위해 최적의 돔 재료 개발이 활발하다. 이 돔의 재료는 비에 의한 충격 등에 물리적으로 단단해야 하는 한편, 추적기 파장 대역에서는 높은 투명도를 갖고 있어야 한다. 현재 많이 사용되고 있는 소재는 합성 사파이어이며, 그림 9.38에 묘사된 것처럼 비행경로 축에 일정 각도로 평면 렌즈를 장착한다.

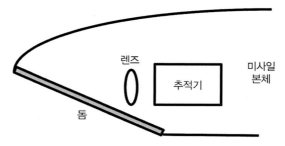

그림 9.38 추적기 돔은 센서에서의 신호 대 잡음비를 증가시키고, 마찰에 의한 열 발생을 최소화하기 위한 각으로 평면 형태로 장착한다. 돔 뒤의 렌즈는 큰 추적 각도를 갖기 위해 짐벌에 장착한다.

9.11.3 중간 유도

미사일의 중간 유도 단계에서 항공기는 미사일 대응을 위해 자외선, 적외선, 심지어는 레이다 미사일 경보기를 통해 접근하는 미사일을 탐지한다. 따라서 중간 유도 단계에서 가장 중요한 것은 이러한 대응책을 무력화하는 것이다. 디코이를 통해 미사일의 표적 항공기 추적을 방해하거나 재머를 통해 미사일 추적기 동작을 방해하는 대응책이 사용되고 있는데, 이런 대응책에도 불구하고 표적을 지속적으로 추적하기 위해서는 추적기가 표적으로부터 디코이를 구별하고 거부할 수 있어야 한다. 앞서 언급하였듯이 디코이는 표적 항공기가 발생시키는 적외선과 동일 파장 대역에서 더 강한 에너지를 발생시킴으로써 추적기를 기만하려 한다. 또한 2색 센서나 디코이 강하각을 이용하여 구별 능력을 갖는 추적기를 무력화하는 정교한 디코이도 존재한다. 그러나 에너지원의 형상이나 크기를 통해 표적으로부터 디코이를 구별하는 영상 추적기를 무력화하는 것은 매우 어렵다.

영상 추적기가 표적을 추적하고 있을 때 디코이가 표적으로부터 발사되면, 추적기는 정교한 소프트웨어를 통해 코릴레이션을 이용한 추적을 수행한다. 추적기는 새로운 에너지원이 탐지되면 기존에 추적하던 표적과 모양 및 크기가 같은지를 확인하고, 같지 않으면 새로운 에너지원은 무시하고, 기존 표적을 지속 추적하는 알고리즘을 사용한다.

중간 유도 과정에서 표적 항공기는 추적 초점면 배열의 7×7 또는 9×9픽셀에 놓이게 된다. 그림 9.39는 7×7픽셀의 배열이 표적, 플레어 및 회색체 디코이를 탐지하는 모습을 보여주고 있다. 여기에서 표적은 복잡한 패턴의 픽셀에 에너지가 수신되고, 플레어는 물리적으로 작은 크기로 인해 1개의 픽셀에 강한 에너지가 수신된다. 회색체 디코이의 경우 여러 픽셀에 걸쳐 표적과 유사한 양의 에너지를 수신한다. 이런 종류의 디코이는 신속히 산화하는 포일 조각들로 구성되어 재빠르게 넓게 퍼지며 에너지를 발산하는 것을 알고 있다. 하지만 에너지를 수신하는 픽셀의 모양은 표적의 모양과 다르다는 것을 알 수 있다. 이 중요한 사실을 통해 추적기는 직전의 표적에 의한 에너지 분포와 디코이의 에너지 분포 간 코릴레이션이 없음을 확인하고 디코이를 거부한다.

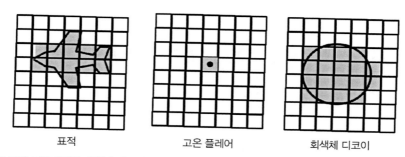

표적   고온 플레어   회색체 디코이

그림 9.39 표적, 고온 플레어, 회색체 디코이에 대한 초점면 배열에서 수신 에너지 분포는 코릴레이션 추적을 지원한다.

레이저 재머는 초점면 배열에 매우 큰 에너지를 조사하여 잠시 동안 탐지를 못하게 하거나 물리적 손상을 가함으로써 표적을 추적하지 못하게 할 수 있어 영상 추적기에 치명적일 수 있다. 적외선 미사일이 40~50년 동안 여러 종류의 디코이를 상대하면서 이에 대응하기 위한 복잡한 추적기법들이 개발되고 적용된 반면, 레이저를 기반으로 한 재머 기술은 적용된 지 불과 10여 년밖에 되지 않았기 때문이다.

이러한 다양한 적외선 미사일 대응책이 발전하면서 반대로 추적기 성능을 개선하기 위한 중요한 하드웨어 및 소프트웨어의 발전이 이루어졌고, 이것은 또 역으로 다양한 재밍 기술의 발전을 유도할 것이다.

9.11.4 격추 단계

격추 단계에서 미사일 추적기는 표적으로부터 많은 픽셀에 걸쳐 큰 에너지를 수신하게 된다. 이 단계에서 가장 중요한 것은 표적을 성공적으로 격추하기 위해 최적 타격점을 어떻게 선정하느냐 하는 것이다. 그림 9.40에 보이는 바와 같이 항공기에 치명적인 타격점은 조종석, 엔진, 연료 탱크 등이다. 만일 초점면 배열의 각 픽셀에서 수신하는 에너지 크기를 10비트로 양자화했다면 초점면 배열의 동적 영역은 30dB에 이를 것이고 이는 타격점 선정 과정에서 조종석 및 다른 중요한 취약점을 구별하는 데 충분한 정보를 제공할 것이다.

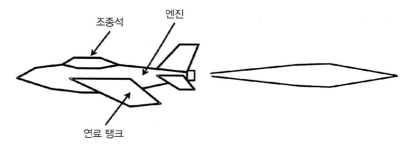

그림 9.40 격추 단계에서 추적기는 조종석, 엔진, 연료 탱크와 같은 가장 취약한 부분으로 타격할 수 있다.

9.12 적외선 재머

적외선 미사일로부터 유효 사거리 안에 있는 항공기들은 자신의 적절한 방어를 위해 많은 수의 플레어를 사용해야 한다. 따라서 이 경우에는 플레어보다 적외선 재머를 사용하는 것이 최적 방어 수단이 될 수 있다.

그림 9.41은 적외선 미사일이 항공기 특정부위의 적외선 에너지를 추적하는 것을 묘사하고 있다. 이때 항공기의 재머는 변조된 적외선 에너지를 추적 중인 미사일에 보내고, 이렇게 미사일에 수신된 적외선 에너지는 표적 추적을 위해 미사일 조종면을 어떻게 변경해야 하는지에 대한 기초정보가 된다. 그림 9.42는 미사일 추적기의 구성을 보여주는데, 렌즈 및 레티클을 통과한 적외선 에너지는 센서 셀에 도달하여 미사일 유도 명령을 내리는 신호를 생성한다.

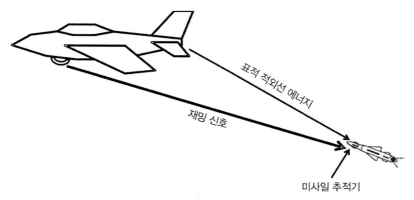

그림 9.41 적외선 재머는 직접적으로 적절한 파형의 적외선 에너지를 미사일 추적기에 방사하여 미사일이 유효 표적을 추적하지 못하도록 한다.

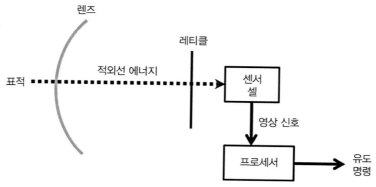

그림 9.42 표적으로부터 수신한 적외선 에너지는 레티클을 통해 센서 셀에 전달되어 미사일 유도 명령을 내리는 처리기에 필요한 신호를 생성한다.

적외선 재머는 변조된 적외선 에너지를 생성하여 미사일로 보내고 이 에너지는 위와 같이 센서 셀에 도달하는 데 수신된 재밍 에너지는 미사일 프로세서가 부적절한 추적 정보를 생성하여 표적에 대한 추적이 풀리게 하거나 다른 방향으로 미사일을 유도시킨다.

9.12.1 핫 브릭 재머

초기의 적외선 재머는 가열된 탄화 규소 silicon/carbide 블럭을 이용해 강한 적외선 에너지를 복사하였다. 그림 9.43과 같이 이 블럭들은 세로 면에 렌즈들을 갖고 있는 실린더형 원통에 장착되었다. 각각의 렌즈는 기계적인 셔터를 갖고 있어 개폐를 반복하면서 미사일 추적기의 레티클 동작에 의해 생성되는 에너지처럼 복사 에너지를 변조함으로써 재밍 신호가 추적기 프로세서에서 유효한 표적 신호로 인식되도록 만든다. 이러한 형태의 재머를

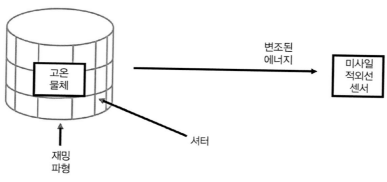

그림 9.43 초기 적외선 재머는 기계적인 셔터를 갖는 원통형 하우징 내부에 고온 물체를 넣어두었다. 이 재머는 추적기에 레티클을 통과한 출력파형 모양의 에너지를 추적기에 보낸다.

핫 브릭 재머라 부르고, 넓은 각도로 재밍 신호를 복사하므로 추적 미사일 위치에 대한 정확한 정보가 필요 없이 여러 대의 미사일 공격에 대해서도 재밍이 가능하다.

9.12.2 추적기에 대한 재머의 효과

그림 9.44는 이 장 초반부에 설명한 여러 형태의 레티클 및 투과되어 센서 셀에 도달하는 적외선 에너지 패턴을 보여주고 있다. 추적기 프로세서는 센서 셀에 수신된 펄스의 폭 및 시간을 활용하여 미사일이 표적 항공기를 추적하기 위해 어느 방향으로 조종되어야 하는지를 결정한다. 어떤 미사일에서는 펄스의 수나 크기가 추적기 광학축과 표적 간의 각 편차를 결정하기도 한다.

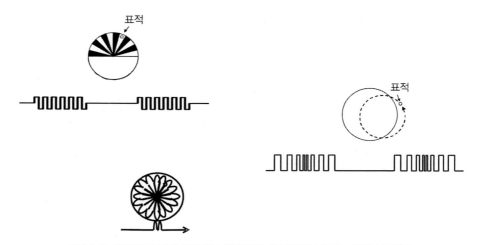

그림 9.44 레티클의 종류에 따라 센서 셀에 각각 다른 형태로 변조된 파형을 전달한다.

그림 9.45는 표적의 적외선 에너지가 레티클을 통과한 후 수신된 펄스 신호와 재밍 신호를 함께 보여주고 있다. 센서 셀에 수신된 두 적외선 에너지 패턴과 합성된 에너지 패턴은 프로세서에 매우 복잡한 영상 신호를 제공하고, 이 복잡한 패턴은 프로세서가 정확하게 펄스의 수, 시간 및 크기를 결정할 수 없도록 방해한다. 또한 재머로부터의 영상 신호가 표적으로부터의 신호보다 더 큰 것을 알 수 있는데, 이는 재밍 대 신호비가 증가됨을 나타낸다.

9.11절에서는 수신되는 에너지 패턴이 다른 영상 추적기에 대해 설명했는데, 이에 대한 복잡한 재밍 기술에 대해서는 이후에 다룰 것이다.

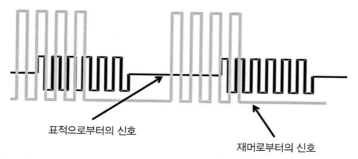

표적으로부터의 신호

재머로부터의 신호

그림 9.45 미사일의 프로세서는 표적으로부터의 에너지와 재머로부터의 에너지를 같이 수신하며, 재밍 에너지는 추적기가 표적의 위치를 판정하지 못하도록 작용한다.

9.12.3 레이저 재머

그림 9.46은 매우 높은 재밍 대 신호비를 생성하는 또 다른 형태의 적외선 재머를 보여 주고 있다. 이 재머에서 적외선 레이저는 필요한 재밍 에너지 패턴을 생성하고 방향 조절이 가능한 망원경을 통해 직접적으로 미사일을 공격한다. 이러한 재머는 지향성 적외선 대응책 directed infrared countermeasures, DIRCM 체계라 불린다. 현재 이 기술을 활용한 몇 가지 체계가 있는데, 일반적인 IRCM, 대형항공기 IRCM 등이 이에 속한다. 여기에 사용되는 망원경은 미사일 추적기에 매우 높은 적외선 에너지를 조사할 수 있게 하지만, 이를 위해 중요한 두 가지 요구조건을 충족해야 한다. 첫째, 레이저는 미사일 추적기가 동작하는 정확한 파장의 신호를 생성해야 한다. 다시 말해 다중 파장의 에너지를 생성할 수 있어야 한다. 둘째, 재머 망원경이 정확하게 미사일을 향할 수 있도록 미사일의 위치 정보를 획득해야 한다. 즉 미사일 추적능력을 갖고 있어야 한다. 이 기능은 보통 항공기 레이다에 의해 구현되지

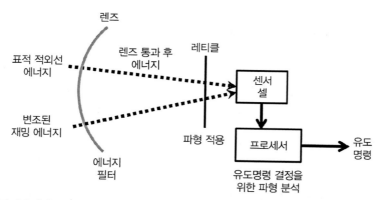

그림 9.46 레이저 기반 재머는 미사일의 위치를 탐지해야 한다. 레이저는 적절하게 변조된 재밍 신호를 망원경을 통해 미사일에 발사한다.

만 재밍 시스템은 주로 미사일의 공력 마찰에 의한 적외선이나 배기가스에 의한 자외선을 통해 미사일 위치를 추적한다. 어떤 기술을 사용하든 망원경을 통해 미사일 추적기에 충분한 재밍 대 신호비를 생성시키기 위해 정확한 미사일 위치 정보가 필요하다.

9.12.4 레이저 재머의 운영 이슈

이제 레이저를 사용하는 재머에 대해 구체적으로 살펴보고자 한다. 이 재머는 미사일 추적기에 에너지를 직접적으로 조사하므로 상당한 크기의 에너지를 추적기 센서 셀에 보내고 상당한 크기의 재밍 대 신호비를 추적기에 야기한다. 하지만 미사일 추적기가 좀 더 정교해짐에 따라 재밍 패턴도 역시 정교해질 필요가 있다. 이 재머의 목적은 미사일이 표적으로부터 멀어지게 하는 명령을 내리게 하거나, 유효한 표적이 없는 것처럼 인식하게 하여 미사일이 발사되는 것을 막는 것이다.

미사일의 표적 추적기는 수십 년 동안 플레어에 대한 대응이나 또 다른 대응책에 대한 대응을 위해 발전해왔다. 하지만 적외선 재머는 비교적 새로운 기술로서 추적기에 새로운 도전을 부여하였다. 적외선 미사일 추적기와 적외선 재머는 앞으로 서로 새로운 추적 기술과 이에 대한 대응책을 개발하고 또 이러한 과정을 계속 반복하며 발전하게 될 것이다.

앞에서 언급하였듯이 레이저 기반의 재머는 망원경이 미사일을 지향하여 큰 에너지를 방사하도록 적 미사일의 정확한 위치를 파악해야 한다. 그림 9.47에서 추적기의 렌즈는 추적기가 사용하는 파장만 통과시키도록 하는 필터 기능을 갖고 있다. 짧은 파장 대역은 제트 엔진 내부와 같은 매우 뜨거운 표적 추적에 적합하고 좀 더 긴 파장 대역은 배기가스나 공력 가열된 기체 표면과 같은 좀 더 낮은 온도 표적 추적에 적합하다. 영상 추적 역시 긴 파장의 에너지를 필요로 하는데, 이러한 긴 파장의 추적기는 일반적으로 절대온도 77K로 냉각되어야 한다. 보통 미사일은 수 초 내에 동작하므로 팽창 가스를 이용한 냉각을 이용하지만 좀 더 긴 시간의 교전을 위해서는 냉장고와 같은 장기 냉각 방식이 필요하다. 이러한 장기 냉각은 미사일 탐지기와 레이저 적외선 재머 모두에게 필요하다. 이러한 냉각은 특별히 재머가 미사일의 표적 획득을 선제적으로 방해하기 위한 모드로 사용될 때 더욱 중요해진다. 추적기가 적절한 온도에 이르는 시간을 줄이기 위해 약 100K의 좀 더 고온의 센서를 사용한다. 냉각 시스템을 간소화한다면 추적기를 간단하게 구현하고, 시스템의 신뢰성을 높일 수 있게 된다.

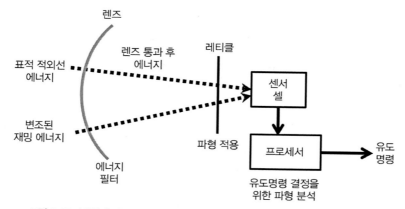

렌즈

렌즈 통과 후
에너지

레티클

표적 적외선
에너지

센서
셀

변조된
재밍 에너지

파형 적용

프로세서

유도
명령

에너지
필터

유도명령 결정을
위한 파형 분석

그림 9.47 미사일 추적기의 렌즈는 추적기가 사용하는 파장 대역 에너지만 통과시킨다.

9.12.5 재밍 파형

정교한 재머는 여러 재밍 코드를 라이브러리로 가지고 있어 필요시 신속하게 재밍에 적용할 수 있다. 재머는 공격 미사일을 추적하며 미사일의 비정상적인 기동을 관찰하여 사용된 재밍 코드가 적절했는지를 결정한다. 적절한 재밍 코드는 대응 미사일의 레티클에 의해 생성되는 파형과 유사하여 미사일 추적기 동작에 혼선을 가할 것이다. 먼저 회전형 레티클과 원추 주사형 레티클에 대해 생각해보자. 재밍 파형은 반드시 미사일 추적기에 의해 표적 신호처럼 인식되어 미사일이 표적으로부터 벗어나는 기동을 하도록 해야 한다. 다음두 예시를 살펴보자.

9.12.5.1 축회전 추적기 레티클

그림 9.48은 축회전 추적기 nutated tracker reticle 의 출력파형을 보여주고 있다. 왼쪽 그림은 표적이 미사일에 락온되어 레티클 중심에 놓여 있는 경우인데, 보는 바와 같이 센서 셀에 일정한 구형파 신호를 전달한다. 반면 오른쪽 그림은 표적이 레티클 외에 있을 경우로서 출력파형이 왼쪽과 많이 다름을 알 수 있다. 만일 재머가 강한 신호로 오른쪽 그림과 같은 파형을 보낸다면, 추적기는 표적이 레티클 중앙에 오도록 미사일을 원래 표적에서 벗어나 오른쪽으로 이동시키게 할 것이다.

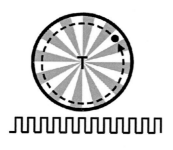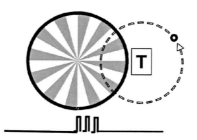

그림 9.48 축회전 추적기를 재밍하기 위해 오른쪽 그림과 같은 파형신호를 사용해야 한다.

9.12.5.2 비례 항법유도 레티클(proportional guidance reticle)

그림 9.49는 표적이 레티클 중심에서 벗어날수록 많은 수의 투명한 부분과 불투명한 부분을 갖도록 만든 회전형 레티클 및 그 출력파형을 보여주고 있다. 왼쪽 그림에서 표적은 미사일에 락온되어 레티클 중심에 놓여 있어 레티클의 출력파형이 0인 것을 알 수 있다. 하지만 오른쪽 그림에서는 레티클 가장자리에 놓여 있어 1회전당 10개의 펄스를 보여주고 있다. 만일 재머가 강한 신호로 10개의 펄스를 추적기 센서에 보낸다면, 추적기는 표적을 가장자리에 있다고 판단하여 중앙으로 보내기 위해 미사일 방향을 이동시킬 것이며, 이에 따라 미사일은 원래 표적 추적에서 이탈하게 될 것이다.

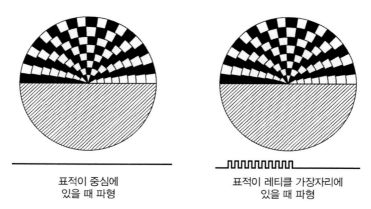

표적이 중심에   표적이 레티클 가장자리에
있을 때 파형   있을 때 파형

그림 9.49 다중 주파수 레티클 추적기를 재밍하기 위해서는 오른 쪽 그림과 같은 파형신호를 사용해야 한다.

9.12.5.3 영상 추적

그림 9.50에 묘사된 영상 추적기는 초점면 배열의 적외선 센서들이 필요하다. 좀 더 정교한 영상과 향상된 표적 구별 능력을 보유하기 위해 점점 더 많은 수의 픽셀을 배열로 사용하는 추세이다. 앞서 패턴 추적에 대해 다루었는데, 초점면 배열에 수신된 표적의 열

영상 위치에 따라 미사일이 표적에 락온하기 위한 기동을 결정한다. 추적기에 혼동을 주어 미사일을 표적에서 이탈시키기 위해 플레어를 사용하면 이 정교한 추적기는 추적 중인 표적에 의한 직전의 영상과 강한 플레어에 의한 영상을 비교하여 플레어를 차단할 것이다. 영상 추적 기술은 적외선 미사일을 방어하는 대응책 마련에 큰 도전이 되고 있다. 추적 중인 항공기의 적외선 영상은 항공기의 기동으로 계속 변화한다. 따라서 가상의 표준적인 패턴을 생성하여 표적을 초점면 배열 중심에서 벗어나게 하는 것은 매우 어려워 보인다. 한 가지 가능해 보이는 방법은 매우 강한 신호를 보내 초점면 배열을 포화시켜 표적을 찾지 못하도록 하는 것이다. 또 다른 방법은 더욱 강한 신호를 보내어 초점면 배열의 픽셀을 고장 내는 것이다. 여기에서 중요한 사실은 일시적으로 회로의 동작을 정지시키는 것보다 회로를 손상시키기는 것은 약 수천 배의 에너지가 더 필요하다는 것이다.

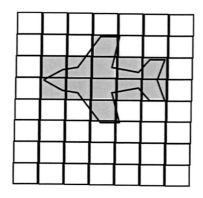

그림 9.50 영상 추적기의 초점면 배열에는 표적의 에너지 투사 형태에 따른 영상이 생성되고 이 모양은 항공기 기동에 따라 변경된다.

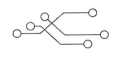

10장
레이다 디코이

10장

레이다 디코이

10.1 개 요

디코이 decoy 의 목적은 레이다 센서 sensor 가 실제 표적을 보고 있다고 믿게 만드는 것이다. 이것은 센서가 정보를 수신하는 방식에 따라 다르며, 광학 또는 열 센서인 경우 디코이는 크기, 모양 및 색상(또는 파장)을 포함한 적절한 광학 이미지를 생성하여야 한다. 예를 들어 제2차 세계대전에서 노르망디로 침공하기 전에 칼레 Calais 지역의 적 항공사진 정찰에서 침공이 일어날 것이라고 결심하도록 그 위치에 가짜 시설이 건설된 적이 있었다.

레이다는 신호를 송신기로 조사하고 표적에서 반사된 신호를 분석하여 가능한 목표물을 식별한다. 따라서 레이다 디코이는 레이다가 실제 목표로 결정하도록 허위 값을 발생시킬 수 있어야 한다.

이 장에서는 디코이의 작전 임무, 레이다에 대한 대응 허위 표적을 발생시키는 방법 그리고 사용 방법과 관련하여 다루어 본다.

10.1.1 디코이의 임무

표 10.1에서와 같이 레이다 디코이는 포화형 saturation, 유인형 seduction 그리고 탐지형 detection 3가지 기본적인 임무가 있다.

그림 10.1의 포화형 디코이는 실제 표적과 충분히 유사하게 보이는 허위 표적을 많이

만들어서 레이다가 허위 표적과 실제 표적을 구분하기 위한 시간과 처리 자원을 소모하도록 한다. 레이다는 실제 표적을 구분하기가 이상적으로 어렵기 때문에 많은 허위 표적 중에 몇 개의 표적을 파괴하기 위해 다수의 무기를 소비하여야 한다. 디코이가 레이다 센서를 완전히 속일 수는 없더라도 레이다 탐지 프로세서가 표적을 구분하기 상당히 어려워지기 때문에 처리 속도가 뚜렷하게 느려진다. 따라서 디코이 임무는 적 레이다 정보 처리량을 포화시켜서 공격 대응을 위한 조우 시간이 없도록 하게 한다. 이 경우 디코이는 레이다를 어느 정도 수준까지 속이기 위하여 실제 표적처럼 충분히 보여야 한다. 레이다의 분석 성능은 필요한 디코이 특성들을 나타낸다. 레이다 처리 능력이 정교할수록 더 복잡한 디코이 특성을 가져야 한다.

표 10.1 임무/플랫폼 대 디코이 유형

디코이 유형	임무	보호되는 플랫폼
소모형	유인과 포화	항공기와 함정
견인형	유인	항공기
독립 기동형	탐지	항공기와 함정

그림 10.1 포화형 디코이는 표적 센서나 제어 기능에 과부하가 생기도록 많은 허위 표적을 발생시킨다.

유인형 디코이는 그림 10.2와 같이 보호하고자 하는 실제 표적의 레이다 해상도 셀 내에 위치하게 된다. 해상도 셀은 레이다가 단일 또는 다중 표적 여부를 판단할 수 없는 공간이다. 셀은 단순화된 2차원으로 나타나지만 실제로는 3차원 공간이다. 이 임무에서 디코이는 실제 표적보다 더 표적처럼 보여야 한다. 유인형 디코이가 성공하기 위해서는 레이다의 추적 회로를 실제 표적으로부터 디코이 쪽으로 멀리 유인하여야 한다. 그러면 레이다는 의도된 표적이 아닌 디코이를 추적하게 되고 레이다는 해상도 셀 중앙에 디코이를 위치시 킨다. 디코이가 보호 대상의 표적에서 멀어지면서 레이다 해상도 셀은 디코이를 잡게 된다. 해상도 셀이 더 이상 실제 표적을 포함하지 않을 때, 레이다로 유도되는 무기는 디코이로 유도될 것이다.

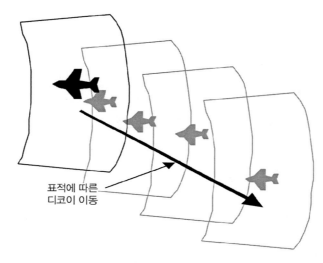

표적에 따른
디코이 이동

그림 10.2 유인형 디코이는 레이다 추적을 의도된 표적에서 멀리 다른 위치로 유인한다.

탐지형 디코이는 실 표적처럼 보이게 하여 레이다가 탐지형 디코이를 획득하고 추적하게 한다. 레이다가 표적을 탐색하고 있을 때 허위 표적은 레이다가 정해진 기능을 수행하도록 유도할 수 있다. 레이다가 획득 전용의 레이다인 경우에 표적 정보는 추적 레이다로 전달된다. 4장에서 논의된 바와 같이 방어망의 운영 개념은 통상적으로 숨고, 발사하고 급히 벗어나는 것이다. 이렇게 레이다는 무기를 발사하기 전에 가능한 오랜 시간 동안 허공을 보는 상태로 유지하게 하고 가능한 한 빨리 발사 위치에서 멀리 이동한다. 레이다 디코이가 신뢰할 만한 표적처럼 보이게 되면, 적군은 추적 레이다를 동작하게 될 것이다. 그림 10.3에서와 같이 이 추적 레이다는 대방사 미사일에 의해 공격받을 수 있다.

대방사 미사일

그림 10.3 탐지형 디코이는 획득 레이다가 디코이를 획득하도록 유도하고, 추적 레이다가 자주 동작되도록 요구한다. 이것은 추적 레이다가 대방사 미사일의 표적이 되도록 만든다.

디코이가 신뢰할 만한 잠재적인 표적처럼 보이도록 만들기 위해서는 매우 구체적인 레이다 단면적의 생성이 필요하게 되며 이 장의 뒷부분에서는 현대 레이다의 정교함에 대해서 다루어볼 것이다.

10.1.2 수동형 및 능동형 레이다 디코이

수동형 디코이는 물리적으로 레이다 단면적을 생성한다. 만일 모의하는 실제 표적과 같은 크기, 형태 그리고 재료를 디코이가 갖는다면 당연히 동일한 레이다 단면적을 가질 것이다. 그러나 디코이를 더 크게 보이게 하는 방법들이 있다. 일반적인 기술은 코너 반사기 coner reflector 들의 패턴을 합성하는 것이다. 코너 반사기는 실제 표적보다 상당히 큰 레이다 단면적을 만들어낸다. 그림 10.4와 같이 원형 모서리가 있는 코너 반사기의 레이다 단면적 공식은 다음과 같다.

$$\sigma = (15.59 L^4)/\lambda^2$$

여기서 σ는 제곱미터 단위의 레이다 단면적, L은 측면 길이, λ는 조사 신호의 파장이다.

만약 측면이 0.5m이고 조사 신호가 10GHz(즉, 파장이 3cm)인 경우, 레이다 단면적은 1,083m²이다.

반파장의 많은 알루미늄 포일 또는 도금된 유리 섬유 가닥으로 구성된 채프 chaff 는 매우 큰 레이다 단면적의 구름을 형성할 수 있기 때문에 디코이로 활용된다.

그림 10.5의 능동형 디코이는 전기적 이득을 포함해서 레이다 단면적을 생성한다. 이는 디코이보다 레이다 반사 신호를 훨씬 큰 물체로 모의하기 위해서 증폭기나 주 발진기를 사용하여 센 신호를 생성하게 되는데, 표적 레이다에서 발생된 신호와 동일한 주파수와

변조 특성을 가져야 한다. 본 절의 후반부에서 다루겠지만, 레이다로 반사되어오는 신호는 레이다에 의해 허위 신호로 제거되지 않도록 때로는 복잡한 변조 특성을 가져야 한다.

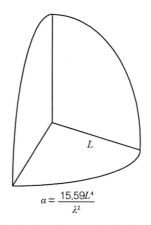

$$\alpha = \frac{15.59L^4}{\lambda^2}$$

그림 10.4 코너 반사기는 물리적 크기보다 더 큰 레이다 단면적을 생성할 수 있다.

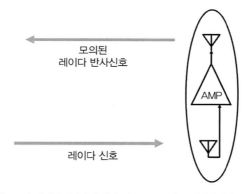

그림 10.5 능동형 디코이는 표적 레이다로부터 수신된 신호를 증폭하고 재방사하여 큰 레이다 단면적을 생성한다.

10.1.3 레이다 디코이의 전개

레이다 디코이는 레이다로 제어되는 무기로부터 보호하기 위해서 플랫폼과 물리적으로 분리되어야 한다. 그림 10.6에서와 같이 보호하고자 하는 플랫폼에서 소모형 디코이나 후방의 견인형 디코이를 사용하거나 또는 그런 디코이를 독립적으로 기동함으로써 분리될 수 있다. 각각의 디코이 전개 기술을 사용하는 중요한 사례는 나중에 설명한다. 짐작되듯이 현대 레이다의 특성과 성능은 각 유형의 디코이 특성에 큰 영향을 미쳤다.

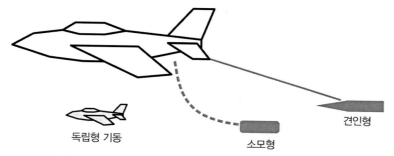

독립형 기동   소모형   견인형

그림 10.6 디코이는 소모 또는 견인되거나 독립적으로 기동함으로써 보호하고자 하는 플랫폼과 분리될 수 있다.

10.2 포화형 디코이

포화형 디코이는 적군 무기에 허위 표적을 제공함으로써 우군 자산을 보호한다. 이러한 디코이들은 항공, 해상 또는 육상용 디코이가 될 수 있다. 각각의 경우에 디코이는 적 무기 체계의 센서에 신뢰할 만한 표적으로 인식되어야 한다. 적군 센서가 정교하지 않으면 디코 이는 보호하고자 하는 자산과 동등한 크기 정도의 레이다 단면적 크기를 생성하면 된다. 그러나 현대 대부분의 무기체계 센서는 더욱 정교해졌고, 가까운 미래에 그 정교함의 수준 은 계속 향상될 것이다.

이 장에서는 기존 체계에 대해서 제한을 두지 않고 설명하지만, 예상되는 최신 기술 수 준 범위 내에서 실용화될 수 있는 모든 무기체계와 디코이 기술을 고려할 것이다. 여기서 의 철학은 다음과 같다. 아직 개발되지 않았다면 곧 될 것이다. 그러므로 우리는 그것에 대해 무엇을 할지 생각하여야 한다.

10.2.1 포화형 디코이 충실도

포화형 디코이가 유용하게 되기 위해서는 신뢰할 만한 허위 표적을 만들어야 한다. 레 이다가 실제 표적을 디코이와 어떻게 구분할 수 있는지 생각해보자. 첫째, 표적 플랫폼의 크기와 모양에 있다. 디코이는 일반적으로 모의하는 항공기나 함정보다 훨씬 작기 때문에 레이다 단면적 RCS 이 커져야만 한다. 이것은 코너 반사기나 일부 다른 고반사 모양의 형상 을 추가하여 기계적으로 수행될 수 있다. 그러나 일반적으로 조사하는 레이다로 반사되는 신호를 증가시키기 위하여 전기적인 이득을 제공함으로써 레이다 단면적을 크게 하는 것이 가장 실질적인 방법이다. 적군 레이다에 보이는 RCS는 다음 공식으로 주어진다(대수 형태로).

$$\sigma = \lambda^2 G / 4\pi$$

여기서 σ는 디코이에 위해 제공되는 제곱미터 단위의 RCS, λ는 제곱미터 단위의 레이다 신호의 파장, G는 그림 10.7과 같이 디코이의 송수신 안테나와 내부 전자 장치로 합성된 이득이다. 다음은 데시벨 형태의 동일한 공식이다.

$$\sigma = 38.6 - 20\log_{10}(F) + G$$

여기서 σ는 dBsm 단위의 디코이 RCS, F는 MHz 단위의 레이다 주파수 그리고 G는 데시벨 단위로 디코이의 합성된 이득이다.

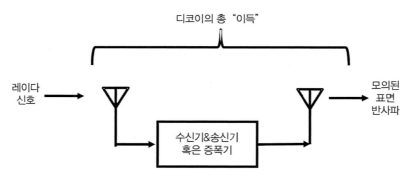

그림 10.7 수신과 송신 안테나의 이득 그리고 능동 디코이의 처리 이득 합이 모의되는 RCS를 결정한다.

예를 들어, 레이다 신호가 8GHz, 디코이의 송수신 안테나가 각각 0dB 이득을 가지고 내부 전자 장치 이득이 70dB일 때 디코이는 $1{,}148.2\text{m}^2$의 RCS를 모의하게 된다.

$$\sigma(\text{dBsm}) = 38.6\text{dB} - 20\log(8{,}000) + 70\text{dB} = 38.6 - 78 + 70 = 30.6\text{dBsm}$$

$$\text{antilog}(30.6/10) = 1{,}148.2\text{m}^2$$

10.2.2 항공용 포화형 디코이

그림 10.1은 하나의 실제 표적과 다수 개의 디코이를 포함한 많은 수의 항공기 표적들을 나타낸다. 적 레이다가 디코이를 실제와 같이 받아들이려면 실 표적과 매우 흡사하여야 한다. 이것은 RCS가 거의 동일하여야 한다는 의미이다. 그러나 여기에는 또 다른 고려사항들이 있다.

4장에서는 논의한 바와 같이 현대의 위협 레이다로 펄스-도플러 레이다가 광범위하게 나타나고 있다. 펄스-도플러의 처리 회로에는 그림 10.8과 같이 다수 표적들의 도착 시간과 수신 주파수가 포착되는 시간대 주파수의 매트릭스를 포함한다. 각 표적의 경우 도착 시간은 표적까지의 거리를 나타내고 수신 주파수는 수신된 신호의 도플러 편이에 의하여 결정된다. 도플러 편이는 표적에 대한 거리 변화율의 함수이기 때문에 이 그림은 거리 대 속도 매트릭스로 볼 수 있다. 주파수 데이터는 일반적으로 소프트웨어로 구현되는 필터 뱅크에서 가져오게 된다. 이 필터 뱅크는 수신된 신호의 스펙트럼을 분석할 수도 있다.

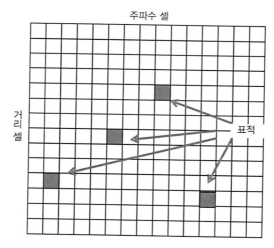

그림 10.8 펄스-도플러 레이다 처리는 각 수신된 반송 신호의 주파수를 결정하게 해주는 거리 대 주파수 셀들의 매트릭스를 포함한다.

항공기는 상당한 속도를 가지고 있기 때문에 뚜렷한 도플러 편이가 나타난다. 디코이가 항공기에서 방출된다면 대기의 항력에 때문에 빠르게 감속하게 된다. 이것은 재전송된 레이다 신호가 보상해야 하는 도플러 편이의 뚜렷한 변화를 만들 것이다. 적 레이다는 대기 항력 감속 곡선의 특성 형태로 시변 신호 주파수를 반송하는 디코이를 거부할 수 있다. 이는 실제 표적의 정확한 도플러 편이를 모의하기 위해 디코이가 적절한 주파수 편이를 갖는 레이다 신호를 반송하여야 할 필요가 있음을 의미한다. 그림 10.9는 기동하는 항공기에서 방출된 물체(예를 들어 디코이)의 속도 대 시간과 방출된 물체가 그것을 방출한 항공기와 동일한 속도를 가지고 있다고 레이다를 믿도록 만드는 데 필요한 주파수 편이를 보여준다.

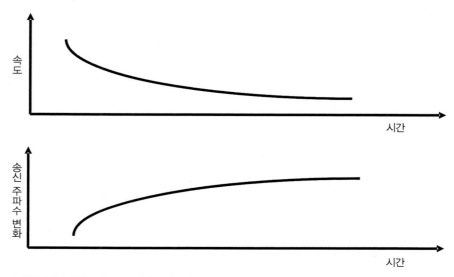

그림 10.9 항공기에서 방출된 디코이는 대기 항력에 의해 느려지며, 대기 항력은 물체가 느려짐에 따라 감소한다. 디코이를 방출한 항공기의 속도를 모의하기 위해서 디코이로부터 송신되는 주파수는 시간 변화량만큼 증가되어야 한다.

제트 엔진 변조JEM 는 제트 엔진의 움직이는 내부 부품으로 인하여 복잡한 진폭과 위상 변조가 있게 된다. 그것은 측면 각aspect angle 에 따라 변하며, 제트 구동방식 항공기 비행경로에서 최대 60°까지 벗어난 레이다로의 표면 반송 신호로 탐지될 수 있다. 적 레이다가 JEM 변조를 탐지할 수 있다면 제트 엔진이 없는 디코이는 이러한 변조 특성을 가질 수 없기 때문에 쉽게 구분할 수 있게 된다. 따라서 디코이는 모의된 표면 반송 신호를 발생시키기 위해서 JEM 변조가 필요할 수도 있다.

8장에서 디지털 RF 기억장치digital RF memory, DRFM 가 전술 항공기의 복잡한 RCS를 모의할 수 있는 방법에 대해 논의했다. 그림 10.10에서 볼 수 있듯이 만일 적 레이다가 표면 반송된 주파수 스펙트럼을 분석할 수 있는 능력을 가지고 있다면 레이다는 디코이 반송 신호가 항공기에 의해 반송되는 것보다 훨씬 단순한 파형임을 알 수 있을 것이다. 이것은 디코이를 잠재적 위협에서 신속하게 제거하게 된다. 레이다의 이런 정교한 능력을 극복하기 위해서 디코이는 복잡하고 사실적인 RCS 특성을 갖는 출력 신호로 변조하여야 한다.

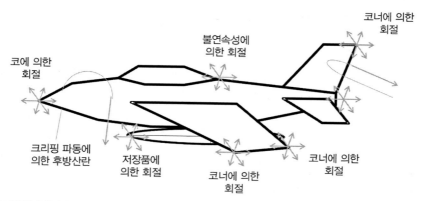

그림 10.10 비행체의 레이다 단면적에 기여하는 많은 요인들이 있다. 그 요인들은 레이다 단면적이 복잡한 진폭 및 위상 성분들을 갖도록 한다.

10.2.3 레이다 해상도 셀

여기서는 레이다 해상도 셀에 대해서 설명한다. 이것은 레이다가 단일 표적인지 또는 다중 표적인지 결정할 수 없는 공간 영역이다. 그림 10.11에서는 이를 단순화하기 위해 2차원으로 표시하지만 실제로는 안테나 빔폭 내 원추형 볼륨의 거리 조각을 포함하는 3차원 공간이다. 해상도 셀 크기는 일반적으로 다음과 같이 계산된다.

그림 10.11 레이다 해상도 셀은 레이다가 단일 또는 복수 표적이 있는지를 판단할 수 없는 공간 영역이다.

- 교차거리 cross-range 해상도＝R×2sin(BW/2), 여기서 R은 레이다로부터 표적까지의 거리이고, BW는 레이다 안테나의 3dB 빔폭이다.
- 하향거리 down-range 해상도＝c×PW/2, 여기서 c는 빛의 속도이고 PW는 레이다의 펄스폭이다.

CW 레이다의 경우 하향 거리 해상도는 동일한 공식으로 계산되지만 펄스폭은 레이다의 코히어런트 처리 간격 CPI 으로 대체된다.

4장에서는 거리 해상도를 개선하기 위한 두 가지 기술들(처프와 바커 코드)이 논의되었다. 이 관점에서 이러한 기술들은 일부 다중 펄스 기술들과 함께 해상도 셀의 유효 크기를 줄일 수 있다.

10.2.4 함정용 포화형 디코이

능동형 또는 수동형 디코이는 대함 미사일로부터 함정을 보호하는 데 사용할 수 있다. 그림 10.12에서와 같이 보호하고자 하는 함정과 거의 동일한 레이다 단면적을 가진 디코이가 함정 주변에 일련의 형태로 위치시킬 수 있다. 대함 미사일이 항공기, 함정 또는 해안 기지에서 함정으로 발사될 때 미사일은 함정이 탐지된 위치로 관성 유도될 것이다. 그런 다음 미사일이 레이다 범위 안으로 들어올 때 미사일에 탑재된 레이다는 그림 10.13처럼 표적을 획득할 것이다. 이 획득 거리는 미사일과 표적의 형태에 따라 다르지만 일반적으로 10~25km이다. 이상적으로(미사일의 관점에서 볼 때) 미사일 탑재 레이다는 원하는 표적을 획득하고 미사일을 그 표적 중앙에 유도되도록 한다. 그러나 미사일이 표적과 디코이를 구별할 수 없다면, 함정보다 디코이를 획득하게 될 수도 있다. 만일 n개의 디코이가 있다면 함정을 표적으로 획득할 확률은 n/n+1만큼 감소한다.

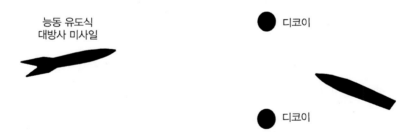

그림 10.12 방해형 디코이는 표적 센서 또는 제어 성능에 과부하를 주는 많은 허위 표적을 생성한다.

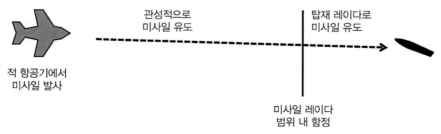

그림 10.13 대함 미사일은 장거리에서 발사된다. 일반적으로 함정으로 관성 유도되며 레이다 거리 내로 접근하면 탑재된 레이다가 표적으로 유도한다.

항공용 포화형 디코이와 같이 함정 보호용 포화형 디코이는 함정과 거의 같은 RCS를 나타내야 한다. 디코이는 보호하고자 하는 함정보다 훨씬 작기 때문에 디코이의 RCS는 커져야 한다. 이것은 코너 반사기들을 통합하거나 또는 큰 반송 신호의 전기적 발생으로 수행될 수 있다. 항공기와 같이 함정도 다소 복잡한 RCS를 가지고 있다. 대함 미사일이 함정의 RCS 특성과 디코이의 특성을 구분할 수가 있다면 디코이를 신속하게 표적에서 제외할 수 있다. 그러한 미사일에 대응하는 디코이는 항공기 보호용 디코이에서 언급한 바와 같이 복잡한 RCS 패턴을 나타내야 한다. 복잡한 다중 영역의 RCS 생성을 위해서는 상당한 처리 능력이 필요하게 되며, 일반적으로 국부적 프로그램이 가능한 게이트 어레이locally programmable gate array, LPGA로 구현된 다중 디지털 RF 기억장치DRFM가 제공할 수 있다.

그림 10.14에서와 같이 채프 구름도 방해형 디코이로 사용될 수 있다. 각각의 방해 채프 구름은 보호하고자 하는 함정의 대략적인 RCS를 가지고 함정 가까이에 위치하지만 레이다 해상도 셀의 바깥쪽에 있게 된다. 공격해오는 미사일이 함정을 보기 전에 방해 채프가 터져서 함정과 구분할 수가 없다면 미사일은 채프 구름으로 조향하게 될 것이다.

방해 채프 폭발의 형태

그림 10.14 포화형 디코이는 표적 센서 또는 제어 성능에 과부하를 주는 많은 허위 표적을 생성한다.

그림 10.15와 같이 방해형 디코이나 채프 구름의 전개는 미사일이 또 다른 우군 함정으로 지향하지 않도록 하여야 한다. 미사일은 지연식 접촉 신관으로 되어 있기 때문에 디코이나 채프 구름에 의해서 폭파되지 않는다. 미사일이 채프 구름을 통과하면(혹은 디코이를 지나가면) 미사일은 획득 모드로 돌아가게 되고, 만일 미사일이 그때 다른 함정을 표적으로 획득하게 되면 새로 표적이 된 함정은 효과적 대응을 위한 시간적 여유가 없어지게 될 것이다.

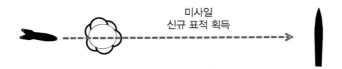

그림 10.15 대함 미사일은 채프 구름에 폭파되지 않기 때문에 구름을 통과하면 새로운 표적을 획득할 수 있다.

10.2.5 탐지형 디코이

탐지형 디코이라고 불리는 것들은 논의하고 있는 방해형 디코이와 같다. 그러나 그 목적은 다르다. 이 경우의 목표는 적에게 전자 자산을 노출하도록 유도하는 것이다. 예를 들어 그림 10.16에서와 같이 적의 획득 레이다는 디코이를 유효한 표적으로 획득하고 이를 추적 레이다로 넘겨주게 한다. 오프되어 동작하지 않고 있던(따라서 탐지될 수 없는) 추적 레이다는 공중으로 신호 방사를 시작하게 된다. 이것은 추적 레이다가 우군 자산에 의해 탐지되고 위치를 식별하도록 해준다. 적 추적 레이다는 레이다 유도 미사일^{HARM}과 같은 또는 다른 폭탄이나 미사일로 파괴될 수 있다.

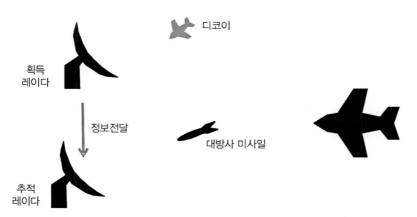

그림 10.16 탐지형 디코이는 획득 레이다에 의해 탐지되며, 이 레이다는 아직 활성화되지 않은 추적 레이다에 표적을 넘겨준다. 이로 인해 추적 레이다가 방사하게 되어 탐지되고 공격받을 수 있다.

10.3 유인형 디코이

유인형 디코이의 임무는 레이다가 선택한 표적을 추적하지 못하게 디코이를 허위 표적으로 획득하도록 위협 레이다의 추적 기능에 포착되는 것이다. 이는 함정과 항공기를 보호하기 위하여 수행된다. 디코이는 그림 10.17과 같이 레이다 해상도 셀 내에서 동작한다.

레이다는 해상도 셀 내에서 두 번째 표적의 존재를 탐지할 수가 없다. 그 셀 내의 두 개 표적 사이에 오로지 한 개의 표적이 있다고 가정한다. 표적의 위치는 그림 10.18과 같이 더 큰 레이다 단면적RCS을 가진 표적에 비례하여 더 가깝게 있다고 보게 된다. 이것은 디코이가 더 큰 RCS를 나타내야 한다는 것을 의미한다. 두 배의 RCS가 매우 바람직하다.

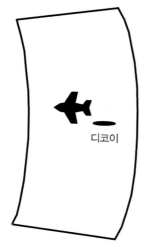

그림 10.17 위협 레이다는 표적을 해상도 셀 중앙에 놓고 추적한다. 유인형 디코이는 표적보다 훨씬 큰 RCS로 나타나면서 위협 해상도 셀 내에서 동작한다.

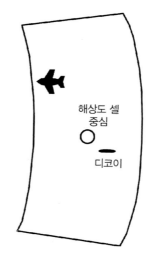

그림 10.18 유인형 디코이가 위협 해상도 셀 내에서 동작하고, 표적보다 훨씬 큰 RCS로 나타나면, 표적의 RCS와 디코이의 RCS 비율에 따라 셀은 디코이에 더 가까운 지점으로 중심을 두게 된다.

만일 레이다가 4장에서 설명된 것처럼 펄스 압축 기능을 가지고 있다면 디코이는 감소된 영역 내에서 시작하여야 한다.

레이다가 표적을 처음에 추적할 때는 그림 10.19에서와 같이 표적 RCS를 볼 수 있을 것이다. 그다음 디코이가 동작하면 레이다는 디코이와 표적의 합성된 RCS를 볼 것이다. 디코이가 표적으로부터 멀어지면 결과적으로 표적은 해상도 셀에서 벗어나게 되고 레이다는 디코이의 RCS만 보게 된다.

레이다가 RCS의 이러한 변화를 탐지해서 디코이를 제거할 것이라고 우려하는 것은 자연스러운 것이다. 함정이나 항공기의 실제 측정된 RCS는 작은 각도 변화에도 RCS가 급격하게 변화하는 솜털 모양의fuzzy 공과 같은 모양으로 보인다. 이 데이터는 도시되기 전에

평활화(즉 방위각 또는 고각의 작은 값으로 평균화된다)된다. 그러므로 측정된 RCS는 표적 그리고/또는 레이다 플랫폼 기동에 따라 상당히 변화할 수 있지만 평균 RCS는 훨씬 더 느리게 변화한다. 신호 처리의 정교함을 논의할 때 종종 "이것은 로켓 과학자가 아니라 로켓이다"라고 언급하곤 한다. 즉 미래에 레이다 신호 처리의 정교함이 이러한 대응책에 대한 대응 수단이 될 수 있는 실제 가능성이 있다. 부수적으로 9장의 IR 미사일에 사용되는 처리 기법에서 대해서 어느 정도 검토가 요구될지도 모른다.

그림 10.20은 디코이가 성공한 경우 짧은 시간 이후에 해상도 셀의 위치를 보여준다. 이는 레이다가 해상도 셀을 벗어난 후에는 표적을 볼 수 없기 때문에 매우 강력한 대응책이 된다.

그림 10.17과 10.20은 항공기를 추적하는 레이다를 보여준다. 그림 10.21은 대함 미사일에 의해 공격받는 함정을 보여준다. 미사일의 레이다는 레이다 거리 내에서 동작한다. 대함 미사일은 탑재된 레이다로 함정과 충돌하도록 자체 유도한다. 레이다가 함정을 추적할 때 미사일 레이다의 해상도 셀은 표적이 된 함정을 중앙에 둔다.

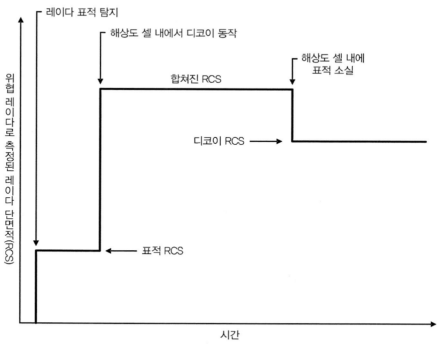

그림 10.19 디코이가 동작하면 적 레이다는 더 증가된 RCS를 보게 된다. 그다음 표적이 해상도 셀을 벗어나면, 레이다는 디코이의 RCS만 보게 된다.

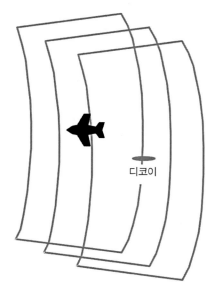

그림 10.20 디코이의 RCS가 더 크기 때문에 레이다 해상도 셀은 표적에서 멀어지면서 디코이를 추적하게 된다.

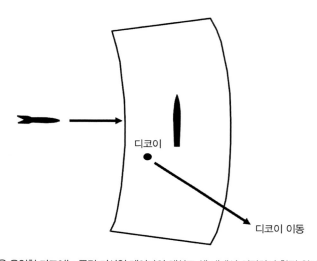

그림 10.21 함정 보호용 유인형 디코이는 공격 미사일 레이다의 해상도 셀 내에서 시작하여 함정 위치로부터 멀리 이동한다.

함정은, 예를 들어 Nulka와 같은 디코이를 발사하여 해상도 셀 내에서 동작시켜 함정에서 멀리 이동한다. 디코이는 함정보다 더 큰 RCS를 가지고 있기 때문에 레이다 추적을 표적에서 멀어지도록 속이게 된다. 그림 10.22에서와 같이 미사일의 레이다 해상도 셀은 디코이를 따라가게 한다.

모든 디코이와 마찬가지로 유인형 디코이가 미사일 레이다에 효과적이기 위해서는 신뢰할 만한 레이다 반송 신호(적절한 RCS)를 제공하여야 한다.

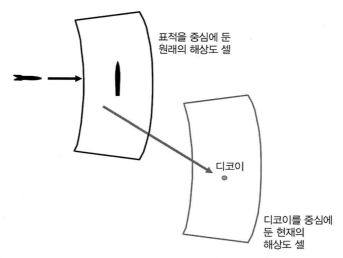

표적을 중심에 둔
원래의 해상도 셀

디코이

디코이를 중심에
둔 현재의
해상도 셀

그림 10.22 미사일의 레이다 해상도 셀은 함정 위치에서 멀어질 때 디코이를 중앙에 두게 된다.

10.4 소모형 디코이

소모형 디코이는 함정과 항공기 둘 다 보호하기 위해서 사용된다. 소모형 디코이는 방해형 또는 유인형의 역할을 수행하기에 충분하다.

보호하고자 하는 플랫폼보다 훨씬 작은 능동 디코이이기 때문에 그림 10.23에서와 같은 관통형 반복기 또는 그림 10.24와 같은 주 발진기의 두 가지 접근 방법 중 하나를 사용하여 전자적으로 레이다 단면적RCS을 뚜렷하게 증가시켜야 한다. 수신기를 물리적으로 디코이에 둘 필요는 없다. 두 경우 유효 레이다 단면적은 모두 다음 식(10.2.1절)에 따라 디코이의 처리 이득으로 계산된다.

$$\sigma = 38.6 - 20\log_{10}(F) + G$$

여기서 σ는 dBsm 단위의 RCS, F는 MHz 단위의 레이다 주파수 그리고 G는 데시벨 단위의 디코이 처리 이득을 나타낸다.

디코이가 반복기인 경우 G는 수신 안테나 이득, 증폭기 및 송신 안테나 이득의 합계이며 손실은 거의 없다.

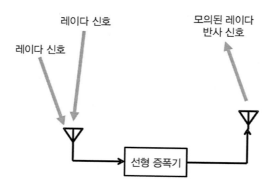

그림 10.23 관통형 반복 디코이는 하나 이상의 레이다 신호를 증폭하고 재송신한다.

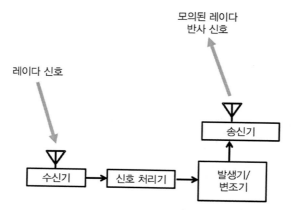

그림 10.24 주 발진기 디코이는 하나의 레이다 신호를 수신하여 주파수와 변조를 결정한다. 그런 다음 큰 RCS를 내기 위한 큰 ERP를 갖도록 매칭한 반송 신호를 발생한다.

디코이가 주 발진기인 경우, G는 디코이의 수신 안테나에 도달하는 레이다 신호 세기로 나눈(데시벨 단위는 빼기한) 디코이 송신 안테나의 유효 방사 출력이다. 도달하는 신호 세기는 다음 식으로 결정된다.

$$P_A = ERP_R - L_P$$

여기서 P_A는 디코이 수신 안테나에 도달하는 신호 세기(dBm 단위)이고, ERP_R은 디코이를 바라보는 레이다의 유효 방사 출력(dBm 단위)이며, L_P는 레이다에서 디코이까지의 전파 손실(데시벨 단위)이다.

반복기는 하나 이상의 레이다를 기만할 수 있고, 각각에 대해 동일한 레이다 단면적을 만들어낼 수 있다. 주 발진기는 일정한 유효 방사 출력 ERP을 가지기 때문에 약한 수신 신호는 더 많은 이득으로 더 큰 모의 RCS를 갖게 된다.

10.4.1 항공기 디코이

소모형 항공기 디코이는 채프 또는 플레어에 사용하는 동일한 발사기에서 방출된다. 미공군과 육군 항공기의 경우, 플레어는 그림 10.25와 같이 8인치 길이의 1×1인치 정사각형 모양의 형태이다. 미국 해군 항공기의 경우에는 그림 10.26과 같이 직경 36mm, 길이 148mm의 원통형이다. 두 경우 모두 디코이는 전기적으로 발사되어 슬립 스트림으로 발사된다. 디코이는 발사되자마자 동작한다.

항공기 디코이는 크기가 작기 때문에 수 초의 수명을 가진 열전지로 작동될 것이다. 이것은 디코이가 임무를 수행하는 데 충분한 시간이다.

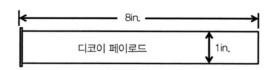

그림 10.25 미 공군 항공기 디코이는 1인치 정사각형으로 길이는 8인치이다. 미 공군 채프 카트리지와 가장 작은 플레어 카트리지와 동일한 형태의 모양이다.

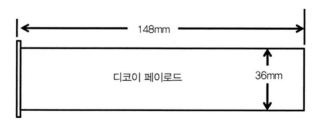

그림 10.26 미 해군 소모형 항공기 디코이는 원통형이며 지름 36mm, 길이 148mm이다. 해군의 항공용 플레어와 채프는 같은 발사기에서 방출된다.

10.4.2 안테나 격리도

디코이가 반복기인 경우 그림 10.27과 같이 수신 안테나와 송신 안테나 사이에 충분히 격리가 있어야 한다. 적절한 격리가 되지 않으면 마이크가 증폭된 스피커에 너무 가까이 있을 때 오디오 시스템이 하울링되는 것과 같이 발진하게 된다. 항공기 소모형 디코이의 크기가 작기 때문에 이것은 매우 큰 도전이 될 수 있다. 안테나 격리도는 디코이의 처리 이득보다 커야 한다.

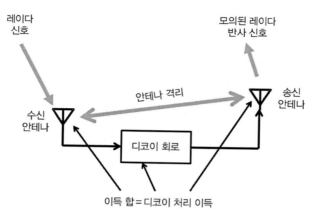

그림 10.27 적당한 디코이 동작을 위해 안테나 격리도는 디코이 처리 이득과 적어도 같아야 한다.

10.4.3 항공기용 방해 디코이

만약 디코이가 방해 역할을 성공적으로 수행하게 된다면, 디코이는 획득 레이다에 의해 탐지되고, 그것은 추적 레이다로 전달될 것이다. 추적 레이다는 표적 항공기에서 디코이가 떨어지자마자 디코이에 대한 추적을 실시하게 되며 그러므로 항공기를 획득하거나 추적하지 못하게 된다. 방해 디코이는 표적 항공기와 대략적으로 같은 RCS를 가져야 하며 위협 레이다 처리기가 표적과 구분할 수 없는 충분히 현실적인 레이다 반송 신호를 나타내야 한다. 위협 레이다에 따라 디코이는 복잡한 RCS 또는 제트엔진 변조JEM와 같은 신호 특성이 요구될 수 있다.

10.4.4 항공기용 유인 디코이

디코이가 유인형 역할로 사용된다면 이미 항공기를 추적하고 있는 위협 레이다에 대하여 동작할 것이다. 위협 레이다의 해상도 셀은 표적 항공기를 중심부에 두게 된다. 디코이의 기능을 완수하기 위해서는 해상도 셀을 벗어나기 전에 완벽하게 동작하여야 한다. 만일 디코이의 유효한 RCS가 항공기 RCS의 두 배라면, 레이다는 해상도 셀을 디코이에서보다 항공기에서 두 배 더 멀리 설정한다. 그런 다음 디코이가 항공기에서 멀어짐에 따라 디코이는 해상도 셀을 가져가게 됨으로써 만일 위협 레이다가 미사일을 발사하면 디코이에서 폭파될 것이다.

10.5 함정 보호용 유인 디코이

항공기 보호용 유인 디코이와 마찬가지로, 함정 보호용 유인 디코이는 위협 레이다의 추적 메커니즘을 포착하여 추적 레이다가 의도된 표적에서 멀어지게 한다. 디코이는 위협 레이다의 해상도 셀 내에서 작동되어야 하며, 표적 함정보다 큰 RCS를 모의하여야 한다. 위협 레이다는 대함 미사일에 장착되어 있으며 공격 방향으로부터 함정의 RCS를 관찰하게 된다. 그림 10.28은 대함 미사일을 유인하는 기하학적 구조를 보여준다.

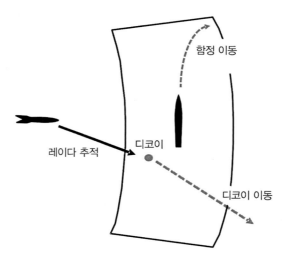

그림 10.28 성공적인 유인을 위해서 디코이는 해상도 셀 내에서 레이다 추적을 포착하고, 그다음 함정 그리고/또는 디코이는 표적 함정으로부터 디코이가 분리되도록 이동한다.

10.5.1 함정 유인형 디코이 RCS

항공기 유인형 디코이와 같이, 모의된 RCS는 표적 RCS의 두 배가 되는 것이 바람직하다. 함정의 큰 크기 때문에 디코이로 모의된 RCS는 수천 제곱미터여야 한다.

함정은 일반적으로 선수나 선미 방향으로부터 공격받는 것보다 함정의 측면으로부터 공격받을 경우에 더 큰 RCS를 갖게 된다. 그림 10.29는 구식 함정의 측면 각에 따른 전형적인 RCS의 도시이며, 그와 반면에 그림 10.30은 레이다 반사를 줄이기 위해 설계된 외부 기하학적 구조를 갖는 현대식 함정의 RCS를 보여준다.

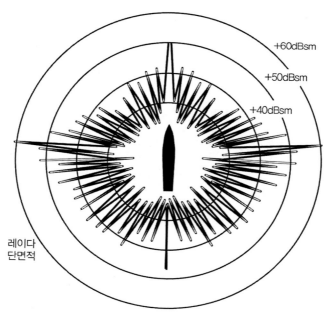

그림 10.29 구식 함정은 복잡하고 유효한 레이다 반사를 갖는 많은 외부 특성을 가지고 있다. 이것은 함정 RCS를 복잡하고 크게 만든다.

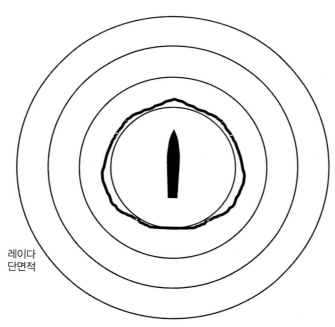

그림 10.30 레이다 반사를 줄이기 위해 설계된 외부 특징을 가진 신규 함정은 구식 함정보다 훨씬 작고 단순한 레이다 단면적을 가진다.

10.5.2 디코이 전개

디코이는(채프와 적외선 디코이와 함께) 초고속 브루밍 오프보드 채프 SRBOC 발사대에서 발사되거나 함상의 거치대에서 로켓으로 발사될 수 있다. SRBOC 구경은 직경 130mm이다. SRBOC 또는 로켓은 적의 추적 레이다가 함정의 레이다 경보 시스템에 의해 탐지되면 발사된다.

디코이는 물에 착수하거나 독립적으로 기동할 수 있다. 물에 착수되면 함정이 멀리 순항하는 동안 디코이는 계속 그 위치에 있게 된다. 함정은 그림 10.31에서 보는 바와 같이 공격하는 대함 미사일에서 보는 RCS를 최소화하고 오차 거리를 최대화하기 위해서 기동할 수 있다.

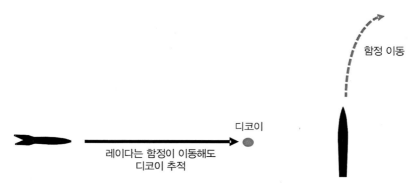

그림 10.31 부양 디코이는 해상도 셀 내에서 공격 레이다 추적을 포착하기 위해 발사된다. 레이다는 함정이 멀리 이동하더라도 고정식 디코이를 계속 추적한다.

디코이가 독립적으로 기동할 경우 유인 헬리콥터 또는 무인 비행 플랫폼과 같이 물 위에 멈춰 떠 있을 수 있다. 그것은 작고, 동력을 가진 배에 장착될 수도 있다. 어느 쪽이든 디코이는 그림 10.32와 같이 공격하는 미사일이 함정에서 멀어지도록 유인하는 최적의 경로를 따라 기동한다.

앞에서 언급한 바와 같이 대함 미사일은 표적 함정이 레이다 거리 내에 있을 때 추적 레이다를 동작시킨다. 디코이가 함정보다 큰 RCS로 나타나서 디코이가 성공한다면, 미사일은 디코이를 추적하게 된다.

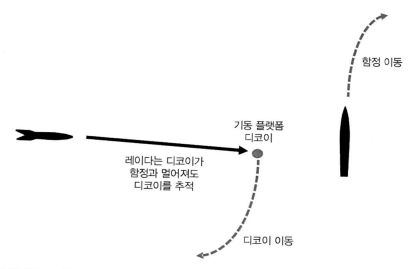

기동 플랫폼
디코이

함정 이동

레이다는 디코이가
함정과 멀어져도
디코이를 추적

디코이 이동

그림 10.32 독립적으로 기동하는 디코이는 호버링 로켓, 무인/유인 헬리콥터, 덕트팬 선체 또는 무인 소형 배가 될 수 있다.

만일 공격 미사일 레이다의 신호 처리가 수신된 신호의 파형을 분석하게 되면 함정의 표적 반사 신호와 디코이의 모의된 표적 반사 신호를 세부적으로 비교할 수 있다. 이것은 미사일 레이다가 함정으로부터의 더 복잡한 반사 신호들은 수신하게 하는 반면 디코이로 부터의 단순 반사 신호들은 제거가 가능하게 할 수도 있다. 함정의 RCS는 다양한 물리적 특징으로 인하여 많은 특성을 가질 수 있다. 이를 극복하기 위해서는 레이다에 의해 유효한 반사 신호로 수용되도록 복잡한 파형을 발생하기 위한 다중 디지털 RF 기억장치를 사용하여야 할 필요가 있다. 이 신호 처리는 8장에서 설명하였다.

10.5.3 덤프 모드

그림 10.33과 같이 유인형 디코이가 공격하는 레이다의 해상도 셀 바깥에 놓이게 되면 레이다의 추적 중심을 디코이 위치로 움직이도록 하기 위해 함정용 기만 재머가 사용될 수 있다. 그런 다음 디코이는 레이다의 추적에 포착되고, 그림 10.34와 같이 표적 함정에서 멀리 떨어지도록 유지한다. 이 기술을 덤프dump 모드라고 한다.

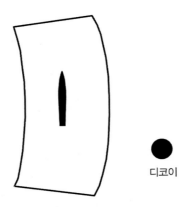

그림 10.33 '덤프' 모드에서 디코이는 해상도 셀 밖에 위치하지만 적당히 가깝다.

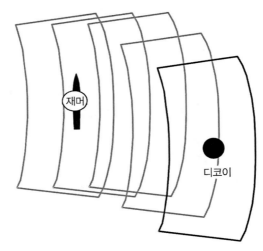

그림 10.34 표적 함정의 기만 재머는 레이다 추적 중심을 디코이 위치로 이동시킨다.

10.6 견인형 디코이

견인형 디코이는 레이다 유도 미사일에 의해 공격받는 항공기에 대한 최종 방어수단을 제공할 수 있다. 이것은 위협 미사일에 홈 온 재밍 home-on-jam 기능이 있거나 항공기가 재밍 지원이 유효한 **번 스루** 거리 burn-through range 보다 레이다에 더 가깝게 비행하여야 할 때 가장 중요해진다. 견인형 디코이는 항공기에서 발사되어 견인 케이블의 끝까지 나가게 된다. 케이블 끝에 도달하면 동작하게 된다.

디코이는 보호하고자 하는 항공기의 RCS보다 훨씬 큰 RCS 효과를 만들어낸다. 이로 인해 레이다 유도 미사일이 항공기가 아닌 디코이를 추적하게 된다. 최근 전투에서 항공기에서 10개의 견인형 디코이가 발사된 적도 있었다. 따라서 견인 케이블은 항공기가 공격하는 미사일의 폭발 반경 밖에 있을 정도로 충분히 길어야 한다.

견인형 디코이는 유인 임무를 가지고 있다. 이것은 디코이가 공격 레이다의 표적을 획득할때 레이다 해상도 셀 내에 있어야 한다는 것을 의미한다. 디코이의 더 큰 RCS는 레이다가 표적 항공기가 아닌 디코이를 추적(미사일 유도)하게 할 것이다. 일부 견인형 디코이는 일회용 소자이다. 더 이상 필요하지 않게 되면, 항공기에서 절단되어 풀려 나간다. 향후에 더 이상 필요하지 않게 되면 디코이를 회수할 수도 있다. 이러한 회수 가능한 디코이는 보호 항공기와의 간격을 선택할 수도 있다. 이 기능으로 레이다의 추적에 쉽게 포착되도록 디코이의 근접한 간격과 미사일로 실제 파괴되는 디코이의 긴 간격을 최적으로 선택하게 할 수도 있다.

그림 10.35에서와 같이 견인형 디코이 시스템은 견인 항공기의 수신기와 처리기 그리고 디코이 자체로 구성된다. 수신기와 처리기는 디코이로부터 모의되는 레이다 반송 신호의 주파수와 최적 변조를 결정하고, 실제 디코이 신호를 (저전력 레벨에서) 견인 케이블을 통해 전송한다. 그림 10.36에서와 같이 디코이는 증폭기와 안테나만 가지고 있다. 증폭기의 전원은 항공기에서 견인 케이블을 통해 전달된다. 안테나는 디코이의 전후방에 장착되고 상당히 넓은 빔폭을 가지고 있기 때문에 레이다에서 몇 도 벗어나도 여전히 효과적이다.

수신기/
신호처리기

견인 케이블
디코이로 전원과
변조신호 전송

증폭기/
안테나

그림 10.35 견인형 디코이는 견인 케이블로 항공기에 연결되는데, 견인 케이블은 항공기에 있는 수신기와 처리기로부터 디코이에 있는 증폭기와 안테나로 신호를 전송한다.

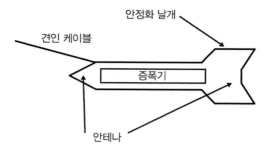

그림 10.36 디코이는 증폭기와 전후방 송신 안테나만으로 구성된다.

그림 10.37은 위협 레이다와의 조우 상황을 보여준다, 공격 레이다는 항공기와 디코이를 단일 표적으로 처리한다. 항공기에서 레이다 신호가 수신과 분석이 이루어지고, 모의된 표적 반사 신호는 항공기 RCS보다 훨씬 더 큰 RCS를 생성할 만큼 충분한 출력으로 디코이로 전송된다. 수식은 다음과 같다.

$$\sigma = 39 - 20\log_{10}(F) + G$$

디코이의 유효 RCS를 결정하기 위해서 상수는 반올림하고, 이득 항(G)은 디코이에서 모의된 표적 반사 신호의 유효 방사 출력과 견인 항공기의 수신 안테나에 도달하는 신호 세기의 차(데시벨 단위)로 나타난다.

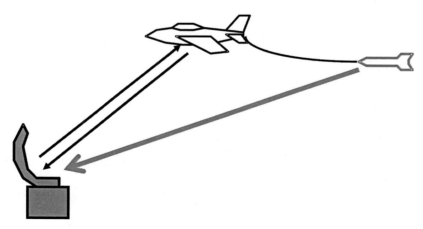

그림 10.37 레이다 신호는 항공기에서 수신되고, 증폭된 모의 표적 반사 신호는 디코이의 반사 신호를 신뢰할 수 있게 하는 데 필요한 추가적인 변조와 함께 디코이로부터 재전송된다.

10.6.1 해상도 셀

그림 10.38은 공격 레이다의 해상도 셀과 처프 또는 바커 코드의 펄스 압축된 해상도 셀의 유효 영역을 보여준다. 해상도 셀과 펄스 압축에 대해서는 4장에서 자세히 논의하였다. 여기서 중요한 점은 견인 항공기와 디코이 모두가 효과적이기 위해서는 (펄스 압축이 있다면 포함하여) 해상도 셀 내에 있어야 한다는 것이다.

레이다 펄스의 압축률이 높으면 해상도 셀은 그림 10.39와 같이 깊이보다 훨씬 넓어진다. 이것은 레이다가 항공기와 디코이를 모두 탐지할 수 있어서 디코이를 무시할 수 있음을 의미한다. 이를 방지하려면 레이다 추적을 먼저 포착하는 게 필요하고, 그 후에 레이다는 얕은 해상도 셀 안에 디코이만을 보게 하는 것이다. 이렇게 되기 위한 한 가지 방법은 레이다에 노칭notch 하는 것이다. 즉 레이다에 90° 각도로 돌려 비행하여 항공기와 디코이가 얕은 압축 셀에 모두 들어 있게 한다. 그런 다음 항공기가 레이다 방향으로 다시 돌리게 되면 셀에 디코이만 남아 있게 될 것이다.

그림 10.38 공격 레이다의 해상도 셀은 처프 또는 바커 코드 기법으로 거리상에서 압축될 수 있다.

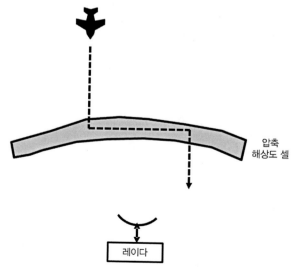

그림 10.39 견인 항공기는 추적 레이다로 90도를 비행하여 레이다의 압축된 해상도 셀의 얕은 범위로 견인형 디코이를 가져올 수 있다.

10.6.2 예제

그림 10.40의 상황을 예제로 들어 본다. 10m² RCS 항공기가 100dBm ERP의 8GHz 레이다와 10km 떨어져 있다. 항공기 수신 안테나에 도달하는 신호 세기는 (3장의 공식을 사용하여) −30dBm이다. 디코이의 유효 복사 출력은 1kW(즉, +60dBm)일 때 디코이의 이득은 90dB이 된다.

따라서 디코이로 모사되는 RCS는 39+90−20log(8,000)=51dBsm이며, 이는 디코이에 의해 발생된 125,893m²의 모사된 RCS로 전환된다. 이것을 10m² RCS의 항공기와 비교하면 견인형 디코이가 항공기를 보호할 수 있는 출력을 가지고 있음을 알 수 있다.

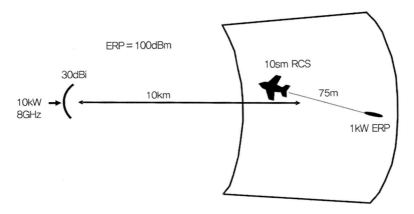

그림 10.40 100dBm, 8GHz의 레이다에서 10km 떨어진 1kW ERP의 견인형 디코이는 125,893m²의 유효 RCS를 발생시킬 수 있다.

11장

전자전 지원 대 신호정보

11장

전자전 지원 대 신호정보

11.1 개 요

이 장에서는 적대적인 신호들을 수신하도록 설계된 전자전 지원 ES 시스템과 신호정보 SIGINT 시스템의 차이에 대해 설명한다. SIGINT와 ES의 차이점들은 표 11.1에 요약되어 있는 것처럼 신호들이 수신되는 이유와 관련이 있다. 시스템들이 작동하는 전형적인 환경 간에도 기술적인 차이점들이 있는데, 이는 시스템 설계 접근 방식과 시스템 하드웨어 및 소프트웨어의 차이들을 나타낸다.

표 11.1 SIGINT 대 ES

	신호정보(SIGINT) 시스템	전자전 지원(ES) 시스템
임무	• 통신정보(COMINT) : 적의 통신을 탐색하고, 신호에 전송되는 정보들로부터 적의 능력과 의도를 판단한다. • 전자정보(ELINT) : 새로운 위협 형태를 찾아 식별한다.	• 통신 전자전 지원(communications ES) : 적 통신 에미터를 식별하고 위치를 파악함으로써 적의 전자 전투 서열(EOB)을 발전시키고 통신 재밍을 지원한다. • 레이다 전자전 지원(radar ES) : 적의 레이다를 식별하고 위치를 파악하여 위협을 경고하고 레이다 대응책을 지원한다.
타이밍	산출물의 적시성이 크게 중요하지 않다.	정보의 적시성이 임무의 핵심이다.
수집 데이터	세부적 분석을 지원하기 위해서 수신된 신호로부터 가능한 모든 데이터를 수집한다.	위협 유형과 운용 모드 및 위치 등을 판단하기에 충분한 데이터만 수집한다.

11.2 SIGINT

SIGINT는 수신된 신호들로부터 군사적으로 중요한 정보들을 발전시킨 것이다. 그림 11.1에 나와 있는 것처럼 일반적으로 SIGINT는 통신정보COMINT 와 전자정보ELINT 로 구분된다. 각각의 하위 항목들은 그림 11.2에 보인 것처럼 ES와 다소 관련이 있다. ES는 보통 통신 ES와 레이다 ES로 나눠진다. 통신과 레이다 신호들의 특성은 이러한 두 하위 항목들의 임무 차이를 나타낸다. 이어지는 다음 절에서는 정보와 ES의 역할을 차별화하는, 각 유형의 신호들을 처리하는 시스템들에 대해 중점적으로 다룰 것이다.

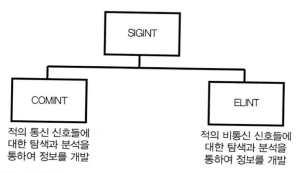

그림 11.1 SIGINT는 적의 통신 및 비통신 신호들로부터 정보를 획득하는 COMINT와 ELINT를 포함한다.

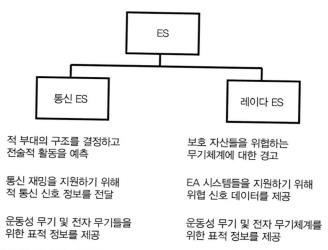

그림 11.2 ES는 통신 ES와 레이다 ES를 포함한다. 둘 다 EA와 무기 교전을 지원하기 위해 현재 운용되고 있는 적 에미터들에 대한 정보를 제공한다.

11.2.1 COMINT와 통신 ES

그림 11.3은 COMINT와 통신 ES 시스템들의 관계를 보여주는 흐름도이다. COMINT의 사전적 정의는 '유선 또는 무선통신의 감청에 의해 정보를 수집하는 것'이다. 기본적으로 이것은 적의 능력과 부대 구조, 의도들을 결정하기 위해 적이 말하는 것을 듣는 것이다. 이것은 COMINT 시스템이 전송되는 적 신호들의 내부(즉 변조에 의해 전송되는 정보)와 관련 있다는 것을 의미한다. 군 통신의 특성 때문에 중요한 신호들은 적의 언어로 당연히 암호화될 것으로 예상될 수 있다. 이런 신호의 암호 해독 및 변환은 복구되는 정보의 이용 가능성을 지연시킬 것으로 예상된다. 따라서 COMINT는 적절한 즉각적인 전술적 대응을 결정하는 것보다 전략적 및 고차원적인 전술적 고려사항이 더 가치 있는 것으로 간주될 수 있다.

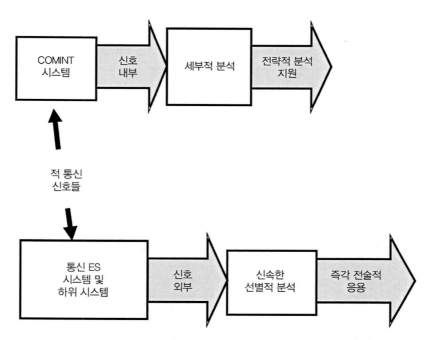

그림 11.3 고전적으로 COMINT는 전략적 행동을 지원하기 위해 신호 내부를 다룬다. 통신 ES는 즉각적인 전술적 의사 결정을 지원하는 신호 외부를 다룬다.

통신 ES는 변조 유형과 레벨 그리고 송신기의 위치 등과 같은 통신 신호의 외부에 중점을 둔다. 이는 적 에미터들의 유형과 위치를 결정함으로써 현재의 상황에 대한 전술적 대응을 지원한다. 다양한 적 조직에서 사용하는 에미터 유형과 비교하여 모든 에미터 유형을 모델링함으로써 적 부대의 구조를 추정할 수 있다. 관측되는 에미터들의 위치와 위치 이력은 적 부대들의 위치와 이동을 파악하는 데 사용될 수 있다. 송신기들의 전체적인 배치는 전자 전투 서열 electronic order of battle, EOB 이라고 불리며 이것은 적의 능력과 나아가 적의 의도를 판단하는 데 분석될 수 있다.

요약하면 COMINT는 말한 내용(즉 신호 내부)을 청취함으로써 적의 능력과 의도를 결정하는 반면 통신 ES는 신호의 외부를 분석함으로써 적의 능력과 의도를 결정한다.

11.2.2 ELINT와 레이다 ES

ELINT는 주로 레이다로부터의 비통신 신호들에 대한 탐지 및 분석을 포함한다. ELINT의 목적은 새롭게 마주치게 되는 적 레이다들의 기능과 취약점을 파악하는 것이다. 그림 11.4와 같이 ELINT 시스템은 상세한 분석을 지원하기에 충분한 데이터를 수집한다. 새로운 레이다 신호 유형이 수신되었을 때 첫 번째 작업은 수신된 신호가 실제로 새로운 위협인지를 결정하는 것이다. 여기에는 두 가지 다른 가능성이 존재한다. 오작동하는 오래된 위협 레이다일 수도 있고, 또는 탐지 시스템에 문제가 있을 수도 있다. 수신된 신호가 새로운 유형의 레이다이거나 또는 새로운 운용 모드일 경우 상세한 분석을 통해 ES 시스템을 수정하여 새로운 위협 유형을 인식할 수 있도록 한다.

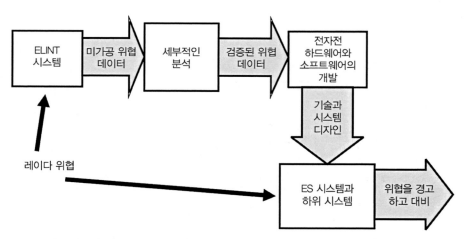

그림 11.4 ELINT 시스템은 위협 경고와 대응책 선택을 위한 ES 시스템 및 하위 시스템의 개발을 지원하기 위해 위협 데이터를 수집한다.

레이다 ES 시스템 역시 적대적인 레이다 신호를 수신하지만, 그 목적은 알려져 있는 적의 무기들 중 어떤 종류가 현재 표적에 맞춰 전개되었는지 신속하게 결정하기 위한 것이다. 위협 유형과 모드 식별이 완료되면 이 정보는 위협 에미터의 위치와 함께 운용자에게 표시되거나 대응책 개시를 지원하기 위해 다른 EW 시스템 또는 하위 시스템에 전달된다. 만약 익숙하지 않은 형태의 신호가 수신된다면 알 수 없는 신호로 간주된다. 일부 ES 시스템들에서는 운용자에게 단지 알 수 없는 위협이 수신되었다는 것만 알려준다. 그러나 다른 시스템들에서는 위협 유형을 추측하려는 시도가 이루어지기도 한다. 일부 ES 시스템들에서는 나중에 분석할 수 있도록 알 수 없는 위협을 기록한다.

요약하면 ELINT는 적이 가지고 있는 능력을 결정하는 반면, 레이다 ES는 현재 적의 레이다들 중 어느 것이 사용되고 있는지 그리고 에미터(그러므로 에미터가 통제하는 무기)가 어디에 위치해 있는지를 결정한다.

11.3 안테나 및 거리 고려사항

임무와 환경 고려사항에 따라 ES와 SIGINT 시스템 사이에는 몇 가지 기술적인 차이들이 있다. 이러한 차이들은 예상되는 탐지 기하학, 탐지된 적 신호들로부터 얻어지는 다른 유형의 정보 그리고 탐지의 시간 중요도 등과 관련이 있다.

11.4 안테나 이슈

안테나는 지향성 또는 무지향성으로 특징지어질 수 있다. 이것은 아주 단순화한 것이다. 휩whips 이나 다이폴들과 같은 안테나들은 때로는 무지향성으로 (잘못) 설명된다. 두 안테나 유형 모두 커버리지에 널null 들이 있기 때문에 이는 사실이 아니다. 그러나 두 가지 유형 모두 세로 방향인 경우 360°의 방위각 범위를 제공한다. 완전한 방위각 범위를 제공하는 지향성 안테나의 원형 어레이도 있다. 지향성 안테나(파라볼릭 접시, 위상 배열 또는 로그 주기 안테나들을 포함하되 이에 국한되지 않음)는 축소된 각도로 범위를 제한한다.

각도 커버리지는 미지의 도래 방향에서 전파되는 적 신호를 탐지하는 확률에 중요한 영향을 미친다. 그림 11.5에서 보듯이 360° 커버리지 안테나(또는 안테나 어레이)는 항상 모든 방향에서 '보기' 때문에 안테나는 모든 새로운 신호가 발생하자마자 수신기로 전송한다. 지향성 안테나는 새로운 신호를 수신하기 전에 신호의 도래 방향으로 스캔해야 한다. 만일 적의 신호가 제한된 시간 동안만 존재하면, 탐지 확률은 안테나 빔폭과 안테나 스캔율의 함수이다. 탐지가 이루어지기 위해서는 신호의 도래 방향이 안테나 빔 커버리지 영역으로 놓이도록 안테나를 움직여야 한다.

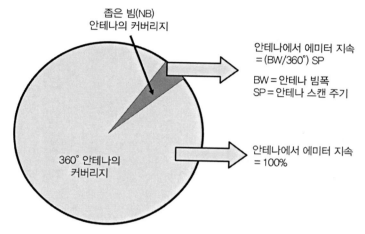

그림 11.5 다이폴 또는 휩과 같은 360° 안테나의 경우 도래하는 모든 방위각에 대해 100% 커버리지를 제공하는 반면 좁은 빔 안테나는 정확한 도래 방향으로 스캔되어야 한다.

그림 11.6에서 볼 수 있듯이 빔폭은 안테나가 담당할 수 있는 도래각의 비율을 결정한다. 그림의 이 부분을 사용하려면 그래프의 빔폭에서 실선까지 직선을 그린 후 오른쪽 세로 좌표 값으로 직선을 그린다. 이는 하나의 탐색 기준(예: 방위각 탐색)만을 고려한다. 2차원의 탐색은 훨씬 더 어렵다. 같은 그림에서 스캐닝 안테나가 신호의 도래각에 머무르는 시간(방위각에서만)이 다양한 원형 스캔 주기에 대한 빔폭의 함수로 나타나 있다. 그림의 이 부분을 사용하려면 빔폭에서 선택된 스캔 주기를 갖는 점선까지 직선을 똑바로 그린 다음 왼쪽 세로 좌표 값으로 직선을 그린다. 안테나가 각각의 가능한 도래각에 지향되어 있는 동안에 주파수 탐색이 이루어져야 한다는 점에 유의해야 한다. 안테나 빔이 좁을수록 주파수 탐색을 위해서는 수신 안테나를 스캔할 때 속도를 천천히 해야 한다. 따라서 미지의 주파수와 도래각에서 관심 있는 신호를 찾는 데에는 시간이 더 오래 걸린다. 주파수

탐색은 11.6절의 수신기 유형의 맥락에서 논의될 것이다.

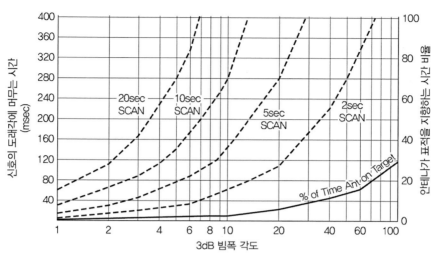

그림 11.6 안테나 빔 내의 각도 공간 비율은 신호의 도래각에서 체류하는 시간과 마찬가지로 빔폭에 반비례한다.

일반적으로 SIGINT 탐지는 ES 탐지보다 시간적 중요성이 덜하다. 따라서 좁은 빔 안테나를 스캐닝함으로써 야기되는 탐지의 지연은 비교적 허용 가능하다. 그러나 ES 시스템에서는 일반적으로 수 초의 범위 내에서 적의 신호를 탐지해야 하기 때문에 넓은 커버리지 안테나 또는 안테나 배열들이 요구된다.

그림 11.7에서 보듯이 안테나의 반전력(3dB) 빔폭과 안테나 이득 사이에는 절충 관계가 있다. 그림은 55% 효율을 갖는 파라볼릭 접시 안테나용이지만 이러한 절충 관계는 모든 종류의 좁은 빔 안테나에 적용된다. 다음에 논의되는 것처럼, 수신 안테나 이득은 적 신호를 탐지할 수 있는 거리 측면에서 중요한 고려사항이다.

이것은 ES 시스템의 경우 넓은 커버리지(따라서 낮은 이득)를 갖는 안테나가 거의 항상 필요한 반면 SIGINT 시스템용으로는 좁은 빔(따라서 높은 이득) 안테나가 최상의 해결책이 될 수 있다는 것을 의미한다.

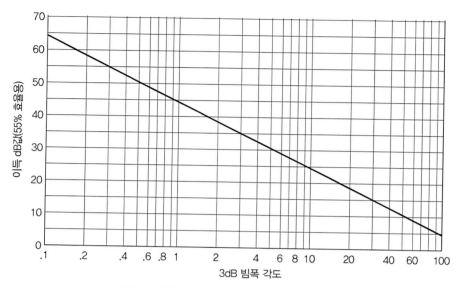

그림 11.7 좁은 빔 안테나의 이득은 빔폭에 반비례한다.

11.5 탐지 거리 고려사항

그림 11.8은 ES 또는 SIGINT 시스템에 대한 탐지 상황을 보여준다. 수신 시스템이 적 신호를 탐지할 수 있는 거리는 표적 신호의 유효 방사전력과 적용 가능한 전파 모드, 에미터 방향으로의 수신 안테나 이득 그리고 수신 시스템의 감도 등에 따라 달라진다. 전파 모드에 대해서는 이미 5장에서 자세히 설명되었다.

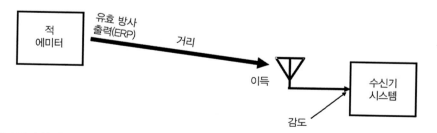

그림 11.8 수신 시스템이 적 에미터 신호를 탐지할 수 있는 거리는 안테나 이득과 수신기 시스템 감도의 함수이다.

레이다 및 데이터 링크 신호는 일반적으로 가시선LOS 모드로 전파된다. 이 모드에서 탐지 거리는 다음 공식에 의해 주어진다.

$$R_I = \text{antilog}\{[ERP_T - 32 - 20\log(F) + G_R - S]/20\}$$

여기서 R_I는 킬로미터 단위의 탐지 거리이며, ERP_T는 dBm 단위로 표적 에미터의 유효 방사 출력이고, F는 전송된 신호의 주파수, G_R은 표적 에미터 방향으로 수신 안테나의 이득, S는 수신기 시스템의 감도로서 단위는 dBm이다.

통신 신호는 링크 거리, 안테나 높이 및 주파수에 따라 가시선 또는 2-선 모드로 전파된다. 전파가 2-선 모드인 경우 탐지 거리는 다음 식으로 주어진다.

$$R_I = \text{antilog}\{[ERP_T - 120 - 20\log(h_T) + 20\log(h_R) + G_R - S]/40\}$$

여기서 R_I는 킬로미터 단위의 탐지 거리이며, ERP_T는 dBm 단위로 표적 에미터의 유효 방사 출력이고, h_T와 h_R은 송신과 수신 안테나의 높이를 미터 단위로 나타내며 G_R은 표적 에미터 방향으로 수신 안테나의 이득이고 S는 수신기 시스템의 감도로서 단위는 dBm이다.

이 수식들에서 알 수 있듯이, 탐지 거리는 항상 수신 안테나의 이득과 수신 시스템의 감도에 영향을 받는다. 여기서 감도는 성공적인 탐지를 위해 요구되는 신호의 세기임에 유의해야 한다. 감도가 좋은 수신 시스템일수록 감도 값은 낮아진다. 예를 들어, 고감도 수신기는 −120dBm의 감도를 가지는 반면 저감도 수신기는 −50dBm의 감도를 가질 수 있다.

표적 에미터의 유효 방사 출력 effecive radiated power, ERP 은 탐지 수신기의 방향으로 송신하는 전력의 양이다. 전술적 통신 위협들은 일반적으로 방위각 대비 일정한 이득을 가진 360° 안테나를 가지고 있을 것이다. 유효 방사 출력은 송신기 전력(dBm 단위)과 안테나 이득(데시벨 단위)의 합이다. 그러나 레이다 위협은 좁은 빔 안테나를 가질 것으로 예상된다. 그림 11.9와 같이 좁은 빔 안테나는 하나의 주엽과 측엽들을 갖는다. 실제 안테나들의 측엽들은 매우 다양한 세기를 갖지만 그림에서는 측엽들이 모두 동일한 세기를 갖는 것으로 단순화되었다. 그러나 그림에서 측엽들 간의 널 null 들이 측엽보다 훨씬 좁다는 점에서 비교적 현실적이라고 볼 수 있다. 이것은 탐지 수신기가 레이다 위협 에미터의 주엽 방향으로부터 멀어져 있을 때 평균적인 측엽 수준의 유효 방사 출력을 갖게 됨을 예상할 수 있다는 것을 의미한다. 이 수준은 일반적으로 $S/L = -N$dB로 표현되며 여기서 N은 조준선 이득보다 낮은 평균 측엽수준의 데시벨 값이다.

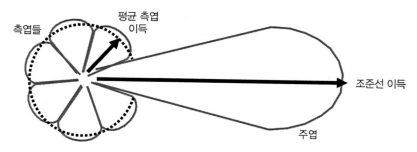

그림 11.9 레이다 ESM 시스템은 대개 위협 레이다 안테나의 조준선으로부터 신호를 수신하는 특징을 가지는 반면 ELINT 시스템은 일반적으로 평균 측엽 수준의 신호를 수신하는 특징을 갖는다.

항상 그런 것은 아니지만, ES 시스템은 레이다 위협의 주엽을 수신하도록 지정되는 반면에 ELINT 시스템은 표적 레이다 에미터로부터의 측엽 전송을 탐지하도록 지정되는 것이 일반적이다. 이것은 ES 시스템이 종종 ELINT 시스템보다 작은 감도와 수신 안테나 이득, 또는 그 둘 중 하나를 요구한다는 것을 의미한다.

SIGINT 시스템은 일반적으로 ES 시스템보다 긴 탐지 거리를 필요로 한다고 가정한다. 그러나 모든 일반적인 것과 마찬가지로 이것은 특정 임무와 상황에 따라 다르다. 만약 긴 탐지 거리를 요구하는 SIGINT 시스템이라면 안테나 이득과 감도, 또는 그 둘 중 하나는 ES 시스템에 필요한 것보다 훨씬 커야 한다. 좁은 빔 안테나는 더 높은 이득을 갖지만 짧은 시간 동안 탐지 가능성이 감소되기 때문에, 따라서 SIGINT 응용 분야에 보다 더 적합하다. 모든 방향을 커버하는 안테나의 경우라면 이득은 작지만 짧은 시간 동안 훨씬 나은 탐지 가능성을 제공할 수 있기 때문에 일반적으로 ES 시스템에 매우 적합하다.

11.6 수신기 고려사항

수신기 이슈는 ES와 SIGINT 시스템 요구사항을 구별할 수 있도록 해준다. 이전에 논의된 이슈들과 마찬가지로, 이러한 차이점들은 예상되는 탐지 기하학과 탐지된 적 신호들로부터 획득되는 다른 유형의 정보들 그리고 탐지의 시간 중요도와 관련이 있다.

ES 또는 SIGINT 시스템에 사용될 수 있는 다양한 유형의 수신기들이 존재하며, 표 11.2는 이러한 응용 분야에서 유용하게 사용될 수 있는 가장 일반적인 유형들을 그 특성들과 함께 보여준다. 각 유형의 수신기들은 예를 들어 4장의 참고문헌 [1]과 같은 다른 책들에 자세히 설명되어 있다.

크리스털 비디오 수신기는 주로 레이다 경보 수신기 시스템에 사용된다. 이 수신기는 이러한 ES 응용 분야에 이상적인데 그 이유는 일반적으로 4GHz의 넓은 순시 주파수 범위를 다루기 때문이다. 이것은 매우 짧은 시간에 모든 신호를 수신하는 기능을 제공한다. 일반적으로 매우 짧은 펄스를 수신하기에 충분히 넓은 대역폭을 가지고 있다. 그러나 상대적으로 낮은 감도를 가지며 수신된 신호의 주파수를 결정할 수 없을 뿐만 아니라 전체 대역폭 내에서 다수의 신호들을 동시에 수신할 수 없다는 단점을 가지고 있다. 비록 크리스털 비디오 수신기들이 특정 상황에서는 정찰 시스템에도 사용되었지만 거의 항상 레이다 ES 수신기로 사용된다.

표 11.2 수신기 유형 및 특징

수신기 종류	감도	동적 범위	대역폭	신호의 수	특징과 제한사항
크리스털 비디오	낮음	높음	넓음	범위 내 한 개	AM만
순시 주파수 측정기(IFM)	낮음	높음	넓음	범위 내 한 개	주파수만
슈퍼헤테로다인	높음	높음	좁음	다수 중 한 개	변조를 복구
채널화(channelized)	높음	높음	넓음	다수 동시	변조를 복구
브래그 셀(Bragg Cell)	낮음	매우 낮음	넓음	다수 동시	주파수만
압축(compressive)	높음	높음	넓음	다수 동시	주파수만
디지털	높음	높음	유연	다수 동시	변조를 복구, 유일한 분석 능력

순시 주파수 측정IFM 수신기는 한 옥타브의 대역폭 내에서 수신된 신호의 주파수를 매우 빠르게(보통 50ns) 결정한다. 크리스털 비디오와 거의 같은 감도를 가지고 있다. 가장 큰 단점은 해당 대역의 커버리지(즉 동일한 50ns 동안)에 거의 동일한 전력 신호들이 여러 개 존재할 때마다 출력이 유효하지 않다는 것이다. 감도가 상대적으로 낮기 때문에 주로 레이다 ES 시스템에 사용된다.

슈퍼헤테로다인 수신기는 모든 통신 분야에서 매우 광범위하게 사용된다. 이것은 거의 모든 SIGINT 통신 ES 시스템에서 항상 찾을 수 있으며 때때로 레이다 ES 시스템에도 사용된다. 슈퍼헤테로다인 수신기의 주요 이점은 다음과 같다.

- 좋은 감도
- 고밀도 신호 환경에서 하나의 신호를 수신하는 능력

- 모든 유형의 변조를 복구할 수 있는 능력
- 수신된 신호들의 주파수 측정

슈퍼헤테로다인 수신기의 주된 단점은 한 번에 제한된 주파수 범위만을 수신한다는 것으로 따라서 위협 신호를 탐색하기 위해서는 주파수를 스윕해야만 한다. 다음에 설명하는 것처럼 미지의 주파수 대 대역폭에서 하나의 신호를 찾는 데 필요한 시간과 감도 사이에는 절충 관계가 존재한다.

채널화 수신기는 다수의 동시 신호들에 대한 동시 복구를 가능하게 한다. 주요 단점은 많은 수의 채널이 있을 경우 복잡성(즉 크기, 전력 및 무게)에 있다.

전자광학 또는 브래그 셀 수신기는 밀집된 환경에서 다수 동시 신호들의 주파수를 결정한다. 적절한 감도를 가지고 있지만 극도로 제한된 동적 범위를 가지고 있다는 것은 ES와 SIGINT 시스템 응용 분야에서 매우 큰 단점이다. 매우 제한된 응용 분야에서만 유용하다.

압축 수신기는 밀도가 높은 환경에서 다중 동시 신호들의 주파수를 제공한다. 좋은 감도를 가지며 식별된 신호로 설정된 슈퍼헤테로다인 수신기와 함께 사용될 때 ES 및 SIGINT 시스템 모두에서 유용하다.

디지털 수신기는 많은 ES 및 SIGINT 응용 분야에 사용된다. 비록 아날로그-디지털 변환기의 최신 기술과 관련되어 절충 요소들인 있긴 하지만 디지털 수신기는 우수한 감도와 동작 범위를 제공한다. 디지털 수신기는 고유한 분석기능들을 제공한다. 예를 들면

- 고속 푸리에 변환FFT 회로는 매우 빠른 스펙트럼 분석을 수행할 수 있다.
- 시간 압축 알고리즘을 구현하여 잡음과 같은 신호를 탐지할 수 있다.
- 모든 유형의 변조를 수신하도록 구성할 수 있다.

감도 대 대역폭

다음 수식은 수신기 시스템의 감도(dBm 단위)를 나타낸다.

$$S = kTB + NF + \text{Required } RFSNR$$

여기서 S는 dBm 단위의 감도를, kTB는 dBm 단위의 시스템 열잡음을, NF는 데시벨 단위로 kTB를 초과하는 시스템에 의해 추가된 잡음의 양을 그리고 Required $RFSNR$은 사전 탐지를 위해 요구되는 데시벨 단위의 SNR값이다.

이것은 요구되는 출력의 질을 갖는 신호를 수신하기 위해 수신기에게 요구되는 수신 전력의 양을 정의한 것이다. 감도는 위에서와 같이 결정되지만 $RFSNR$이 0dB인 최소 감지 신호 minimum discernable signal, MDS 의 관점에서도 기술될 수 있다(즉 신호가 수신기 시스템 입력에서의 잡음과 동일).

kTB는 유효 수신기 시스템 대역폭의 함수이므로 그림 11.10은 수신기의 유효 대역폭과 잡음지수에서 MDS의 감도를 결정하는 데 사용될 수 있다. 그림을 사용하기 위해 가로 좌표의 대역폭에서 시작하여 잡음지수까지 위로 선을 그은 다음 왼쪽 세로 좌표로 가져가면 dBm 단위의 MDS 감도가 된다. 완전한 조건에서의 출력 성능에 대한 감도를 결정하려면 요구되는 $RFSNR$을 MDS에 추가하기만 하면 된다.

11.7 주파수 탐색 이슈

11.4절은 좁은 빔 안테나와 관련된 탐색 이슈를 다루었다. 즉 그림 11.6은 안테나의 대역폭과 스캔율의 함수로서 신호의 체류 시간을 계산할 수 있는 그래프였다. 이제 우리는 주파수가 알려지지 않은 위협 신호를 탐지하는 또 다른 탐색 이슈에 대해 다루고자 한다. 경험적으로 볼 때 신호의 존재를 탐지하기 위해서는 신호가 유효 수신기 대역폭의 역수에 해당하는 시간 동안 수신기의 대역폭에 있어야 한다. 예를 들어, 1MHz 대역폭을 갖는 수신기는 새로운 주파수로 이동하기 전에 $1\mu s$ 동안 하나의 주파수에 머물러야만 한다.

그림 11.11의 그래프는 주어진 주파수 범위(대역폭에서 적절한 체류 시간 포함)를 커버하는 데 필요한 시간을 대역폭과 스윕할 범위의 함수로 결정할 수 있게 한다. 그림을 사용하려면 가로축의 수신기 대역폭에서 스윕할 주파수 범위까지 끌어올린 다음 왼쪽에서 신호를 찾기 위해 필요한 총 시간을 구한다.

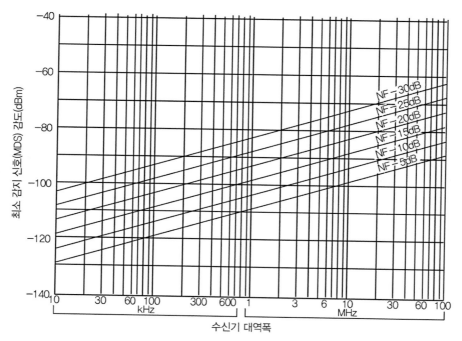

그림 11.10 수신기 시스템의 MDS 감도는 유효 대역폭과 잡음지수의 함수이다.

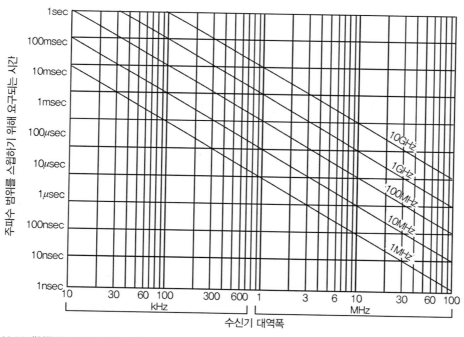

그림 11.11 대역폭에서 적절한 체류시간을 가지면서 주파수 범위를 스윕하는 데 필요한 시간은 스윕되는 주파수 범위에서 수신기 대역폭의 함수이다.

이제 ES 및 SIGINT 시스템 요구사항을 구별할 수 있는 프로세싱 이슈들을 고려해보자. 이러한 차이점들은 출력보고 시간의 중요도와 관심 신호들로부터 수집되어야 하는 정보의 성격에 관련이 있다.

아마도 ES와 SIGINT 시스템 임무들을 분리하는 가장 중요한 이슈는 맞닥트린 위협 신호에 대해 수집해야 하는 데이터의 성격과 양이다.

그림 11.12는 레이다 및 통신의 ES 대 SIGINT 시스템들의 데이터 요구사항을 요약한 것이다.

	ES 데이터 수집	SIGINT 데이터 수집
레이다 위협 신호들	• 레이다의 종류와 운용 모드를 결정하기 위해 필요한 데이터만 수집 • 알려진 위협들에 대한 데이터 범위 • 식별의 모호성을 해결하기 위해 적절한 파라미터 해상도	• 세부적인 분석을 지원하기 위해 충분한 데이터를 수집 • 데이터의 범위는 모든 미래 위협들의 실제 범위에 의해 제한 • 모든 미래 위협의 능력을 결정하기 위해 필요한 적절한 파라미터 해상도
통신 위협 신호들	• 외부 데이터만을 수집(주파수, 변조 종류와 수준, 수신된 신호의 세기, 에미터 위치, 탐지 시간) • 위협 ID, EOB 그리고 재밍 활동들을 지원하기에만 적절한 파라미터 범위와 해상도	• 외부 및 내부 데이터 모두를 수집 • ES 요구사항과 비슷한 외부 데이터 • 복조된 신호들로부터 요구되는 군사 정보를 복구하기 위해 적절한 내부 데이터

그림 11.12 데이터 수집 요구사항은 ES와 SIGINT 시스템 간에 크게 다르다.

일반적으로 레이다 ES 시스템은 적의 무기 중 어느 것이 사용되고 있는지를 결정하고 올바른 대응책을 선택하기에 충분한 데이터만을 수집한다. 이 모든 작업은 한 자리 숫자의 초 단위로 이루어진다. 수신된 데이터의 수집 및 사용이 그림 11.13에 나타나 있다. 수신 시스템의 위협 식별 테이블threat identification table, TID 에 저장된 위협 매개 변수는 이전에 ELINT 시스템에서 수집한 데이터를 광범위하게 분석한 결과이다.

ELINT 시스템(즉 레이다 위협에 대해 작동하는 SIGINT 시스템)은 예상되는 전체 파라미터 범위에서 훨씬 더 완전한 데이터를 수집해야 한다. 확장된 시간 동안 또는 여러 번의 탐지를 통해 얻어질 수 있는 이러한 상세한 데이터는 레이다 ES 시스템이 즉시 식별하여 결정하는 데 필요한 세부 분석을 지원한다. ELINT 시스템에 의해 수집된 전형적인 펄스 레이다 위협 신호에 필요한 데이터가 표 11.3에 요약되어 있다.

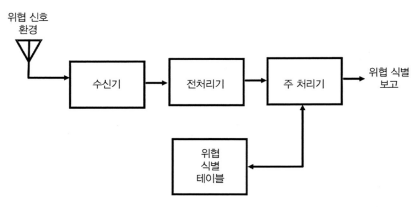

그림 11.13 레이다 ES 시스템에서 신호 매개 변수들은 각 수신된 신호에서 결정되고, 신호 매개 변수 파일은 위협 식별 테이블과 비교되며 위협 식별 보고서가 출력된다.

표 11.3 전형적인 펄스 레이다 위협에 대한 ELINT 데이터

매개 변수	범위	해상도	비트 수
펄스폭	0.1~20μs	0.1μs	9
펄스 반복 간격	3~3,000μs	3μs	11
무선 주파수	0.5~40GHz	100MHz	10
스캔 주기	0~30s	0.1s	9
BPSK 클럭 속도	0~50Mpps	100pps	16
펄스당 BPSK 비트	0~1,000(임의 단위 : 측정 단위 포함)	1bit	10
펄스 범위에서의 FM	0~10MHz	100kHz	7
신호당 총 비트 수			78

통신 ES 시스템은 전자 전투 서열 EOB 의 개발과 대응책의 적용, 사격과 기동 전술 선택을 지원하기 위해 위협 신호의 외부를 처리한다. 일반적으로 이는 전술 운영의 역동적 특성 때문에 매우 신속하게 수행되어야 한다. 데이터 양(일반적으로 디지털)은 수집해야 하는 매개 변수의 개수와 전술 분석을 지원하는 데 요구되는 해상도에 따라 결정된다. 표 11.4는 각 위협들에 대해 통신 ES 수집 간 필요한 일반적인 매개 변수들을 보여준다.

만일 250개의 신호가 있고 환경이 초당 10회 수집되는 경우, 필요한 데이터 대역폭은 다음과 같을 것이다.

$$250\text{signals} \times 27\text{bits/signals} \times 10 \text{ collections per second} = 67,500\text{bits/sec}$$

표 11.4 통신 ES 위협 신호에 대해 획득되는 일반적인 매개 변수

매개 변수	범위	해상도	비트 수
무선 주파수	10~1,000MHz	1MHz	12
변조 종류			3
암호 종류			3
도래 방향	0~360°	1°	9
신호당 총 비트 수			27

COMINT(즉, 통신 위협에 대한 SIGINT)는 일반적으로 통신 신호에 의해 전송되는 군사적으로 유용한 정보를 추출한다고 가정한다. 그러나 이 정보는 전형적으로 유용한 에미터의 위치 및 유형과 관련이 있어야 한다. 따라서 COMINT 시스템은 대부분의 경우 그림 11.14와 같이 외부 및 내부 신호 데이터를 모두 획득하도록 요구된다. 외부 데이터에 요구되는 비트 외에도, 변조 데이터는 반드시 획득되어야 한다. 이를 위해서는 오디오 출력 대역폭(또는 IF 대역폭)의 두 배에다가 어느 한순간 활성화되었다고 가정할 수 있는 채널 수가 곱해진 적절한 해상도 비트(3~6)가 필요하게 된다. 예를 들어, 6비트 디지털화가 사용되고, 20개의 25kHz 관심 채널이 있는 경우, 총 비트율은 다음과 같다.

$$20\text{channels} \times 2 \times 25,000\text{samples/sec} \times 6\text{bits per sample} = 6\text{Mbps}$$

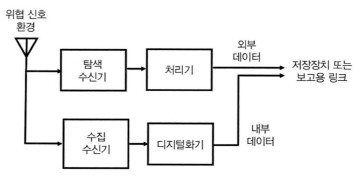

그림 11.14 COMINT 시스템은 수신된 신호의 외부와 내부를 획득한다.

EW 및 SIGINT 시스템이 적용되는 상황에 있어 다음과 같은 옛말을 기억하는 것이 중요하다. "전술적인 문제에 대한 정답은 오직 한 가지뿐이다. 그것은 상황과 지형에 달려 있다." 좀 더 구체적으로 말한다면 정확한 답은 위협 신호 변조, 위협 운용 특성, 환경 밀도,

위협의 기하학적 배치와 움직임 및 수신 자산 그리고 전술 상황에 따라 다르다는 것이다. 따라서 정답은 하나도 없으므로, 이 장의 주요 목표는 결과를 최적화하기 위한 절충안을 만드는 데 도움을 주기 위한 것이다.

11.9 레코더 추가하기

그림 11.15와 같이 정상적인 ES 운용 과정에서 발생할 수 있는 새로운 유형의 신호 특성을 포착하기 위해 디지털 레코더가 포함된 레이다 ES 시스템들이 있다. 어떤 사람들은 그러한 시스템으로 인해 SIGINT 시스템이 필요하지 않다고 주장하기도 한다. 가능하긴 하지만, 그것은 상황과 지형에 달려 있다. 일반적으로 그러한 결정을 내리기 전에 새로운 위협 신호 형태들의 체계적인 탐색과 분석, 수집해야 하는 데이터의 유형에는 다른 상황들이 있을 수 있음을 고려하는 것이 현명할 것이다.

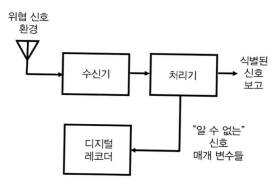

그림 11.15 마주치게 되는 새로운 유형의 신호에 대한 매개 변수들을 획득하기 위해 레이다 ES 시스템에 디지털 레코더가 포함될 수 있다.

참고문헌

[1] Adamy, D., *EW 101: A First Course in Electronic Warfare*, Norwood, MA: Artech House, 2001

찾아보기

ㅊ

ㅋ

기 타

지은이에 대하여

데이비드 엘 아다미David L. Adamy는 전자전EW 분야에서 세계적으로 인정받는 전문가입니다. 이는 지난 수년 동안 EW 101 칼럼을 저술해왔다는 것만으로도 짐작할 수 있을 것입니다. 이 칼럼 외에도 그는 50년 넘게 전·현직 전자전 전문가(자랑스럽게 자신을 'Crow'라고 부름)로 일해왔습니다. 시스템 엔지니어, 프로젝트 리더, 프로그램 기술 디렉터, 프로그램 관리자 및 라인 관리자로서 아다미 씨는 DC 신호부터 광학 신호까지의 여러 전자전 프로그램에 직접 참여했습니다. 이러한 프로그램들은 잠수함에서 우주선에 이르기까지 플랫폼에 적용되는 시스템으로 활용된 바 있으며 신속하면서도 사소한 수준부터 높은 신뢰성을 요하는 요구사항들을 충족시켰습니다.

그는 통신 이론 전공 분야에서 전기공학 학사B.S.E.E. 및 전기공학 석사M.S.E.E. 학위를 취득하였습니다. EW 101 칼럼 외에도 아다미 씨는 전자전, 정찰 및 관련 분야의 많은 기술 논문을 저술했으며 14권의 책도 발간하였습니다. 그는 전 세계에서 전자전 관련 강좌를 가르치고 군 기관들과 전자전 회사들의 자문을 수행하고 있습니다. 그는 전자전 전문가 협회인 올드크로우즈 협회의 회장을 맡은 바 있으며, 오랫동안 협회 이사를 역임하였습니다.

옮긴이 소개

유태선   한국항공대학 전자공학과(학사)
                연세대학교 공학대학원 전자공학과(석사)
                충북대학교 컴퓨터공학과(박사)
                전 국방과학연구소 전자전체계부장
                現 LIG넥스원(주) 전자전연구소 연구위원

정운섭   충남대학교 공과대학 전자공학과(학사)
                충남대학교 공과대학 전자공학과(석사)
                충남대학교 공과대학 전자공학과(박사)
                現 국방과학연구소 2본부 전자전기술부장

김기선   서울대학교 공과대학 전자공학과(학사)
                서울대학교 공과대학 전자공학과(석사)
                미국 University of Southern California 전기전자공학과(박사)
                現 광주과학기술원 광주과학기술원 총장, 전자전특화연구센터장

류시찬   동국대학교 공과대학 전자공학과(학사)
                동국대학교 공과대학 전자공학과(석사)
                現 국방과학연구소 2본부장

남상욱   서울대학교 공과대학 전자공학과(학사)
                한국과학기술원 전기 및 전자공학과(석사)
                미국 The University of Texas, Austin 전기 및 컴퓨터공학과(박사)
                現 서울대학교 공과대학 전기정보공학부 교수

임중수   경북대학교 전자공학과(학사)
                충남대학교 전자공학과(석사)
                미국 Auburn University(박사)
                現 백석대학교 ICT학부 교수

이병남   충남대학교 전파공학과 졸업(박사)
現 국방과학연구소 2본부 전자전체계단장
現 한국전자파학회 정보전자연구회 위원장
육·해·공군용 전자전 무기체계 다수 개발

윤동원   한양대학교 전자통신공학과(학사)
한양대학교 전자통신공학과(석사)
한양대학교 전자통신공학과(박사)
現 한양대학교 융합전자공학부 교수

김강욱   아주대학교 공과대학 전자공학과(학사)
미국 Georgia Institute of Technology 전기컴퓨터공학부(석사)
미국 Georgia Institute of Technology 전기컴퓨터공학부(박사)
現 광주과학기술원 전기전자컴퓨터공학부 교수

이길영   공군사관학교 전자공학과(학사)
서울대학교 전기 및 컴퓨터공학과(석사)
미국 The Ohio State University 전기 및 컴퓨터공학과(박사)
現 공군사관학교 전자통신공학과 교수

두석주   육군사관학교 전산학과(학사)
연세대학교 공과대학 전자공학과(석사)
미국 The Ohio State University 전기 및 컴퓨터공학과(박사)
現 육군3사관학교 정보통신공학과 교수

감수자 소개

박동철
서울대학교 공과대학 전자공학과(학사)
한국과학기술원 전기 및 전자공학과(석사)
미국 University of California, Santa Barbara 전기 및 컴퓨터공학과(박사)
현재 충남대학교 공과대학 전파정보통신공학과 명예교수

황정섭
해군사관학교 34기(학사)
미국 Naval Postgraduate School(석사))
한양대학교 공과대학 정보통신공학과(박사)
前 국방과학연구소 2본부장/국방과학기술아카데미원장

차세대 위협에 대비한 **최신 전자전 기술**

초 판 발 행   2020년 9월 28일
초 판 2 쇄   2023년 3월 15일

저   자   데이비드 엘 아다미(David L. Adamy)
역   자   유태선, 정운섭, 김기선, 류시찬, 남상욱, 임중수,
                이병남, 윤동원, 김강욱, 이길영, 두석주
발   행   인   김기선
발   행   처   GIST PRESS

등 록 번 호   제2013-000021호
주   소   광주광역시 북구 첨단과기로 123(오룡동), 중앙도서관 405호
대 표 전 화   062-715-2960
팩 스 번 호   062-715-2969
홈 페 이 지   https://press.gist.ac.kr/
인쇄 및 보급처   도서출판 씨아이알(Tel. 02-2275-8603)

I S B N   979-11-964243-9-8 (93560)
정   가   32,000원